普通高等教育“十一五”国家级规划教材

有色冶金炉

主　编　周孑民
副主编　周　萍　张家元

北　京
冶金工业出版社
2012

内 容 提 要

本书详细阐述了有色冶金炉的基础理论和各类冶金炉窑。基础理论部分主要讲述流体力学、传热学、燃料及燃烧、耐火材料等基础理论知识；炉窑专论部分重点介绍了回转窑、沸腾炉、鼓风炉、电阻炉、矿热电炉和铝电解槽等有色冶金中常用炉窑的基本结构、工作原理、热工特性和热工计算。除第 5 章外，各章均附有思考题和习题，便于读者掌握所学内容。

本书可作为高等学校有色冶金和团矿专业本科生教材，也可供有关工程技术人员参考。

图书在版编目（CIP）数据

有色冶金炉/周孑民主编. —北京：冶金工业出版社，2009.2（2012.8 重印）

普通高等教育“十一五”国家级规划教材

ISBN 978-7-5024-4790-8

Ⅰ. 有… Ⅱ. 周… Ⅲ. 有色冶金炉 Ⅳ. TF806

中国版本图书馆 CIP 数据核字（2009）第 014237 号

出 版 人 曹胜利

地　　址 北京北河沿大街嵩祝院北巷 39 号，邮编 100009

电　　话（010）64027926 电子信箱 yjcbs@cnmip.com.cn

责任编辑 杨 敏 宋 良 美术编辑 李 新 版式设计 张 青

责任校对 卿文春 责任印制 牛晓波

ISBN 978-7-5024-4790-8

三河市双峰印刷装订有限公司印刷；冶金工业出版社出版发行；各地新华书店经销

2009 年 2 月第 1 版，2012 年 8 月第 2 次印刷

787mm×1092mm 1/16；17.75 印张；471 千字；272 页

35.00 元

冶金工业出版社投稿电话：（010）64027932 投稿信箱：tougao@cnmip.com.cn

冶金工业出版社发行部 电话：（010）64044283 传真：（010）64027893

冶金书店 地址：北京东四西大街 46 号（100010） 电话：（010）65289081（兼传真）

（本书如有印装质量问题，本社发行部负责退换）

前　言

本书是根据国家“十一五”教材出版规划及有色金属冶金专业“有色冶金炉”课程教学大纲，在原《有色冶金炉》（梅炽主编）教材的基础上重新编写的。本书的内容主要包括两部分：基础理论和炉窑专论。基础理论部分主要讲述流体力学（第1章）、传热学（第2章）、燃料及燃烧（第3章）、耐火材料（第4章）等基础理论知识；炉窑专论部分（第5章）重点介绍了回转窑、沸腾炉、鼓风炉、电阻炉、矿热电炉和铝电解槽等有色冶金中常用炉窑的基本结构、工作原理、热工特性和热工计算。本书可以作为高等学校有色冶金和团矿专业本科生教材，也可供有关工程技术人员参考。

为适应科技的进步和社会的发展，对原教材《有色冶金炉》（梅炽主编）进行了改编，结合有色冶金炉窑工艺特点，更加强调相关基础知识的链接，突出“节能减排”新工艺、新技术。本书对原有的一些概念、单位和标准进行了修订，对部分章节作了调整。第1章将“气体力学”改为“流体力学”，并增加了“动量及动量矩”一节；第2章增加了多维非稳态传热内容，对综合传热部分调整了次序；第3章对原稿中原煤燃烧及层状燃烧室的部分内容作了删减，增加了燃烧新技术介绍、燃烧污染与防治部分内容；第5章增加了铝电解槽的相关内容。

本书的编写得到了梅炽教授系统的指导。参加本次编写工作的有：周子民（绪论），周萍（第5章第6、7、8节），张家元（第1章），闫红杰（第2章），涂福炳（第3章），马爱纯（第4章），邓胜祥（第5章第1、4、5节），艾元方（第5章第2、3节）。全书由周子民、周萍、张家元定稿。

本书由梅炽教授审阅。

由于编者水平有限，编写时间仓促，书中难免有不足之处，恳请读者批评指正。

编　者

2008年8月

前言

[illegible]

目　录

绪　　论

冶金炉（窑）是冶金与金属材料及加工工业的主要设备之一，它造价高、耗能多，工作时还伴随产生有害气体与烟尘。我国经济的快速发展和对能源需求的急剧增加，使能源问题成为制约社会持续发展的瓶颈，因此国家把工业炉（窑）的节能改造确定为“十一五”期间国家十大重点节能工程的首项工程。所以，研究炉窑热工过程的原理与热工计算、开发新型炉窑结构及现代设计方法，不仅对冶金与材料工业的发展与进步具有十分重要的意义，同时也是研究和解决“节能”与“环保”这两个当代重大社会问题、建设资源节约和环境友好型社会的重要科技领域。因此学习和掌握这方面的基本知识、理论和计算设计方法，对每一个冶金和热能科技工作者都是十分重要的。

有色冶金炉（窑）种类繁多，通常可按用途、热源、加热方式、工作原理及结构特点等进行分类（见表1）。

表1　常用有色金属工业炉窑

分类依据	炉窑名称举例
用　途	干燥炉（窑）、煅烧炉（窑）、焙烧炉（窑）、加热炉、氯化炉、熔炼炉、熔化炉、吹炼炉、精炼炉、热处理炉、熔析炉、还原炉、烟化炉、烧结炉（窑）、挥发炉（窑）、蒸馏炉、扩散炉
热　源	自热炉、燃料炉、电炉
加热方式	火焰炉、倒焰窑（炉）、隔焰炉、盐浴炉、电阻炉、电弧炉、电子轰击炉、等离子体炉、矿热电炉、感应电炉
工作原理	沸腾炉、旋风炉、鼓风炉、闪速炉、顶吹转炉、侧吹转炉、底吹转炉、热空气循环炉、气垫炉、熔池熔炼炉、悬浮焙烧炉
结构特点	回转窑（炉）、反射炉、多膛炉、竖井式炉、坩埚炉、室状炉、竖罐蒸馏炉、横罐蒸馏炉、碳管炉、钨棒炉、钼丝炉、罩式（热处理）炉、步进式（加热）炉

炉窑是一个大系统，它包括炉窑本体与炉窑热工辅助系统两大部分。炉窑本体包括炉基、耐火砌体（炉顶、炉墙、炉底等）、保温砌体、支撑加固结构、运转结构等。炉窑热工辅助系统通常包括供风排烟装置、加排料装置、供配电装置、炉体强制冷却与余热利用装置、自动检测与过程控制装置等。

炉窑热工过程是本书的主要研究对象，通常包括如下几个方面的内容：

（1）燃料燃烧或电热转换过程；

（2）炉内气体流动过程；

（3）炉内物料的机械运动；

（4）炉内传热与传质过程。

此外，从炉窑整体性能研究的角度，还应考虑炉料在高温下的物理－化学反应过程。研究炉内热工过程的目的应是合理组织上述四种过程，以达到强化炉内的物理－化学反应，最终实现高产、优质、低耗、长寿和低污染。从炉窑能源有效利用研究的角度，则应是合理组织上述四种过程，从图1所示的各个方面，降低工艺能耗。

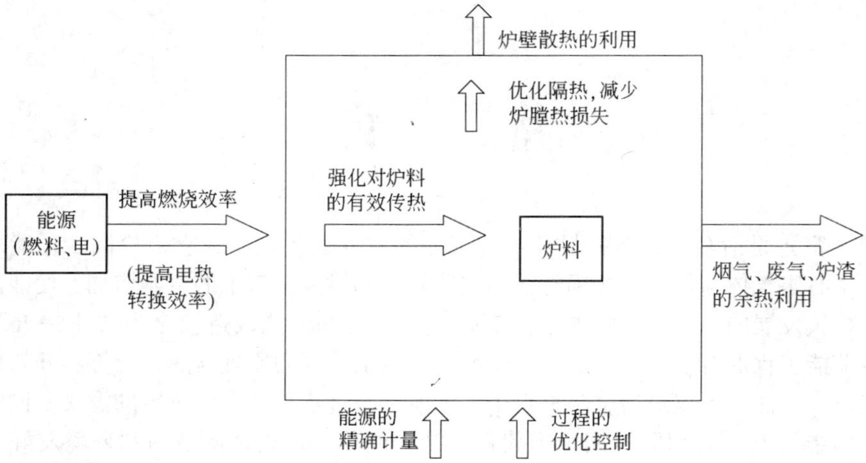

图1 工业炉（窑）节能的主要措施

从炉窑种类、组成部分与炉窑热工过程所包含的内容可以看出，炉窑科技是一个内容非常广泛的多种学科知识的综合体。为便于学习，本课程将相关的内容分为五部分，即工程气体力学、传热原理、燃烧技术、筑炉材料以及有色冶金炉的结构原理与设计一般方法。

通过上述基本内容的学习，以及做习题、实验和炉窑课程设计等环节，要求达到：

(1) 掌握现代炉窑热工基础理论，学会分析与诊断炉窑热工一般问题的方法；

(2) 学会一般炉窑热工计算方法，初步掌握炉窑设计一般知识与方法；

(3) 了解有关炉窑节能与炉窑环保的基本知识，初步学会对现有炉窑进行以节能和环保为目的的技术改造。

本书的热工计算是基于普通计算方法的。随着计算机技术的发展和计算流体力学、计算传热学、计算燃烧学的兴起，炉窑的计算机仿真和优化得到了迅速发展。作者所在的以梅炽教授为带头人的学科梯队，从20世纪80年代初开始，先后对铝电解槽、矿热电炉、闪速炉等近20种典型的有色冶金炉（窑）进行了计算机仿真的研究，并通过对其中的流场、温度场、燃烧释热场、浓度场及电场、磁场的耦合模拟，优化了炉窑的设计和操作。本书阐述的有关炉窑热工的基本知识，为炉窑的计算机仿真和优化研究奠定了一定的基础。

最后必须指出，在炉窑热工计算中应该特别重视单位制的应用，否则将引起计算的混乱和重大错误。本书一律采用国家标准局制定的有关量和单位的国家标准[1]。全套标准均用国际单位制（SI）。SI制由7个基本单位和2个辅助单位所组成（见表2）。与本课程有关的具有专门名称的导出单位见表3。我国法定计量单位中还包括了15个非国际单位制单位，如时间单位中的分（min）、时（h）、天（d）、质量单位中的吨（t）、体积单位中的升（L）、声级单位中的分贝（dB）等。工程计算中必须先将同一算式中所有物理量换算成同一种单位制，然后进行运算。常用单位换算关系见表4。

---

[1] 1993年国家标准局规定的有关量和单位的基本标准有15项，包括国际单位制及其应用，有关量、单位和符号的一般原则，空间和时间的量和单位，周期及其有关现象的量和单位，力学的量和单位，热学的量和单位，电学和磁学的量和单位，光及光电磁辐射的量和单位，声学的量和单位，物理化学和分子物理学的量和单位，原子物理学和核物理学的量和单位，核反应和电离辐射的量和单位，物理科学和技术中使用的数学符号，特征数，固体物理学的量和单位（见GB 3100～GB 3102.13），规定从1994年7月1日起在全国实施。

表 2　SI 单位制

物　理　量		单位名称	单位代号
基本单位	长　度	米	m
	质　量	千克（公斤）	kg
	时　间	秒	s
	电　流	安［培］	A
	热力学温度	开［尔文］	K
	发光强度	坎（德拉）	cd
	物质的量	摩［尔］	mol
辅助单位	［平面］角	弧度	rad
	立体角	球面度	sr

表 3　具有专门名称的导出单位

物理量	单位名称	单位代号	定义式
力	牛　顿	N	$1N=1kg\times 1m/s^2$
压强、压力	帕［斯卡］	Pa	$1Pa=1N/m^2$
能、功、热量	焦［耳］	J	$1J=1N\times 1m$
功　率	瓦［特］	W	$1W=1J/s$
电　压	伏［特］	V	$1V=1J/(A\cdot s)$
电　阻	欧［姆］	Ω	$1\Omega=1V/A$

表 4　常用单位换算关系

物理量	制外单位	对应的国际单位	物理量	制外单位	对应的国际单位
压力（压强、应力）	1Bar（巴）	10^5Pa	功、能、热量	1kg·m	9.80665J
	$1Dyn/cm^2$	0.1Pa		1Hp·h（马力·小时）	2.648×10^6J
	1at（$=1kgf/cm^2$）	98066.5Pa		1kW·h	3.6×10^6J
	1atm（标准大气压）	101325Pa		1W·h	3.6×10^3J
	$1mmH_2O$（$=1kgf/m^2$）	9.80665Pa		1erg（尔格）	10^{-7}J
	1mmHg（=1 托）	133.322Pa		1Btu（=0.252kcal）	1055.06J
动力黏度	1 P(泊)($=1Dyn\cdot s/cm^2$)	0.1Pa·s	功率、热流	1kcal/h	1.163W
	$1kgf\cdot s/m^2$	9.80665Pa·s		1cal/s	4.1868W
				1Hp（马力）	735.499W≈0.7355kW
运动黏度	1st（斯托克斯）	$10^{-4}m^2/s$	热导率	1kcal/(m·h·℃)	1.163W/(m·K)
	$1m^2/h$	$277.8\times 10^{-6}m^2/s$		1cal/(cm·s·℃)	41.868×10^3W/(m·K)
				1Btu/(ft·h·℉)	1.73074W/(m·K)
				1Btu/(In·h·℉)	20.7689W/(m·K)
温差	1℃	1K	传热系数（放热系数）	$1kcal/(m^2\cdot h\cdot ℃)$	$1.163W/(m^2\cdot K)$
	1℉（华氏度）	5/9K		$1cal/(cm^2\cdot s\cdot ℃)$	$41868W/(m^2\cdot K)$
比热容	1kcal/(kg·K)	4186.8J/(kg·K)		$1Btu/(ft^2\cdot h\cdot ℉)$	$5.67827W/(m^2\cdot K)$
				$1cal/(cm^2\cdot s\cdot ℃)$	$41868.0W/(m^2\cdot K)$

1 流体力学基础

1.1 流体力学基本概念

流体力学是研究流体的运动规律以及流体和固体之间相互作用的一门科学，它是力学的一个分支。流体力学研究的基本任务在于建立描述流体运动的基本方程，探求流体流经各种通道及绕流不同物体时的速度、压强的分布规律，确定能量转换和损失的计算方法，研究流体与固体之间的相互作用，以解决科学研究和工农业生产中遇到的有关流体流动的问题。

流体力学是冶金、水利、航空、造船、化工等许多工业部门以及燃烧学、传热学等学科的重要理论基础之一。炉窑热工技术中的气体输送、烟气排放、燃烧装置及换热器设计、炉膛内气流合理组织等都直接用到流体力学的原理和计算。冶金中的喷射冶金、多相反应过程中传热与传质的强化等等也都与流体力学密切相关。

1.1.1 流体的主要物理性质

1.1.1.1 分散性与连续介质模型

流体的分子总是处在不停顿的无规则的紊乱运动状态，分子之间存在较大间隙，引力较小，自由运动较强烈。例如空气分子的有效直径约为 10^{-8} cm（数量级），而在常温常压下，分子间的距离约为 3×10^{-7} cm，比前者大很多。可见流体分子非常分散。

流体力学所研究的是流体在外力作用下的宏观机械运动，并不是个别分子的微观行为。工程研究与计算的对象也只是宏观力学性质（如压力、密度、速度等），这些参数都是大量分子行为和作用的统计平均效果，并不是单分子的随机运动特征。因此，在流体力学中，一般情况下，可以忽略流体微观结构的分散性，而将流体看作由无穷多一个紧挨着一个的连续质点构成的内部并不存在空隙的连续介质。这就是 1753 年欧拉首先提出的“宏观流体模型”——连续介质模型。这样，反映流体介质特性及运动规律的参数如密度、压力、黏度、速度、加速度等都可以认为在空间和时间上是连续分布的，可用连续函数加以描述。有关连续函数的一些数学方法将成为解决流体力学实际问题的有力工具。

当然，在真空，特别是高真空系统中，连续介质的概念是不真实的，这种情况下的气体运动已属于“分子流”的特殊范畴。

1.1.1.2 可压缩性、膨胀性与不可压流体模型

流体在外力作用下，其体积或密度可以改变的性质，称为流体的可压缩性；而流体在温度改变时其体积或密度可以改变的性质，则称为流体的热膨胀性。

液体一般很难压缩，例如当压力为 0.1 ~ 50.0MPa（1 ~ 500atm）、温度为 0 ~ 20℃ 的范围内，每增加 0.1MPa（一大气压），水的体积只被压缩 0.05‰。其他液体的情况与之相近。在工程常用压力范围内，实际上可以认为液体是不可压缩的。温度升高时液体的体积略有膨胀，但变化很小。实验测定，一大气压下，在 10 ~ 20℃ 范围内，温度每升高 1℃，液体的体积增加

约0.15‰。温度较高时，体积膨胀系数也不超过1‰。其他液体的膨胀系数也很小，实际工程计算中，除个别特殊场合外，一般不考虑液体体积变化。

气体分子间距较大，彼此间的引力很小，当压力或温度发生变化时，其体积（比体积）、密度等都相应地发生变化。对于理想气体，这种变化的数量关系可用气体状态方程进行全面的概括。若用 p 表示气体的绝对压力（Pa），V_μ 表示每千摩尔气体的体积（m^3），v 表示气体的比体积（m^3/kg），V 表示 G kg气体的体积（m^3），则状态方程为

$$pV_\mu = R_0 T \quad \text{（对 1kmol 气体）} \tag{1-1a}$$

$$pv = RT \quad \text{（对 1kg 气体）} \tag{1-1b}$$

$$pV = GRT \quad \text{（对 } G \text{ kg 气体）} \tag{1-1c}$$

式中，R_0 为通用气体常数，即单位质量的气体、温度升高1K时对外所作的膨胀功；R_0 的值一般取8.314kJ/(kmol·K) 或848kg·m/(kmol·K)；R 为具体气体常数，J/(kg·K)，$R=\dfrac{R_0}{M}$；M 为相对分子质量。

运用比体积与密度间的关系，气体状态方程还可以表示成

$$\frac{p}{\rho} = RT \tag{1-1d}$$

从状态方程可以看出，在一定温度下（T 为常数），气体体积与压力（绝对压强）的关系为

$$pv = \text{const} \text{ 或} \frac{p}{\rho} = \text{const} \tag{1-2}$$

当压力恒定时，状态方程变成

$$\frac{V}{T} = \text{const} \text{ 或 } \rho T = \text{const} \tag{1-3}$$

式（1-3）还可以写成

$$V_t = V_0 \frac{T}{T_0} \quad \text{即 } V_t = V_0(1+\beta t) \tag{1-4}$$

$$\rho_t = \rho_0 \frac{T_0}{T} \quad \text{即 } \rho_t = \frac{\rho_0}{(1+\beta t)} \tag{1-5}$$

式中，$\beta = \dfrac{1}{T_0} = \dfrac{1}{273}$，1/K；$t$ 为温度，℃；T 为绝对温度，K。

从上列各式看出，温度 T 和压强 p 的变化，都会引起密度的变化，即

$$d\rho = \frac{\partial \rho}{\partial p}dp + \frac{\partial \rho}{\partial T}dT$$

密度的相对变化率为

$$\frac{d\rho}{\rho} = \frac{1}{\rho}\frac{\partial \rho}{\partial p}dp + \frac{1}{\rho}\frac{\partial \rho}{\partial T}dT = k dp - \alpha_T dT$$

式中，k 为流体的等温压缩系数，它表示在温度不变的情况下，增加单位压强所引起的密度变化率。当压强增加时，体积减小，密度增加，因此，k 也称为体积压缩系数。

$$k = \frac{1}{\rho}\frac{\partial \rho}{\partial p} = -\frac{1}{V}\frac{\partial V}{\partial p}$$

α_T 称为温度膨胀系数，它表示在压强不变的情况下，增加单位温度所引起的密度变化率。

对于液体，体积压缩系数 k 很小，近似为常数。常使用它的倒数，称为体积弹性系数（弹

性模量)，记为 E，单位与压强单位相同，N/m^2。

$$E=\frac{1}{k}=-\frac{\Delta p}{\Delta V/V}=\rho\frac{\Delta p}{\Delta \rho}$$

对流体进行力学分析时，若密度或比体积为常数，则可使分析计算过程大为简化。前已述及，在工程常用压力、温度条件下几乎全部液体都可视为密度恒定的介质，简称为不可压缩流体。对于气体，也有很多工程问题是在压力变化不太大（压力变化小于0.1atm）或流速不太高（u 小于70m/s）的条件下进行，这时气体的压缩程度很小，为了简化，也可忽略其密度变化而作为不可压缩流体处理，只是用始末两状态的平均密度或平均比体积来考虑实际胀缩程度的影响。这种简化处理的概念称为流体的不可压缩模型。

当然，随着流速的提高或压降增大，气体压缩性的影响变得不可忽略，这时不能再使用不可压缩模型，而应按可压缩气体流动问题来处理（见1.5节）。

1.1.1.3 黏滞性与理想流体模型

在真实流体中，当流体层以不同速度运动时，由于分子的扩散或分子间相互吸引的影响，在流体内部两流层的接触面上将产生摩擦力，从而使不同流速的流层之间有动量交换发生。表征这一物理性质的特性参量称为黏性，由此产生的力称为黏性力。

事实上，黏性力是流体发生变形运动时，贯穿于流体内部的作用力，故也称为内摩擦力。这种力与作用面平行，故又称为黏性切应力。黏性力的方向，对流速大的流体层而言，它与流速方向相反，是阻碍流动的力；相应的，对流速小的流体层而言则是促使其加速的力。显然，当流体处于静止时，各部分之间的相对速度为零，流体的黏性就表现不出来，因此黏性力为零。

黏性力的大小可由牛顿内摩擦定律确定

$$F=-\eta\frac{du}{dy}A \quad N \tag{1-6}$$

或表示成剪切应力

$$\tau=F/A=-\eta\frac{du}{dy} \quad N/m^2 \tag{1-7}$$

式中，$\frac{du}{dy}$为流层间的速度梯度；A 为流层间的接触面积；比例系数 η 称为该流体的黏度系数，简称黏度。

从式（1-7）可见，η 即当速度梯度为一单位时，所产生的剪切应力。若切应力的单位 N/m^2，速度梯度单位取 s^{-1}，则黏度 η 的单位为 $N\cdot s/m^2$ 或 $Pa\cdot s$。因 η 具有动力学量纲，又称动力黏度。还用到另一种黏度，是流体动力黏度与密度之比，用 ν 表示，即

$$\nu=\eta/\rho \quad m^2/s \tag{1-8}$$

ν 具有运动学量纲，故又称为运动黏度。

一般而言，动力黏度随温度与压力而变化，但压力的影响甚微，只要压强不是特别高，压强对动力黏度的影响就可以忽略。动力黏度与温度的变化关系比较复杂。研究表明，由于液体的黏性主要通过分子间的引力（内聚力）体现出来的，温度升高时，分子间的内聚力减小，因而黏度减小；温度降低时，分子间的内聚力增大，因而黏度增大。而对于气体，其黏性主要通过分子的热运动体现出来的，温度升高时，分子热运动加剧，因而黏度增大；反之则减小。必须注意气体的运动黏度中包含密度的因素，故气体的运动黏度将受压力的影响。

各种流体黏度及其与温度的关系，只能通过实测的方法才能得到。有关数据见附表2。压力不太高时气体混合物的黏度可用下式估算

$$\eta_m = \frac{\sum(X_B \eta_B M_B^{0.5})}{\sum(X_B M_B^{0.5})} \qquad (1\text{-}9)$$

式中，X_B、M_B 分别为任一组分的摩尔分数和分子量。

自然界中的流体都具有黏性，统称为黏性流体或实际流体。对于完全没有黏性的流体称为理想流体，这是一种假想的实际并不存在的流体。但是，引进理想流体的概念具有重要的实际意义。因为，黏性流体的问题十分复杂，这对研究实际流体的运动规律带来很大的困难。因此，常常先将问题简化为不考虑黏性因素的理想流体，找出规律后再考虑黏性的影响进行修正。

1.1.2 流体静压与静压头

1.1.2.1 流体静压力、压强

流体在机械压力、摩擦力（统称表面力）或重力、离心力、惯性力（统称体积力）的作用下，内部各部分之间也将产生相应的相互作用的力，称为内力。单位截面上的内力大小称应力。

当流体静止时，所有切应力均为零，只受到与作用面垂直的法向应力。也就是指向表面的压力，称为静压力。单位表面所受静压力称为压强。这里重复一下物理学中已建立的概念：

（1）静压力总是垂直作用于容器壁、不论壁的形状与方向怎样；

（2）静止流体中静压力与其作用面在空间的方位无关，只是空间坐标的函数，即任意点处静压力在各方向上均相等。

从分子运动论的角度，流体的静压可通过分子热运动强度与单位体积内分子数目表示如下

$$p = \frac{2}{3} n_0 \frac{mu^2}{2} \qquad (1\text{-}10)$$

式中，m 为流体分子质量；n_0 为单位体积内分子数目；u 为流体分子的均方根速度。

当 n_0 增大，流体静压也相应地变大。

1.1.2.2 相对压力（表压）、压力的单位

式（1-10）中所反映的压力是以绝对真空作零压而计算的。如海平面的大气压力为 101325Pa（即 1atm 或 760mmHg），即指流体绝对压力而言。工程中流体的各种行为与运动均在大气压作用下的大环境中进行。所以对流体的机械运动和行为起作用的不是绝对压力的大小。而是相对于大气压的差值或超出部分，即相对压力。一般测压仪表都是测定相对压力，故后者又称表压，即

$$p_{表} = p - p_{大气} \qquad (1\text{-}11)$$

当流体绝对压力 p 小于当地大气压力时，表压为负值，称为负压。其绝对值称为真空度。例如某系统内流体绝对压力为 70kPa，当地大气压为 100kPa，其表压即真空度为 30kPa。

压力的单位，即压应力单位，用 N/m^2，即 Pa。工程制用 kgf/m^2 或 kgf/cm^2 (at)。工程流体力学中还使用液柱高表示压力或压强。按下述关系

$$p = H\rho g \quad N/m^2 \qquad (1\text{-}12)$$

$$H = p/\rho g \quad m \qquad (1\text{-}13)$$

所以当所用流体密度（ρ）为常数时，则液柱高即可直接表示压强或压力大小。

此外，在高压流体范围往往用工程大气压作压力或压强单位（at）。

$$1at = 1kgf/cm^2 = 0.96784atm\ (标准大气压)$$

［例 1-1］ 压力单位换算。将 1at 换算成相应的水柱高及帕斯卡（N/m^2）。水与汞的密度

分别为 $\rho_{H_2O} = 1000kg/m^3$，$\rho_{Hg} = 13.6kg/m^3$。

[解]
$$1at = 0.96784atm = 0.96784 \times 760 = 735.56mmHg$$
$$p = H_{汞柱} \times \rho_{Hg} \times g = 735.56 \times 10^{-3} \times 13.6 \times 9.8 = 98064.9N/m^2$$
$$H_{水柱} = p/(\rho_{H_2O}g) = 98064.9/(1000 \times 9.8) = 10m$$

各种压力单位换算关系见表 1-1。

表 1-1　压力单位换算

帕［斯卡］(Pa)	巴 (Bar)	工程大气压 (at)	标准大气压 (atm)	毫米水柱 (mmH_2O)	毫米汞柱 (mmHg)	千克力/米^2 (kgf/m^2)
1.0	10^{-5}	1.01972×10^{-5}	0.9869×10^{-5}	0.101972	7.50×10^{-3}	0.101972
10^5	1.0	1.01972	0.9869	10197.2	750.0	10197.2
98066.5	0.980665	1.0	0.9678	10000	735.56	10000
9.80665	9.80665×10^{-5}	10^{-4}	9.678×10^{-5}	1.0	0.073556	1.0
133.32	1.3332×10^{-5}	1.3595×10^{-3}	1.3157×10^{-3}	13.595	1.0	13.595
101325	1.01325	1.0333	1.0	10332.6	760	10332.6

1.1.2.3　静压头

流体的相对静压（表压）是流体绝对压力超出环境气压的部分。显然，这是流体具有的一种势能。表压越高，该流体具有对外作功的机械能（如推动活塞、克服流动的各种阻力的本领）也越大。表压为零时，该流体即不具备对外作功的能力。表压为负时，环境流体可对本系统作功，同样体现出具备一种势能。分析一下静压单位：

$$1Pa = 1N/m^2 = 1\frac{N \cdot m}{m^2 \cdot m} = 1J/m^3$$

可见，1Pa 静压相当于该流体每立方米中具有 1J 的机械能。所以在流体力学中又将流体的表压称为静压头，即单位体积流体所具有的静压能。这是流体力学中常用到的一个名词和基本概念。

1.1.3　静止流体平衡方程

任何静止状态的流体只受到自身质量力（重力）与外界压力的作用。如图 1-1，静止的流体中，取一底面为 Am^2，高度为 H_3m 的流体柱。因为静止，此流体柱在水平和垂直方向所受外力的合力必为零。

设 1 面总静压（不是表压）为 p_1A（垂直向上），3 面处总压为 p_3A（垂直向下），流体柱本身的质量力（体积力）为 $H_3\rho gA$，由于流体静止，则

$$p_1A - p_3A - H_3\rho gA = 0$$

或
$$p_1 = p_3 + H_3\rho g \qquad (1\text{-}14)$$

同理可导出

$$p_1 = p_2 + H_2\rho g \qquad (1\text{-}15)$$

对于流体柱中任何一面，设其距底面（1 面）高度为 H_i，静压为 p_i，密度为 ρ，则可列出

$$p_1 = p_2 + H_2\rho g = p_3 + H_3\rho g = \cdots = p_i + H_i\rho g \qquad (1\text{-}16)$$

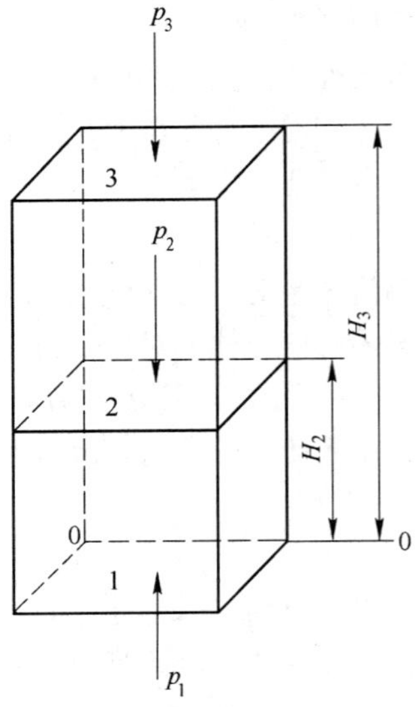

图 1-1　流体静压平衡

从式（1-16）可见，对于静止流体，任一高度上其 p_i 与 $H_i\rho_i g$ 之和为一常数。式（1-16）即流体平衡方程。

［**例 1-2**］ 流体平衡方程应用。已知当地地面大气压为 101325Pa，问在高出地面 400m 的水平面上大气压为多少（Pa）。设空气密度的平均值 $\rho = 1.29\text{kg/m}^3$。

［**解**］ 根据式（1-16），

$$p_1 = p_{400} + H_{400}\rho g$$

即

$$p_{400} = p_1 - H_{400}\rho g$$

$$= 101325 - 400 \times 12.65 = 96265\text{Pa}$$

公式中的 $H\rho g$ 即为单位体积气体对基准面 0－0 面（即 1－1 中 1 面）所具有的位能。前节中将单位体积流体所具有的静压能定义为静压头，相应的 $H\rho g$ 即可定义为该处流体的位压头，其单位也可以写成 N/m^3，即与压强、表压等的单位完全相同。

式（1-16）可以理解为静止流体中不同高度截面上的静压头与位压头之和恒定。此式还可以改写为

$$p_2 - p_3 = H_3\rho g - H_2\rho g \tag{1-17}$$

此式表明静止流体的静压沿高度方向的变化是由其位压头的变化来平衡（或补偿）的。

1.2 流体运动若干基本概念

1.2.1 定常流与不定常流

当某流动系统中空间各点的流体流速、压力和流体密度等随时间而变化时，称为非定常流；而空间各点上述参数不随时间而变化的流动称为定常流。工业上大多数情况可以近似地看作定常流，这样可使问题大大简化。

1.2.2 迹线和流线

流动系统中某一流体质点运动的轨迹称为迹线。它表示同一流体质点在不同时刻的运动方向。流线是某一瞬时在流场中所作的一条曲线，在这条曲线上各质点的速度方向都与该曲线相切，如图 1-2。

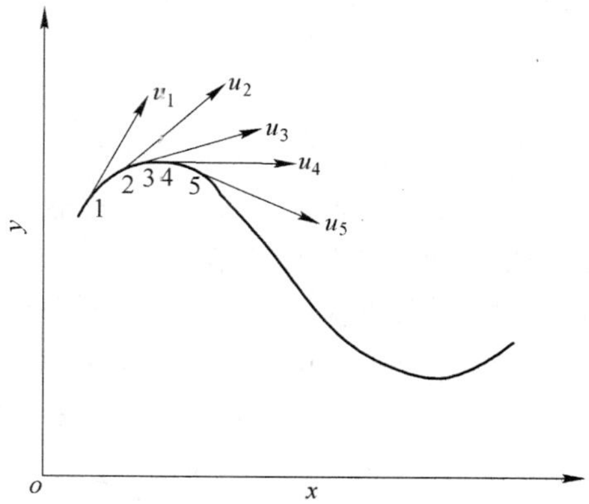

图 1-2 流线

在定常流中，因空间各点流体质点的速度不随时间变化，故此时各流线也就同时表示各流体质点运动的轨迹。而在非定常流中，流线通常都随时间变化，故流线与迹线不会重合。从流线的概念可得知，通过某一空间点在给定瞬间只能有一条流线，一般情况下流线总是彼此平行，不能相交和分支。

1.2.3 流管与有效截面

在流场中取任意的封闭曲线，通过曲线上各点作出该瞬时的流线，这些流线围成一个管壁状的曲面，称为流管。流管内充满彼此平行的流线簇，称为流束。

在定常流中，流束与流管的形状不随时间而变，在非定常流中，二者都随时间改变其形状和位置。

在流束中与各流线相垂直的横截面称为有效截面。

1.2.4　流量和平均流速

单位时间内通过有效截面的流体体积称为体积流量，以 q_V 表示，单位为 m^3/s。流量以质量或重量表示时，分别为 q_m(kg/s) 和 q_G(N/s)。

由于微元流束的有效截面上各点的流速 u 可认为是彼此相等的，所以通过微元流束有效截面为 dA 的流量可分别表示如下

$$dq_V = u\mathrm{d}A \quad (体积流量) \tag{1-18}$$

$$dq_m = \rho u\mathrm{d}A \quad (质量流量) \tag{1-19}$$

$$dq_G = \rho gu\mathrm{d}A = \rho gu\mathrm{d}A \quad (重量流量) \tag{1-20}$$

式中，ρ 为流体密度（kg/m^3）。相应的，通过有效截面 A 的体积流量、质量流量、重量流量分别为

$$q_V = \int_A u\mathrm{d}A \tag{1-21}$$

$$q_m = \int_A \rho u\mathrm{d}A \tag{1-22}$$

$$q_G = \int_A \rho gu\mathrm{d}A = g\int_A \rho u\mathrm{d}A \tag{1-23}$$

以上计算要求首先找出速度 u 在整个有效截面上的分布函数，这在多数工程问题中是很困难的。为了工程应用的方便，引入平均流速概念，即假定通过有效截面的所有流体都是以同一速度流过，其定为

$$平均流速\bar{u} = q_V/A = \frac{1}{A}\cdot\int_A u\mathrm{d}A \tag{1-24}$$

为了简便，往往用 v 代替 $\bar{u}$ 表示平均流速，相应的就有

体积流量　　$q_V = vA$　m^3/s 或 m^3/h　　(1-25)

质量流量　　$q_m = \rho vA$　kg/s 或 kg/h　　(1-26)

重量流量　　$q_G = \rho gvA$　N/s 或 N/h　　(1-27)

1.2.5　层流与紊流

在观察管道中流体流动时，可发现随流速不同而出现两种完全不同特征的流动形态：流速较小时，流体的流线呈平行于管轴的线簇或层状（图 1-3a）。当流速逐渐增大，层状或线簇状流动模式开始被扰乱，流体迹线开始摆动、弯曲（图 1-3b）。当流速进一步增大，达到某一数值，从示踪剂可以看到流体质点开始迅速搅混，互相交叉，并形成小旋涡群、且出现脉动（图 1-3c）。经多次观察证实，不论何种流体与管道，都存在上述典型现象。对第一种情况定名为层流（或滞流），后一种情况称为紊流（或湍流）。中间的情况称过渡流。英

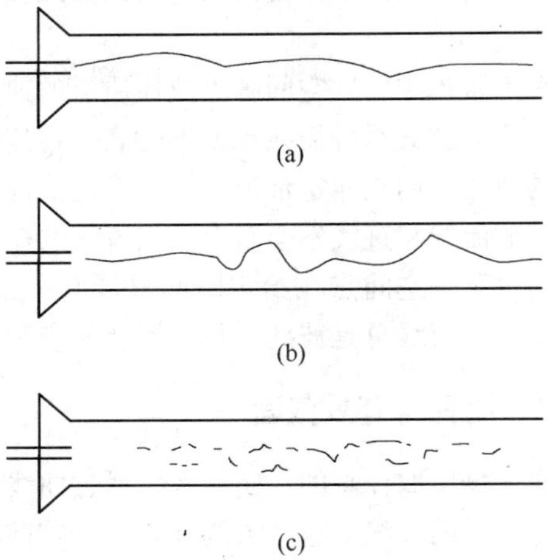

图 1-3　雷诺实验的流动形态
(a) 层流；(b) 过渡流；(c) 紊流

国物理学家雷诺（O. Reynolds）于1883年首先提出，层流向紊流转化决定于如下几个量组成的无因次量，即

$$\frac{v \cdot l \cdot \rho}{\eta} 或 \frac{v \cdot l}{\nu}$$

式中，l为特征长度，对圆管一般取其直径；ρ、η、ν分别为密度、动力黏度及运动黏度。此无因次量即被命名为雷诺数（Re）。当Re值小时，流动易呈层流，Re增大到某一值，流动转变为紊流。此转折点的Re值称临界雷诺数Rec。雷诺在光滑的平直圆管内做过大量实验，发现Re小于2300时，流动为层流；Re大于12000～13000时，流动为紊流；介于两者之间则属于过渡状态。也就是说，对平直光滑圆管，取内径为特征长度时，其低临界雷诺数为2300，高临界雷诺数可取12000。实用中取为10000。高于10000时即视为稳定的圆管紊流，低于2300视为稳定的圆管层流。

对不同的流动体系有不同的雷诺数定义与临界雷诺数值。例如，无穷大平板表面流动边界层由层流转变为紊流的最低临界雷诺数为32000，而最高临界雷诺数为1×10^5，此体系中雷诺数的定义为

$$Re = \frac{u_\infty \cdot x}{\nu}$$

式中，u_∞为流体接触平板前的流速；x为流体在平板上流过的纵深长度。又如流体绕流圆球时，边界层由层流转变为紊流的最低临界雷诺数为2，此时雷诺数的定义为

$$Re = \frac{u_\infty \cdot d}{\nu}$$

式中，d为圆球直径。

1.2.6 边界层概念

凡流体流过某表面时由于吸附作用及相界面的摩擦作用，紧贴壁面的流体速度必为零。再由于流体的黏性或流体分子间的动量交换，壁面附近的流体也将受到牵制而使速度变慢。流体随着离开壁面距离增大，其所受牵制作用逐渐减小，流速逐渐增大，一直到与主流速度（未受干扰的流速）相等。从壁面的零速变到接近主流速度的这一薄层流体，以存在速度梯度为特征，就是20世纪初普朗特（L. Prandtl）提出的边界层概念。普朗特认为，对于平板表面的流动，在任何条件下，从横截面看都存在两个区域：一是存在速度梯度，即显示流体黏性影响的区域，即边界层；另一区域是边界层以外的流体，不存在速度梯度，因而不显示黏性的影响，故可认为是理想流体，这一区域有人称为“等位流”或“外流”区。这一概念的提出，对流体力学理论研究与边界传递理论的发展，起了重大作用。

对于无穷大平板表面的流动，其边界层的形成和发展可从图1-4看出。

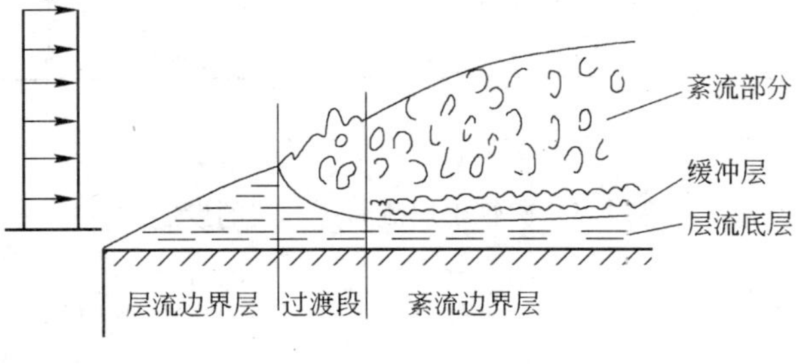

图1-4 平板上流动边界层

流体刚与表面接触时，边界层厚度为零。随着向前流动，边界层逐渐加厚，在一定长度范围内，边界层还不太厚，壁面的牵制作用较大，边界层内的扰动不易得到发展和扩大，这时边界层内呈层流状态，称为层流边界层。随着流动路程变长，边界层将逐渐地继续增厚，界面滞流层对远离壁面的流体影响能力渐弱，这时任何外来的扰动很容易扩大和发展，从而使边界层由层流转变为紊流。此后的边界层称为紊流边界层。由层流边界层转变为紊流边界层不是突然出现的，此间还存在一个不稳定的过渡区段（见图 1-4）。紊流边界层一旦形成，其厚度增加很快，只是仍然受到边界的影响和牵制，其紊乱程度不如外流区大。同时即使边界层中发展了紊流，但其紧靠壁面的极薄一层中仍然继续保持层流状态。这一层称为层流底层。在层流底层与紊流部分之间还有一层由层流向紊流过渡的缓冲层（见图 1-4）。层流底层虽然厚度极小，但对流体与壁表面间的各种传递的强度的影响甚大。这引起了研究工作者的重视，进行了大量的理论探讨与实验测定。得出平板表面流动中的层流底层厚度 δ_b 为

$$\frac{\delta_b}{x}=\frac{72.4}{(Re_x)^{0.9}} \tag{1-28}$$

式中，$Re_x=\frac{u_\infty \cdot x}{\nu}$；$x$ 为沿平板表面流程长度；u_∞ 为外流速度。

圆管中流动边界层发展的过程与结构原则上与平板流相似，但有其独自的特点。图 1-5 为恒截面圆管中边界层的发展情况，流体以均匀流速进入管口，由于形成边界层，管壁附近流速降低，而定常流的流量是不变的，故边界层以外的流速必然随着边界层厚度的发展而逐渐增大。同时随着边界层增厚，逐渐从四周向管中心汇合，最后占满整个截面。若此时边界层内仍未出现紊流，则边界层汇合后的整个管流将保持层流状态，成为图 1-5 中最终的速度分布。不论入口速度分布如何，只要边界层中未出现紊流，这种层流沿截面的最终速度分布总是相同的（可从理论分析中导出其分布函数）。速度分布定型后，边界层即达到稳定的厚度 $\delta=D/2$，即整个管道流都属于边界层。当流速较大时，在边界层未充满整个截面之前，边界层内可能出现紊流，发展到定型流后，就形成紊流的核心与层流底层的边界层结构。边界层厚度仍等于圆管半径。当 $Re<10^5$ 时，层流底层厚度有如下实验公式

$$\frac{\delta_b}{D}=\frac{61.5}{Re^{7/8}} \tag{1-29}$$

式中，$Re=\frac{v \cdot D}{\nu}$，v 为平均流速；D 为管内直径。上式的 δ_b 中包括缓冲层厚度。也有人推导在同样的 Re 值范围内，单纯层流底层的厚度仅为上式计算值的 40% 左右。

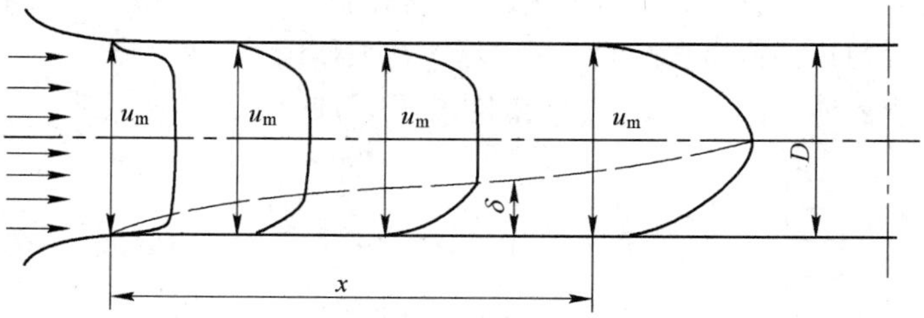

图 1-5 圆管中层流时边界层的发展

1.2.7 圆管的速度分布

工程计算中常用平均流速，但很多工程总是牵涉到实际的速度分布，如流量测量、燃烧装

置设计、传热强化与换热器设计等等。

1.2.7.1 层流时圆管中的流速分布

现从半径为 R 的水平圆管中取一圆柱形微元流体，长度为 dx，半径为 r（图1-6）。作用在微元体上的外力包括：

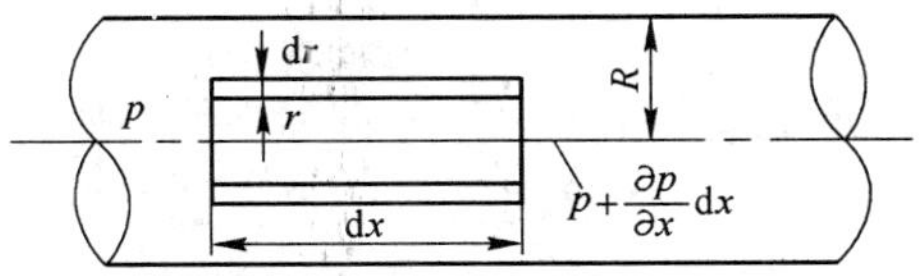

图1-6 层流时圆管中流速分布推导

（1）作用在圆柱体两端静压力差为

$$F_1 = p\pi r^2 - (p + \frac{\partial p}{\partial x}dx)\pi r^2$$
$$= -\frac{\partial p}{\partial x}dx \cdot \pi r^2$$

（2）作用在圆柱表面的黏性力（同摩擦力）。按牛顿黏性定律公式（1-7）

$$F_2 = \tau \cdot A = -\eta \frac{du}{dr} \cdot 2\pi r \cdot dx$$

对水平流动，不计重力作用。在定常流动时，外力之合力应为零，即

$$-\frac{\partial p}{\partial x}dx \cdot \pi r^2 = -\eta \frac{du}{dr} \cdot 2\pi r \cdot dx \tag{1}$$

在恒定截面的直管中，静压沿管轴方向的变化率为定数，即

$$\frac{\partial p}{\partial x} = \frac{\Delta p}{\Delta x} = \text{const} \tag{2}$$

整理式（1），得

$$du = \frac{\Delta p}{2\eta \cdot \Delta x} \cdot r \cdot dr$$

积分后

$$u = \frac{\Delta p}{4\eta \cdot \Delta x}r^2 + c \tag{3}$$

利用边界条件，$r = R$ 时，$u = 0$，有

$$c = -\frac{\Delta p}{4\eta \cdot \Delta x} \cdot R^2 \tag{4}$$

代入式（3）得

$$u = \frac{\Delta p}{4\eta \cdot \Delta x}(r^2 - R^2) \tag{1-30}$$

可见圆管中层流的速度分布为抛物线型。当 $r = 0$，即管中心处速度为最大。从式（1-30）得

$$u_{max} = -\frac{\Delta p}{4\eta \cdot \Delta x} \cdot R^2 \tag{1-31}$$

式（1-30）与式（1-31）合并，得

$$u = u_{max}\left(1 - \frac{r^2}{R^2}\right) \tag{1-32}$$

此时截面平均流速可按定义式（1-24）求出

$$v = \frac{1}{A}\int_A u dA$$
$$= \frac{1}{\pi R^2}\int_0^R \left[\frac{\Delta p}{4\eta \cdot \Delta x}(r^2 - R^2) \cdot 2\pi r\right]dr$$
$$= -\frac{\Delta p}{8\eta \cdot \Delta x} \cdot R^2 \tag{1-33}$$

将式（1-31）与式（1-33）比较，得

$$v/u_{max}=\frac{1}{2} \tag{1-34}$$

即在水平圆管层流条件下，截面平均流速为管中心流速的一半。

1.2.7.2 紊流时圆管中的流速分布

圆管紊流时，黏性力较层流时复杂得多，不仅有分子扩散与混合形成的黏性力〔即式(1-7)表述的黏性力〕，而且有流体微团脉动、搅混所形成的黏性力（湍流黏性力）。这给用解析推导速度分布带来很大的困难。为了建立简明的物理图像，尼古拉兹（Nikuradse）在光滑管中进行了大量实验研究，测定出圆管紊流速度分布的无因次曲线（图1-7）。从图可见，*Re* 值越大速度分布越均匀。这种分布规律还可用下面经验公式的形式表示

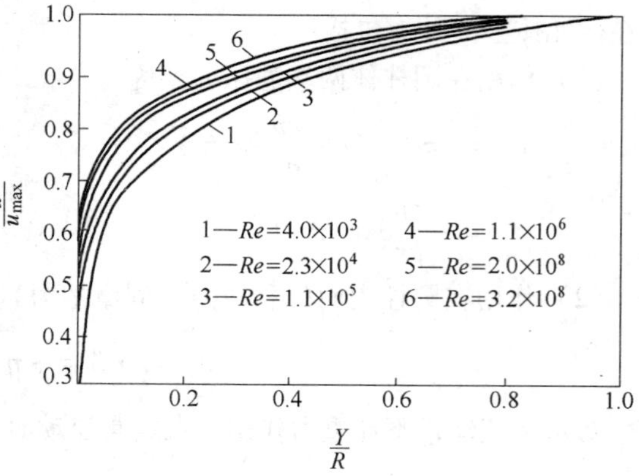

图1-7 光滑圆管流速分布与 *Re* 的关系

$$u/u_{max}=(Y/R)^{1/n} \tag{1-35}$$

或

$$u/u_{max}=(1-r/R)^{1/n} \tag{1-36}$$

式中，$Y=R-r$，Y 为研究点离管壁的垂直距离；n 为实验常数，其值随 *Re* 增大而变大。表1-2 列出了实验值。可见，当 *Re* 为 1×10^5 左右时，$n=7$，这就是常见的紊流速度分布的1/7 次幂近似定律。

表1-2 n 及 v/u_{max} 与 *Re* 的关系

$Re=\frac{vd}{\nu}$	n	$\frac{v}{u_{max}}$
4×10^3	6.0	0.791
2.3×10^4	6.6	0.807
1.1×10^5	7.0	0.817
1.1×10^6	8.8	0.850
3.2×10^6	10.0	0.866
1.0×10^7	11.0	0.877

为了计算不同 *Re* 数值下的圆管平均流速，可利用式（1-24）

$$v=\frac{1}{\pi R^2}\int_0^R 2\pi r u\cdot \mathrm{d}r$$

式中的 u 用式（1-36）关系代入，并用 Y 代替 r，则

$$v=\frac{1}{\pi R^2}\int_R^0 -2\pi u_{max}\left(\frac{Y}{R}\right)^{1/n}(Y-R)\mathrm{d}y$$

$$=\frac{2n^2}{(n+1)(2n+1)}\cdot u_{max}$$

或

$$\frac{v}{u_{max}}=\frac{2n^2}{(n+1)(2n+1)} \tag{1-37}$$

不同雷诺数下，用对应的表1-2中 n 值代入式（1-37），即得出该雷诺值时的 v/u_{max}，列入表1-2。可见，当管中紊流程度越强烈（即 Re 值越大），平均流速与最大流速之值越接近。

［例1-3］ 用最大流速估算流量。先用皮托管测量得平均圆管中心处的流速 $u_{max}=4.2\text{m/s}$，圆管直径 $D=0.8\text{m}$。已知管内为120℃的热空气，试估算体积流量。

［解］ 因不知道管内的流动的 Re 值，则无法确定其 u_{max} 与平均速度的关系。而计算 Re 值也需要平均流速 v。此处只能用试算法。

先假定管内雷诺数（$Re \equiv vD/\nu$）为 2×10^4。

从表1-2查得对应的 v/u_{max} 约为0.807，即得

$$v=0.807\times u_{max}=0.807\times4.2=3.39\text{m/s}。$$

从附表2中查得120℃热空气的 $\nu=25.45\times10^{-6}\text{m}^2/\text{s}$，则

$$Re=\frac{3.39\times0.8}{25.45\times10^{-6}}=106543$$

与假定值 2×10^4 相差甚远。再假定 Re 为 1.1×10^5，从表1-2查得对应的 $v/u_{max}=0.817$，即估算出

$$v=0.817\times4.2=3.43\text{m/s}$$

$$Re=\frac{3.43\times0.8}{25.45\times10^{-6}}=107863$$

与假定值 1.1×10^5 很接近，可估定平均速度约为3.43m/s。此时体积流量 q_V 则为

$$q_V=vA=3.43\times\frac{\pi}{4}D^2=3.43\times\frac{\pi}{4}(0.8)^2$$
$$=1.73\text{m}^3/\text{s}$$

当然，利用测最大流速估算流量是较粗糙的。需要测定较精确流量时可将圆管横截面分为若干等面积的圆环，分别测出其流速后即可计算出较准确的流量。

1.3 流体运动基本方程

1.3.1 连续性方程—流动质量守恒

据质量守恒概念，对某控制容积来说，若该容积内无泄漏和流体发生源，则流入该容积的质量流量，应与流出该容积的质量流量相等。在非定常流条件下则应是流入的质量与流出的质量之差，等于该控制容积内流体质量的变化量。这些概念表述成数学形式，就是连续性方程。

在某流体流动体系中取一微元六面体（图1-8）。其体积为 $\mathrm{d}x\mathrm{d}y\mathrm{d}z$，沿 x、y、z 方向的流速分别为 u_x、u_y、u_z。先研究沿 x 轴方向的流动。

通过 $abcd$ 面进入该容积的流体质量流量为

$$\rho u_x\mathrm{d}y\mathrm{d}z$$

同一时间内通过 $a'b'c'd'$ 面流出的流体质量流量为

$$\left(\rho u_x+\frac{\partial\rho u_x}{\partial x}\mathrm{d}x\right)\mathrm{d}y\mathrm{d}z$$

两者之差为该容积内流体质量的积累或亏损，等于

$$\frac{\partial(\rho u_x)}{\partial x}\mathrm{d}x\mathrm{d}y\mathrm{d}z$$

同理，y 与 z 轴方向上质量流量的变化量分别为

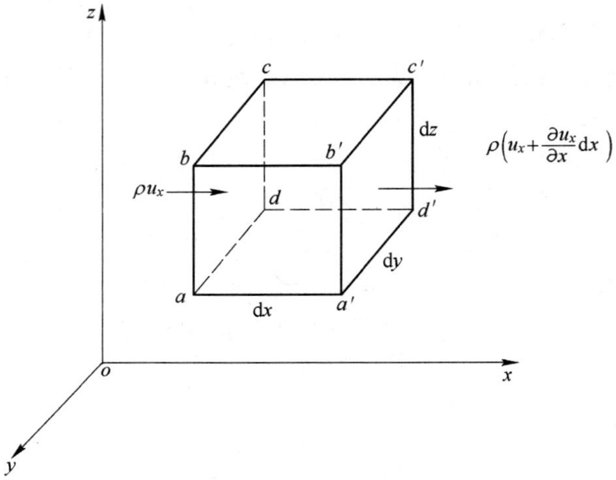

图 1-8 连续性方程的推导

$$\frac{\partial(\rho u_y)}{\partial y}dxdydz$$

与

$$\frac{\partial(\rho u_z)}{\partial z}dxdydz$$

同一时间内该容积内流体总的差值应等于该容积流体内部质量的变化，即

$$dxdydz\left[\frac{\partial(\rho u_x)}{\partial x}+\frac{\partial(\rho u_y)}{\partial y}+\frac{\partial(\rho u_z)}{\partial z}\right]$$

$$=-\frac{\partial\rho}{\partial\tau}dxdydz$$

或

$$\frac{\partial\rho}{\partial\tau}+\frac{\partial(\rho u_x)}{\partial x}+\frac{\partial(\rho u_y)}{\partial y}+\frac{\partial(\rho u_z)}{\partial z}=0 \tag{1-38}$$

上式即三维流的连续性方程。

对不可压缩流体的定常流，ρ 为常数，$\frac{\partial\rho}{\partial\tau}=0$，式（1-38）成为

$$\frac{\partial u_x}{\partial x}+\frac{\partial u_y}{\partial y}+\frac{\partial u_z}{\partial z}=0 \tag{1-39}$$

对于一维流动（如沿流束内流动），按质量守恒原理，若为定常流，且前后两断面之间无泄漏和流体源，则

$$\rho_1 v_1 A_1=\rho_2 v_2 A_2 \tag{1-40}$$

式中，A_1、A_2 为前后截面积，v_1、v_2 为前后截面上的平均流速。对不可压缩流体，$\rho_1=\rho_2$，则

$$\left.\begin{aligned}v_1A_1&=v_2A_2\\ v_1/v_2&=A_2/A_1\end{aligned}\right\} \tag{1-41}$$

式（1-41）为不可压缩流体一维定常流动的连续性方程。其物理概念很简单，即沿流道

体积流量保持不变，或平均流速与其有效断面积成反比。所以只要总流量已知，当测出任一断面的流速后，其他断面的平均流速即可按式（1-41）计算确定。

［例 1-4］ 连续性方程的应用 某座冰铜吹炼转炉的烟气量为 $4300m^3/h$，流经文氏管喉口处的平均流速要求为 $v_1 = 100m/s$。出口流速为 $v_2 = 10m/s$。已知喉口与出口处烟气温度同为 70℃。求喉口直径 d_1 与出口直径 d_2（图 1-9）。

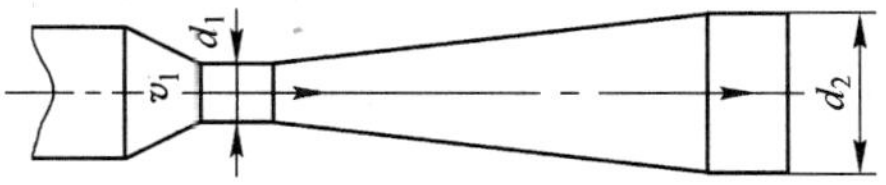

图 1-9 例 1-4 中的文氏管

［解］ 烟气每秒标态体积流量 q_V 为

$$q_V = \frac{4300}{3600} = 1.2m^3/s$$

按式（1-4），在 70℃下的工态体积流量为

$$q_{V,t} = q_V(1+\beta t) = 1.2\left(1+\frac{70}{273}\right) = 1.5m^3/s$$

根据体积流量定义式与式（1-41），可得 $A_1 = q_{V,t}/v_1 = 1.5/100 = 0.015m^2$

即喉口直径

$$d_1 = \sqrt{\frac{4A_1}{\pi}} = \sqrt{\frac{4\times 0.015}{3.14}} = 0.138m = 138mm$$

同理 $$A_1 = q_{V,t}/v_2 = 1.5/10 = 0.15m^2$$

则出口直径 $$d_2 = \sqrt{\frac{4\times 0.15}{3.14}} = 0.437m = 437mm$$

1.3.2 理想流体运动微分方程—欧拉运动方程

分析流体受力及运动速度之间的动力关系，即建立动力平衡方程，是流体力学中极重要的任务。

在一流场中取一微元六面体，其边长分别为 dx、dy、dz（图 1-10），六面体形心为 $M(x, y, z)$ 点，其流体静压力为 p，流速分量为 u_x、u_y、u_z，密度为 ρ。作用在微元六面体上的力有表面力、质量力。以 x 方向为例，即

压力：作用在 M 点的压力为 p，左侧面 $abcd$ 上的压力为$\left(p-\frac{1}{2}\frac{\partial p}{\partial x}dx\right)$，其中$\frac{\partial p}{\partial x}$是压力 p 沿 x 轴的变化率。在微元体左侧面 $a'b'c'd'$ 上的压力可写为 $p+\frac{1}{2}\frac{\partial p}{\partial x}dx$。

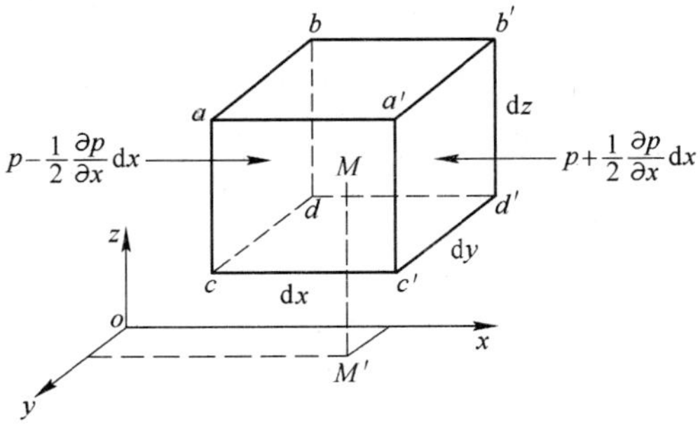

图 1-10 微元六面体受力分析

质量力：设此例中无其他惯性力。设单位质量流体质量力在 x 轴上的分量为 X，则此微元体的质量力在 x 轴上的分量为

$$F_{oc} = X\rho dxdydz$$

根据牛顿第二定律，则有

$$X\rho dxdydz + \left(p-\frac{1}{2}\frac{\partial p}{\partial x}dx\right)dydz - \left(p+\frac{1}{2}\frac{\partial p}{\partial x}dy\right)dxdz$$

$$=\rho \mathrm{d}x\mathrm{d}y\mathrm{d}z\frac{\mathrm{d}u_x}{\mathrm{d}\tau}$$

整理后得

$$X-\frac{1}{\rho}\ \frac{\partial p}{\partial x}=\frac{\mathrm{d}u_x}{\mathrm{d}\tau}$$

对 y、z 轴同样可得

$$Y-\frac{1}{\rho}\ \frac{\partial p}{\partial y}=\frac{\mathrm{d}u_x}{\mathrm{d}\tau}$$

$$(1\text{-}42)$$

$$Z-\frac{1}{\rho}\ \frac{\partial p}{\partial z}=\frac{\mathrm{d}u_x}{\mathrm{d}\tau}$$

微元体形心 M 点的分加速度可展开成（按函数 $u=u(x,\ y,\ z,\ \tau)$ 全微分定义）

$$\frac{\mathrm{d}u_x}{\mathrm{d}\tau}=\frac{\partial u_x}{\partial \tau}+u_x\frac{\partial u_x}{\partial x}+u_y\frac{\partial u_x}{\partial y}+u_z\frac{\partial u_x}{\partial z}$$

若只考虑重力场的作用，则单位质量力在 x、y 轴方向的分量为零，且 $Z=-g$。

对定常流 $\frac{\partial u}{\partial \tau}=0$，代入式（1-42），得到

$$\left.\begin{aligned}-\frac{1}{\rho}\ \frac{\partial p}{\partial x}&=u_x\frac{\partial u_x}{\partial x}+u_y\frac{\partial u_x}{\partial y}+u_z\frac{\partial u_x}{\partial z}\\-\frac{1}{\rho}\ \frac{\partial p}{\partial y}&=u_x\frac{\partial u_y}{\partial x}+u_y\frac{\partial u_y}{\partial y}+u_z\frac{\partial u_y}{\partial z}\\-g-\frac{1}{\rho}\ \frac{\partial p}{\partial z}&=u_x\frac{\partial u_z}{\partial x}+u_y\frac{\partial u_z}{\partial y}+u_z\frac{\partial u_z}{\partial z}\end{aligned}\right\}\qquad(1\text{-}43)$$

式（1-43）即为理想流体作定常流动时的欧拉运动方程。方程组（1-43）中有 p、u_x，u_y，u_z 四个未知数，已有三个方程，再加连续性方程，故理论上是可以求解的。

1.3.3　流体机械能守恒—伯努利方程

1.3.3.1　理想流体微小流束的伯努利方程

工程中的流动通常是在重力场中，单位质量力 $Z=-g$，对不可压缩流体的定常流，即可由式（1-42）得

$$\left.\begin{aligned}-\frac{1}{\rho}\ \frac{\partial p}{\partial x}&=\frac{\partial u_x}{\partial \tau}\\-\frac{1}{\rho}\ \frac{\partial p}{\partial y}&=\frac{\partial u_y}{\partial \tau}\\-g-\frac{1}{\rho}\ \frac{\partial p}{\partial z}&=\frac{\partial u_z}{\partial \tau}\end{aligned}\right\}\qquad(1)$$

式（1）中三个方程式依次乘以 $\mathrm{d}x$、$\mathrm{d}y$、$\mathrm{d}z$，然后相加得

$$-g\mathrm{d}z-\frac{1}{\rho}\left(\frac{\partial p}{\partial x}\mathrm{d}x+\frac{\partial p}{\partial y}\mathrm{d}y+\frac{\partial p}{\partial z}\mathrm{d}z\right)=\frac{\mathrm{d}u_x}{\mathrm{d}\tau}\mathrm{d}x+\frac{\mathrm{d}u_y}{\mathrm{d}\tau}\mathrm{d}y+\frac{\mathrm{d}u_z}{\mathrm{d}\tau}\mathrm{d}z\qquad(2)$$

注意到定常流中 $\frac{\partial p}{\partial \tau}=0$，式（2）左边括号中即为压力 p 的全微分，即

$$\frac{\partial p}{\partial x}\mathrm{d}x+\frac{\partial p}{\partial y}\mathrm{d}y+\frac{\partial p}{\partial z}\mathrm{d}z=\mathrm{d}p\qquad(3)$$

另外，在定常流中，同一微小流束内相邻两点距离在各坐标上的投影 dx、dy、dz 可表示为

$$\mathrm{d}x = u_x \mathrm{d}\tau, \mathrm{d}y = u_y \mathrm{d}\tau, \mathrm{d}z = u_z \mathrm{d}\tau \tag{4}$$

则式（2）的右边成为

$$\frac{\mathrm{d}u_x}{\mathrm{d}\tau}u_x\mathrm{d}\tau + \frac{\mathrm{d}u_y}{\mathrm{d}\tau}u_y\mathrm{d}\tau + \frac{\mathrm{d}u_z}{\mathrm{d}\tau}u_z\mathrm{d}\tau$$

$$= u_x\mathrm{d}u_x + u_y\mathrm{d}u_y + u_z\mathrm{d}u_z = \frac{1}{2}\mathrm{d}(u_x^2 + u_y^2 + u_z^2)$$

$$= \mathrm{d}\left(\frac{u^2}{2}\right) \tag{5}$$

式中，u 是三个分速度的合速度，将式（3）、式（4）、式（5）代入式（2），则得

$$g\mathrm{d}z + \frac{\mathrm{d}p}{\rho} + \mathrm{d}\left(\frac{u^2}{2}\right) = 0 \tag{6}$$

对不可压缩流体，ρ = 常数，将式（6）积分，成为

$$gz + \frac{p}{\rho} + \frac{u^2}{2} = 常数 \tag{1-44}$$

上式是微小流束中单位质量流量流体的伯努利方程。式（1-44）中第一项是单位质量流量的位能，其单位是

$$\frac{\mathrm{m}}{\mathrm{s}^2}\cdot\mathrm{m} \Rightarrow \mathrm{kg}\cdot\frac{\mathrm{m}}{\mathrm{s}^2}\cdot\frac{\mathrm{m}}{\mathrm{kg}} \Rightarrow \mathrm{N}\cdot\frac{\mathrm{m}}{\mathrm{kg}} \Rightarrow \frac{\mathrm{J}}{\mathrm{kg}}$$

第二项是单位质量流体的静压能，其单位是

$$\frac{\mathrm{N}}{\mathrm{m}^2}\Big/\frac{\mathrm{kg}}{\mathrm{m}^3} \Rightarrow \frac{\mathrm{N}\cdot\mathrm{m}}{\mathrm{kg}} \Rightarrow \frac{\mathrm{J}}{\mathrm{kg}}$$

第三项是单位质量流体的动能，其单位是

$$\mathrm{m}^2/\mathrm{s}^2 \Rightarrow \frac{\mathrm{kg}\cdot\mathrm{m}}{\mathrm{s}^2}\cdot\frac{\mathrm{m}}{\mathrm{kg}} \Rightarrow \frac{\mathrm{N}\cdot\mathrm{m}}{\mathrm{kg}} \Rightarrow \frac{\mathrm{J}}{\mathrm{kg}}$$

式（1-44）表明，微小流束任意截面上，三种机械能之和保持不变。可见伯努利方程实质上就是流动过程流体的机械能守恒。

若以流体密度 ρ 遍乘式（1-44），则得

$$\rho gz + p + \frac{\rho u^2}{2} = 常数 \tag{1-45}$$

其中第一项的物理意义可从因次上看出

$$(\mathrm{N}/\mathrm{m}^3)\cdot\mathrm{m} \Rightarrow \mathrm{J}/\mathrm{m}^3$$

即单位体积流体的位能，在 1.1.3 节中已定义为位压头。第二项为静压，其单位

$$\mathrm{N}/\mathrm{m}^2 \Rightarrow \mathrm{N}\cdot\mathrm{m}/\mathrm{m}^3 \Rightarrow \mathrm{J}/\mathrm{m}^3$$

也可以理解为单位体积流体的静压能，即静压头。第三项为动压，从其单位

$$\left(\frac{\mathrm{m}}{\mathrm{s}}\right)^2\cdot\frac{\mathrm{kg}}{\mathrm{m}^3} \Rightarrow \mathrm{N}\cdot\mathrm{m}/\mathrm{m}^3 \Rightarrow \mathrm{J}/\mathrm{m}^3$$

可以看出，这是单位流体具有的动能。对应于静压头与位压头，$\frac{\rho u^2}{2}$ 可称为动压头。

若以 ρg 遍除式（1-45）各项，得

$$z + \frac{p}{\rho g} + \frac{u^2}{2g} = 常数 \tag{1-46}$$

此式中各项为单位质量流体具有的位能、静压能与动能。单位为 J/N 或 m。在水力学中常

用此种形式。

1.3.3.2 管流的伯努利方程

微小流束是一种理论模型，工程中常见的是管流，实际上是由无数微小流束集合而成的总流。所以工程使用的伯努利方程还须由微小流束伯努利方程沿横截面积分。

一管流中两任意截面的有效断面分别为 A_1 和 A_2，流体从 A_1 流向 A_2（图1-11）。管流中的任一微小流束可列出 A_1、A_2 间的伯努利方程，即式（1-44）

$$\rho g z_1 + p_1 + \frac{\rho u_1^2}{2} = \rho g z_2 + p_2 + \frac{\rho u_2^2}{2}$$

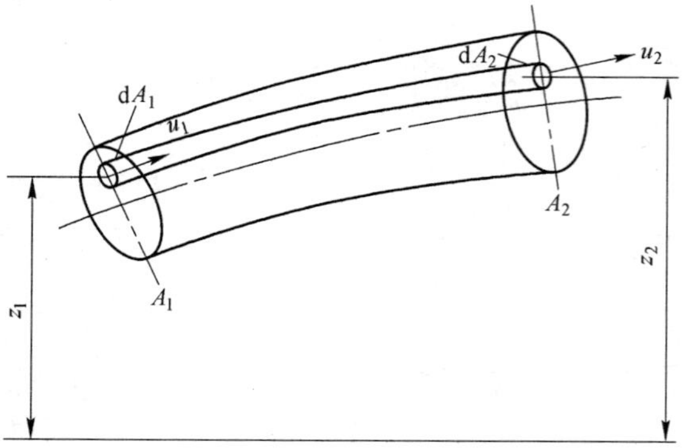

图1-11 管流伯努利方程推导

上式中左边表示截面 dA_1 的微小流束中单位体积的总机械能。右边是同一流束中截面为 dA_2 处单位体积流体的总机械能。单位时间内通过 dA_1 的流体体积为 $u_1 dA_1$，故同时间内通过整个管道截面 A_1 的流体具有的总机械能 E_1 为

$$E_1 = \int_{A_1}\left(\rho g z_1 + p_1 + \frac{\rho u_1^2}{2}\right)u_1 dA_1$$

$$= \int_{A_1}(\rho g z_1 + p_1)u_1 dA_1 + \frac{\rho}{2}\int_{A_1}u_1^3 dA_1 \tag{1}$$

上式第一个积分项中，$\rho g z_1 + p_1$ 的值在截面 A_1 上各点通常是不同的。但只要截面上不存在横（径）向流动，就可将该截面各点之间的关系视为静止流体。根据式（1-16）的静压平衡关系，可认为是常数。即

$$\int_{A_1}(\rho g z_1 + p_1)u_1 dA_1 = (\rho g z_1 + p_1)\int_{A_1}u_1 dA_1$$

$$= (\rho g z_1 + p_1)v_1 A_1 \tag{2}$$

式（1）中第二项 $\frac{\rho}{2}\int_{A_1}u_1^3 dA$ 的积分需要知道 u_1 在截面上的分布函数，而在不同的流动形态和不同的雷诺数条件下，流速在截面上的分布函数是不同的，这使得沿整个截面对动能进行积分的计算非常困难。为便于工程应用，一般采用截面平均速度来计算动能。但平均速度的动能与各实际流束的动能沿截面的平均值在数值上是有差异的。按平均速度计算截面总动能为

$$\frac{\rho v_1^2}{2}\cdot v_1 \cdot A_1 = \frac{\rho}{2}\cdot v_1^3 \cdot A_1 \tag{3}$$

当截面上流速不均（比如管道层流中流速在横截面分布呈抛物型曲面，中心流速相当于平均流速的两倍）时，动能的积分值总是大于平均速度计算出的动能值，即

$$\frac{\rho}{2}\int_{A_1}u_1^3 dA_1 > \frac{\rho}{2}v_1^3 A_1$$

而且 A_1 面上速度分布越不均匀时，此二者相差越大。工程计算中引入动能修正系数 α_1

$$\alpha_1 = \frac{\rho/2 \cdot \int_{A_1}u^3 dA_1}{\rho/2 \cdot v_1^3 \cdot A_1} \tag{1-47}$$

显然，α_1 是大于1的。

则式（1）中的第二项可用式（1-47）代入，即

$$\frac{\rho}{2}\int_{A_1} u_1^3 \mathrm{d}A_1 = \alpha_1 \frac{v_1^2}{2}\rho v_1 A_1 \tag{4}$$

式（2）、式（4）代入式（1）得

$$E_1 = (\rho g z_1 + p_1 + \alpha_1 \frac{v_1^2}{2}\rho) v_1 A_1 \tag{5}$$

同理可得 A_2 截面上的总机械能

$$\begin{aligned} E_2 &= \int_A (\rho g z_2 + p_2 + \rho u_2^2/2) u_2 \mathrm{d}A_2 \\ &= \left(\rho g z_2 + p_2 + \alpha_2 \frac{v_2^2}{2}\rho\right) v_2 A_2 \end{aligned} \tag{6}$$

先不考虑流动时的能量损失，同时对于定常流流动系统的总能量不随时间而变，则有

$$E_1 \equiv E_2 \tag{7}$$

在连续流动条件下有连续性方程（式（1-41））。

$$v_1 A_1 = v_2 A_2 \tag{8}$$

从式（5）、式（6）、式（7）、式（8），得到

$$\rho g z_1 + p_1 + \rho \frac{\alpha_1 v_1^2}{2} = \rho g z_2 + p_2 + \rho \frac{\alpha_2 v_2^2}{2} \tag{1-48}$$

上式即管流的伯努利方程。必须注意，推导过程引入了如下假设：

（1）连续流；

（2）定常流；

（3）不可压缩流；

（4）积分截面上只有轴向流动，不存在径向或横向流动；

（5）理想流体，不计流动损失。

也就是说，式（1-48）只在完全满足上述条件的管流中才能适用。

1.3.3.3　动能修正系数

式（1-48）中的动能修正系数，可以利用不同 Re 数下的速度分布函数，即式（1-34）、式（1-35）、式（1-36）与表 1-2 中的数据，按定义式（1-47）进行计算，可得出

圆管中的层流　　$\alpha = 2$

圆管中的紊流　　$Re = 4 \times 10^3$　$\alpha = 1.077$

$Re = 1 \times 10^7$　$\alpha = 1.026$

可见，在一般 Re 比较大的工程条件下，动能修正数都在 1.0～1.1 之间。为简化，凡是紊流条件下，α 都取为 1.0，只在层流时取 $\alpha = 2.0$。

1.3.3.4　实际流体的伯努利方程

实际流体运动时，由于流体黏性与边界层的存在，必然产生流动阻力，式（1-43）的关系已不适用。因而也不能完全套用由式（1-43）导出的伯努利方程式（1-48）。从物理概念出发，设流体在 1、2 两截面间，单位流体体积的机械能损失为 $h_{失}$（J/m^3），即

$$h_{失} = \left(\rho g z_1 + p_1 + \rho \frac{\alpha_1 v_1^2}{2}\right) - \left(\rho g z_2 + p_2 + \rho \frac{\alpha_2 v_2^2}{2}\right) \tag{1-49}$$

或写成一般形式

$$\rho g z_1 + p_1 + \rho \frac{\alpha_1 v_1^2}{2} = \rho g z_2 + p_2 + \rho \frac{\alpha_2 v_2^2}{2} + h_{失} \tag{1-50}$$

上式即为实际流体管流的伯努利方程，是流体运动最重要的方程之一。$h_{失}$ 称为1、2截面间的损失压头，单位与其他三项相同。其数值的确定将在下节专门讨论。

1.3.3.5 在大气中运动气体的伯努利方程

工程中的实际流动，都应考虑环境大气的存在及影响。由于工程中研究的流动气体，其密度与大气密度相近，这种影响非常显著。特别是研究热气体流动时，由于环境大气密度通常大于热气体的密度，这时气体所受体积力（质量力）是重力与大气浮力之合力，且后者大于前者。故质量力的合力方向是向上（与重力相反）的。若取地表平面作基准面，位于地表上方的热气体所具有的位能是负值，与水力学的概念恰恰相反。

另外，用绝对静压表示气体的静压能，对研究气体的机械运动也不方便。例如，当某气体系统的绝对静压虽然很大（比如101325Pa），但由于其值与环境大气压相等或相近，则该体系的气体实际上却并不具有胀缩作功的本领。

所以，为了实用，气体的各项机械能都宜采用相对于（大气）能量（或剩余能量）的形式表示。设空气密度为ρ_a，大气压（绝对压力）分别为p_{a1}、p_{a2}，则大气本身任意两高度的平面间有如下平衡方程，即式（1-16）。

$$\rho_a g z_1 + p_{a1} = \rho_a g z_2 + p_{a2} \tag{1}$$

对被研究的气体体系，应用式（1-50），即

$$\rho g z_1 + p_1 + \rho \frac{\alpha_1 v_1^2}{2} = \rho g z_2 + p_2 + \rho \frac{\alpha_2 v_2^2}{2} + h_{失} \tag{2}$$

式（2）－式（1），则得

$$(\rho - \rho_a) g z_1 + (p_1 - p_{a1}) + \rho \frac{\alpha_1 v_1^2}{2} = (\rho - \rho_a) g z_2 + (p_2 - p_{a2}) + \rho \frac{\alpha_2 v_2^2}{2} + h_{失} \tag{1-51}$$

式中，$(\rho - \rho_a) g z_1$，$(\rho - \rho_a) g z_2$ 分别为1、2面上的气体位压头。$p_1 - p_{a1}$与$p_2 - p_{a2}$分别为1、2面的气体表压或静压头。

式（1-51）中各项都是气体的压头，所以实际气体的伯努利方程常写成如下简单的表示形式

$$h_{位1} + h_{静1} + h_{动1} = h_{位2} + h_{静2} + h_{动2} + h_{失} \tag{1-52}$$

必须注意，使用此式时仍必须强调附加于式（1-48）的前四个条件，即（1）连续流；（2）定常流；（3）不可压缩流；（4）不存在截面上的横向流动（至少在始末两截面上应如此）。

1.3.4 伯努利方程的应用实例

［例1-5］ 孔口出流问题 有一炉膛充满热气，密度为ρ_g，现取一横截面，如图1-12所示，

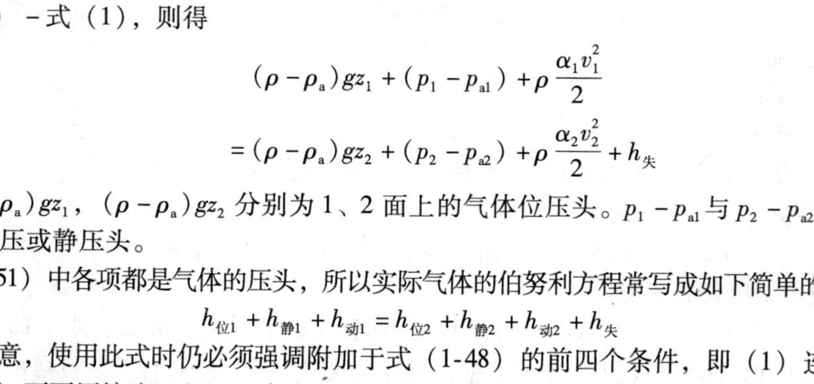

图1-12 孔口出流问题

设截面上不存在横向流动，炉底水平面（Ⅰ—Ⅰ面）表压为零（即内外静压相等的平衡面）。（1）试计算Ⅱ—Ⅱ面处小孔中流体流出速度；（2）若炉底部有一高度为 H 的炉门，当此炉门敞开时，试计算通过炉门外逸的炉气量。

[解] （1）按题意此处流体只有重力与空气浮力作用，不存在其他外力，故可以认为此条件下炉气为不可压缩流体。又考虑在实际操作中，炉膛内温度与压力一般保持恒定，故属于定常状态。

现取炉底Ⅰ—Ⅰ面与小孔出口处的Ⅱ—Ⅱ面为计算面。对于热炉气，通常取位置较高的Ⅱ—Ⅱ截面中心水平面为基准面（这样可使计算简化），此时Ⅱ—Ⅱ面的位压头为零。另外，在横截面Ⅰ与Ⅱ之间不存在能量和流体的输出与注入。故认为符合方程式（1-52）的使用条件，即

$$h_{静1}+h_{位1}+h_{动1}=h_{静2}+h_{位2}+h_{动2}+h_{失}^{Ⅰ-Ⅱ}$$

式中，$h_{静1}$ 已由题定为零压。另因小孔出口处截面Ⅱ—Ⅱ本身处于大气之中，故其表压必然也为零。按定义

$$h_{位1}=z_1(\rho_a-\rho_g)g$$

$$h_{位2}=0$$

设Ⅱ—Ⅱ处截面流速为 v_2，并先假设动能修正系数 $\alpha_2=1$。按连续性方程（式（1-41）），$v_1=v_2\cdot A_2/A_1$，由图1-12可见 $A_2/A_1\rightarrow 0$，故 $v_1\approx 0$。

本题先假定 $h_{失}^{Ⅰ-Ⅱ}=0$，将以上数值代入伯努利方程，有

$$0+z(\rho_a-\rho_g)g+0=0+0+\frac{\rho_g v_2^2}{2}$$

得出

$$v_2=\sqrt{\frac{2gz(\rho_a-\rho_g)}{\rho_g}}$$

当然，因实际流体流动时存在压头损失，即 $h_{失}^{Ⅰ-Ⅱ}$ 不为零，故实际的 v_2 应比上式的值小。

若将小孔堵塞，则 $v_2=0$，这时Ⅱ—Ⅱ面不再与大气相通，炉膛内的 $h_{静2}$ 不会等于零。当其他条件不变，此时两截面间的伯努利方程变成

$$0+z(\rho_a-\rho_g)g+0=h_{静2}+0+0+0$$

即得

$$h_{静2}=z(\rho_a-\rho_g)g$$

可见，Ⅱ—Ⅱ截面处的静压为正值（因热气的 ρ_g 小于 ρ_a）。当小孔一旦打开，炉气必向外流出。

（2）炉门底部为零压，当炉门敞开（根据上述分析），整个炉门开口处都处于正压范围，因而将有炉气逸出。为计算逸出炉气流速与流量，先在炉门任意水平上取一厚度为 dx 的微元截面，设此截面距炉门底部为 h(m)，可以根据本例第（1）项的分析，设通过 dx 微小截面的流速为 v，则

$$v=\sqrt{\frac{2gx(\rho_a-\rho_g)}{\rho_g}}\quad \text{m/s} \tag{A}$$

炉门宽度为 B，通过 dh 炉门的溢气流量为 $dq_V=B\cdot v\cdot dx$。则可得通过整个炉门溢气量

$$q_V=\int_H dq_V=\int_0^H B\cdot\sqrt{\frac{2gx(\rho_a-\rho_g)}{\rho_g}}\cdot dx$$

积分后得到

$$q_V = \frac{2}{3}BH\sqrt{\frac{2gH(\rho_a - \rho_g)}{\rho_g}} \quad m^3/s$$

式（A）中的 v 中未计入流体流过炉门时的压头损失，实际流量应小于上式确定的数值。若用 μ 来修正压头损失的影响，则实际的炉门溢气流量应为

$$q_V = \frac{2}{3}\mu BH\sqrt{\frac{2gH(\rho_a - \rho_g)}{\rho_g}} \quad m^3/s \tag{B}$$

式中，μ 称为流量系数，通过测定，此值为 0.6 ~0.8。

例如当炉门宽 $B = 0.9m$，高 $H = 0.8m$，炉气温度 $t_g = 1100℃$，炉气密度（标态）$\rho_{g,0} = 1.32kg/m^3$，并设周围空气温度为零度，$\rho_{a,0} = 1.293kg/m^3$，炉门底部静压头为零，求炉门溢气量。

炉气在炉膛内的重度

$$\gamma_g = \frac{\rho_{g,0} \cdot g}{1 + \beta t} = \frac{1.32 \times 9.807}{1 + 1100/273} = 2.57N/m^3$$

空气重度 $\gamma_a = \rho_{a,0} \cdot g = 1.293 \times 9.807 = 12.68N/m^3$

取 $\mu = 0.7$，利用式（B）

$$q_V = \frac{2}{3} \times 0.7 \times 0.9 \times 0.8 \times \sqrt{\frac{9.807 \times 2 \times 0.8 \times (12.68 - 2.57)}{2.57}}$$
$$= 2.64m^3/s$$

换算成标准状态

$$q_V = \frac{q_V}{1 + \beta t} = \frac{2.64}{1 + 1100/273} = 0.52m^3/s$$

[例 1-6] 流量测量 图 1-13 为水平放置的文丘里管，其中稳定地通过非压缩性流体。若已知流体物性参数、管直径及喉管前后两截面的静压差，求流量。

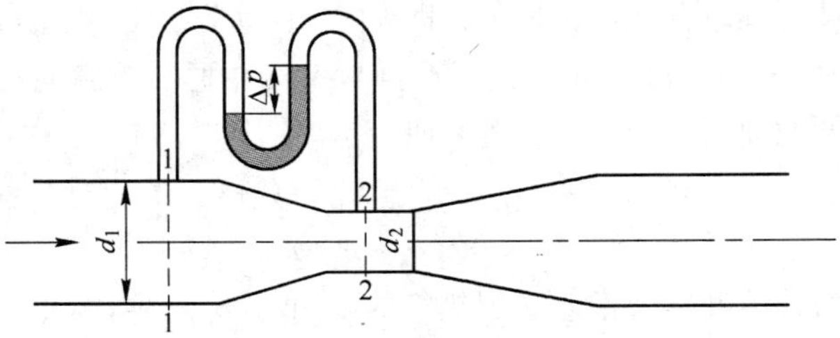

图 1-13 文丘里管简图

[解] 选择已知量最多的两个面为计算截面，本例应选已知压差的两个截面。且此例符合公式（1-52）的应用条件。选管轴水平为基准面，此时前后两截面的位压头皆为零。一般情况下多为紊流，先设动能修正系数 $\alpha_1 = \alpha_2 = 1$。另外，暂设 $h_{失}^{1-2} = 0$，代入式（1-51），有

$$p_1 + \frac{v_1^2}{2}\rho = p_2 + \frac{v_2^2}{2}\rho \tag{1}$$

再按连续性方程式（1-41）

$$v_2 = v_1 \cdot A_1/A_2 = v_1 \cdot d_1^2/d_2^2 \tag{2}$$

代入式（1），令 $\Delta p = p_1 - p_2$，整理后得

$$v_1 = \sqrt{\frac{1}{\left(\frac{d_1}{d_2}\right)^4 - 1}} \cdot \sqrt{\frac{2\Delta p}{\rho}} \quad \text{m/s} \tag{3}$$

体积流量为

$$q_V = v_1 A_1 = A_1 \sqrt{\frac{1}{\left(\frac{d_1}{d_2}\right)^4 - 1}} \cdot \sqrt{\frac{2\Delta p}{\rho}} \quad \text{m}^3/\text{s} \tag{4}$$

为考虑损失压头的影响，实际流量应为

$$q_V = \mu \cdot A_1 \sqrt{\frac{1}{\left(\frac{d_1}{d_2}\right)^4 - 1}} \cdot \sqrt{\frac{2\Delta p}{\rho}} \quad \text{m}^3/\text{s} \tag{5}$$

流量系数μ由实测确定，一般为0.90～0.98。

现给出图1-13中的具体尺寸 $d_1 = 100\text{mm}$，$d_2 = 40\text{mm}$，从压差计读出 $\Delta p = 25\text{mmHg}$，$\mu = 0.98$，流过空气的密度 $\rho_a = 1.2\text{kg/m}^3$，求流量。

先将压差的单位换算成帕

$$\Delta p = \Delta h \times \rho_{Hg} g = 25 \times 10^{-3} \times 13595 \times 9.807 = 3333\text{Pa}$$

利用式（3）求得1面处的流速

$$v_1 = \sqrt{\frac{1}{\left(\frac{d_1}{d_2}\right)^4 - 1}} \cdot \sqrt{\frac{2\Delta p}{\rho}}$$

$$= \sqrt{\frac{1}{\left(\frac{100}{40}\right)^4 - 1}} \cdot \frac{2 \times 3333}{1.2} = 12\text{m/s}$$

$$q_V = \mu \cdot A_1 \cdot v_1 = 0.98 \times \frac{\pi}{4} \times (0.1)^2 \times 12$$

$$= 0.092\text{m}^3/\text{s} = 332\text{m}^3/\text{h}$$

还须验算动能修正系数。从附表中查得空气在此例条件下的运动黏度

$$\nu_a = 15.06 \times 10^{-6}\text{m}^2/\text{s}$$

$$Re_1 = \frac{v_1 \cdot d_1}{\nu_a} = \frac{12 \times 100 \times 10^{-3}}{15.06 \times 10^{-6}} = 79680$$

$$Re_2 = \frac{v_1 d_2}{\nu_a} = \left(\frac{d_1}{d_2}\right)^2 \cdot \frac{v_1 d_2}{\nu_a}$$

$$= \frac{0.1^2 \times 12}{0.04 \times 15.06 \times 10^{-6}} = 2 \times 10^5$$

属于紊流，故设 $\alpha_1 = \alpha_2 = 1$ 是正确的。

［例1-7］ 确定流体输送系统的功率　有一个溶液输送系统需用泵将溶液池的溶液输送至喷淋塔顶，其布置见图1-14。泵进口管规格为 $\phi108 \times 4.5\text{mm}$，泵进口管中流速 $v_{进} = 1.5\text{m/s}$，出口管规格为 $\phi76 \times 2.5\text{mm}$，贮液池中液深1.5m，池底至塔顶出口截面的距离为20m。已知溶液在输送系统的压头损失为33000Pa，出口前截面2—2处的静压头为29420Pa，溶液的密度 $\rho = 1100\text{kg/m}^3$，试求泵所需的轴功率。

［解］ 此题流动系统为从贮液池表面至塔顶出口，现取已知数据最多的截面1—1及2—2

为计算面，溶液为不可压缩流体，且正常动转时属于稳定流动，忽略其与外界的热交换，利用式(1-50)，取池底作基准面。

$$\rho g z_1 + p_1 + \rho \frac{\alpha_1 v_1^2}{2} = \rho g z_2 + p_2 + \rho \frac{\alpha_2 v_2^2}{2} + h_{失}$$

$$z_1 = 1.5\text{m},\ z_2 = 20\text{m}$$

溶液表面的静压 p_1 即为当地绝对大气压，设为 p_a。

截面 2—2 处的绝对静压 $p_2 = p_a + h_{静2} = p_a + 29420$。

按连续性方程的概念，1—1 截面与进口管截面有如下关系

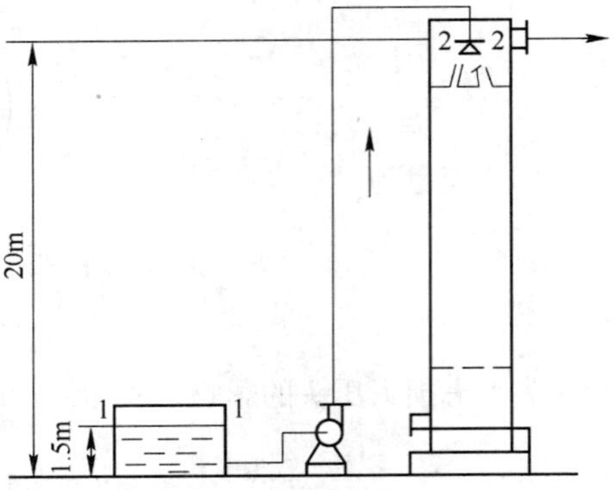

图 1-14　例 1-7 插图

$$v_1 A_1 = v_{进} A_{进}$$

贮液池截面 A_1 比进口管截面 $A_{进}$ 大很多，故

$$v_1 = v_{进} \cdot A_{进}/A_1 \approx 0$$

进口管内径 $d_{进} = 108 - 2 \times 4.5 = 99\text{mm}$；出口管内径 $d_2 = 76 - 2 \times 2.5 = 71\text{mm}$。

又按进口截面与出口截面（2—2）的连续方程（设流经泵体时溶液无泄漏），可求得出口管内流速

$$v_2 = (d_{进}/d_2)^2 \cdot v_{进} = (99/71)^2 \times 1.5$$
$$= 2.92\text{m/s}$$

暂设动能修正系数 $\alpha_1 \approx \alpha_2 \approx 1$，将已知值分别代入伯努利方程两侧

左侧(截面 1—1) $= 10788 \times 1.5 + p_a + 0$
$= 16182 + p_a$

右侧(截面 2—2) $= 10788 \times 20 + (p_a + 29420) + 1100 \times \dfrac{2.92^2}{2} + 33000$
$= 282870 + p_a$

显然公式两侧不相等。出口截面处总能量超出进口截面总能量，即（右侧）-（左侧）= 266669Pa，可见由截面 1—1 至截面 2—2 流体压头增加 2666669Pa，亦即每立方米流体需要外界输入能量 266669N/m（或 J）。此能量即泵对流体所作的功。

流体体积流量

$$q_V = v_2 A_2 = 2.92 \times \frac{\pi}{4} \times (0.071)^2 = 11.56 \times 10^{-3}\text{m}^3/\text{s}$$

泵的轴功率

$$N = q_V H = 11.56 \times 10^{-3} \times 266669 = 3083\text{J/s} = 3.083\text{kW}$$

若考虑到泵实际运行时的各种能量损失，取泵功率效率为 0.65，则实际上应配备驱动电机的功率为

$$3.083/0.65 = 4.743\text{kW}$$

最后经过验算，管内为紊流，原设其动能修正系数为 1 是正确的。

1.3.5　动量及动量矩方程

前面研究的连续方程与能量方程，主要是解决流动中的流速与压力问题，但在工程中往往需要知道流动时流体与管壁之间的相互作用力，这就需要用到动量方程。

1.3.5.1　动量方程

理论力学中的动量定律指出：运动物体动量随时间的变化率与该物体所受外力之合力相

等。设物体动量为 k，即，$k=m\cdot\bar{v}$，则

$$\frac{\mathrm{d}k}{\mathrm{d}\tau}=\sum F \tag{1-53}$$

或

$$\mathrm{d}k=\sum F\cdot\mathrm{d}\tau \tag{1-53a}$$

将该方程用于一维流动，以两断面间的一段流体作为研究对象，即可导出流体的动量方程。现取定常管流中（图 1-15）的任意两个断面 1—1，2—2 间的流体进行分析。该段流体在两端面压力和管壁作用力的作用下，经 $\mathrm{d}\tau$ 时间后，位置变为 1′—1′与 2′—2′。由于流体为定常态，也就是说 1′—1′至 2—2 截面间（阴影部分）的各点流速与流量都不发生变化，亦即动量无变化。整个流体段在 $\mathrm{d}\tau$ 内的动量变化（$\mathrm{d}k$）集中在 1—1 至 1′—1′段的流体动量与 2—2 到 2′—2′段流体动量的变化上，即

$$\mathrm{d}k=(K_{2-2'})-(K_{1-1'}) \tag{a}$$

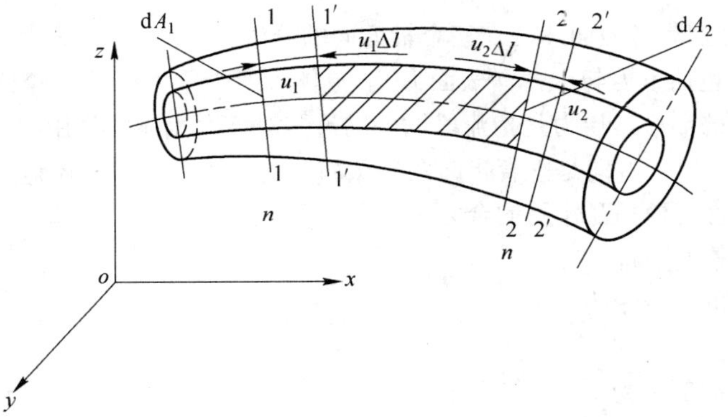

图 1-15 动量方程的推导

在整个管段中取一微小流束，其在 1—1 及 2—2 处的截面积分别为 $\mathrm{d}A_1$ 与 $\mathrm{d}A_2$，相应的流速为 u_1，u_2。经 $\mathrm{d}\tau$ 时间流过的长度为 $u_1\mathrm{d}\tau$，体积流量为 $u_1\mathrm{d}\tau\cdot\mathrm{d}A_1$，质量流量为 $\rho u_1\mathrm{d}\tau\cdot\mathrm{d}A_1$。相当于具有动量 $\rho u_1^2\mathrm{d}\tau\cdot\mathrm{d}A_1$，即 1—1 至 1′—1′段的流体总动量为

$$K_{1-1'}=\int_{A_1}\rho\cdot u_1^2\cdot\mathrm{d}\tau\cdot\mathrm{d}A_1 \tag{b}$$

同理

$$K_{2-2'}=\int_{A_2}\rho\cdot u_2^2\cdot\mathrm{d}\tau\cdot\mathrm{d}A_2 \tag{c}$$

由于截面上速度分布难于确定，故按式（b）、式（c）积分较困难，工程上通常用截面平均速度来表示截面上的动量。如同用平均速度表示截面流体总动能的方式一样，此处引进一动量修正系数 β，即

$$\int_A\rho u^2\mathrm{d}A=\beta\rho v^2A \tag{d}$$

β 值的大小取决于截面上速度分布，速度分布越均匀，β 值越接近于 1。按层流下的速度分布函数代入后可计算出 β 为 1.33，对紊流则为 1.05 ~ 1.01，随 Re 增大而渐近于 1.0。工程中管道内的流动多为紊流，故通常可近似地取 $\beta=1$。式（b）、式（c）可写成

$$K_{1-1'}=\rho v_1^2A_1\cdot\mathrm{d}\tau \tag{e}$$

$$K_{2-2'}=\rho v_2^2A_2\cdot\mathrm{d}\tau \tag{f}$$

式（a）可写成

$$\mathrm{d}k=K_{2-2'}-K_{1-1'}=\rho\mathrm{d}\tau(v_2^2A_2-v_1^2A_1) \tag{g}$$

根据不可压缩流体一维流动的连续性方程

$$v_2A_2 = v_1A_1 = q_V$$

代入式（g），变成

$$dk = \rho q_V d\tau (v_2 - v_1) \tag{h}$$

代入式（1-53），则

$$\sum F = \rho q_V (v_2 - v_1) \tag{1-54}$$

上式就是一维定常流中的动量方程，表明作用在所研究流体段上的外力的合力等于单位时间内流出与流入流体的动量差。

为了计算方便，通常按直角坐标分三个方向分别列出动量平衡，即

$$\begin{aligned} &x\text{ 方向：} && \sum F_x = \rho q_V (v_{2x} - v_{1x}) \\ &y\text{ 方向：} && \sum F_y = \rho q_V (v_{2y} - v_{1y}) \\ &z\text{ 方向：} && \sum F_z = \rho q_V (v_{2z} - v_{1z}) \end{aligned} \tag{1-55}$$

式中，v_x、v_y、v_z 分别为各截面速度在三个轴方向的分量。

这里所指外力包括重力与压力（表面力）。流体段所受重力即整个流段的重量，其方向向下并通过该段体积的形心。压力是指流段以外的流体对该段流体的作用力。其大小为静压与截面的乘积（$p = h_{静} \cdot A$）。方向是垂直指向两端截面。流体所受压力中还包括管壁对流体的作用力 R，这是流段与管道壁相互作用的合力。

1.3.5.2 动量矩方程

单位质量流体的动量矩为

$$\boldsymbol{\eta} = \boldsymbol{r} \times \boldsymbol{v} \tag{a}$$

控制体流体的动量矩为

$$M = \boldsymbol{r} \times \boldsymbol{v} m = \iiint_V \boldsymbol{r} \times \boldsymbol{v} \rho dV \tag{b}$$

根据质点系动量矩定理，流体系统（控制体）动量矩的时间全变化率等于作用在系统上的外力矩的矢量和，即

$$\frac{dM}{d\tau} = \sum F \times \boldsymbol{r} \tag{c}$$

或

$$dM = (\sum F \times \boldsymbol{r}) d\tau \tag{d}$$

经过上述类似的处理可得到

$$\sum F \times \boldsymbol{r} = \rho q_V (\boldsymbol{v}_2 - \boldsymbol{v}_1) \times \boldsymbol{r} \tag{1-56}$$

上式就是一维定常流中的总流的动量矩方程。表明，对于定常流动，单位时间内从控制面流出的动量矩与从控制面流入的动量矩之差，等于作用在控制体上的所有外力矩的和。

如果总流有若干个进口面和出口面，则动量和动量矩方程为

$$\sum F = \sum (\rho q_V \boldsymbol{v})_{出口} - \sum (\rho q_V \boldsymbol{v})_{入口} \tag{1-56a}$$

$$\sum F \times \boldsymbol{r} = \sum (\rho q_V \boldsymbol{v} \times \boldsymbol{r})_{出口} - \sum (\rho q_V \boldsymbol{v} \times \boldsymbol{r})_{入口} \tag{1-56b}$$

应用定常管流的动量和动量矩方程时应注意以下几点：

（1）动量和动量矩方程是矢量方程，应用它的投影式比较方便，选择一个适当的坐标系，并要注意流动方向和投影的正负；

（2）适当地选择控制体，并完整地考虑作用在控制体内流体上的所有外力；

（3）计算只涉及流入、流出截面上的流动和所有外力，不必顾及控制体内的流动状态；

（4）方程的未知数较多，要联立连续性方程和伯努利方程才能求解。

［例1-8］ 如图1-16a所示，一变径弯管，轴线位于同一水平面，转角 $\alpha=60°$，直径由 $d_A=0.2\text{m}$ 变成 $d_B=0.15\text{m}$，流量 $q_V=2.5\text{m}^3/\text{s}$，静压头 $h_{静A}=3.84\text{kPa}$，流体密度为 $\rho=1.2\text{kg/m}^3$。求气流对 AB 段弯管的作用力（不计弯管的压头损失）。

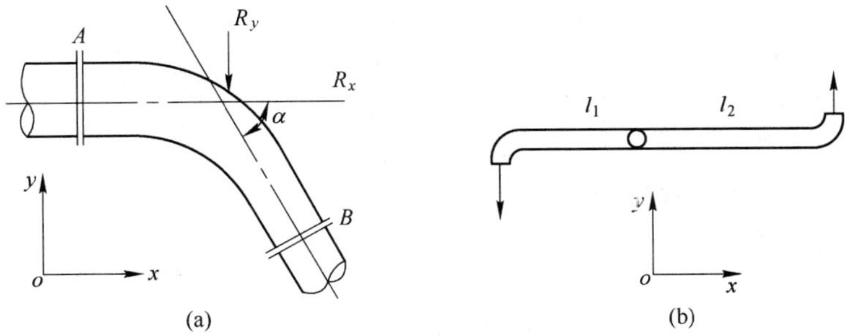

图1-16

［解］ （1）用管流连续方程计算 v_A 与 v_B

$$v_A=q_V/q_A=2.5/(0.785\times0.2^2)=79.6\text{m/s}$$

$$v_B=q_V/q_B=2.5/(0.785\times0.15^2)=141.5\text{m/s}$$

（2）利用伯努力方程计算 $h_{静B}$

$$h_{静A}+\rho v_A^2/2+h_{位A}=h_{静B}+\rho v_B^2/2+h_{位B}+h_{失}^{A-B}$$

$$3840+1.2\times79.6^2/2+0=h_{静B}+1.2\times141.5^2/2+0+0$$

$$h_{静B}=3840+3802-12013=-4371\text{Pa}$$

（3）将流段 AB 作为隔离体，利用动量方程式（1-56a），并假定弯管反力 R 的两个分量 R_x 与 R_y（见图1-16a），取坐标习惯正方向

$$\sum F_x=\rho q_V(v_{Bx}-v_{Ax}) \qquad (1)$$

$$\sum F_y=\rho q_V(v_{By}-v_{Ay}) \qquad (2)$$

x 方向： $h_{静A}\cdot A_A-h_{静B}\cdot A_B\cos60°-R_x=\rho q_V(v_B\cos60°-v_A)$

$$R_x=3840\times0.2^2\times\pi/4-4371\times(0.15^2\times\pi/4)$$
$$\times0.5-1.2\times2.5\times141.5\times0.5+1.2\times2.5\times79.6$$
$$=108.53\text{N}$$

y 方向： $h_{静A}\cdot A_A\times0+h_{静B}\cdot A_B\cdot\cos30°-R_y=\rho q_V(-v_B\cdot\cos30°+0)$

$$R_y=(4371\times0.785\times10.15)^2\times0.866+1.2\times2.5\times141.5\times0.866$$
$$=434.47\text{N}$$

气流对 AB 段弯管的作用力 R 为

$$R=(R_x^2+R_y^2)^{1/2}=(108.53^2+434.47^2)^{1/2}$$
$$=447.82\text{N}$$

设 R 与水平方向夹角为 ϕ，则

$$\tan\phi=R_y/R_x=434.47/108.53=4.0$$

$$\phi=75.97°$$

故 R 在第一象限，R 与 x 轴夹角为75.97°。

［例1-9］ 如图1-16b所示，旋转洒水器两臂长度不等，$l_1=1.2\text{m}$，$l_2=1.5\text{m}$，若喷口直径 $d=25\text{mm}$，每个喷口的水流量为 $Q=3\times10^{-3}\text{m}^3/\text{s}$，不计摩擦，求转速。

［解］ 将洒水器作为隔离体，取坐标习惯正方向，见图1-16b，利用动量矩方程

式（1-56b），有

$$\sum F \times \boldsymbol{r} = \sum(\rho q_V \boldsymbol{v} \times \boldsymbol{r})_{出口} - \sum(\rho q_V \boldsymbol{v} \times \boldsymbol{r})_{入口}$$

不计摩擦，则洒水器所受外力为零，即$\sum F = 0$

上式为

$$\rho v_1^2 A l_1 + \rho v_2^2 A l_2 = 0 \qquad (1)$$

利用连续方程有

$$Q = v_1 A = v_2 A \qquad (2)$$

联立式（1）、式（2）有

$$v_1 l_1 + v_2 l_2 = 0 \qquad (3)$$

而

$$v_1 = \frac{Q}{A} - \omega l_1$$

$$v_2 = \frac{Q}{A} - \omega l_2$$

代入式（3）得

$$\omega = \frac{Q}{A}\ \frac{l_1 + l_2}{l_1^2 + l_2^2} = 4.4719\text{rad/s}$$

$$n = 42.7\text{r/min}$$

1.4　流动阻力及管道系统阻力计算

实际流体沿管道系统流动时，与壁面间存在摩擦、碰撞或流体内的涡流等，必然消耗流体内的机械能，这些能量耗损一般转化为热量损失。在流体力学中习惯用单位体积的能量（压头）损失来表示，称为压头损失或流动阻力。流动阻力可分为摩擦阻力（沿程损失）及撞击阻力（局部损失）两类。伯努利方程中压头损失即指上述两种损失之和。

1.4.1　沿程阻力

1.4.1.1　圆管层流中的沿程阻力

对圆管中的层流，曾导出过平均流速与压降（Δp）等参数的关系式，即

$$v = -\frac{\Delta p}{8\eta \cdot \Delta x} \cdot R^2$$

压头损失 $h_失$ 即压降的绝对值，$-\Delta p = h_失$。Δx 即流程长度（L），由上式可得

$$h_失 = -\Delta p = \frac{8\eta \cdot \Delta x}{R^2} \times v$$

进行整理

$$h_失 = \frac{64}{\frac{vD\rho}{\eta}} \cdot \frac{L}{D} \cdot \frac{v^2}{2}\rho$$

式中，R 为管半径，$\frac{vD\rho}{\eta}$即为 Re，令 $\lambda = \frac{64}{Re}$，上式成为

$$h_失 = \lambda \cdot \frac{L}{D} \cdot \frac{v^2}{2}\rho \quad \text{N/m}^2 \text{ 或 J/m}^3 \qquad (1\text{-}57)$$

上式即为计算圆管中层流摩擦损失的公式，又称达西（Darcy）公式。λ 称摩擦阻力系数。

此式是按不可压缩流体模型推导出来的，未考虑在流动过程中流体密度 ρ 与流速 v 随温度与压力的变化。为了减少误差，工程计算中通常做些补充处理，即利用气体状态方程，用流动全过程的平均压力与平均温度对流速与密度进行修正。

$$v = \frac{v_0 T}{T_0} \cdot \frac{p_0}{p}$$

$$\rho = \frac{\rho_0 T_0}{T} \cdot \frac{p}{p_0}$$

代入式（1-57）

$$h_{失} = \lambda \frac{L}{D} \cdot \frac{v_0^2}{2}\rho_0\left(\frac{T}{T_0} \cdot \frac{p_0}{p}\right) \tag{1-58}$$

一般热工设备中压力（绝对压力）的变化率（p/p_0）不大，通常只对温度变化进行修正，即

$$h_{失} = \lambda \frac{L}{D} \cdot \frac{v_0^2}{2}\rho_0 \cdot \frac{T}{T_0}$$

$$= \lambda \frac{L}{D} \cdot \frac{v_0^2}{2}\rho_0(1+\beta t) \tag{1-59}$$

式中，T 为流体始末态绝对温度的平均值。

1.4.1.2　圆管紊流的摩擦阻力

对紊流，式（1-33）不适用，也就是式（1-57）及 $\lambda = 64/Re$ 不适用。由于紊流的复杂性，此时的摩擦阻力很难用解析方法求得。工程中多采用因次分析、相似理论加实验的方法求得各参数与摩擦阻力的关联式。后者称为实验公式或经验公式。为了计算方便与形式统一，将紊流时沿程阻力仍表达成达西公式的形式，不同之处仅在摩擦阻力系数 λ 的不同。关于此，已经有很多研究者进行过大量的理论研究与实验测定。其中有代表性而且应用较广泛的是尼古拉兹的实验数据归纳图（图1-17）。从图中可以看出有以下五个不同区域：

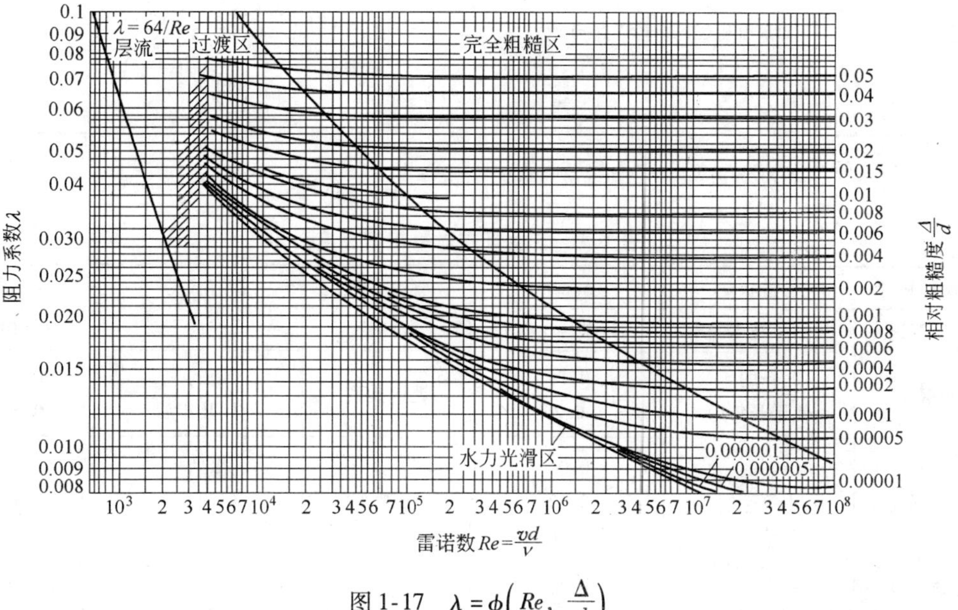

图1-17　$\lambda = \phi\left(Re,\ \frac{\Delta}{d}\right)$

第Ⅰ区域（$Re<2000$）属层流。此时 λ 与管道粗糙度无关，只与 Re 的倒数成直线关系，即 $\lambda = 64/Re$；

第Ⅱ区域（$2000<Re<4000$）属临界区，此区内实现由层流向紊流的过渡。由于流态不稳定，可能是层流也可能是紊流。对于工程上阻力的计算，宁可取偏大一些的数据；

第Ⅲ区域（$Re>4000$）为紊流光滑区，即流动边界层的层流底层厚度 δ_b 大于管壁绝对粗糙度 Δ。故此区内的 λ 实际上只随 Re 而变，管壁粗糙程度对 λ 不发生影响。故可视为“流体力学光滑管”；

第Ⅳ区为紊流过渡区。不同的相对粗糙度（Δ/d）有对应的 λ 曲线。此时 λ 值不仅与 Re 有关，也与 Δ/d 有密切的关系；

第Ⅴ区为紊流粗糙区。不同相对粗糙度的实验点分别形成与横坐标平行的直线。这是由于 Re 增大很多时，层流底层厚度 δ_b 变薄，以致 $\Delta \geqslant \delta_b$，粗糙突起物的扰动作用已经成为紊流核心中惯性阻力的主要原因，Re 的影响变得很小，故 λ 只与 Δ/d 有关。由达西公式可以看出，此时 $h_{失}$ 与流速平方成正比，因此又称“阻力平方区”。为了加深印象，现将不同 Re 区域内阻力系数的实验公式列于表 1-3。

图表与公式中的 Δ 并非工业管道中粗糙突起的真实高度，而是按沿程损失效果来确定的当量粗糙高度（是一种实验折算值）。几种常用工业管道的 Δ 值列于表 1-4。

表 1-3 圆管沿程阻力系数的主要实验公式

流态	Re	阻力区	沿程阻力系数
层流	<2000	Ⅰ	$\lambda=64/Re$③
临界区	2000~4000	Ⅱ	$\lambda=0.11\times\left(\frac{\Delta}{d}+\frac{68}{Re}\right)^{0.25}$
紊流	>4000	Ⅲ紊流光滑区，Re^*① <4，或 δ_b② $>3\Delta$	$\lambda=\frac{0.3164}{Re^{0.25}}$
		Ⅳ紊流过渡区，$4<Re^*<60$	$\lambda=0.11\times\left(\frac{\Delta}{d}+\frac{68}{Re}\right)^{0.25}$
		Ⅴ紊流粗糙区，$Re^*>60$ 或 $\delta_b<\frac{1}{5}\Delta$	$\frac{1}{\sqrt{\lambda}}=2\lg\left(\frac{3.7d}{\Delta}\right)$ 或 $\lambda=0.11\times\left(\frac{\Delta}{d}\right)^{0.25}$

①$Re^*=\frac{v\Delta}{\nu}\sqrt{\frac{\lambda}{8}}$；②$\delta_b$ 为边界层中层流底层的厚度；③$Re=\frac{vd}{\nu}$。

表 1-4 工业管道当量粗糙高度

管道材料	管道状况	Δ/mm	管道材料	管道状况	Δ/mm
铜、铅管道	新的、技术光滑	0.0001~0.007	玻璃管	新的	0.001
无缝钢管	新的 使用几年后	0.14 0.2	镀锌铁管	新的 使用几年后	0.15 0.50
焊接钢管	新的 中等生锈 严重生锈	0.06 0.50 3.0	铸铁管	新的 使用过 很旧	0.15 1.0 约 3.0
普通镀锌管		0.39	橡胶管		0.01~0.03
铆合钢管	简易铆合 加强铆合	0.5~3.0 约 90	砖砌风管		5~10

1.4.1.3 非圆形管道中的摩擦阻力

非圆形管道的流体动力特征有两点与圆管不同：一是同样 Re 值下截面上流速分布与圆管不同；二是相同截面积下管道截面积 A 与湿润周边长 X 之比不同。显然，即使平均流速相同，在不同截面形状的管道中流动的沿程阻力是不同的。故不能简单套用圆形管的阻力公式。为了工程上的实用，仍然使用达西公式和前面推荐的关于 λ 的经验公式和图表，但须作如下修正：即用当量直径 D_e 取代几何直径。当量直径的概念源于水力半径 $R_水$。管道的水力半径定义为有效流动截面积 A 与横截面内流体湿润周边长 X 之比：$R_水=A/X$。

对圆管 $$R_水=A/X=\pi D^2/(4\pi D)=D/4$$

则有 $$D=4R_水$$

推及其他形状管道，即得当量直径等于4倍水力半径这一概念

$$D_e=4A/X$$

例如对边长为 a 的正方形管道，其当量直径为

$$D_e=4a\cdot a/(4a)=a$$

达西公式中的 λ 则相应的为

$$\lambda=\phi(Re^*,\Delta/D_e) \tag{1-60}$$

其中 $$Re^*\equiv\frac{vD_e}{\nu}$$

可利用 Re^* 与 Δ/D_e 查 λ 的图表或代入公式计算 λ。同样可利用 Re^* 判断非圆形管道中的流态。实验证明，此时低临界雷诺数之值仍近似为2300。

[**例1-10**] 一矩形截面风管，尺寸为 $1.2\times0.6\text{m}^2$，输送45℃的空气，体积流量为 $42000\text{m}^3/\text{h}$，管道为钢板焊接，求流经12m的沿程损失。

[**解**] 45℃空气的有关物性参数查附表1得 $\rho=1.11\text{kg/m}^3$，$\nu=17.455\times10^{-6}\text{m}^2/\text{s}$。

管路平均风速 $$v=\frac{42000}{3600\times1.2\times0.6}=16.2\text{m/s}$$

当量直径 $$D_e=4A/x=\frac{4\times1.2\times0.6}{2\times(1.2+0.6)}=0.8\text{m}$$

$$Re^*=\frac{v\cdot D_e}{\nu}=\frac{16.2\times0.8}{17.455\times10^{-6}}=7.42\times10^5$$

钢板焊接管的绝对粗糙度 Δ 查表1-4得 $\Delta=0.5\text{mm}$（取中等生锈状态）。

$$\frac{\Delta}{D_e}=\frac{0.5\times10^{-3}}{0.8}=6.25\times10^{-4}$$

查图1-17得 $\lambda=0.018$。

也可利用紊流区 λ 的通用公式

$$\lambda=0.11\times\left(\frac{\Delta}{D_e}+\frac{68}{Re^*}\right)^{0.25}=0.11\times\left(6.25\times10^{-4}+\frac{68}{7.42\times10^5}\right)$$
$$=0.017996\approx0.018$$

代入达西公式

$$h_失=\lambda\frac{L}{D_e}\cdot\frac{v^2}{2}\rho=0.018\times\frac{12}{0.8}\times\frac{16.2^2}{2}\times1.11=39.33\text{N/m}^2$$

若管道严重生锈，查表得 $\Delta=3.0\text{mm}$

$$\Delta/D_e=3\times10^{-3}/0.8=3.75\times10^{-3}$$

由图1-17得 $\lambda=0.027$

此时　　$h_失 = 0.027 \times \frac{12}{0.8} \times \frac{16.2^2}{2} \times 1.11 = 59.0\mathrm{N/m^2}$

为中等程度生锈时的 1.5 倍，即沿程损失增加了 50%。

1.4.2　局部阻力

凡流体运动方向与流速的突然变化，都引起流体与管道壁的直接撞击增加及流体内部涡流的加剧，伴随产生的机械能耗损称为局部损失或局部阻力的大小无法用解析方法求得解答，只能利用相似原理通过实验方法，测定出各相似（几何形状）条件下的阻力（压头损失）与动压头之比值（可理解为欧拉准数）。后者称为局部阻力系数，通常用 ξ 表示。

$$\xi = h_失 / h_动 \tag{1-61}$$

按照相似理论观点，现象相似的系统，其决定性准数必相等。由此得出如下概念：（1）引起局部阻力的主要原因是管道的局部变形，即决定局部阻力大小的主要原因是几何形状；（2）几何形状相似的系统其阻力欧拉准数必相等。也就是说，几何相似的系统，必具有相同的阻力系数 ξ。因此，只要对工程中常见的一些局部变形进行实验测定，其结果即可应用于所有的相似形中，按 ξ 的定义式即可计算出局部阻力。

$$h_失 = \xi h_动 = \xi \rho v^2 / 2 \tag{1-62}$$

现举例说明如下：

（1）突然扩大（图 1-18）。由于流束突然扩大后，周边流体与主流分离，形成旋涡，而主流内流体的速度又进行重新分布，这些都将产生机械能耗损。因此，两断面比值越大，局部损失就越大。经实验，ξ 可用如下公式近似归纳：

$$\xi_1 = (1 - A_1/A_2)^2 \tag{1-63}$$

$$\xi_2 = (A_2/A_1 - 1)^2 \tag{1-64}$$

式中，ξ_1、ξ_2 分别为对应于 $h_{动1}(=\rho v_1^2/2)$ 与 $h_{动2}(=\rho v_2^2/2)$ 的阻力系数。

（2）突然收缩。在截面突然收缩处边缘流体直接撞击管壁，进入小截面后，中心流束由于产生速度重新分布，在断面 c—c 及其附近产生旋涡（见图 1-19）。截面比 A_2/A_1 越小，旋涡区越大，损失也相应增大。实验测出，对应于小截面动压头（$h_{动2} = \rho v_2^2/2$）的阻力系数如下

A_2/A_1	0	0.1	0.2	0.3	0.4	0.5	0.6	0.7	0.8	0.9	1.0
ξ_2	0.5	0.47	0.45	0.38	0.34	0.3	0.25	0.20	0.15	0.09	0.0

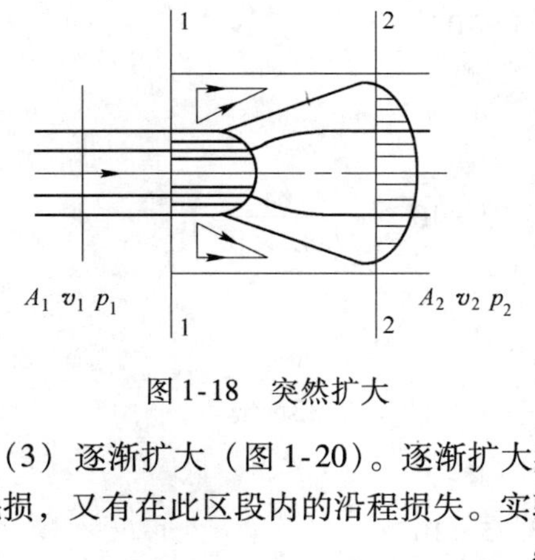

图 1-18　突然扩大

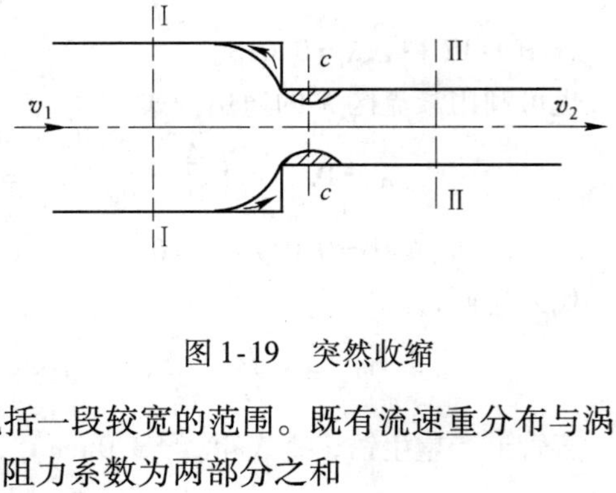

图 1-19　突然收缩

（3）逐渐扩大（图 1-20）。逐渐扩大实际上包括一段较宽的范围。既有流速重分布与涡流的耗损，又有在此区段内的沿程损失。实验测出的阻力系数为两部分之和

$$\xi_1 = \xi_摩 + \xi_扩 \tag{1-65}$$

其中
$$\xi_{摩} = \frac{\lambda}{8\sin(\alpha/2)}\left[1 - \left(\frac{A_1}{A_2}\right)^2\right] \tag{1-66}$$

$$\xi_{扩} = K\left(\tan\frac{\alpha}{2}\right)^{125} \cdot \left(1 - \frac{A_1}{A_2}\right)^2 \tag{1-67}$$

式中，λ 为平均流速下的摩擦阻力系数，K 为实验系数，当 $\alpha = 10° \sim 40°$时，对圆锥形管 $K = 4.8$，对方形扩大截面，$K = 9.3$。当 $\alpha < 10°$时，$\xi_{扩}$很小，可略去。上式只适用于 $\alpha < 40°$，$A_1/A_2 > 0.2$。

（4）逐渐收缩（图 1-21）。如果收缩角不大（$\alpha < 30°$），因产生的漩涡区很小，局部阻力很小，此时的阻力主要是摩擦阻力。

$$\xi_2 = \frac{\lambda}{8\sin(\alpha/2)}\left[1 - \left(\frac{A_2}{A_1}\right)^2\right]$$

当 $a = 30° \sim 90°$时，阻力系数由两部分组成：

$$\xi_2 = \frac{\lambda}{8\sin(\alpha/2)}\left[1 - \left(\frac{A_2}{A_1}\right)^2\right] + \frac{a}{1000} \tag{1-68}$$

式中，ξ 的下标 2 系指对应于收缩后截面上的动压头。

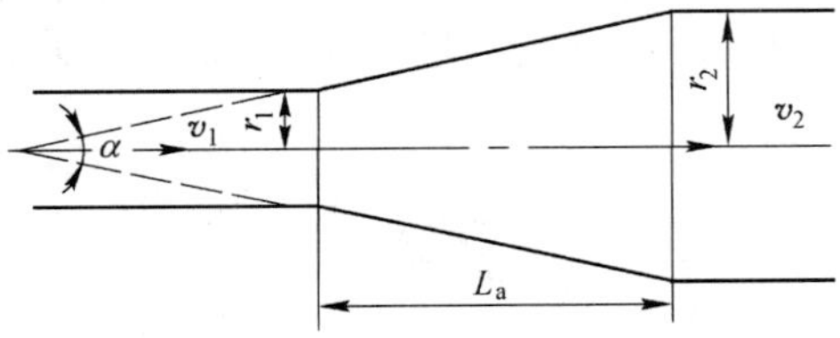

图 1-20 逐渐扩大

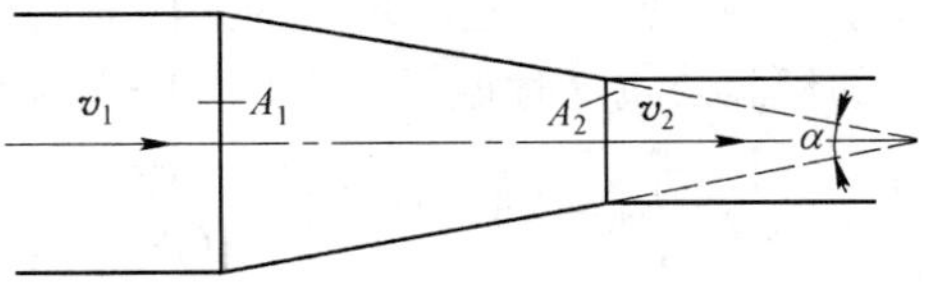

图 1-21 逐渐收缩

（5）弯管（图 1-22）。流体改变方向时，不但在纵断面上产生漩涡，在横截面上也产生二次环流。因此阻力较大，且对下游影响的范围也较大。最大时扰动长度可超过管径的 50 倍。实验测定的圆管阻力系数归纳为近似式

$$\xi = 0.008\,\frac{\theta^{0.75}}{(R/d)^{0.6}} \tag{1-69}$$

式中 θ——流动方向改变角度，(°)；

d——管内径，m；

R——弯头轴线的曲率半径，m。

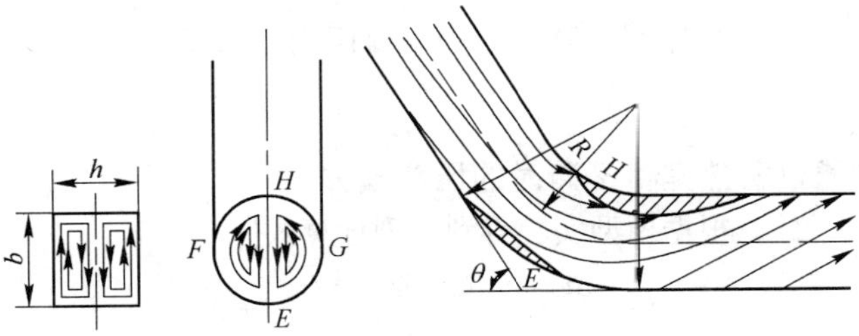

图 1-22 弯管中的二次环流

进一步的分析可发现，上述各经验公式中未反映出流动 Re 与管壁粗糙度的影响。这可解释为在局部阻力中流体与管壁摩擦中产生的损失所占比重很小。但对逐渐变形的局部阻力，其中也包括了摩擦损失在内。这时 Re 与管壁粗糙度肯定要产生影响，精确研究时应对此进行修正才更合理。

上述局部阻力都是在单独存在时孤立地测定出的数据，若两个或两个以上局部阻力串联出

现时，由于流速分布将因串联方式不同而产生情况复杂的影响。一些情况下是增强的效果，一些情况下反而有所减弱。这时可考虑用干扰系数 C_{1+2} 加以修正

$$\xi_{1+2} = C_{1+2}(\xi_1 + \xi_2) \tag{1-70}$$

凡是因串联后使流型扰动更激烈，旋涡区更大者，C_{1+2} 大于1；相反，若是串联后更接近流线型者，C_{1+2} 将小于1（参见梅炽编著：《冶金传递过程原理》，中南工业大学出版社，1987）。

1.4.3 几种特殊阻力

实际工程中的流动系统往往是很复杂的。例如，流体通过散料层，流过蓄热室格子砖或换热器的管束等。此时的流动阻力是由许多种局部阻力与摩擦阻力所构成的综合阻力。对此都有很多专门的测定和理论研究。

1.4.3.1 气体通过散料层的阻力

流体流过散料层，可以看作是流体分成很多细流在料层空隙连成的不规则形状的“并联管道”中流动。由于截面不规则变形与各流股间频繁地分流与汇合，使流动产生较大的综合阻力。由于受到颗粒大小、形状、表面特性及粒度的不同组合产生的不同的空隙效应等等因素的复杂影响，所以对这一现象的准确描述与计算十分困难。目前公认厄贡（S. Ergun）1952 年提出的经验公式（称厄贡公式），比较适用，即

$$h_{失} = 150\,\frac{(1-\varepsilon)^2}{\varepsilon^3}\cdot\frac{H\rho v_A\cdot\nu}{(\phi_s\cdot d_{均})^2} + 1.75\,\frac{1-\varepsilon}{\varepsilon^3}\cdot\frac{H}{\phi_s\cdot d_{均}}\cdot v_A^2\cdot\rho\quad \mathrm{N/m^2} \tag{1-71}$$

式中 ε——料层空隙率；

H——料层高度，m；

ρ——流体密度，$\mathrm{kg/m^3}$；

v_A——按料层空截面计算的流速，又称空截面流速或直线流速，m/s；

ν——流体运动黏度，$\mathrm{m^2/s}$；

ϕ_s——颗粒形状系数；

$d_{均}$——料层颗粒平均粒度，m。

对于均匀颗粒自由填充的料层，此式的最大偏差约 ±25%。对空隙率异常（太高或太低）的料层（如纤维）此式不适用。

厄贡公式中明确地反映了料层阻力由两部分组成：第一项为摩擦阻力，当 $Re\left(\equiv\frac{v_A\cdot d_{均}}{\nu}\right)<20$ 时，起主导作用；第二项为涡流阻力（或局部阻力），当 $Re>1000$ 时，起主导作用。

1.4.3.2 气体通过蓄热室格子砖时的压头损失

对于西门子式格子砖，根据模型实验得到下列计算式

$$h_{失} = kH\rho v^2/2 \quad \mathrm{N/m^2} \tag{1-72}$$

式中 H——格子砖室有效高度，m；

k——每米高砖格子的阻力系数。

对直通式排列砖格子

$$k = 1.14/d^{0.25}$$

对交错式排列砖格子

$$k = 1.57/d^{0.25}$$

式中 d——格子孔的水力学直径，m。

1.4.3.3 横向绕流管束的阻力

由实验测定的阻力系数 ξ 如下（$Re > 5 \times 10^4$）

对直通式排列的管束（图 1-23a）

$$\xi = (nS/b) \cdot a + \beta \tag{1-73}$$

对交错排列的管束（图 1-23b）

$$\xi = (0.7 \sim 0.8)[(nS/b) \cdot a + \beta] \tag{1-74}$$

式中 n——沿气流方向的管子排数；

S——沿气流方向的管子中心距，m；

b——垂直气流方向管子中心距，m；

$a = 0.028(b/\delta)^2$；

$\beta = (b/\delta - 1)^2$。

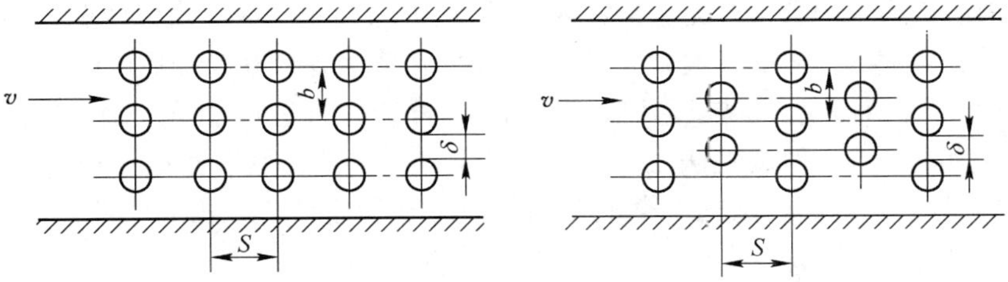

图 1-23 管束排列方式

1.4.4 减少流动系统阻力的途径

阻力越大，输送流体所消耗的动力也越大，所以设计管路时应尽量减少阻力。管路系统总阻力可表述为

$$\sum h_{失} = (\sum \lambda L/D + \sum \xi) \cdot \rho \frac{v^2}{2} \tag{1-75}$$

设系统有 i 段直管，有 j 个局部变形，从上式可看出减少阻力的主要途径有：

（1）管路长度要尽量缩短；

（2）因为通常情况下局部阻力占主导地位，在管路设计时应尽量少设突然变形，一切变形尽量符合流线形。如用渐扩代替突扩，用圆拐弯代替直角突然拐弯。在截面较大的弯头内装置导向片等等；

（3）适当增大管径。如将流量与流速的关系代入式（1-75），可看出

$$\sum h_{失} = [\sum(\lambda L/d) + \sum \xi] \cdot \frac{q_V^2 \rho}{2(\pi d^2/4)^2}$$

即流动阻力约与管径五次方成反比。如果管径增大一倍，即 d 变为 $2d$ 时，摩擦阻力即变为原来的 1/32；

（4）减少阀门等节流装置。必须通过闸阀调节流量时，可改用调节风机转速等办法。

1.4.5 管路与烟道计算

管路计算有如下三类任务：

Ⅰ类 已知 ρ、η、L、d、q_V、$\sum\xi$，计算 $\sum h_{失}$；

Ⅱ类　已知 ρ、η、L、d、$\sum h_{失}$，计算 q_V；

Ⅲ类　已知 ρ、η、L、q_V、$\sum h_{失}$，计算 d。

第Ⅰ类任务的特点是对已设计好的或已敷设好的管路，为保证设定流量，求总压头损失并据以确定输送机械的功率和技术参数。计算步骤为：

（1）根据管径与流量不同，将整个管路分段；

（2）由各段管的流量 $q_{V,i}$ 与各段管的管径 d_i，计算各段管的平均流速 v_i；

（3）求各段雷诺数 Re_i 及 Δ/d_i；

（4）由 Re_i、Δ/d_i 确定 λ_i；

（5）根据管道变形处的形状与尺寸，查定各局部阻力系数；

（6）按式（1-62）或式（1-75）计算 $\sum h_{失}$。

第Ⅱ类任务的特点是对已敷设好的管路系统及允许的压头损失，计算管路中可能达到的最大流量 q_V。因流量为未知数，就无法确定 Re 与沿程阻力系数 λ。对此种情况可用试差法，即先根据经验设定某摩擦系数 λ（通常工业管道内的 λ 值多在 0.015～0.04），再按式（1-75）计算出 v，进而求出 Re，据 Re 与 Δ/d 值，求出 λ，再计算出 $\sum h_{失}$ 并与已给定的值进行比较，直至两者相近为止。另一种试差法是根据经验设定一流速 v，然后按第Ⅰ类问题的步骤确定 $\sum h_{失}$，将 $\sum h_{失}$ 与已知值进行比较。若计算出的 $\sum h_{失}$ 比给定值大，则表明此设定不可能达到。此时可再设定一较低的流速，直至计算出的 $\sum h_{失}$ 与给定值接近为止。

第Ⅲ类任务的特点是在管网设计时已知某段管道允许的压降（压头损失），为保证给定流量，求管段直径。若直径选择太小，则会导致此段管道阻力系数太大而达不到所需的流量；若直径太大，则会导致此段管道阻力系数太小、流量太大而影响（减小）其他并联管路的流量。解决此类问题仍需用试差法。先设定 λ，由式（1-62）或式（1-75）求出 d，由求得的 d 值计算管内平均流速 v 及 Re，再由 Re 与 Δ/d 确定 λ，两者比较，直至接近为止。

［例 1-11］　计算管路系统总阻力。图 1-24 为一炉子供风系统。已知烟气流量 $q_{V,0}=1800\text{m}^3/\text{h}$，烟气离炉温度为 650℃，在烟道中每米降温（平均值）3℃，烟气密度 $\rho_0=1.3\text{kg/m}^3$、周围空气密度 1.2kg/m^3，$A_1=1\times0.5\text{m}^2$，$A_2=0.4\times0.5\text{m}^2$，$A_3=0.5\text{m}^2$，$H=3.0\text{m}$，$L=20\text{m}$，烟道闸门平均开启度取 80%。

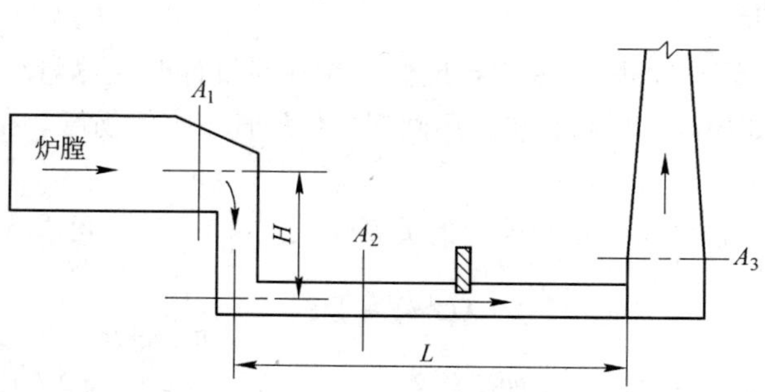

图 1-24　例 1-11 插图

［解］　整个系统有直烟道的摩擦阻力，三个转弯和一个闸阀。首先计算局部阻力：

（1）第一个 90°拐弯，烟气由炉尾出口向下，烟道转 90°弯，按烟道尺寸查附表 6，相当于 $b_1=1.0\text{m}$，$b_2=0.4\text{m}$，$h=0.5\text{m}$

$$h/b_1=0.5/1.0=0.5,\quad b_2/b_1=0.4/1.0=0.4$$

查附表6得 $\xi_{90}^{(1)}=2.1$（此系数对 A_1 面上的 $h_{动1}$ 而言）

$$v_{01}=\frac{q_{V,0}}{3600A_1}=\frac{1800}{3600\times0.5}=1.0\text{m/s}$$

$$h_{失}^{(1)}=\xi_{90}^{(1)}\frac{\rho_0 v_{01}^2}{2}(1+\beta t)$$

$$=2.1\times\frac{1.3\times1.0^2}{2}\left(1+\frac{650}{273}\right)=4.62\text{N/m}^2$$

（2）由垂直烟道进入水平烟道转弯90°，因转弯前后截面相同，按 $h/b_1=0.5$，$b_2/b_1=1.0$，从附表6中查得 $\xi_{90}^{(2)}=1.2$，烟道转弯处温度

$$t_2=650-3\times3=641℃$$

$$v_{02}=\frac{1800}{3600\times0.4\times0.5}=2.5\text{m/s}$$

$$h_{失}^{(2)}=\xi_{90}^{(2)}\frac{\rho_0 v_{02}^2}{2}(1+\beta t_2)$$

$$=1.2\times\frac{1.3\times2.5^2}{2}\left(1+\frac{641}{273}\right)=16.32\text{N/m}^2$$

（3）由水平烟道进入烟囱底部，转弯90°，烟气由小截面 A_2 进入大截面 A_3，附表中无对应数据可查，参照附表6（$A_3/A_2=0.5/(0.4\times0.5)=2.5$，$h/b_2=0.5/0.4=1.25$）可近似地取 $\xi_{90}^{(3)}=0.85$（对小截面动压头）。

转弯处气体温度 $t_3=650-3(3+20)=581℃$

则

$$h_{失}^{(3)}=\xi_{90}^{(3)}\frac{\rho_0 v_{02}^2}{2}(1+\beta t_3)$$

$$=0.85\times\frac{1.3\times2.5^2}{2}\left(1+\frac{581}{273}\right)=10.8\text{N/m}^2$$

（4）烟道沿程阻力 $h_{摩}$。先求 λ：

烟道当量直径 $d_e=4A/X=\dfrac{4\times0.4\times0.5}{2\times(0.4+0.5)}=0.44\text{m}$

烟道内平均温度 $t_{均}=1/2\cdot(t_1+t_3)=1/2(650+581)=615.5℃$

直烟道内平均流速 $v_2=v_{02}(1+\beta t_{均})=2.5(1+615.5/273)=8.14\text{m/s}$

在平均温度下的运动黏度，查附表4，用内插法求得 $\nu=96.48\times10^{-6}\text{m}^2/\text{s}$。

$$Re^*=\frac{v^2\cdot d_e}{\nu}=\frac{8.14\times0.44}{96.48\times10^{-6}}=37100$$

查砖砌烟道 $\Delta=10\text{mm}$，$\Delta/d_e=0.01/0.44=0.0227$，查图1-17，得 $\lambda=0.05$；烟道长 $L=3+20=23\text{m}$。

按达西公式

$$h_{摩}=\lambda\frac{L}{d_e}\cdot\frac{\rho_0 v_{02}^2}{2}(1+\beta t_{均})$$

$$=0.05\times\frac{23}{0.44}\times\frac{1.3\times2.5^2}{2}\left(1+\frac{615.5}{273}\right)=34.56\text{N/m}^2$$

（5）烟道闸门阻力 $h_{闸}$。按附表6，查闸板开启高度为80%（$h/H=0.8$）得 $\xi_{闸}=0.39$。

设闸门处位于烟道中部，取该处温度为烟道内平均温度，即615.5℃，则

$$h_{闸}=\xi_{闸}\,\rho_0 v_0^2/2\cdot(1+\beta t_{闸})$$

$$=0.39\times\frac{1.3\times2.5^2}{2}\left(1+\frac{615.5}{273}\right)=5.16\text{N/m}^2$$

（6）从炉尾至烟囱底部总压头损失为

$$\sum h_{失} = h_{失}^{(1)} + h_{失}^{(2)} + h_{失}^{(3)} + h_{摩} + h_{闸}$$
$$= 4.62 + 16.32 + 10.80 + 34.56 + 5.16 = 71.46\text{N/m}^2$$

［例 1-12］ 计算管路系统流量。上例中已知炉尾为零压（静压头为零），且烟囱底部负压保持不变，现将闸门开启高度由原来的 80% 降低到 50% 和 20%。问改变闸板位置后，烟气流量各有何变化？

［解］ （1）计算上例中烟囱底部负压。列 A_1 与 A_3 两截面间的伯努利方程，并取 A_3（烟囱底部水平）为基准面，有

$$h_{静1} + h_{位1} + h_{动1} = h_{静3} + h_{位3} + h_{动3} + \sum h_{失}^{A_1 \to A_3}$$

其中
$$h_{静1} = 0;\ h_{位3} = 0$$

又
$$t_{均} = 1/2 \cdot (t_1 + t_2) = (650 + 641)/2 = 645.5℃$$

$$\rho_{气} = \frac{\rho_0}{1 + \beta t_{均}} = \frac{1.3}{1 + 645.5/273} = 0.386\text{kg/m}^3$$

$$h_{位1} = -H(\rho_{空} - \rho_{气})g = -3 \times (1.2 - 0.386) \times 9.807 = -23.94\text{N/m}^2$$

烟道内通常为紊流，可取 $a_1 = a_2 \approx 1.0$，则

$$h_{动1} = \frac{\rho_0 v_{01}^2}{2}(1 + \beta t_1) = \frac{1.3 \times 2.5^2}{2}\left(1 + \frac{650}{273}\right) = 13.74\text{N/m}^2$$

$$v_{03} = v_{01} A_1 / A_3 = 2.5 \times 0.2/0.5 = 1.0\text{m/s}$$

$$h_{动3} = \frac{\rho_0 v_{03}^2}{2}(1 + \beta t_3) = \frac{1.3 \times 1.0^2}{2} \times \left(1 + \frac{581}{273}\right) = 2.03\text{N/m}^2$$

代入伯努利方程，得烟囱底部静压

$$h_{静3} = h_{位1} + h_{动1} - h_{动3} - \sum h_{失}$$
$$= -23.94 + 13.74 - 2.03 - 71.46 = -83.69\text{N/m}^2$$

即烟囱底部底负压为 83.69N/m^2。

（2）在 $h_{静3}$ 及温度分布保持不变的条件下，列出 A_1、A_3 间的伯努利方程。当烟道闸门降低后令烟道内截面平均流速为 v_{02}（m/s），同时将烟道系统总阻力及 $h_{动1}$、$h_{动3}$ 都表示成烟道流速 v_2 的函数式，即

$$\sum h_{失} = \xi_{90}^{(1)} \frac{\rho_0 v_{02}^2}{2}(1 + \beta t_1) + \xi_{90}^{(2)} \frac{\rho_0 v_{02}^2}{2}(1 + \beta t_2) + \xi_{90}^{(3)} \frac{\rho_0 v_{02}^2}{2}(1 + \beta t_3) +$$
$$\lambda \frac{L}{d_e} \cdot \frac{\rho_0 v_{02}^2}{2}(1 + \beta t_{均}) + \xi_{闸} \frac{\rho_0 v_{02}^2}{2}(1 + \beta t_{闸})$$
$$= \left[\xi_{90}^{(1)}(1 + \beta t_1) + \xi_{90}^{(2)}(1 + \beta t_2) + \xi_{90}^{(3)}(1 + \beta t_3) + \lambda \frac{L}{d_e}(1 + \beta t_{均}) +\right.$$
$$\left.\xi_{闸}(1 + \beta t_{闸})\right] \times \frac{\rho_0 v_{02}^2}{2}$$
$$= K \cdot \rho_0 v_{02}^2 / 2$$

当闸门开启度为 50% 时，查附表得 $\xi_{闸} = 4.02$，其余数据可用上例结果，即

$$K = 0.58\left(1 + \frac{650}{273}\right) + 1.2\left(1 + \frac{641}{273}\right) + 0.85\left(1 + \frac{581}{273}\right) + 4.02\left(1 + \frac{615.5}{273}\right)$$
$$+ 0.05 \times \frac{23}{0.44} \times \left(1 + \frac{615.5}{273}\right) = 30.23$$

$$\sum h_{失}=30.23\times 1.3/2\times v_{02}^2=19.65v_{02}^2$$

又根据连续性方程　$v_1=v_{02}\cdot A_2/A_1=0.4\times 0.5/0.4\times v_{02}=0.5v_{02}$

$$v_3=v_{02}\cdot A_2/A_3=0.4\times 0.5/0.5\times v_{02}=0.4v_{02}$$

即

$$h_{动1}=\rho_0 v_{01}^2/2\times(1+\beta t_1)=1.3/2\times\left(1+\frac{650}{273}\right)\times(0.5v_{02}^2)=0.55v_{02}^2$$

$$h_{动3}=\rho_0 v_{03}^2/2\times(1+\beta t_3)=1.3/2\times\left(1+\frac{581}{2}\right)\times(0.4v_{02}^2)=0.33v_{02}^2$$

代入伯努利方程

$$h_{位1}+h_{动1}=h_{静3}+h_{动3}+\sum h_{失}$$

$$-23.94+0.55v_{02}^2=-83.69+0.33v_{02}^2+19.65v_{02}^2$$

得

$$v_{02}=1.75\text{m/s}$$

流量为

$$q_V'=v_{02}A_2=1.75\times 0.4\times 0.5\times 3600=1260\text{m}^3/\text{h}$$

与闸阀开启度为80%时比较，流量下降

$$(1800-1260)/1800\doteq 30\%$$

（3）其他条件不变，闸阀开启度变为20%。从附表6查得 $h/H=0.2$ 时，$\xi_{闸}=44.5$，总阻力系数为

$$K=30.23-4.02+44.5=70.71$$

$$\sum h_{失}=70.71\times 1.3v_{02}^2/2=45.96v_{02}^2$$

代入伯努利方程

$$-23.94+0.55v_{02}^2=-83.69+0.33v_{02}^2+45.96v_{02}^2$$

$$v_{02}=1.14\text{m/s}$$

流量为

$$q_V''=1.14\times 0.4\times 0.5\times 3600=820.8\text{m}^3/\text{h}$$

与闸阀开启度为80%时相比，流量降低了

$$(1800-820.8)/1800=54.4\%$$

与闸阀开启度为50%时相比，流量减少了

$$(1260-820.8)/1260=34.9\%$$

可见用闸阀调节流量是以增加压头损耗为代价的。

［例1-13］ 并联管路计算　在图1-25中，已知总管输水流量为3m³/s，水温为20℃，各支管的尺寸分别为 $L_1=1200$m，$L_2=800$m，$L_3=1500$m。管内径 $d_1=0.6$m，$d_2=0.8$m，$d_3=0.5$m。求 AB 间的阻力及各管的流量（输水管为铸铁管）。

［解］（1）因并联，A、B 两点间各分支管路的压降总是相等的，即

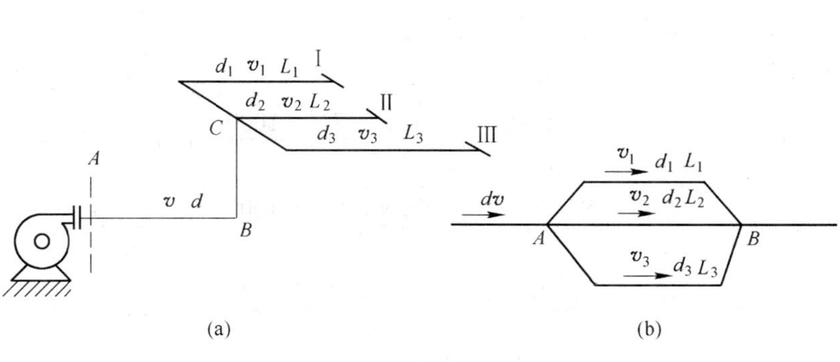

图1-25　例1-13插图

$$h_{失1} = h_{失2} = h_{失3} = h_{失}$$

考虑到管线较长，管线变形很少，故应是沿程阻力为主，为了简化计算，可忽略局部阻力，即

$$h_{失} = \lambda_1 \frac{L_1}{d_1} \cdot \frac{\rho v_1^2}{2} = \lambda_2 \frac{L_2}{d_2} \cdot \frac{\rho v_2^2}{2} = \lambda_3 \frac{L_3}{d_3} \cdot \frac{\rho v_3^2}{2}$$

或
$$h_{失} = \frac{8\lambda_1 L_1 q_{V1}^2 \rho}{\pi^2 d_1^5} = \frac{8\lambda_2 L_2 q_{V2}^2 \rho}{\pi^2 d_2^5} = \frac{8\lambda_3 L_3 q_{V3}^2 \rho}{\pi^2 d_3^5} \tag{a}$$

可得
$$q_{V1}:\ q_{V2}:\ q_{V3} = \left(\frac{d_1^5}{\lambda_1 L_1}\right)^{0.5} : \left(\frac{d_2^5}{\lambda_2 L_2}\right)^{0.5} : \left(\frac{d_3^5}{\lambda_3 L_3}\right)^{0.5} \tag{b}$$

式中，q_V 与 λ 皆未知，须用试差法逼近才能确定 q_{V1}、q_{V2}及 q_{V3}。对铸铁管，取 $\Delta = 0.3\text{mm}$，则 $\Delta_1/d_1 = 0.3/600 = 5\times10^{-4}$，$\Delta_2/d_2 = 0.3/800 = 3.75\times10^{-4}$，$\Delta_3/d_3 = 0.3/500 = 6\times10^{-4}$。

设流体在阻力平方区，λ 与 Re 值关系很小，利用表 1-3 中的公式或参照图 1-17，取 $\lambda_1 = 0.0165$，$\lambda_2 = 0.0153$，$\lambda_3 = 0.0172$，代入式（a），可得

$$q_{V1}:\ q_{V2}:\ q_{V3} = \left(\frac{0.5^5}{0.0165\times1200}\right)^{0.5} : \left(\frac{0.8^5}{0.0153\times800}\right)^{0.5} : \left(\frac{0.5^5}{0.0172\times1500}\right)^{0.5}$$
$$= 1.98:\ 5.17:\ 1.10$$

按已知条件：$q_{V1} + q_{V2} + q_{V3} = 3$

$$q_{V1} = 3\times1.98/(1.98+5.17+1.10) = 0.72\text{m}^3/\text{h}$$
$$q_{V2} = 3\times5.17/8.25 = 1.88\text{m}^3/\text{h}$$
$$q_{V3} = 3\times1.10/8.25 = 0.4\text{m}^3/\text{h}$$

（2）为了更精确，可对近似取定的 λ_1、λ_2、λ_3 进行验算，先计算 Re，由附表 3 查得水的运动黏度 $\nu = 1.006\times10^{-6}\text{m}^2/\text{s}$。

$$v_1 = q_{V1}/(0.785d_1^2) = 0.72/(0.785\times0.6^2) = 2.55\text{m/s}$$
$$v_2 = 1.88/(0.785\times0.8^2) = 3.74\text{m/s}$$
$$v_3 = 0.4/(0.785\times0.5^2) = 2.04\text{m/s}$$
$$Re_1 = v_1 d_1/\nu = 2.55\times0.6/1.006\times10^{-6} = 1.52\times10^6$$
$$Re_2 = 3.74\times0.8/1.006\times10^{-6} = 2.97\times10^6$$
$$Re_3 = 2.04\times0.5/1.006\times10^{-6} = 1.01\times10^6$$

再根据计算出的 Re 与 Δ/d，查图 1-17，得 $\lambda_1 = 0.017$，$\lambda_2 = 0.0156$，$\lambda_2 = 0.018$。将其与假定值对照，二者相近，可认为上面计算结果可靠。

（3）AB 间的阻力可按式（a）验算

$$h_{失1} = \frac{8\lambda_1 L_1 q_{V1}\rho}{\pi^2 d_1^5} = \frac{8\times0.017\times1200\times0.72^2\times1000}{\pi^2\times0.6^5} = 110\times10^3\text{N/m}^2$$

$$h_{失2} = \frac{8\lambda_2 L_2 q_{V2}\rho}{\pi^2 d_2^5} = \frac{8\times0.0156\times800\times1.88^2\times1000}{\pi^2\times0.8^5} = 109\times10^3\text{N/m}^2$$

$$h_{失3} = \frac{8\lambda_3 L_3 q_{V3}\rho}{\pi^2 d_3^5} = \frac{8\times0.018\times1500\times0.4^2\times1000}{\pi^2\times0.5^5} = 112\times10^3\text{N/m}^2$$

所得三分支管路的阻力大体接近，说明计算出的流量基本正确。当有更精确的要求时，可以在本例的算法中加入局部阻力的影响。

1.5 压缩性气体流动

前面几节阐明的概念和公式都是建立在不可压流体模型的基础之上的。对液体及低速运动气体是适用的。但当气体流速很高，特别是接近或超过音速流动时，气体中各状态参数的变化规律与不可压缩流体有本质区别。

工程中这类问题很多，例如氧气喷枪，高压燃油喷嘴以及喷射冶金中的喷射流等。

1.5.1 压缩性气流的能量方程

对不可压流体，其机械能转换完全遵守伯努利方程，而对可压缩的流体，如高速流动的气体因流动过程静压变化很大，其密度也相应有较大的变化。显然，这时已不遵守伯努利方程，而应追溯到更基本的概念，即理想流体的欧拉运动方程（式（1-43））。对于定常态的一维流有

$$\frac{\partial p}{\partial x}=\frac{\mathrm{d}p}{\mathrm{d}x},\quad \frac{\partial u}{\partial x}=\frac{\mathrm{d}u}{\mathrm{d}x}$$

则式（1-43）简化成

$$\frac{1}{\rho}\cdot\frac{\mathrm{d}p}{\mathrm{d}t}+u\frac{\mathrm{d}u}{\mathrm{d}x}=0$$

或

$$\frac{1}{\rho}\mathrm{d}p+u\mathrm{d}u=0 \tag{1-76}$$

将式（1-76）积分，其中第二项的积分

$$\int_A u\mathrm{d}u = \beta\frac{v^2}{2}$$

式中，β 即 1.3.5 节中的动量修正系数。高压喷出气流中 β 可取 1，则

$$\int_A u\mathrm{d}u = v^2/2$$

第一项的积分 $\int\mathrm{d}p/\rho$ 取决于绝对压力与密度间的变化关系。这就涉及到流动过程的热力学特性。当高压气体流出时，气流与管壁接触时间极短，来不及充分与周围进行热交换，故可近似地按绝热膨胀过程处理，即遵守

$$p/\rho^{\gamma}=C \tag{1-77}$$

式中，γ 为绝热指数（$\gamma=C_p/C_V$），代入第一项积分，即

$$\int\frac{\mathrm{d}p}{\rho} = C^{1/\gamma}\int p^{-1/\gamma}\mathrm{d}p = \frac{\gamma}{\gamma-1}\cdot\frac{p}{\rho}$$

式（1-76）的积分成为

$$\frac{\gamma}{\gamma-1}\cdot\frac{p}{\rho}+\frac{v^2}{2}=\text{常数}$$

或

$$\frac{\gamma}{\gamma-1}\cdot p+\frac{\rho v^2}{2}=\text{常数} \tag{1-78}$$

对任意两截面，则有

$$\frac{\gamma}{\gamma-1}\cdot\frac{p_1}{\rho_1}+\frac{v_1^2}{2}=\frac{\gamma}{\gamma-1}\cdot\frac{p_2}{\rho_2}+\frac{v_2^2}{2}\quad \mathrm{N\cdot m/kg} \tag{1-79}$$

上式即压缩气体作绝热流出时的能量方程。式（1-79）可改写成

$$\frac{1}{\gamma-1}\cdot\frac{p}{\rho}+\frac{p}{\rho}+\frac{v^2}{2}=\text{常数} \tag{1-80}$$

此式与不可压流体水平流体的伯努利方程

$$p/\rho + v^2/2 = 常数$$

相比，前者仅多出一项 $1/(\gamma-1)\cdot p/\rho$。由气体热力学得知

$$\frac{1}{\gamma-1}\cdot\frac{p}{\rho}=\frac{1}{\gamma-1}RT=\frac{1}{(C_p-C_V)\ /C_V}RT=\frac{C_V\cdot RT}{R}=C_VT=U$$

式中，U 为内能。所以式（1-80）又可写成

$$U+\frac{p}{\rho}+\frac{v^2}{2}=常数 \tag{1-81}$$

上式说明压缩性气体流动与不可压缩性气体流动的能量转换关系有显著差别：在不可压缩流中，当无专门的加热与冷却设施时，不考虑流体的温度变化。但在压缩气体流动时则不同，当流速增大时，流体内能减少，引起温度相应地降低。若速度增大很多时，往往使气体温度降低到水的冰点以下。

1.5.2 压缩性气体流动的连续方程

根据式（1-40）

$$\rho vA = 常数$$

对上式微分，得 $d(\rho vA)=\rho v dA+\rho A dv+vA d\rho=0$

以 ρvA 遍除，得

$$\frac{dA}{A}+\frac{dv}{v}+\frac{d\rho}{\rho}=0 \tag{1-82}$$

根据式（1-76） $dp/\rho+v dv=0$

即 $\rho=-\frac{dp}{v dv}$

代入式（1-82） $$\frac{dA}{A}+\frac{dv}{v}-\frac{v dv}{dp}d\rho=0 \tag{1-82a}$$

根据物理学中的概念，气体的音速 a 有

$$a=\sqrt{\frac{dp}{d\rho}}$$

若 $$a^2=\frac{dp}{d\rho} \tag{1-83}$$

以及马赫数 Ma 的定义

$$Ma\equiv\frac{v}{a}$$

代入式（1-82a），整理为

$$\frac{dA}{A}=\frac{v^2}{a^2}\cdot\frac{dv}{v}-\frac{dv}{v}=(Ma^2-1)\frac{dv}{v} \tag{1-84}$$

这是压缩性气体连续性微分方程的另一种表达形式。据此可引申出如下概念：

（1）当 $Ma<1$（即 $v<a$）时，$(Ma^2-1)<0$，此时速度变化（dv）与截面积变化（dA）的符号相反，即截面变小时速度变大。这与不可压缩流体连续性方程的概念一致；

（2）当 $Ma=1$，$Ma^2-1=0$，即 $dA=0$ 时，其意义是气流截面沿流动方向变化到当流速等于当地音速时达到极值，这个对应于音速的截面（极小）称为临界截面，相应的音速也称为临界速度。临界截面上的其他参数相应地都称为临界参数；

（3）当 $Ma>1$（即 $v>a$）时，$(Ma^2-1)>0$，即 dv 与 dA 的符号相同，就是说在超音速范围内，气流速度不是随截面积变小而增大，而是相反。只有扩大截面，才能获得超过临界速度（音速）的超音速。上面这种结论的物理解释是：由于在超音速范围内，不仅速度变化与密度变化的趋势相反，而且密度变化率大大超过速度变化率。所以在临界截面达到音速以后，如果截面不扩大便不可能获得超音速气流。为获得超音速气流，必须使管道截面先收缩达到音速（临界截面），然后再扩大（图 1-26），保证气流有充分膨胀的余地，密度急剧变小，相应的速度增大到超音速范围。这种形状的喷管称为“拉伐尔喷管”（Laval nozzle）。

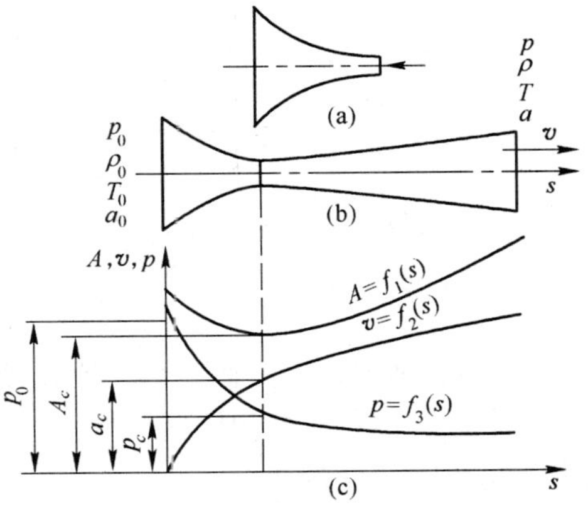

图 1-26 拉伐尔喷管

1.5.3 压缩性气流中各参数的变化规律

1.5.3.1 滞止参数

贮气罐中或撞击于某固定表面的气体，其流速等于或趋于零。此种状态称滞止状态。对应于此状态下的各参数称滞止参数。从能量方程（式（1-79））可以看出，在不计损失的绝热流动中，各断面的滞止参数是不变的。因此又可将滞止参数理解为该系统的基准参数。分别设为 p_0、T_0、ρ_0、i_0、a_0 等，其值可由式（1-79）求出。

$$\frac{\gamma}{\gamma-1}\cdot\frac{p_0}{\rho_0}+0=\frac{\gamma}{\gamma-1}\cdot\frac{p}{\rho}+\frac{v^2}{2}$$

或

$$\frac{\gamma}{\gamma-1}RT_0=\frac{\gamma}{\gamma-1}RT+\frac{v^2}{2} \tag{1-85}$$

两边同除以 $\frac{\gamma}{\gamma-1}RT$ 后，上式成为

$$\frac{T_0}{T}=1+\frac{\gamma-1}{2}\cdot\frac{v^2}{\gamma RT} \tag{1-86}$$

利用气体音速公式 $a=(\gamma p/\rho)^{\frac{1}{2}}=(\gamma RT)^{1/2}$

代入式（1-86）

$$\frac{T_0}{T}=1+\frac{\gamma-1}{2}\cdot\frac{v^2}{a^2}=1+\frac{\gamma-1}{2}Ma^2 \tag{1-87}$$

又利用理想气体状态方程与绝热下的状态方程

$$p_0/p=(\rho_0/\rho)^{\gamma}$$

将 $\rho=p/RT$ 代入上式，整理得

$$p_0/p=(T_0/T)^{\frac{\gamma}{\gamma-1}} \tag{1-88}$$

另外由状态方程

$$\rho_0/\rho=(p_0/p)\cdot(T/T_0)=(T_0/T)^{\gamma/(\gamma-1)}\cdot(T_0/T)^{-1}=(T_0/T)^{1/(\gamma-1)} \tag{1-89}$$

利用式（1-87）、式（1-88）、式（1-89）得出各参数比与 Ma 的函数关系

$$\frac{T_0}{T}=1+\frac{\gamma-1}{2}Ma^2 \tag{1-89a}$$

$$\frac{p_0}{p}=\left(1+\frac{\gamma-1}{2}Ma^2\right)^{\gamma/(\gamma-1)} \tag{1-89b}$$

$$\frac{\rho_0}{\rho}=\left(1+\frac{\gamma-1}{2}Ma^2\right)^{1/(\gamma-1)} \tag{1-89c}$$

并从式（1-85）与 $a=(\gamma RT)^{1/2}$ 得

$$\frac{a_0}{a}=\left(1+\frac{\gamma-1}{2}Ma^2\right)^{1/2} \tag{1-89d}$$

可见气流速度超过音速越多，即马赫数越大，其温度、压力、密度及音速都比滞止状态时减少得越多。在低流速范围，Ma 很小，其他诸参数的变化也很小。因此可以说，Ma 是衡量气流压缩性影响程度的指标。

［例 1-14］ 已知某压缩空气的滞止温度 $T_0=313\text{K}$，求在 Ma 分别为 0.658、1、2、3、4 时的气流温度。又问：在上述各条件下，用温度计插入气流中直接测出的气流温度为多少（不计散热损失）？

［解］（1）利用式（1-89a），已知空气的 $\gamma=1.4$，则

$$T=T_0\left(1+\frac{\gamma-1}{2}Ma^2\right)^{-1}=313\times\left(1+\frac{1.4-1}{2}\times0.658^2\right)^{-1}=288\text{K}$$

比静止时降低了 $313-288=25\text{K}$。其他 Ma 值时的计算结果如下：

Ma	0	0.658	1	2	3	4
T/T_0	1	0.920	0.833	0.556	0.357	0.238
T/K	313	288	261	174	112	74.5

（2）温度计插在气流中，气流与温度计接触时，速度变为零，若不计热损失，此时气流温度应等于滞止状态的温度，即感受出的温度仍应等于 313K。

［例 1-15］ 滞止压力为 p_0，现要求因高速流出引起压力变化 Δp 的相对值 $\frac{\Delta p}{\frac{1}{2}\rho v^2}$ 不超过 1%，试求此流速范围。

［解］ 对式（1-89b），$\frac{p_0}{p}=\left(1+\frac{\gamma-1}{2}Ma^2\right)^{\gamma/(\gamma-1)}$，按二项式定律将其右边展开，因 $Ma<1$，仅取前三项已有足够的精确度，得

$$\frac{p_0}{p}=1+\frac{\gamma}{2}Ma^2+\frac{\gamma}{8}Ma^4$$

以 $Ma^2=\frac{v^2}{a_2}=\frac{\rho v^2}{\gamma p}$ 代入上式，整理得

$$p_0=p+\frac{\rho v^2}{2}+\frac{\rho v^2}{2}\cdot\frac{Ma^2}{4} \tag{a}$$

对不可压缩流体，即不计压缩性影响时，其滞止压力（p_0'）可按伯努利方程式确定为

$$p_0'=p+\rho v^2/2 \tag{b}$$

（a）、（b）两式相减，即得出因压缩性影响而产生的差值

$$\Delta p_0=p_0-p_0'=\frac{\rho v^2}{2}\cdot\frac{Ma^2}{4}$$

其相对于动压的误差为

$$\Delta p_0 \bigg/ \left(\frac{\rho v^2}{2}\right) = Ma^2/4$$

当要求相对于动头的压力变化不超过1%时，其对应的马赫数为 $Ma=(4\times0.01)^{1/2}=0.2$。表明在上述要求下，只有当 $v<0.2a$ 时，才可忽略气流压缩性的影响而作为不可压流体对待。对常温空气而言，$a\approx340$m/s。上述速度限制范围即为 $340\times0.2=68$m/s。若允许相对误差扩大或缩小时，速度限制范围也相应改变。计算结果如下：

最大压力误差范围/%	0.25	1	2.25	4	6.2	9.0	10
允许最大马赫数	1	0.2	0.3	0.4	0.5	0.6	0.63
空气允许最大流速/m·s^{-1}	34	64	102	136	170	203	214

1.5.3.2 临界参数

在压缩性气流的研究与计算中，音速是一个重要参数，是气体动力学中的一种临界状态。所以将对应于音速状态的其他参数也称为临界参数。分别记为 T_C、p_C、ρ_C、a_C。

令式（1-89a）~式（1-89d）各式中的 Ma 等于1，即可得诸临界参数与滞止参数之比

$$\frac{T_C}{T_0}=\frac{2}{\gamma+1} \tag{1-90a}$$

$$\frac{p_C}{p_0}=\left(\frac{2}{\gamma+1}\right)^{\gamma/(\gamma-1)} \tag{1-90b}$$

$$\frac{\rho_C}{\rho_0}=\left(\frac{2}{\gamma+1}\right)^{1/(\gamma-1)} \tag{1-90c}$$

$$\frac{a_C}{a_0}=\left(\frac{2}{\gamma+1}\right)^{1/2} \tag{1-90d}$$

上式表明，临界参数只与气体绝热指数及滞止参数有关。对于空气及双原子气体，其 $\gamma=1.4$，$T_C=0.833T_0$，$p_C=0.528p_0$，$\rho_C=0.634\rho_0$，$a_C=0.913a_0$。对单原子气体及金属蒸气，$\gamma=1.67$，则 $T_C=0.749T_0$，$p_C=0.487p_0$，$\rho_C=0.650\rho_0$，$a_C=0.865a_0$。

1.5.4 压缩性气体经喷管的流动

1.5.4.1 经普通喷管或孔口流出

压缩气体在贮气罐中属滞止状态，经喷管或孔口流出时，流速很高，皆可按绝热过程处理。利用式（1-78）

$$\frac{\gamma}{\gamma-1}\cdot\frac{p_0}{\rho_0}+0=\frac{\gamma}{\gamma-1}\cdot\frac{p}{\rho}+\frac{v^2}{2}\quad \text{N·m/kg}$$

由绝热方程得出口处密度 ρ

$$\rho=\rho_0(p/p_0)^{1/\gamma} \tag{1-91}$$

合并两式，整理得出口流速

$$v=\left\{\frac{2\gamma}{\gamma-1}\cdot\frac{p_0}{\rho_0}\left[1-\left(\frac{p}{p_0}\right)^{\frac{\gamma-1}{\gamma}}\right]\right\}^{0.5}\quad \text{m/s} \tag{1-92}$$

或

$$v=\left\{\frac{2\gamma}{\gamma-1}\cdot RT_0\left[1-\left(\frac{p}{p_0}\right)^{\frac{\gamma-1}{\gamma}}\right]\right\}^{0.5}\quad \text{m/s} \tag{1-93}$$

若将式（1-88）的关系代入式（1-93），则得

$$v=\left[\frac{2\gamma}{\gamma-1}\cdot R(T_0-T)\right]^{0.5}\quad \mathrm{m/s} \tag{1-94}$$

从上面公式可看出，高压气体流出是压力比 p/p_0 的函数，而与压力差（p_0-p）的大小无直接关系。这是压缩性气体与不可压缩性气体的重要差别之一。

喷管流出的质量流量 q_m 可利用式（1-91）与（1-92）代入式 $q_m=A\rho v$ 中，得

$$q_m=A\left\{\frac{2\gamma}{\gamma-1}\cdot p_0\rho_0\left[\left(\frac{p}{p_0}\right)^{2/\gamma}-\left(\frac{p}{p_0}\right)^{(\gamma+1)/\gamma}\right]\right\}^{0.5}\quad \mathrm{kg/s} \tag{1-95}$$

或

$$A=q_m\left\{\frac{2\gamma}{\gamma-1}\cdot p_0\rho_0\left[\left(\frac{p}{p_0}\right)^{2/\gamma}-\left(\frac{p}{p_0}\right)^{(\gamma+1)/\gamma}\right]\right\}^{-0.5}\quad \mathrm{m^2} \tag{1-96}$$

实际应用时，应该考虑摩擦阻力的影响。一般是乘一经验确定的小于 1 的流量系数 μ 加以修正。

$$v_{实}=\mu v \quad 或 \quad q_{m实}=\mu\cdot q_m$$

还应注意，对普通喷管或孔口，使用式（1-92）～式（1-94）时很容易导致错误。它们只有当 $p/p_0\geqslant p_C/p_0$ 时，才能得出符合实际的结论。因为上述公式都是从能量方程中推导出来的，不能同时反映压力波传播的条件对流出速度的影响。实际上，当 $p/p_0<p_C/p_0$ 时（例如对室温空气而言，$p/p_0<0.528$ 时），按式（1-92）的关系，得到出口速度将大于临界速度（即此条件下的音速），但按音波传播的本质，当气流速度达到音速以后，下游压力再低，其影响也无法传播到上游。所以在一般结构的喷管或简单流出孔口中，出口速度最大只能达到音速，而 $p<p_C$ 的影响只是使气流在出口外部进行膨胀而已。

［**例 1-16**］ 储气罐中压缩空气的压力 $p_0=117030\mathrm{Pa}$（绝对压力），$\rho_0=1.32\mathrm{kg/m^3}$，出口处压力 $p=101340\mathrm{Pa}$，求出口流速。又若 p_0 增至 234100Pa，$\rho_0=2.64\mathrm{kg/m^3}$，出口处压力不变，问流速又为多少？

［**解**］（1）在第一种条件下，$p/p_0=101340/117030=0.866>p_C/p_0$（$=0.528$），符合式（1-92）的条件。对空气 $\gamma=1.4$，

$$v=\left\{\frac{2\gamma}{\gamma-1}\cdot\frac{p}{\rho_0}\left[1-\left(\frac{p}{p_0}\right)^{(\gamma-1)/\gamma}\right]\right\}^{0.5}$$

$$=\left[\frac{2\times1.4}{1.4-1}\times\frac{117030}{1.32}\left(1-0.866^{\frac{1.4-1}{1.4}}\right)\right]^{0.5}=158\mathrm{m/s}$$

（2）在第二种条件下，$p/p_0=\dfrac{101340}{234100}=0.433<0.528$，此条件下出口处的实际压力比仍为 p_C/p_0（即 0.528），故流速仍应按临界条件计算，即

$$v=\left[\frac{2\times1.4}{1.4-1}\times\frac{234100}{2.64}\left(1-0.528^{\frac{1.4-1}{1.4}}\right)\right]^{0.5}=321.8\mathrm{m/s}$$

假如直接按 $p/p_0=0.433$ 代入，则

$$v=\left[\frac{2\times1.4}{1.4-1}\times\frac{234100}{2.64}\left(1-0.433^{\frac{1.4-1}{1.4}}\right)\right]^{0.5}=363.36\mathrm{m/s}$$

而此时的临界音速可由式（1-90d）及 $a\ \sqrt{\gamma RT}$ 得

$$a_C=\left(\frac{\gamma p_0}{\rho}\cdot\frac{2}{\gamma+1}\right)^{0.5}=\left(\frac{1.4\times234100}{2.64}\times\frac{2}{1.4+1}\right)^{0.5}$$

$$=321.6\mathrm{m/s}$$

可见直接用 $p/p_0=0.433$ 代入公式后的计算结果超过了音速，这在普通喷管中是不可能达到的，因而后一种解法是错误的。

1.5.4.2 经拉伐尔喷管的流出

通过拉伐尔喷管的流动仍按绝热流动处理，故可利用式（1-92）计算流出速度。但此式计算出的速度为理论值。实际速度显然应小些。工程中用一经验的速度系数 μ 加以修正。μ 一般取 0.96 ~ 0.99。

此时的质量流量仍用式（1-91）的密度与式（1-92）的速度代入 $q_m = A\rho v$，得出与式（1-95）完全相同的流量公式，即

$$q_m = A\left\{\frac{2\gamma}{\gamma-1}\cdot p_0\rho_0\left[\left(\frac{p}{p_0}\right)^{2/\gamma}-\left(\frac{p}{p_0}\right)^{(\gamma+1)/\gamma}\right]\right\}^{0.5} \quad \text{kg/s}$$

在喉部，压力为 p_C，截面积为临界截面积 A_C。若以临界压力比（式（1-90b））代入上式，则得临界断面的质量流量为

$$q_{m,C} = A_C\left[\left(\frac{2\gamma}{\gamma-1}\cdot p_0\rho_0\right)\cdot\frac{\gamma-1}{2}\cdot\left(\frac{2}{\gamma-1}\right)^{\frac{\gamma+1}{\gamma-1}}\right]^{0.5} \quad \text{kg/s} \tag{1-97}$$

或

$$A_C = q_{m,C}\cdot\left[\gamma\cdot\left(\frac{2}{\gamma+1}\right)^{\frac{\gamma+1}{\gamma-1}}\cdot p_0\rho_0\right]^{-0.5} \quad \text{m}^2 \tag{1-98}$$

前面已指出，当喉部达到音速时，其质量流量为最大，故式（1-97）所表示的，即为最大质量流量。也即在拉伐尔喷管的扩张管部分，虽然其速度已经超过临界断面处的临界音速，但这是由于其密度随截面积增大而急剧降低所致，故质量流量不可能大于临界值，所以拉伐尔喷管出口处与临界断面两处的质量流量是相等的，即 $q_m = q_{m,C}$。由此，从式（1-96）与式（1-98）即可得两断面比

$$\frac{A}{A_C} = \left\{\frac{\gamma\left(\frac{2}{\gamma+1}\right)^{\frac{\gamma+1}{\gamma-1}}\cdot p_0\rho_0}{\frac{2\gamma}{\gamma-1}p_0\rho_0\left[\left(\frac{p}{p_0}\right)^{2/\gamma}-\left(\frac{p}{p_0}\right)^{(\gamma+1)/\gamma}\right]}\right\}^{0.5}$$

$$= \left[\frac{\frac{\gamma-1}{2}\cdot\left(\frac{2}{\gamma+1}\right)^{\frac{\gamma+1}{\gamma-1}}}{\left(\frac{p}{p_0}\right)^{2/\gamma}-\left(\frac{p}{p_0}\right)^{(\gamma+1)/\gamma}}\right]^{0.5} \tag{1-99}$$

当已知 γ、A_C 及 p/p_0 时，则可由式（1-99）计算出口断面积。

［**例 1-17**］ 已知压缩气体滞止压力 $p_0 = 7\times 98070$Pa（绝对压力），拉伐尔喷管出口绝对压力 $p = 0.754\times 98070$Pa。若要求喷管质量为 $q_m = q_{m,C} = 1500$kg/h，试设计拉伐尔喷管的喉部与出口断面尺寸。

［**解**］ 标准条件下空气的密度 $p_a = 1.293\text{kg/m}^3$，按绝热过程可近似求出 $p_0 = 7\times 98070$Pa 下滞止状态时的密度 ρ_0

$$\rho_0 = \rho_a\left(\frac{p_0}{p_a}\right)^{1/\gamma} = 1.293\times\left(\frac{7\times 98070}{0.754\times 98070}\right)^{1/1.4} = 5.2\text{kg/m}^3$$

由式（1-98）求临界截面

$$A_C = q_{m,C}\cdot\left[\gamma\left(\frac{2}{\gamma+1}\right)^{\frac{\gamma+1}{\gamma-1}}\cdot p_0\rho_0\right]^{-0.5} = \frac{1500}{3600}\times\left[1.4\left(\frac{2}{1.4+1}\right)^{\frac{1.4+1}{1.4-1}}\times 7\times 98070\times 5.2\right]^{-0.5}$$

$$= 3.22\times 10^{-4}\text{m}^2 = 322\text{mm}^2$$

临界断面直径 d_C 为

$$d_C=\sqrt{\frac{4A_C}{\pi}}=\sqrt{\frac{4\times 322}{\pi}}=20.2\text{mm}$$

由式（1-99）求出口断面积

$$A=A_C\cdot\left[\frac{\frac{\gamma-1}{2}\cdot\left(\frac{2}{\gamma+1}\right)^{\frac{\gamma+1}{\gamma-1}}}{\left(\frac{p}{p_0}\right)^{2/\gamma}-\left(\frac{p}{p_0}\right)^{(\gamma+1)/\gamma}}\right]^{0.5}$$

$$=322\times\left[\frac{\frac{1.4-1}{2}\times\left(\frac{2}{1.4+1}\right)^{\frac{1.4+1}{1.4-1}}}{\left(\frac{0.754}{7}\right)^{2/1.4}-\left(\frac{0.754}{7}\right)^{\frac{1.4+1}{1.4}}}\right]^{0.5}=596\text{mm}^2$$

出口直径　$d=1.128\sqrt{596}=27.5\text{mm}$

出口断面积也可以直接由式（1-96）求出

$$A=\frac{1500}{3600}\times\left\{\frac{2\times 1.4}{1.4-1}\times 7\times 98070\times 5.2\left[\left(\frac{0.754}{7}\right)^{\frac{2}{1.4}}-\left(\frac{0.754}{7}\right)^{\frac{1.4+1}{1.4}}\right]\right\}^{-0.5}$$
$$=596\times 10^{-6}\text{m}^2=596\text{mm}^2$$

两种计算结果相同。

1.5.5　压缩性气体的等温流动

上面几节中都是将压缩性气体流出当作无能量损失的绝热过程处理，但沿长管道输送压缩性气体时，则应考虑如下两点：

（1）气体与管壁有充分的接触和进行换热的时间，因而实际上可近似认为管内气流是处于与周围环境呈平衡状态下的等温流动；

（2）因管道较长，流速又比较高，故不能忽略摩擦阻力而产生压降的影响。

1.5.5.1　基本公式

长管道内的等温气流，因必须考虑摩擦阻力，故理想气体的欧拉微分方程式（1-43）或式（1-76）不能直接使用。此时式（1-76）可写成

$$\text{d}p/\rho+v\text{d}v+\text{d}h_{失}=0 \tag{1-100}$$

按达西公式，微元段上单位质量气体的能量损失为

$$\text{d}h_{失}=\lambda\frac{\text{d}L}{D}\cdot\frac{v^2}{2} \tag{1-101}$$

将式（1-101）代入式（1-100），并以 $v=q_m/(\rho A)$ 及 $\rho=C^{-1}\cdot p$ 代入公式整理，得

$$\frac{A^2}{q_m^2}C^{-1}p\text{d}p+\frac{\text{d}v}{v}+\frac{\lambda}{2D}\text{d}L=0 \tag{1-102}$$

在管道等温流中，λ 可视为常数。对上式各项沿管道始末两端进行积分，得

$$\frac{A^2}{2q_m^2}C^{-1}\cdot(p_2^2-p_1^2)+\ln\frac{v_2}{v_1}+\frac{\lambda}{2D}L=0$$

实际应用中，管道两端速度变化不大，两速度比的对数值相对于其他项而言，可以忽略不计，则上式成为

$$p_1^2-p_2^2=C\frac{\lambda L q_m^2}{DA^2} \tag{1-103}$$

将 $C=p/\rho$ 及 $q_m/A=\rho v$ 代入后得

$$p_1^2-p_2^2=\frac{p_1}{\rho_1}\cdot\frac{\lambda L}{D}\rho_1^2 v_1^2=p_1\rho_1\frac{\lambda L}{D}v_1^2 \tag{1-104}$$

对等温过程有常数 $C=RT$，$v_1=q_{m1}/(\rho A)$ 及 $A=\pi D^2/4$，代入式（1-104）得

$$p_1^2-p_2^2=16\lambda RTLq_m^2/(\pi^2 D^5) \tag{1-105}$$

式（1-104）与式（1-105）即为压缩性气体等温流动的基本公式。

1.5.5.2 压降公式

按连续性方程 $G/A=\rho_1 v_1=\rho_2 v_2$ 及等温下的气体状态方程 $p_1/\rho_1=p_2/\rho_2$，式（1-104）可写成

$$p_1^2-p_2^2=p_2\rho_2\frac{\lambda L}{D}v_2^2$$

$$p_1=p_2\left(1+\frac{\lambda L}{D}\cdot\frac{\rho_2 v_2^2}{p_2}\right)^{0.5}=p_2\left(1+\frac{\lambda L}{D}\cdot\frac{v_2^2}{RT_2}\right)^{0.5} \tag{1-106a}$$

或

$$p_2=p_1\left(1-\frac{\lambda L}{D}\cdot\frac{\rho_1 v_1^2}{p_1}\right)^{0.5}=p_1\left(1-\frac{\lambda L}{D}\cdot\frac{v_1^2}{RT_1}\right)^{0.5} \tag{1-106b}$$

管道两截面间的压力降 Δp 为

$$\Delta p=p_1-p_2=p_2\left[\left(1+\frac{\lambda L}{D}\cdot\frac{v_2^2}{RT_2}\right)^{0.5}-1\right] \tag{1-107a}$$

或利用式（1-106b），得

$$\Delta p=p_1-p_2=p_1\left[1-\left(1-\frac{\lambda L}{D}\cdot\frac{v_1^2}{RT_1}\right)^{0.5}\right] \tag{1-107b}$$

为加深理解，还可作如下讨论：

令

$$p_{均}=(p_1+p_2)/2，则$$

$$p_1^2-p_2^2=(p_1+p_2)(p_1-p_2)=2p_{均}\cdot\Delta p \tag{1-108}$$

将式（1-108）代入式（1-104），得

$$\Delta p=\lambda\frac{L}{D}\cdot\frac{\rho_1 v_1^2}{2}\cdot\frac{p_1}{p_{均}} \tag{1-109}$$

若压降不太大，则 $p_{均}$ 与 p_1 将接近，即 $p_{均}\approx p_1$，且 $\rho_1\approx\rho$，

则

$$\Delta p\approx\lambda\frac{L}{D}\cdot\frac{\rho v^2}{2} \tag{1-110}$$

这就还原成达西公式。

[例 1-18] 有一直径 $D=100$mm 的输气管道，在某截面测得绝对压力 $p_1=980700$Pa，温度 $T_1=293$K，流速 $v_1=30$m/s，管道内的 $\lambda=0.03$，试计算流过 100m 后气体的压力降为多少？

[解] 因已知第一截面的参数，故按式（1-107b）

$$\Delta p=p_1\left[1-\left(1-\frac{\lambda L}{D}\cdot\frac{v_1^2}{RT_1}\right)^{0.5}\right]$$

$$=980700\left[1-\left(1-\frac{0.03\times100}{0.1}\times\frac{30^2}{287\times293}\right)^{0.5}\right]$$

$$=172640\text{Pa}$$

若近似地按压降不太大的情况（即不可压缩流体）处理，则可用达西公式（1-110），其中的

$$\rho=\rho_1=\frac{p_1}{RT_1}=\frac{980700}{287\times293}=11.66\text{kg/m}^3$$

即
$$\Delta p \approx 0.03 \times \frac{100}{0.1} \times 11.66 \times \frac{30^2}{2} = 157410\text{Pa}$$

本例中两种计算方法结果相差

$$(172640 - 157410)/172640 = 8.82\%$$

管道越长，流速越高，直接应用达西公式所产生的误差将越大。

1.5.5.3 流量公式

若已知管道任意两截面的压力和温度，为确定流量可利用基本公式（1-105）

$$\left.\begin{aligned} q_m &= \left[\frac{\pi^2 D^5}{16\lambda RTL}(p_1^2 - p_2^2)\right]^{0.5} \quad \text{kg/s} \\ q_m &= A\left(\frac{D}{\lambda L} \cdot \frac{p_1^2 - p_2^2}{RT}\right)^{0.5} \quad \text{kg/s} \end{aligned}\right\} \tag{1-111}$$

在直管或简单收缩管中的等温流动，不论始末压力比多大（或终点压力多么低），也不能获得超音速气流，最大限度的速度是音速。但对于等温条件下的音速与绝热过程音速概念略有差别，按音速公式（1-83）

$$a = \sqrt{\mathrm{d}p/\mathrm{d}\rho} \tag{1}$$

若将声波在等温气流中的传播过程也视为等温的，则有

$$p/\rho = RT = C \tag{2}$$

将（1）、（2）两式合并，得

$$a = \sqrt{C} = \sqrt{p/\rho} = \sqrt{RT} \quad \text{m/s} \tag{1-112}$$

从式（1-112）可以看出，在等温流动中，管道内的最大流速是 $\sqrt{RT}$，即使始末压力差别再大也无法超过 $\sqrt{RT}$。

上述概念是对于理想气体推导出来的，对与理想气体差别较大的气体，上述公式不适用。

1.6 气流喷射流

前面几节讨论的气体流动问题基本上属于定常态管内或一维连续流动，其特点之一是流动过程中流体质量流量保持不变。如果流体自喷管或孔口喷入由相同介质充满的空间，主流股将带动周围介质继续向前流动，而且流量与流股横断面相应增大，这种流动称为喷射流，简称射流。

当喷入空间的几何尺寸较之喷口大很多时，射流在相当长的范围内不受周围界面的限制，这种射流称为自由射流。喷入空间与喷口尺寸相比相差不大时，流股在横方向的发展很快受到限制，这种射流称为限制射流。当限制面主要是对流股前进或纵深方向的发展上产生约束时，可称这种射流为冲击射流。喷射流的研究对喷射冶金工艺与设备以及燃烧装置的设计等有重要意义。

1.6.1 自由射流

1.6.1.1 卷吸（引射）效应

工程上遇到的射流出口速度都比较大，因而多属于紊流。紊流自由射流中的气体分子与微团有强烈地横向脉动与掺混作用，因而在流股周边上的分子与周围介质发生强烈的动量交换，使周围静止分子被卷吸到射流之中，并随之一同向前流动。相应的，射流流股的流量与横截面都随射程增加而不断增大，而流股本身的速度则沿射程不断衰减，这种

现象称为射流的“卷吸效应”或“引射作用”。它是自由射流的基本特性。

射流中保持出口速度（v_0）的部分称为射流核心区。核心区终端截面称为转折面（图1-27）。转折面的上游部分称为初始段，下游部分称为基本段。

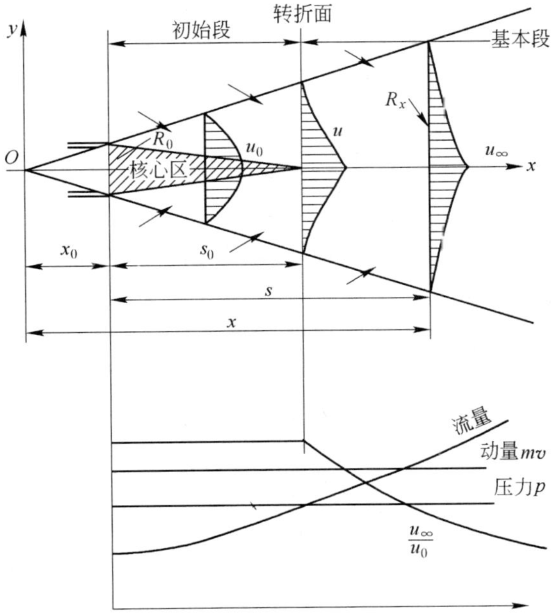

图1-27 等温自由射流

1.6.1.2 动量守恒

实验证明，自由射流中任意截面上的压力始终相等并与周围介质的压力相同，射流所有截面上气流总动量保持不变，且等于喷出口截面的原始总动量，即

$$\int_A \rho u^2 \mathrm{d}A \approx \pi R_0^2 \rho v_0^2 \tag{1-113}$$

或

$$\int_A \frac{\rho u^2 \mathrm{d}A}{\pi R_0^2 \rho v_0^2} \approx 1 \tag{1-114}$$

式中，R_0 为喷口半径，并近似认为出口速度沿横截面分布均匀，等于出口平均速度 v_0。式（1-113）或式（1-114）是分析自由射流其他特性的基础。

1.6.1.3 几何特性

自由射流轮廓呈逐渐扩张的锥体，将外边界线延长相交于喷嘴内的 O 点（图1-27），该点称为极点。锥角的一半（θ）称为极角，可用如下实验公式表示

$$\tan\theta = a \cdot \varphi \tag{1-115}$$

式中 a——紊流系数。射流紊流速度越大，a 值亦越大。实验测定值见表1-5；

φ——喷口截面形状系数，实验确定。对圆形截面 $\varphi = 3.4$，条缝形截面 $\varphi = 2.44$。

利用图1-27与式（1-115），可以得出射流横截面沿射程的变化规律。例如对圆形截面射流距喷口距离为 s（或距极点距离为 x）的截面半径（R_s）与射程 s 存在如下关系

$$\frac{R_s}{R_0} = \frac{x}{x_0} = \frac{x_0 + s}{x_0} = 1 + \frac{s}{R_0/\tan\theta} = 1 + 3.4\frac{as}{R_0} = 3.4\left(\frac{as}{R_0} + 0.294\right) \tag{1-116}$$

表 1-5 紊流系数及极角的实验数值

喷出口形状	紊流系数 a	极角 θ/(°)	射流扩张角 2θ/(°)
圆筒形喷管	0.076 0.08	14.50 15.20	29 30.4
带收缩口的圆形喷嘴	0.066 0.071	12.65 13.57	25.3 27.14
逐渐收缩的条缝形喷口	0.108	14.76	29.53
平面壁上锐缘狭缝	0.118	16.06	32.12
带导流片的直角弯管	0.20	34.22	68.43
带金属网格的轴流风机	0.24	39.21	78.43

1.6.1.4 横截面速度分布

实验表明，自由射流基本段各截面速度分布是相似的，即用无因次坐标表示的速度分布曲线相同（图 1-28）

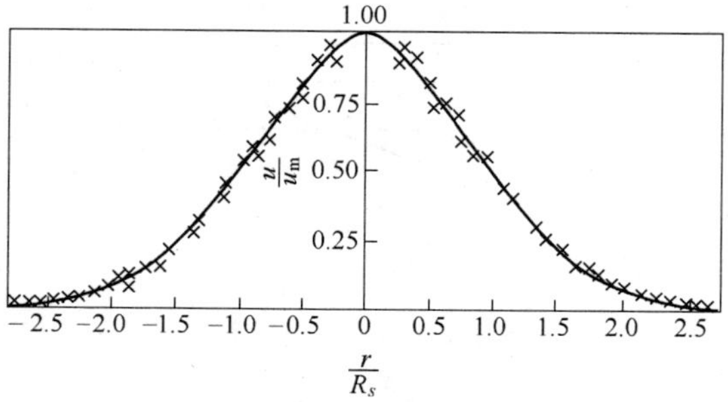

图 1-28 紊流自由射流的速度分布

对圆形截面射流的基本段，各截面上任意点的流速 u 与该截面的最大流速（中心流速）u_m 之比，可用如下实验式表示

$$u/u_m = (1-\eta^{1.5})^2 \tag{1-117}$$

式中，$\eta = r/R_s$；r 为横截面上任意点至射流轴线距离；R_s 为该截面上射流半径；u 为该截面上距轴线 r 处的流速，u_m 为截面轴心流速，即截面最大流速。

1.6.1.5 射流中心速度

对圆形射流，其动量流量可利用式（1-113）。其中 $\mathrm{d}A = 2\pi r \cdot \mathrm{d}r$，则有

$$\int_0^{R_s} \rho u^2 \cdot 2\pi r \cdot \mathrm{d}r = \pi R_0^2 \rho v_0^2$$

以 $\pi\rho R_s^2 u_m^2$ 同除等式两边

$$2\int_0^1 \left(\frac{u}{u_m}\right)^2 \cdot \left(\frac{r}{R_s}\right) \cdot \mathrm{d}\left(\frac{r}{R_s}\right) = \left(\frac{R_0}{R_s}\right)^2 \cdot \left(\frac{v_0}{u_m}\right)^2$$

将式（1-117）代入，则

$$2\int_0^1 [(1-\eta^{1.5})]^4 \eta \mathrm{d}\eta = \left(\frac{R_0}{R_s}\right)^2 \cdot \left(\frac{v_0}{u_m}\right)^2$$

利用数值积分法得出公式左边为 0.0668，即

$$(R_0/R_s)^2 \cdot (v_0/u_m)^2 = 2 \times 0.0668$$

或

$$u_m/v_0 = 2.74(R_0/R_s) \tag{1-118}$$

对于转折截面，$u_m = v_0$，从式（1-118）可得出

$$R_{转折} = 2.74R_0$$

上式与实验结果有一定偏差，这是由于式（1-117）的近似性引起的。

为使分析结果更好地与实验结果吻合，应将式（1-118）中系数修正为3.28，即

$$u_m/v_0 = 3.28(R_0/R_s) \tag{1-119}$$

利用式（1-116），得

$$\frac{u_m}{v_0} = 0.965\bigg/\left(\frac{a \cdot s}{R_0} + 0.294\right) = 0.483\bigg/\left(\frac{a \cdot s}{D_0} + 0.147\right) \tag{1-120}$$

［**例1-19**］ 用带网格罩的轴流风机水平送风，风机口直径 $D_0 = 0.6$m，出口风速 $v_0 =$ 10m/s。求距风机10m处的轴线风速。

［**解**］ 由表1-5查出紊流系数 $a = 0.24$，用式（1-120）计算

$$u_m/v_0 = 0.483\bigg/\left(\frac{a \cdot s}{D_0} + 0.147\right) = 0.483\bigg/\left(\frac{0.24 \times 10}{0.6} + 0.147\right) = 0.116$$

$$u_m = 0.116v_0 = 0.116 \times 10 = 1.16\text{m/s}$$

1.6.1.6 断面流量

圆形自由射流任意截面上的流量可按下式计算

$$q_{V,s} = \int_0^{R_s} u\mathrm{d}A = \int_0^{R_s} u \cdot 2\pi r \cdot \mathrm{d}r = 2\pi u_m \cdot R_s^2 \int_0^1 \frac{u}{u_m} \cdot \frac{r}{R_s} \cdot \mathrm{d}\left(\frac{r}{R_s}\right)$$

$$= 2\pi R_0^2 v_0 \left(\frac{R_s}{R_0}\right)^2 \left(\frac{u_m}{v_0}\right) \int_0^1 (1 - \eta^{1.5})^2 \cdot \eta \cdot \mathrm{d}\eta$$

其中，$\pi R_0^2 v_0 = q_{V,0}$ 为喷出口处的原始流量，积分项用数值积分法得出具体数值为0.1285。同时利用式（1-119），则上式成为

$$q_{V,s} = 2q_{V,0} \times 3.28^2 \cdot \left(\frac{v_0}{u_m}\right)^2 \cdot \frac{u_m}{v_0} \times 0.1285 = 2.76q_{V,0}\frac{v_0}{u_m}$$

或

$$q_{V,s}/q_{V,0} = 2.76v_0/u_m \tag{1-121}$$

按实验结果将上式中的常数修正为2.13，即

$$q_{V,s}/q_{V,0} = 2.13v_0/u_m \tag{1-122}$$

利用式（1-120），则上式可写为

$$q_{V,s}/q_{V,0} = 4.4\left(\frac{a \cdot s}{D_0} + 0.147\right) \tag{1-123}$$

用与上述类似的方法可以推导出适用于平面射流的半经验公式，现列表比较如下（表1-6）。

表1-6 圆形及平面射流的若干半经验公式（适用基本段）

项　目	圆形射流	平面射流
极角 θ	$\tan\theta = 3.4a$	$\tan\theta = 2.44a$
射流直径（D_s）或半高（b_s）	$D_s/D_0 = 6.8\ (a \cdot s/D_0 + 1.47)$	$b_s/b_0 = 2.44\ (a \cdot s/b_0 + 0.41)$
中心流速（u_m）	$\frac{u_m}{v_0} = 0.483/\left(\frac{a \cdot s}{D_0} + 0.147\right)$	$\frac{u_m}{v_0} = 1.2/\left(\frac{a \cdot s}{b_0} + 0.41\right)^{0.5}$
流量（$q_{V,s}$）	$\frac{q_{V,s}}{q_{V,0}} = 4.4\left(\frac{a \cdot s}{D_0} + 0.147\right)$	$\frac{q_{V,s}}{q_{V,0}} = 1.2\left(\frac{a \cdot s}{b_0} + 0.41\right)^{0.5}$
断面平均流速（v）	$\frac{v}{v_0} = 0.095/\left(\frac{a \cdot s}{D_0} + 0.147\right)$	$\frac{v}{v_0} = 0.492/\left(\frac{a \cdot s}{b_0} + 0.41\right)^{0.5}$

［例 1-20］　有一股煤气射流由 $D_0 = 0.2\text{m}$ 的圆筒形喷口喷射到大气中进行自然扩散燃烧，已知煤气完全燃烧的理论空气量为 $1.6\text{m}^3/\text{m}^3$，试估算此煤气火焰的最小长度。又若将煤气喷口改成厚度（$2b_0$）为 0.0314m（即出口截面积与圆形喷口相同），试问火焰估算长度最小为多少？

［解］　煤气火焰长度取决于煤气射流从周围抽吸的空气量，当吸入空气量满足完全燃烧的理论空气量时，燃烧即可进行完全，此截面距出口距离即为火焰最小长度。

对于圆筒形喷嘴，紊流系数 $a = 0.08$（表 1-5），按式（1-123），其中

$$q_{V,s}/q_{V,0} = \frac{1.0 + 1.6}{1.0} = 2.6$$

代入，有

$$2.6 = 4.4(0.08s/0.2 + 0.147)$$

得

$$s = 1.11\text{m}$$

实现完全混合与燃烧完全还有一个过程，故实际火焰长度将略大于此值。

若将喷口改为条缝形，且 $b_0 = \frac{1}{2} \times 0.0314 = 0.0157\text{m}$，按表 1-6 中平面射流流量公式

$$q_{V,s}/q_{V,0} = 1.2\left(\frac{a \cdot s}{b_0} + 0.41\right)^{0.5}$$

按表 1-5，对逐渐收缩的条缝形喷口，$a = 0.108$，将已知值代入上式，得出

$$s = 0.623\text{m}$$

虽然喷出口面积不变，抽吸流量不变，但火焰长度却比圆形喷嘴减小 0.487m，这是由于平面射流与周围介质的相对边界表面积增大，从而强化了抽吸作用的结果。

1.6.2　限制射流

工程中多数射流是射入有限空间（图 1-29），周围固体壁的存在既限制了射流的自由扩张，又限制了对周围流体的抽吸。由图 1-29 可见，限制射流的主要特点是喷出口附近形成了限流区。

由于流速场的复杂性，即使如图 1-29 所示的简单情况，也不可能得到如前节讨论的那种近似分析解。有人利用紊流纳维－斯托克斯方程，结合适当的紊流黏度模型与表达式。对某些具体条件下的流场，进行了数值分析计算。图 1-30 即为 D. B. Spalding 等人对火焰炉炉膛流速场的计算结果。

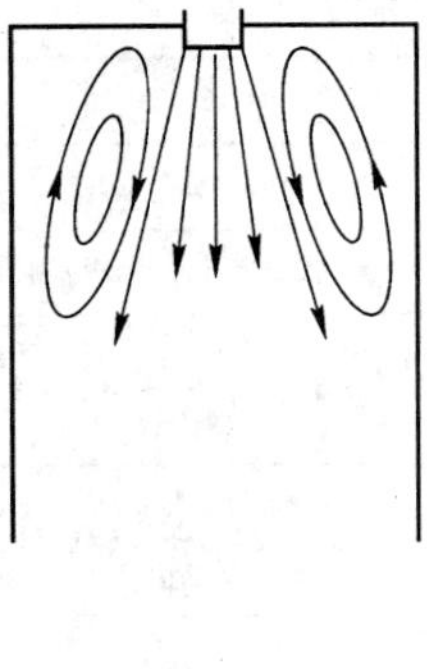

图 1-29　简单限制射流

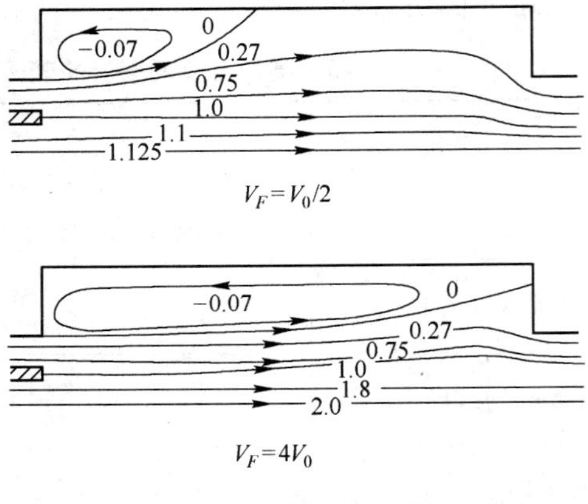

图 1-30　火焰炉炉膛流速场示意图

1.6.3 冲击射流

气体射流冲向液体与固体表面，形成冲击射流。这在金属冶炼、材料加热等工艺中具有重要意义。

1.6.3.1 冲向固体平壁的射流

射流以任意角度冲向平壁，流股与壁面相遇后即发生铺展变形。在与壁面垂直的方向上射流被压缩，在平行于平壁的方向上射流向横向展开（图 1-31）。

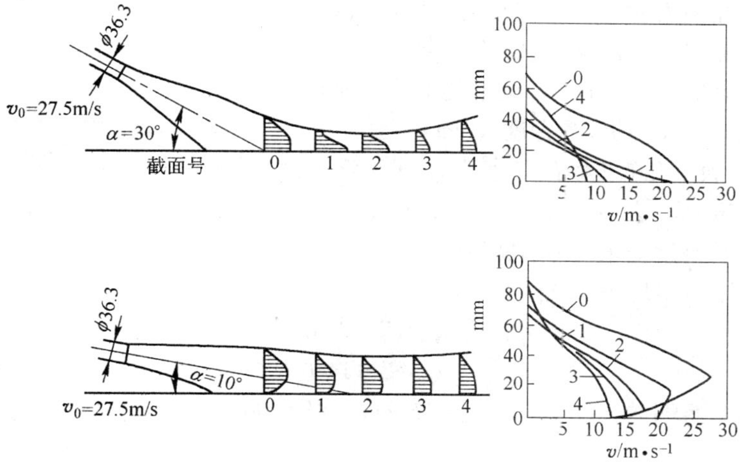

图 1-31 射流与固体平壁相遇

通过实验观察，有如下规律：

（1）随冲击角 α 增大，射流与壁面相遇后，射程变短。当 $\alpha=10°\sim20°$时，射程比自由射流大（这是由于靠近壁面的一面减少了吸入介质的掺混）；当 $\alpha=30°$时，射程与自由射流相等；超过 30°后，射程比自由射流要短。

（2）在冲击平壁的相遇点，射流对平壁有一局部压力（p），在 $a=10°\sim40°$时，对冷射流可用如下近似式表示

$$p=0.98(\sin\alpha)^{1.86}\rho u_x^2 \quad \mathrm{N/m^2} \tag{1-124}$$

任意冲击角下射流对平壁产生的平均压力

$$p=0.88(\sin\alpha)^{1.86}\rho u_m^2 \quad \mathrm{N/m^2} \tag{1-125}$$

式中 u_x——射流与平壁接触点的速度，m/s；

u_m——射流轴心速度，m/s。

（3）冲击平壁后，射流变为扁平形，其扩张角在平面上的投影（$a_平$）可用下面实验式近似表示

$$\alpha_平=\alpha_0+3\alpha \tag{1-126}$$

式中 α_0——平射射流的扩展角，一般为 30°；

α——冲击角。

1.6.3.2 冲击流体表面的射流

氧气顶吹转炉，熔池熔炼炉中的氧气流即属于这种情况。与冲击固体壁面不同，高速射流冲击液体表面后，将引起液面的变形，在冲击点附近形成凹窝（图 1-32）。图 1-32 中 H_c 称为射流的穿透深度。显然，H_c 越大，气－液间的传热、传质速率越高。H_c 与射流运动参数的关

系曾有不少人进行过研究，如沙马等人对气体射流冲击熔池的过程提出过如下关系式

$$\frac{H_c}{H_0}\left(\frac{H_0+H_c}{H_0}\right)^2=\frac{154P_j}{2\pi g\rho_m H_0^3} \qquad (1\text{-}127)$$

式中 P_j——射流喷出时的动量，$kg\cdot m/s^2$；

ρ_m——熔体密度，kg/m^3；

H_0——喷枪出口离液面高度，m。

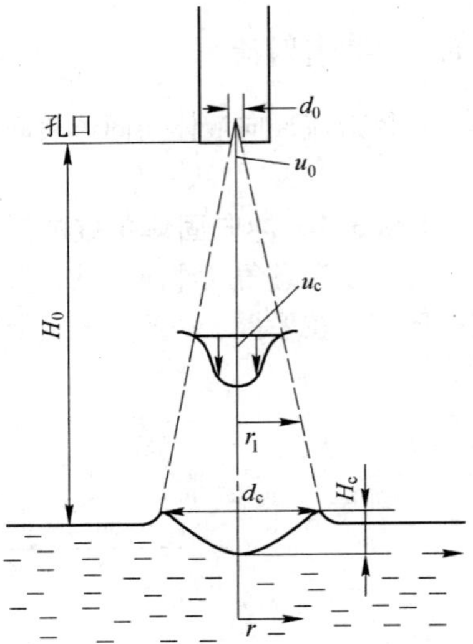

图 1-32 冲击液体表面的射流

关于超声速射流对钢液的穿透深度，上述作者编制了诺模图，可用来进行喷枪设计的近似估算（图 1-33）。图中 Q_0 为氧气流量（m^3/s）；H_0 为氧枪高度（m）；d_0 为喷管内直径（m）；H_c 为穿透深度（mm）。

［例 1-21］ 设单孔氧枪喷出口直径 $d_0=0.057m$，氧气流量 $Q_0=4.67m^3/s$。若氧枪高度 H_0 为 1.75m，试估算穿透深度。若氧枪高度变化，影响又如何？

［解］ 利用图 1-33，先求出

$$Q_0/H_0^3=0.87$$

$$Q_0/d_0^2=1440$$

按图中虚线所标明的方向，得出 $H_c\approx350mm$。对不同高度 H_0 其他条件不变时所得的 H_c 值如下：

H_0/m	0.25	0.50	1.00	1.75	2.50
Q_0/H_0^3	299	37.4	4.67	0.87	0.299
H_c/mm	980	800	700	350	188

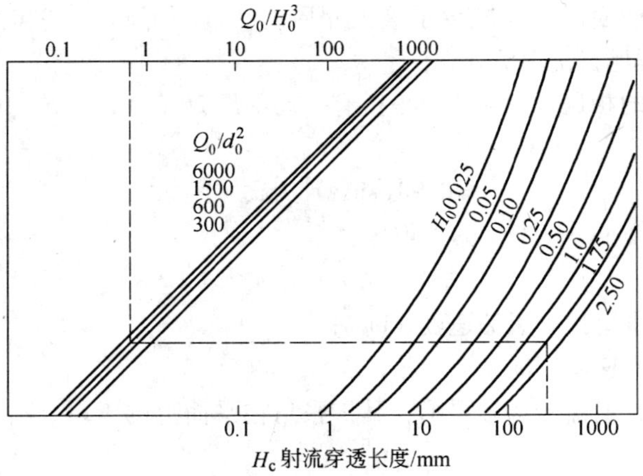

图 1-33 超声速氧气射流对钢液的穿透深度

1.7 供风排烟装置

冶金过程与燃料燃烧过程需要的各种流体须有不同的流体输送设备供给，产生的烟气需要抽吸与排放。这类设备种类很多，按结构特点与工作原理可分为：

透平式　如离心式与轴流式的旋转叶轮风机与水泵；

容积式　如活塞式与回转式的抽吸与排出机械；

引射式　如喷射式的真空泵与燃烧器；

浮升式　如烟囱。

风机中又可按压力高低分为：

通风机　压力小于 15000Pa。其中低于 1000Pa 的称为低压通风机；压力在 1000 ~ 3000Pa 之间的称为中压通风机；压力在 3000 ~ 15000Pa 的称为高压通风机；

鼓风机　压力在 $1\times10^4 \sim 3\times10^5$Pa 之间；

压缩机　压力大于 3×10^5Pa；

真空泵　按产生真空度高低又分为机械式、喷射式、扩散式等。

本节重点介绍离心式风机与烟囱。

1.7.1 离心式风机

1.7.1.1 工作原理

离心式风机（离心式泵的原理亦同）的主要工作部件是叶轮和机壳。由于叶轮旋转，叶片间的流体获得离心力而被甩出。流体获得动能并在机壳内被压缩而使静压升高。最后由出口输出。处于叶轮中心的进口处的流体被甩出后，叶轮中心的压力降低，呈现负压，外界流体即被不断地吸入。

由叶轮运动传给流体的动量矩分析，可推导出单位体积流体的能量增量与流体在叶轮中运动速度的关系，即

$$h_T = (u_2 v_2 \cos\alpha_2 - u_1 v_1 \cos\alpha_1)\rho \quad \text{J/m}^3 \text{ 或 N/m}^2 \tag{1-128}$$

式中 h_T ——全压（包括动压与静压）；

u ——圆周速度，m/s；

v ——圆周速度（u）与对叶片的相对运动速度（ω）的合成速度（图 1-34 与图 1-35），m/s；

α_1 ——叶片进口处合成速度与圆周速度之间的夹角，（°）；

α_2 ——叶片出口处合成速度与圆周速度之间的夹角，（°）。

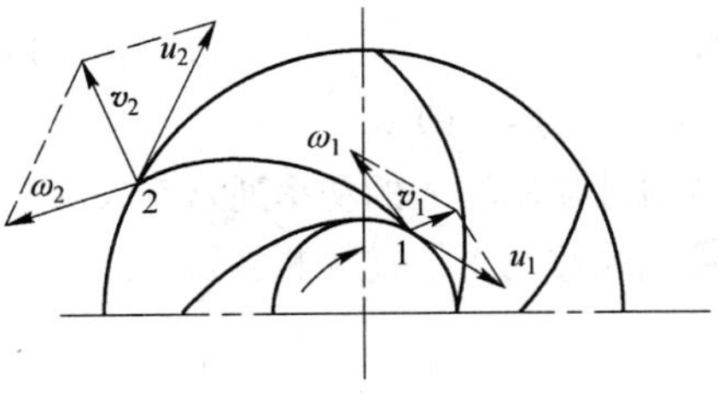

图 1-34　叶片进出口处的速度分布

1—进口；2—出口

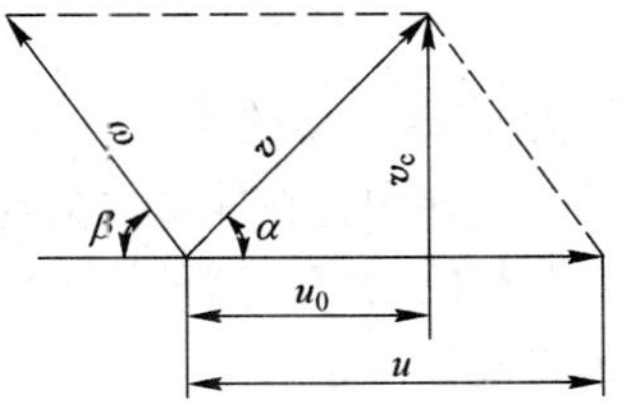

图 1-35　流体在叶轮中的速度合成

机体设计中通常取叶片进口工作角 $\alpha_1 = 90°$，则离心风机的理论压头等于

$$h_T = u_2 v_2 \rho \cos\alpha_2 \quad \text{N/m}^2 \tag{1-129}$$

为了明显地看出流量、转速和叶片形状对压头的影响，从图 1-34 中可得出 $v_2\cos\alpha_2$ 的表达式

$$v_2\cos\alpha_2 = u_2 - v_2\sin\alpha_2 \cdot \cot\beta_2 \tag{1-130}$$

式中，β 为叶片安装角。将式（1-130）代入式（1-129），得

$$h_T = (u_2^2 - u_2 v_2 \cdot \sin\alpha_2 \cdot \cot\beta_2)\rho \tag{1-131}$$

从上式可见

（1）叶片后弯，即 $\beta_2 < 90°$，$\cot\beta_2 > 0$，$h_T < u_2^2\rho$；

（2）叶片取径向，即 $\beta_2 = 90°$，$\cot\beta_2 = 0$，$h_T = u_2^2\rho$；

（3）叶片前弯，即 $\beta_2 > 90°$，$\cot\beta_2 < 0$，$h_T > u_2^2\rho$。

综合上述三种情况，可以得出如下概念，即

$$h_T \propto u_2^2\rho$$

将圆周速度表示成叶轮直径 D 与转速 n 的函数，即

$$u_2 = \pi D \cdot n$$

则

$$h_T \propto n^2 D^2 \rho$$

或

$$h_T = kn^2 D^2 \rho \tag{1-132}$$

式中，k 为常数。上式说明，离心式风机产生的全压与叶轮直径及转速的平方成正比，并正比于工作介质的密度。

1.7.1.2 离心风机的主要性能参数

A 流量

单位时间内输送流体的体积称为流量，单位为 m^3/h 或 m^3/s。设 b 为叶片宽度（或轮盘前后两轮盘间的空隙距离），ε 为除去叶片占据截面后的有效截面系统，则离心式风机的理论流量应为

$$q_V = \varepsilon \cdot \pi D \cdot b \cdot v \cdot \sin\alpha_2$$

设计中通常取 $b \propto D$，而 $u_2 \propto n \cdot D$，代入后得

$$q_V \propto n \cdot D^3 \tag{1-133}$$

B 全压

单位体积气体通过风机所获得的总机械能量称全压。由于机械运转中常有摩擦、撞击、涡流等造成的能量损失，故实际能产生的全压较理论分析式（1-132）为小。实际全压要通过实验测定。

C 功率与效率

单位时间内流体所获得的能量即为风机所提供的有效功率，用 N_e 表示，则

$$N_e = q_V \cdot h_T \quad \text{W} \tag{1-134}$$

若 q 的单位为 m^3/s，h_T 的单位为 N/m^2，则 N_e 的单位为 $N \cdot m/s$，即 W。

由于机械运转中存在能量损失与气体泄漏损失，故对叶轮轴输入的功率通常都要大于气体通过风机所获得的功率。这种损失无法用理论方法计算，通常用一经过实测获得的经验系数表示，称为风机效率（η）

$$\eta = N_g / N_s$$

式中，N_g、N_s 分别表示气体获得的有效功率与外界输给叶轮轴的功率。对通风机，前弯叶片的效率约为 0.7 左右，后弯叶片的效率可达 0.9 以上。

1.7.1.3 特性曲线

在额定转速下，风机各项性能指标与风机输出流量之间的关系可集中反映此种结构风机的技术特性。这种资料对风机的正确选用和使用有十分重要的意义，故往往由生产厂家测定后随机出厂。特性曲线通常包括全压－流量曲线（$h_T - q_V$），功率－流量曲线（$N_S - q_V$），以及效率－流量曲线（$\eta - q_V$）。作为示例，离心风机的特性曲线见图 1-36。

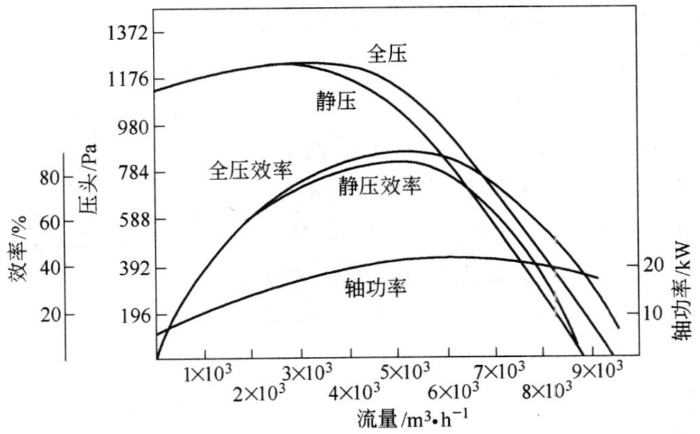

图 1-36 离心通风机特性曲线

由于工程上一般主要是利用静压，因此，在通风机特性曲线中常列有静压－流量曲线及静压效率－流量曲线。静压效率 η_s 与全压效率 η 的关系是

$$\eta_s = \eta \cdot h_s / h_T \tag{1-135}$$

1.7.1.4 管路特性与工况点

风机的工作总是与一定的管路和用户相连接的。风机产生的全压，即用来平衡管路内的静压头增量、动压头与位压头增量及各种压头损失。

按不可压缩流体列出某管路风机入口与用户出口两截面的伯努利方程

$$p_1 + H_1\rho g + \frac{v_1^2}{2}\rho + h_T = p_2 + H_2\rho g + \frac{v_2^2}{2}\rho + \sum h_{失}$$

$$h_T = (p_2 - p_1) + (H_2 - H_1)\rho g + \frac{\rho}{2}(v_2^2 - v_1^2) + \sum h_{失} \tag{1-136}$$

式中 $p_2 - p_1$ ——系统始末两截面间的静压头增量；

$(H_2 - H_1)\rho g$ ——始末两截面间的位压头增量；

$\frac{\rho}{2}(v_2^2 - v_1^2)$ ——始末两截面间的动压头增量，$\frac{\rho}{2}(v_2^2 - v_1^2)$ 可表示为管路流量的函数，因 $q_V = v_1A_1 = v_2A_2$，则

$$(v_2^2 - v_1^2)\ \rho/2 = (1/A_2^2 - 1/A_1^2)\ q_V^2\rho/2 = s_1\rho q_V^2$$

$\sum h_{失}$——管路损失，包括摩擦损失与局部损失，同样可表示成流量的函数

$$\sum h_{失} = \left(\sum\lambda\frac{L}{D} + \sum\xi\right)\frac{v^2}{2}\rho = \frac{\rho}{2A^2}\left(\sum\lambda\frac{L}{D} + \sum\xi\right)q_V^2 = s_2\rho q_V^2$$

令 $s = s_1 + s_2$，$h_0 = (p_2 - p_1) + (H_2 - H_1)\rho g$，代入式（1-136）得

$$h_T = h_0 + s\rho q_V^2, \mathrm{N/m^2} \tag{1-137}$$

将式（1-137）标绘在 $h_T - q_V$ 的坐标系内，即得管路特性曲线，如图 1-37 的 CE。显然它是一条抛物线。管道特性曲线与风机特性曲线标绘于同一坐标系内，可得出通风机在此管路系统工作的工况点（图中 D 点）。当管路系统阻力系数增大（如增加了节流装置或闸阀等），管路特性曲线变得更陡（即相同流量下需要更大的全压），特性曲线变成 CE'，工作点移到 d。也就是说在同样的风机运转条件下，此时系统的流量将由 $q_{V,D}$减小为 $q_{V,d}$。而运行全压由 $h_{T,D}$升高为 $h_{T,d}$，若在同一图中绘入全压－效率曲线，则可发现，在 D 与 d 两点的条件下工作，风机的效率都是比较高的。也就是表明在此系统中，风机的合理运行范围是在 $q_{V,D}$附近。

1.7.1.5 离心式风机的工况调节

在供风系统中往往要对风量进行调节。但流量一变，压头效率以及功率都将相应地变化。

利用图 1-37 可以较简单方便地看清楚其间的关系。调节手段可有如下几种。

A 管路调节法

管路调节法是在管路中增设闸门来进行工况调节。若将闸门关小，则图 1-37 中的 *CE* 变成 *CE′*，工作点由 *D* 移至 *d*。此时风机运行压头增大，显然压头增量（$h_{T,D}-h_{T,d}$）是用来克制闸门对流体的阻力。可见这种调节方法不经济，但因其简便易行，在中小型风机管路中仍被广泛采用。

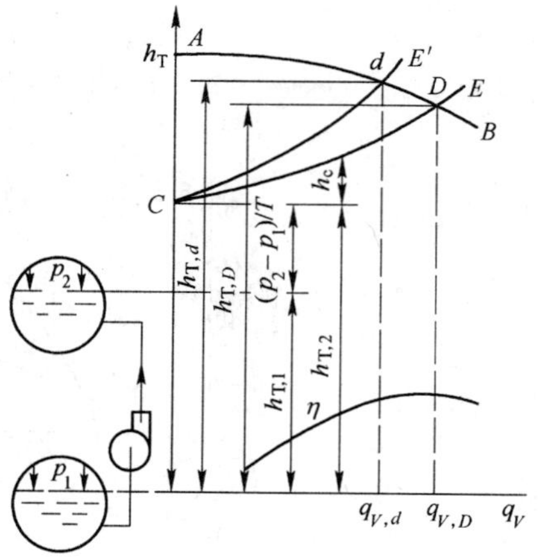

图 1-37 管道特性与风机工作点

B 改变转速法

由式（1-132）与式（1-133），即 $h_T \propto n^2D^2\rho$，$q \propto n \cdot D^3$，代入式（1-134）得

$$N_e \propto n^3 \cdot D^5 \cdot \rho$$

由上式可见，当设备结构与尺寸不变时，流量与转速一次方成正比，压头与转速二次方成正比，功率则与转速的三次方成正比。改变风机的转速，即可使风机的特性曲线由 1 变为 2（图 1-38）。此时工况点由 *D* 移至 *A*。流量由 $q_{V,D}$ 增大到 $q_{V,A}$。与此同时工作压力也由 h_D 增加到 h_A，压头的增加部分，显然是由于因流量增加而增大了的管道阻力。这种调节法没有附加的能量损失，效率也不会有明显变化，是一种较理想的调节方法。但需要有专门的调速电机，故不如节流法方便。

C 吸气管节流法

在风机的吸气管部分安装节流阀，关小节流阀时风机特性曲线变陡（图 1-39 中由 *BA* 变为 *BA′* 及 *BA″*）。工作点由 *A* 移至 *A′* 或 *A″*，系统风量变小、风机输出压头相应地降低。这是由于风量变小后，管道阻力变小。此法实质上与第一种方法相同，都是增加了风机的能量消耗。只是第一种方法是改变管道特性，而此法是改变风机特性。

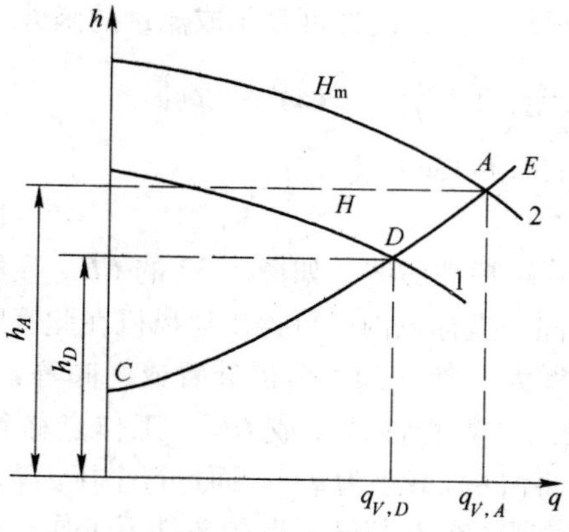

图 1-38 改变转速调节风量

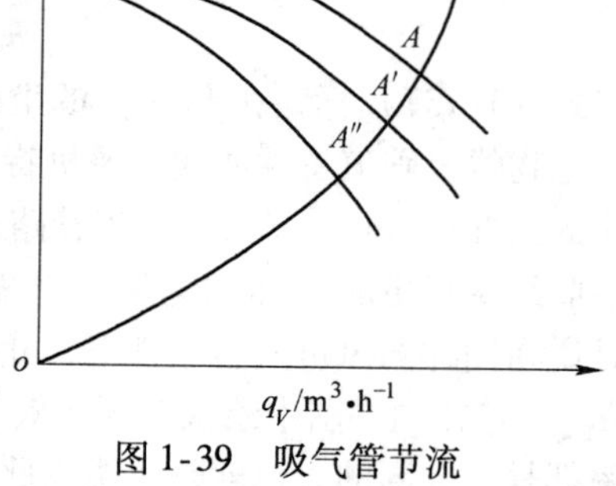

图 1-39 吸气管节流

D 吸气口导流法

在吸入口处安装导向叶片，借改变叶片角度而改变进口处空气的动量矩（叶片工作角 α_1

变化），使风机的特性曲线发生变化，但此法调节幅度较小。

1.7.1.6　离心风机的并联与串联

A　并联

图1-40a表示两台风机并联安装（示意图）。两机的特性曲线分别为 F_1A_1 及 F_2A_2（图1-40b）。可以认为两机吸入口与压出口是处于相同的压力下，而总出风管的流量则为两机之和。按此原理可以绘制出两机并联运行的流量－全压曲线（图中 GA）。注意，这条曲线左端终于 G 点，因为并联相通，第一台风机的静压不能高于 h_G。

图1-40b中的 CE 为管路特性曲线，它与并联特性曲线 GA 相交于 A，即并联运行时的工作点。A_1 与 A_2 分别代表两台风机单独运行时的工作点。从图中可以看出，在并联工况下，总管的流量 Q 并不是两台风机单独运行时的流量 $q_{V,1}$ 与 $q_{V,2}$ 之和。另外，并联运行工作点 A 的压力为 h_A，较两机单独运行时的压力 h_{A_1} 与 h_{A_2} 都高。这是因为并联系统流量大于单独运行时的流量，使管路阻力增大所致。在此条件下，各风机的流量为相应于 D_1、D_2 点的 Q_1 与 Q_2。从图可见，Q_1 与 Q_2 分别都小于 $q_{V,1}$ 与 $q_{V,2}$。故 $Q_A(=Q_1+Q_2)<(q_{V,1}+q_{V,2})$。

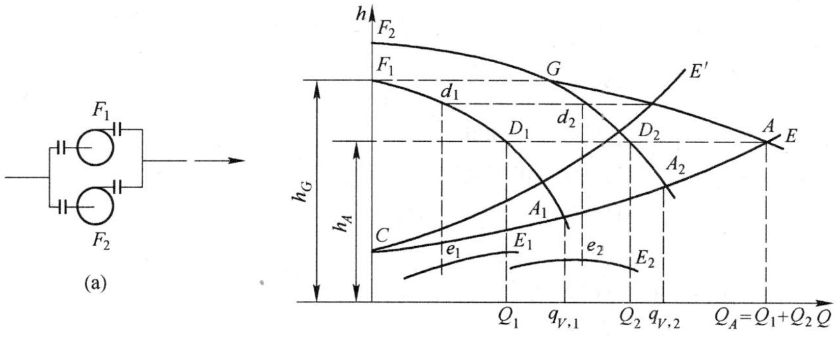

(b)

图1-40　风机的并联运行

(a)并联安装示意图；(b)并联特性曲线

B　串联

两风机串联安装示意图见图1-41a，串联后的特性曲线见图1-41b中的 $H-A$，从串联特性曲线与管路特性曲线的关系可作出与并联类似的分析。串联后的总管压力增加，但并不是两机压力的简单相加。

1.7.1.7　选用与计算

风机多为定型标准产品，一般要求使用者能按产品目录正确使用，通常包括如下内容：

（1）选型。根据介质性质与使用条件确定类型，可查阅产品样本。

（2）根据生产需要及管路特性，合理确定最大流量与最高全压。

最大流量　　$q_V=(1.1\sim1.2)q_{V,C}$

最大全压　　$h_T=(1.1\sim1.2)h_{T,C}$

式中，$q_{V,C}$ 与 $h_{T,C}$ 为工作（或计算）流量与全压，按式(1-136)确定。必须注意，离心风机产品样本或铭牌规格一般都是按标准技术条件标定的。通常是按温度为20℃，压力为101325Pa的空气为标定介质。当工作介质与标定条件不同时，应根据式(1-132)导出的如下公式进行换算

全压
$$h_T=h_{T,0}\cdot\frac{\rho}{1.2}=h_{T,0}\cdot\frac{p_a}{101325}\cdot\frac{273+20}{273+t}\tag{1-138}$$

流量
$$q_V=q_{V,0}\tag{1-139}$$

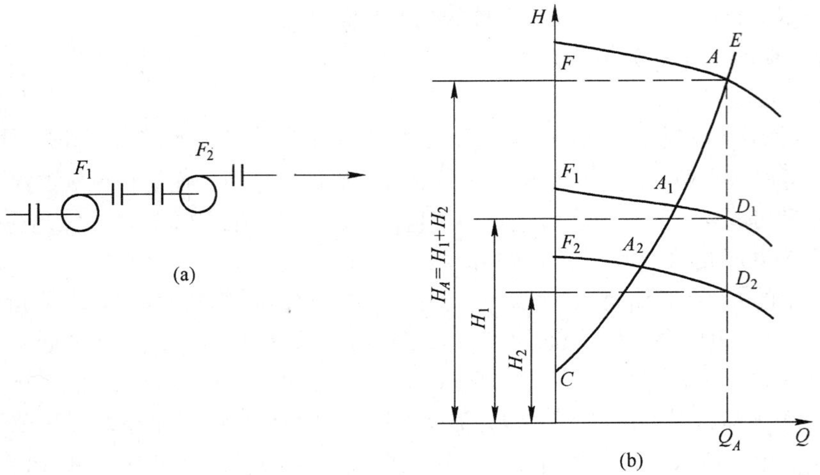

图 1-41 风机的串联运行

(a)串联安装示意图；(b)串联运行的工况分析

功率 $$N=h_{\mathrm{T}}q_V=N_0\frac{\rho}{1.2}=N_0\frac{p_{\mathrm{a}}}{101325}\cdot\frac{273+20}{273+t}\tag{1-140}$$

式中 $h_{\mathrm{T,0}}$，$q_{V,0}$，N_0——产品样本标定数据；

h_{T}，q_V，N——使用条件下的数据；

p_{a}——使用地点的大气压，Pa；

t——工作介质温度,℃；

ρ——工作介质的密度，kg/m^3；

1.2——标定条件下的空气密度。

（3）验算功率。按实际运行条件，用式（1-134）除以效率 η，得

$$N=q_V\cdot h_{\mathrm{T}}\times10^{-3}/\eta\quad \mathrm{kW}$$

式中，风机全压效率 η 由特性曲线图按工作点的位置查效率曲线确定，或按产品样本提供的数据选定。

[**例 1-22**] 离心风机选用计算 现需用流量为 $12720m^3/h$，全压为 $884N/m^2$ 的热空气，温度为 70℃（343K），当地气压为 $98070N/m^2$，试选择风机型号与配套电机。

[**解**] 将需风压与风量各增加 10% 作选择依据

$$q_V=1.1\times12720=13992m^3/h$$

$$h_{\mathrm{T}}=1.1\times884=973N/m^2$$

由于工作介质与标定介质条件不同，应予换算。按式（1-138）可得出对应的风机铭牌参数

$$h_{\mathrm{T,0}}=h_{\mathrm{T}}\frac{101325}{p_{\mathrm{a}}}\cdot\frac{273+t}{273+20}=973\times\frac{101325}{98070}\times\frac{343}{293}$$

$$=1177\mathrm{Pa}\ (=120\mathrm{mmH_2O})$$

$$q_{V,0}=q_V=13992m^3/h=3.89m^3/s$$

选用 4－72－11No.8C 高效离心通风机，其性能规格见附表 7。当转速 $n=1120r/min$ 时，序号 2 的工作参数 $h_{\mathrm{T,0}}=1184\mathrm{Pa}$，$q_{V,0}=14050m^3/h$ 能满足要求。

验算轴功率 取 $\eta=0.88$（按高效离心风机资料）

$$N=q_Vh_{\mathrm{T}}\times10^{-3}/\eta=3.89\times973\times10^{-3}/0.88=4.3kW$$

电动机功率 考虑到传动效率 η_{TP} 和电机容量安全系数（或称裕度）B，电动机功率应为

$$N_m = BN/\eta_{TP} = 1.15 \times 4.3/0.98 = 5.1\text{kW}$$

产品目录原配套的电动机为 JO_2-51-4，7.5kW，其功率较本例计算结果为大。这是由于工作介质的入口压力与温度不同于标定条件，也就是标定条件下介质的密度较大的缘故。

1.7.2　烟囱

烟囱的作用有两点，一是利用其底部的负压将各种燃烧废气抽吸出来，相当于吸风机的作用；二是借烟囱的高度将有害气体排放到高空，借大气的扩散与稀释作用，以减少对地面的污染。一般中小型炉窑的烟囱多以抽吸作用为主，排放作用为辅，可称为抽吸烟囱。对于产生大量有毒气体的冶炼厂或发电厂，除了对烟气进行净化以外，还需利用高烟囱使之在高空排放，而抽吸作用并不显著，这种以排放作用为主的烟囱称为“排放烟囱”。

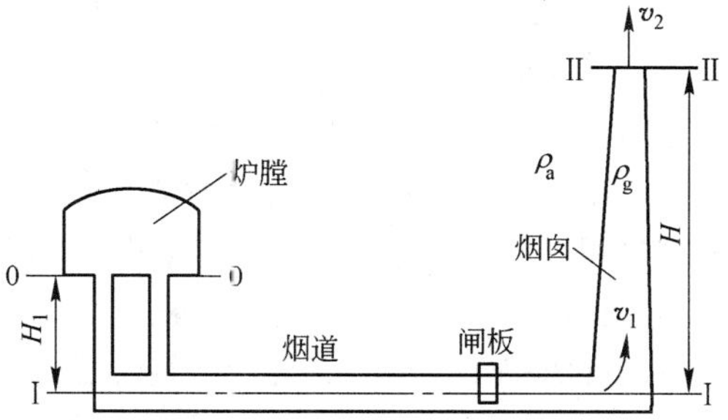

图 1-42　炉窑排烟系统

1.7.2.1　工作原理

A　抽吸烟囱

图 1-42 为炉窑排烟系统示意图。设烟囱高度为 H，内部充满密度为 ρ_g 的烟气，周围大气密度为 ρ_a。现设烟囱底部静压为 $h_{静1}$，取顶部截面Ⅱ—Ⅱ面为基准。列伯努利方程，已知 $h_{静2}=0$，
则

$$h_{静1} + H(\rho_a - \rho_g)g + v_1^2\rho_g/2 = 0 + 0 + v_2^2\rho_g/2 + h_失$$

整理得

$$h_{静1} = -H(\rho_a - \rho_g)g + \frac{v_2^2 - v_1^2}{2}\rho_g + h_失 \quad \text{Pa} \tag{1-141}$$

一般情况下，$\rho_g < \rho_a$，即 $H(\rho_a - \rho_g)g > 0$，若忽略烟囱上下截面的动压头变化及压头损失，则得烟囱底部静压的理论值为

$$h_{静1} = -H(\rho_a - \rho_g)g \quad \text{Pa} \tag{1-142}$$

可见烟囱底部为负压，且随着烟囱高度与内外气体的密度差而增大。对于炉窑来说，烟囱相当于抽风机。所以习惯上将烟囱底部的负压的绝对值称为抽力。式（1-142）的绝对值称为理论抽力。实际抽力可从式（1-141）得出：

$$h_抽 = -h_{静1} = H(\rho_a - \rho_g)g - \frac{v_2^2 - v_1^2}{2}\rho_g - h_失 \tag{1-143}$$

当烟囱抽力等于或大于烟道系统设计阻力时，烟囱就能稳定地抽吸出设计条件下的烟气量。

B　排放烟囱

排放烟囱与抽吸烟囱的工作原理完全不同。它不向烟道系统提供抽力，而是相反，需要另设风机将烟气从炉窑抽出后再压送至烟囱，然后以高速（20～30m/s）从顶部喷入大气，借高空大气湍流的扩散和稀释作用，使有害物的落地浓度低于环保法所规定的浓度以下。定性地说，有害物的最大落地浓度（c_{max}）与烟气排放的有效高度 H_e（有效高度等于烟囱筒体高度与烟羽抬升高度之和）及气象条件等因素有关。影响因素与扩散机理十分复杂，而且有很多随机因素的影响。虽然有很多人研究这一问题，但至今未获得准确的数学表达式。在发表的诸多试验公式中，以下式较简明。

$$c_{max} = \frac{0.16AFM}{D_2 v_2 H_e^{1.33}} \quad \text{mg/m}^3 \tag{1-144}$$

式中 A——与大气层结构有关的实验常数，它取决于大气中有害物的扩散能力。对北纬 40°以南的亚热带地区，$A=240$，其他较北地区，$A=160\sim200$；

F——考虑到有害物在大气中降落速度的系数。对气态或高度分散的溶胶气体 $F=1$；细微粉尘 $F=2$；较细粉尘或有凝集黏结作用的粉尘 $F=3$；

M——排入大气有害物的最大流量，g/s；

D_2——烟囱出口直径，m；

v_2——烟气出口速度，m/s；

H_e——烟气排放高度，$H_e=H+\Delta H$，m；

H——烟囱高度，m；

ΔH——烟气出口后的抬升高度，m。

烟羽抬升高度包括热力抬升与惯力（动力）抬升两部分。这种抬升现象是一个非常复杂的物理过程，既与烟气流量、出口温度、出口速度及出口直径有关，又受当地大气稳定程度、烟气出口处的风速等气象条件的强烈影响，很难用一个准确简明的数学模型来预测。世界上已有不少研究者提出了各种半理论半经验公式，但都不具有普遍适用的价值。我国城乡建设部门与 1983 年公布的《制订地方大气污染物排放标准的技术原则和方法》（GB 3840—83）中规定 ΔH 计算方法如下：

（1）当烟气热释放率 $Q_H\geqslant2100$kJ/s，且烟气温度 T_g 与环境大气温度 T_a 的差值≥35K 时

$$\Delta H=n_0\left(\frac{Q_H}{4.2}\right)^{n_1}\cdot H^{n_2}\cdot u_a^{-1}\quad \text{m} \tag{1-145}$$

式中，$u_0=zu_{10}$，u_{10}为当地距地面 10m 高度处最近 5 年风速平均值，z 为经验系数，对城区通常取 $z=1.495$，远郊区及农村取 1.778，n_0、n_1、n_2 为经验常数，按下表选取（表 1-7）。

表 1-7 n_0、n_1 及 n_2 的经验值

Q_H/kJ·s^{-1}	地区状况	n_0	n_1	n_2
$Q_H\geqslant21000$	农村或远郊区	2.3	1/3	2/3
	城区	2.1	1/3	2/3
$21000>Q_H\geqslant2100$	农村或远郊区	0.784	3/5	2/5
且 $\Delta T\geqslant35$K	城 区	0.690	3/5	2/5

（2）当 $Q_H<2100$kJ/s 或 $\Delta T<35$K 时

$$\Delta H=2(1.5v_2D_2+0.04Q_H)\cdot u_a^{-1}\quad \text{m} \tag{1-146}$$

式中 v_2——烟气出口速度，m/s；

D_2——烟囱出口直径，m。

提高烟羽抬升高度使 H_e 增大，显然有利于有害物的高空扩散与稀释。在一定范围内提高烟气出口速度可增大抬升高度。另外，增大出口速度还有利于增强烟羽的刚度，以避免过早地被高空风下压。但排出速度过分增大（如超过 30m/s）时，不仅将迅速增大排烟的动力消耗，还将产生剧烈的卷吸效应而混入大量冷空气，这同样对抬升不利。为了既保证一定的排出速度，又不减少烟羽直径，可将多路烟源集中于一座烟囱排放，或将 3～4 座烟囱建筑成一组合烟囱，使之能形成平行合股烟羽。这种组合式结构还有利于提高烟囱抵抗横向外力的稳定性。另外，有数据表明，烟囱筒体超过 200m 以后，每增高 20m，地面有害物浓度仅减少十亿分之一。而烟囱造价却与高度的平方成正比，因此，目前世界上的高烟囱多在 300m 以下，仅有极

少例外，如美国安大略（Sadbury）镍厂的一座烟囱高达381m。

1.7.2.2 烟囱尺寸计算

A 烟囱直径

烟囱顶部（出口）直径取决于排烟量与出口速度

$$D_2=\left(\frac{4q_V}{3600\pi v_2}\right)^{1/2}=18.81\times10^{-3}\left(\frac{q_V}{v_2}\right)^{1/2}\quad \text{m} \tag{1-147}$$

式中 q_V——排烟量，m^3/h；

v_2——出口流速，m/s。

对抽吸烟囱，出口流速 v_2 不宜小于出口水平的当地风速，否则烟囱出口下游会产生下降涡流，从而使烟气迅速下降到附近地面。我国大部分地区平均风速 v_2 为3～5m/s，设计中根据具体条件，一般取 $v_2=(1.5\sim2.0)u_a$，即出口风速应为6～10m/s。排烟高度可取高值，对于排放烟囱，前已述及，一般取20～30m/s。

烟囱底部直径的确定主要考虑结构上的稳定性与减少筒体内的流动阻力。按经验，其底部直径与出口直径之比随高度而变，在1.4～2.9之间，可根据具体结构设计确定。

B 烟囱高度

对抽吸烟囱，使烟囱抽力大于整个烟道系统总阻力，一般取

$$h_{抽}=(1.2\sim1.4)\sum h_{失} \tag{1-148}$$

式中，$\sum h_{失}$ 为从炉膛出口至烟囱底部整个烟道系统的压头损失。将式（1-143）与式(1-148)合并，可得烟囱设计高度

$$H=\frac{(1.2\sim1.4)\sum h_{失}+(v_2^2\rho_2-v_1^2\rho_1)/2+\lambda\dfrac{H}{D}\bar{h}_{动}}{(\rho_a-\rho_g)g}\quad \text{m} \tag{1-149}$$

式中，$\bar{h}_{动}$ 为烟囱内动压头的平均值。

$$\bar{h}_{动}=\frac{\bar{v}_0^2}{2}\rho_0(1+\beta\bar{t}) \tag{1-150}$$

式中，$\bar{t}$ 为烟囱内部上下气体温度的算术平均值。顶部温度 t_2 与底部温度 t_1 有以下关系：

$$t_2=t_1-H\left(\frac{\Delta t}{\Delta H}\right) \tag{1-151}$$

式中，$\Delta t/\Delta H$ 为单位高度烟囱的温度降（℃/m）。一般按经验取值，对砖烟囱为1～1.5，无衬砖的钢板烟囱为3～4，带隔热层的钢板烟囱为0.5～1.5，混凝土烟囱为0.1～0.3。

[例1-23] 烟囱尺寸计算 已知某反射炉烟量 $q_{V,0}=5400m^3/h$，从炉膛出口至烟囱底部的总阻力 $\sum h_{失}=163.8Pa$，烟气密度 $\rho_{g,0}=1.3kg/m^3$，当地夏季平均气温为30℃，烟囱底部的烟气温度为 $T_1=873K$。试计算该砖烟囱尺寸。

[解] 由于确定烟囱直径与高度的计算过程要求知道烟气出口温度，而后者又与烟囱高度有关。为简便起见，可采用试算法（也可用代数法，但计算过程太麻烦）。

先假设烟囱高度。可依据理论抽力公式

$$H_{理}=\frac{h_{抽}}{(\rho_a-\rho_g)g}$$

空气密度按夏季平均气温，查附表2得30℃时 $\rho_{a,t}=1.16kg/m^3$，873K（600℃）下烟气密度

$$\rho_{g,t1}=\rho_{g,0}\cdot T_0/T_1=1.3\times273/873=0.41kg/m^3$$

$$H_{理}=\frac{1.3\times163.8}{(1.16-0.41)\times9.8}=28.9m$$

现初设烟囱高度 $H' = 30\text{m}$

对砖烟囱，取 $\Delta t/\Delta H = 1.5\text{K/m}$

则
$$T_2 = T_1 - H' \cdot \frac{\Delta t}{\Delta H} = 873 - 30 \times 1.5 = 828\text{K}$$

考虑到烟道系统吸入冷空气，进入烟囱的烟气量取为出炉烟气量的 1.5 倍，即

$$q_{V,0} = 1.5 \times 5400 = 8100\text{m}^3/\text{h}$$

在出口状态下

$$q_{V,T_2} = q_{V,0} \cdot \frac{T_2}{T_1} = 8100 \times \frac{828}{273} = 24567\text{m}^3/\text{h}$$

设当地风速为 5m/s，取出口烟速为 $v_2 = 10\text{m/s}$，按式（1-147）有

$$D_2 = 18.81 \times 10^{-3} \times (24567/10)^{1/2} = 0.93\text{m}$$

取 $D_1/D_2 = 1.5$，则底部内直径为

$$D_1 = 1.5 \times 0.93 = 1.4\text{m}$$

按式（1-149）计算烟囱高度，其中

$$v_{01} = \frac{8100}{3600 \times 0.785 \times 1.4^2} = 1.46\text{m/s}$$

$$v_{02} = \frac{8100}{3600 \times 0.785 \times 0.93^3} = 3.31\text{m/s}$$

$$h_{动1} = \frac{\rho_{g,0} v_{01}^2}{2}(1 + \beta t_1) = \frac{1.3 \times 1.46^2}{2} \times (1 + \frac{600}{273}) = 4.43\text{Pa}$$

$$h_{动2} = \frac{\rho_{g,0} v_{02}^2}{2}(1 + \beta t_2) = \frac{1.3 \times 3.31^2}{2} \times (1 + \frac{555}{273}) = 21.6\text{Pa}$$

$$\bar{h}_{动} = \frac{1}{2}(h_{动1} + h_{动2}) = 13.02\text{Pa}$$

烟囱平均温度
$$\bar{t} = \frac{1}{2} = (600 + 555) = 577.5℃$$

平均直径
$$\bar{D} = \frac{1}{2}(D_1 + D_2) = \frac{1}{2}(1.4 + 0.93) = 1.165\text{m}$$

取 $\lambda = 0.04$，代入式（1-149）

$$H = \frac{1.3 \times 163.8 + (21.6 - 4.43) + 0.04 \times \frac{30}{1.165} \times 13.02}{(1.165 - 0.417) \times 9.8} = 33.19\text{m}$$

计算结果与假设值 30m 相差较大（误差为 10.6%），须再次试算。

再设烟囱高度 $H'' = 33\text{m}$，重复上述计算，得 $H = 33.38\text{m}$。结果与假设基本相符，最后取烟囱高度为 33.5m。

若取不同的出口烟速 v_2，则可得到不同设计方案，结果比较如下

出口烟速 $v_2/\text{m} \cdot \text{s}^{-1}$	D_2/m	D_1/m	H/m	适用条件
6	1.20	1.80	29	当地风速较小
9	0.98	1.47	32	
10	0.93	1.40	33.5	当地风速较大

排放烟囱的设计高度将更多地受当地地形、地域及气象条件的影响，而且政府有一定的政策规定。计算程序与参数均应该按照国家标准 GB 3840—1983。

思考题与习题

1-1 流体的密度与重度之间有什么联系和差别?

1-2 流体的黏性是怎样产生的，在固定温度下流体的黏度是否都是定数?

1-3 什么是运动黏度，什么是动力黏度，为什么引入两种黏度定义?

1-4 压头与压力概念有什么联系和区别?

1-5 已知某气体管道内的绝对压力为117.7kPa，求此处的表压分别为多少kPa与mmH_2O，表压为700mmH_2O处的绝对压力为多少，绝对压力为68.5kPa时，其真空度为多少？已知当地大气压力为98.07kPa。

1-6 某烟气体积组成为$\varphi(CO_2)=13.6\%$，$\varphi(SO_2)=0.4\%$，$\varphi(O_2)=4.2\%$，$\varphi(N_2)=75.6\%$，$\varphi(H_2O)=6.2\%$，烟气温度为800℃，试确定其动力黏度。

1-7 烟气在0℃时的密度$\rho=1.3kg/m^3$，求其在1250℃与900℃时的密度各为多少?

1-8 已知煤气管道中（图1-43），Ⅱ面的静压头$h_2=12mmH_2O$，$H=8m$，当煤气静止，且已知其密度$\rho_{煤}=0.6kg/m^3$，外界空气密度$\rho_{空}=1.21kg/m^3$，求Ⅰ处的静压头。

1-9 某炉膛内充满热气（图1-44），若炉门口底部为零压，求距炉底900mm高处B点的静压头。已知炉气密度$\rho_{气}=1.3kg/m^3$，炉气温度均为1130℃、空气密度$\rho_{空}=1.293kg/m^3$，当地室温$t_{空}=22$℃。

1-10 有一热气柱（图1-45），其平均密度$\rho_t=0.5kg/m^3$，现已知底部为零压面，大气温度为20℃，$\rho_{空}=1.293kg/m^3$，$H_1=6m$，$H_2=5m$。试分别计算1、2、3平面上的$h_{静}$与$h_{位}$之和。

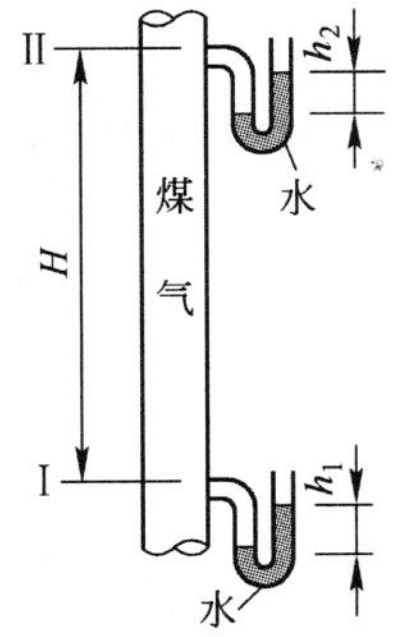

图1-43 习题1-8图

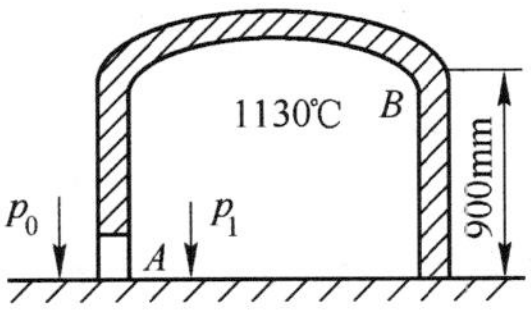

图1-44 习题1-9图

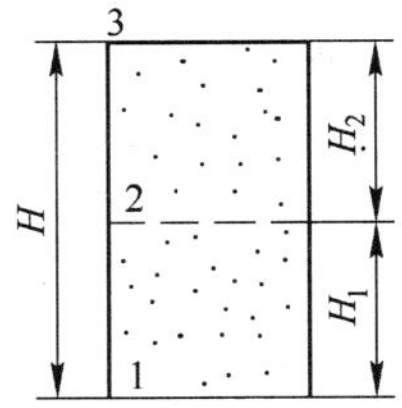

图1-45 习题1-10图

1-11 平均流速与点流速的关系如何?

1-12 雷诺数为什么能判断流体流动形态?

1-13 边界层是怎样形成的，有人说“边界层厚度极小，可以忽略不计”，你的看法如何?

1-14 圆管中边界层厚度为多少，紊流时的边界层与层流时有何不同?

1-15 层流时圆管中的流速怎样分布，紊流时又有何变化，为什么?

1-16 连续方程中的流速是指什么流速?

1-17 为什么伯努利方程中只是用于不可压缩流体，对于压缩性流体及不稳定流动为什么不能适用，在突然变化的部分为什么不能取作计算截面?

1-18 试证明紊流时动能修正系数与动量系数皆近似为1。

1-19 断面为150mm×400mm的管道，风量为2700m^3/h，求平均标态流速。若出口截面扩大为300mm×400mm，风温升高为45℃，求出口平均风速。又假如要求出口风速为20m/s，求出口圆管直径。

1-20 垂直煤气管管径为50mm（图1-46），在B、C处两支管的煤气流量皆为0.02m^3/s，管外空气密度$\rho_a=1.2kg/m^3$，煤气密度$\rho_g=0.6kg/m^3$，AB段压头损失$h_{失,AB}=3v_1^2\rho_g/2$，BC段的压头损失

$h_{g,BC}=4v_2^2\rho_g/2$，已知 C 点静压头 $h_{静,C}=300\text{Pa}$，求 A 及 B 点的静压头。

1-21 图 1-47 为一开式风洞试验装置，若射流喷口直径 $d=1\text{m}$，在直径 $D=4\text{m}$ 的截面上测得静压头为 627.63Pa，空气密度 $\rho=1.29\text{kg/m}^3$，不计损失时求喷口风速。

1-22 某抽风除尘系统的布置见图 1-48，管径 $D=0.5\text{m}$，气体密度 $\rho=1.2\text{kg/m}^3$，设整个系统气密性良好，即不漏风也不吸入空气，在各断面测量压头数据如下：$h_{静1}=-160\text{mmH}_2\text{O}$，$h_{动1}=10\text{mmH}_2\text{O}$，$h_{静2}+h_{动2}=-240\text{mmH}_2\text{O}$，$h_{静3}+h_{动3}=-286\text{mmH}_2\text{O}$，$h_{静4}+h_{动4}=-33\text{mmH}_2\text{O}$，试计算：（1）除尘器压头损失；（2）管路（不包括除尘器）的压头损失；（3）管道内的平均风速。

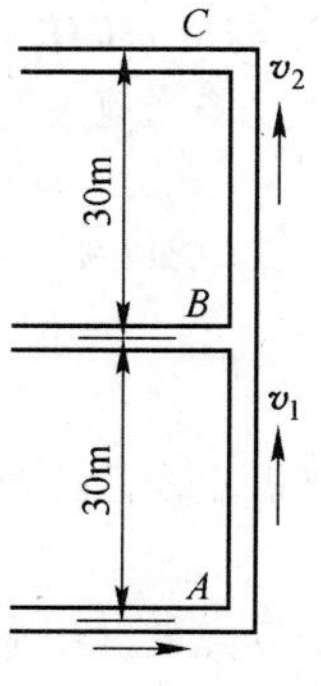

图 1-46 习题 1-20 图

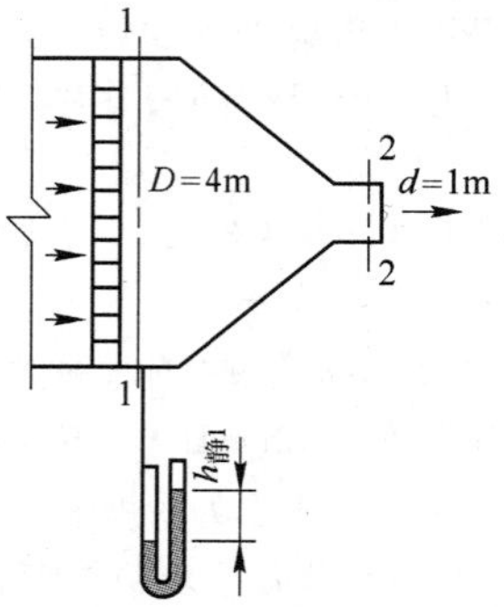

图 1-47 习题 1-21 图

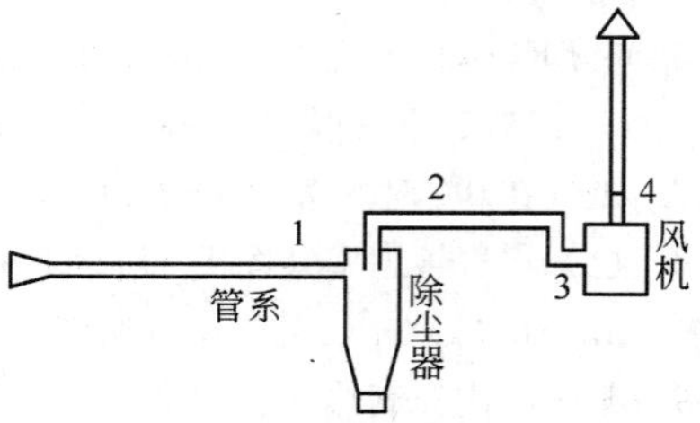

图 1-48 习题 1-22 图

1-23 输送 400℃ 热空气的圆筒直径为 0.3m，当流量为下列数值时，试计算管中心最大流速：（1）$3900\text{m}^3/\text{h}$；（2）$1000\text{m}^3/\text{h}$；（3）$1.5\text{m}^3/\text{h}$。

1-24 沿程阻力与局部阻力的物理本质是什么？

1-25 层流与紊流时的沿程阻力在物理本质上有什么不同，试从定性及定量（与流速的关系）的角度加以比较。

1-26 何谓水力光滑管，普通钢管是否属水力光滑管？

1-27 何谓"阻力一次方区"和"阻力平方区"，怎样确定各阻力区的界限？

1-28 如何减少沿程阻力与局部阻力？

1-29 两个局部阻力串联后的阻力是否等于原来两个局部阻力之和，为什么？

1-30 有一个焊接钢管（中等锈蚀）的风道，管径 $D=300\text{mm}$，管长 $l=50\text{m}$，输送 20℃的空气，流量为 $4070\text{m}^3/\text{h}$，求此段风道沿程阻力。

1-31 某烟道系统如图 1-49 所示，两分烟道完全对称排列，标准状态下烟气总流量 $q_{V,0}=7200\text{m}^3/\text{h}$，平均温度 $t=819℃$，烟气密度 $\rho=1.3\text{kg/m}^3$，分支烟道断面尺寸为 $0.6\text{m}\times0.6\text{m}$，总烟道断面为 $0.72\text{m}\times1.0\text{m}$，求自分烟道入口处Ⅰ到烟道底部Ⅱ的总压头损失。

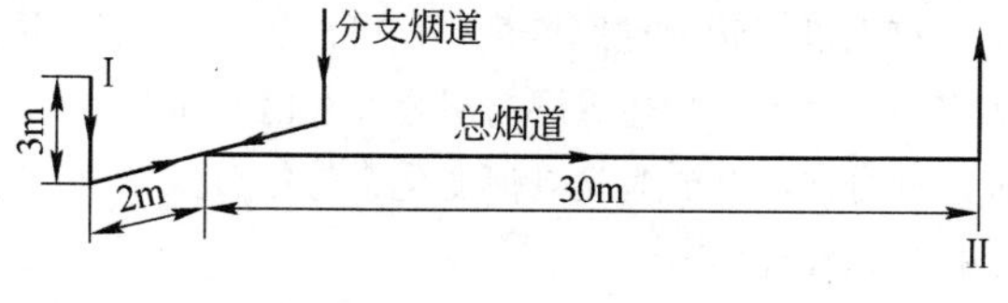

图 1-49 习题 1-31 图

1-32 矩形烟道的断面尺寸为 $1.2\text{m}\times0.6\text{m}$，空气流量为 $42000\text{m}^3/\text{h}$，其温度为 45℃，已知风道壁面 $\Delta=0.1\text{mm}$，今用酒精微压计测风道水平段 AB 两点压差，微压计读数 $\alpha=7.5\text{mm}$，已知倾斜度为 30°，$l_{AB}=12\text{m}$，酒精的密度 $\rho=860\text{kg/m}^3$，试求风道的沿程阻力系数 λ。

1-33 两条长度相同，断面积相等的风管，他们的断面形状不同，一为圆形，一为正方形，若它们的沿程压头损失相等，而且都处于阻力平方区，试问哪条管道的阻力大，大多少？

1-34 为测定 90°弯头的局部阻力系数 ξ，采用 $d=50\text{mm}$ 的水平放置管路，让水流通过一个弯头，测定弯头前后的静压头。已知两测点的管长为10m，$\lambda=0.03$，实测数据如下：（1）弯头前后两点静压头降落为6168.6Pa，（2）两分钟内流出的水量为$0.329m^3$，求ξ。

1-35 如图1-50所示并联管路，总管水流量$q_V=80\times10^{-3}m^3/s$，$\lambda=0.02$，求（1）各支管的流量及两节点间的压头损失（忽视局部阻力）；（2）若要求两支管流量相等，应如何处理？

1-36 音速、滞止音速与临界音速有何区别和联系？

1-37 在高速气流中用测温计直接感受到的温度与按能量方程计算出的热力学温度有何差异，何者为真实温度，为什么？

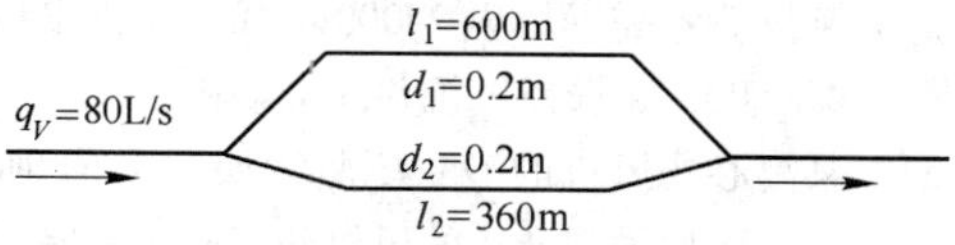

图1-50 习题1-35图

1-38 如何理解拉伐尔管的纵断面形状，为什么在临界截面以后扩大截面，流速会进一步增大？

1-39 有一储气罐，其中压缩空气的压力$p_0=490350$Pa，温度$T_0=293$K，压缩空气从某喷管中流出的马赫数$Ma=0.8$，试求滞止音速、当地音速、气流喷出速度及出口压力各为多少？

1-40 某工程计算中，允许压力差对于动压相对误差不超过1.5%，对于293K的压缩空气，问其速度在多大的范围方可按不可压缩流处理并求对应误差范围内的密度相对变化$(\rho_0-\rho)/\rho$。

1-41 已知压缩空气的压力为$p_0=8\times10^5$Pa，$T_0=923$K，通过喷管后压力降到$p_2=4\times10^5$Pa，试问喷管为何形状？并求喷管的临界参数与出口参数。

1-42 已知某双原子气体压力$p_0=117720$Pa（绝压），$\rho_0=1.12kg/m^3$，经收缩管嘴喷入压力为101239Pa的某空间，出口断面积$A=5\times10^{-4}m^2$，若管$\mu=0.6$，试求质量流量。

1-43 某理想气体，其$K=1.4$，$R=166.5N\cdot m/(kg\cdot K)$，在储气罐的压力为689300Pa，温度为282℃，经收缩喷管流出，出口后的空间压力$p=101300$Pa。试求：（1）喷嘴出口处压力；（2）出口截面处的流速；（3）质量流量为0.45kg/s时的出口截面积。

1-44 已知某天然气输送管道直径为20cm，长度为3000m，气源绝对压力$p_1=980000$Pa，$T_1=300$K，管道摩擦阻力系数$\lambda=0.012$，天然气的$R=490N\cdot m/(kg\cdot K)$。当出口外界压力$p_2=490000$Pa时，求质量流量。

1-45 射流各截面上平均流速与截面积之乘积是否相等，水平射流各截面上静压头与动压头之和是否相等，为什么？

1-46 为什么说关于自由射流各参数的公式都是半经验式？

1-47 两自由射流出口速度相等，一为扁平形，一为圆形，若二者出口截面积相等，问何者的轴心速度衰弱较慢，若圆形射流的出口直径D_0与平面射流的厚度$2b_0$相等，情况又如何？

1-48 圆射流从带缩口的喷管喷出，出口流量$q_{V,0}=0.55m^3/s$，$D_0=0.3$m，试求射程为2.1m处的截面尺寸、射流流量及轴心流速。

1-49 若上题的喷口改为收缩的扁缝形，出口厚度$2b_0=0.3$m，出口流速与上题相同，求射程为2.1m处轴心流速。与上题比较并解释其差异原因。

1-50 一简单圆筒形煤气烧嘴，出口直径$D_0=0.2$m，煤气喷出速度$v_0=18$m/s，若忽略煤气与周围介质的温度差与浓度差，求距出口5m处的气流轴心速度与截面直径。

1-51 煤气从直径$D_0=0.28$m的圆筒形喷嘴中喷出，煤气成分为$\varphi(CO)=21\%$，$\varphi(H_2)=13.2\%$，$\varphi(CH_4)=3.1\%$，$\varphi(O_2)=21\%$。若喷入空气中自然混合燃烧，试从理论上估算火焰最短长度为多少？〔提示：每立方米煤气需氧$0.333m^3$，即需空气$1.586m^3$〕。

1-52 离心式风机并联后，总流量是否等于各单机流量之和，为什么？

1-53 试分析抽吸烟囱内静压的变化，为什么能实现静压升高的流动，在排放烟囱内静压的变化情况又如何，若烟囱壁有裂缝对两种烟囱各有何影响？

1-54 烟囱出口流速如何确定，为什么两种类型烟囱的出口流速的范围不相同？

1-55 现有锅炉引风机一台（Y9－35－12No.1D）铭牌参数为$n=960r/min$，$H=160mmH_2O$，$Q=$

20000m³/h，$\eta=0.6$，配用电动机功率为22kW。考虑三角皮带的传动效率为0.98。现临时借用此风机输送20℃的空气，试验算此条件下的各参数，并检验电动机功率（注：锅炉引风机的标定温度为200℃，压力为标准压力。）

1-56 某燃烧室需助燃风24000m³/h，风机出口处的风压2535Pa，试选择风机并配电动机。

1-57 某离心式风机的 $Q-H$ 曲线如图1-51所示，试作两台同型号同转速的风机的串联与并联运行特性曲线，并说明两种联合运行方式各适用于什么情况。

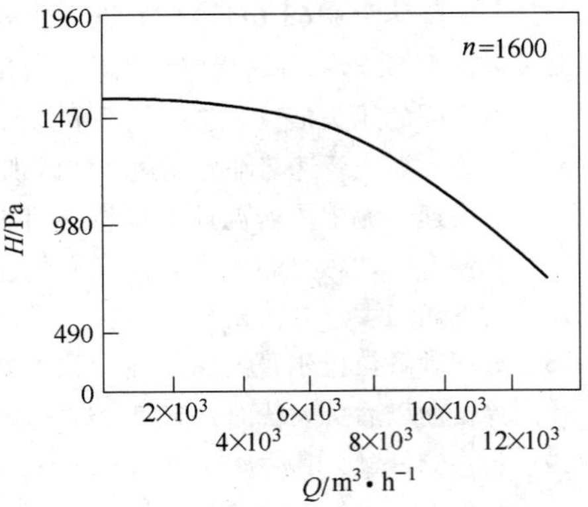

图1-51 习题1-57图

1-58 某炉子排烟系统按正常排烟量计算烟囱底部负压412Pa，标准状态下正常排烟量9.96m³/s，烟囱底部温度为440℃，当地气压98070Pa，夏季平均温度为30℃，平均风速6m/s，烟气密度 $\rho_{0气}=1.3\text{kg/m}^3$，试确定一种烟囱尺寸。

2 传热学基础

传热学是研究由温差引起的热能传递规律的科学。热力学第二定律指出：凡是有温差存在的地方，就有热能自发地从高温物体向低温物体传递。自然界和各种生产技术领域中到处存在温差，因此热能的传递就成为自然界和生产技术领域中的一种极普遍的物理现象。在能源动力、材料冶金、机械制造、化工制药、航空航天、生物工程、环境保护等各个部门中存在大量热能传递问题，这些问题解决得好坏往往对所在领域有着重要的影响。研究传热过程中的一些基本规律，有利于提高各行业的生产技术水平，实现节能降耗的目的。

热能的传递有三种基本方式：导热、对流换热和辐射换热。

2.1 稳态导热

2.1.1 温度场

某一瞬间，物体内所有各点的温度分布称为温度场。一般地说，它是时间和空间的函数，即

$$t = f(x, y, z, \tau) \tag{2-1}$$

式中 t——温度；

x，y，z——空间坐标；

τ——时间。

式（2-1）表示物体的温度在 x、y、z 三个方向和在时间上都有变化的三维不稳定温度场。如果温度场不随时间而变化，即 $\partial t/\partial \tau = 0$，则为稳定温度场，这时，$t = f(x,y,z)$。对于二维和一维温度场，稳定时分别表示为 $t = f(x,y)$ 和 $t = f(x)$，不稳定时则为 $t = f(x,y,\tau)$ 和 $t = f(x,\tau)$。

发生在稳定温度场中的导热称为稳态导热，而在不稳定温度场中发生的导热称为非稳态导热。本节只讨论各向同性材料中的稳态导热。所谓各向同性，即材料中的任一点的物性与方向无关。

2.1.2 温度梯度

温度场中同一瞬间，由所有温度相同的点连接所构成的面称为等温面。不同等温面具有不同的温度，即各等温面之间存在着温度差 Δt。温度差 Δt 与沿法线方向两等温面之间的距离 Δn 之比的极限，称为温度梯度（grad$t$），如图 2-1 所示。

$$\mathrm{grad}t = \lim_{\Delta n \to 0}\left(\frac{\Delta t}{\Delta n}\right) = \frac{\partial t}{\partial n} \quad ℃/\mathrm{m} \tag{2-2}$$

温度梯度是一个矢量，通常把温度增加的方向作为温度梯度矢量的正方向。如图 2-1 所示，热流朝着温度降低方向，而温度梯度却是朝着温度增加的方向，所以热流（Q）方向与温度梯度方向相反。

温度场中，温度梯度也是时间和空间的函数。对于稳定温度场，其温度梯度仅仅是空间坐标的函数，与时间无关。对于一维稳定温度场，其温度梯度为

$$\mathrm{grad}t = \frac{\mathrm{d}t}{\mathrm{d}x} \qquad (2\text{-}3)$$

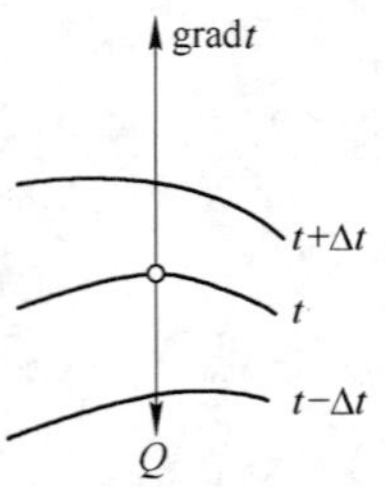

图 2-1 热流方向和温度梯度方向

2.1.3 傅里叶导热定律

在归纳大量实验结果的基础上，J. B. 傅里叶于 1822 年提出：单位时间内通过给定面积的热量和温度梯度与导热面积的乘积成正比，对一维稳定温度场，通过的热流密度 q 为

$$q = -\lambda \frac{\mathrm{d}t}{\mathrm{d}x} \quad \mathrm{W/m^2} \qquad (2\text{-}4)$$

通过面积 A 的热流量为

$$Q = -\lambda \frac{\mathrm{d}t}{\mathrm{d}x}A \quad \mathrm{W} \qquad (2\text{-}5)$$

热导率是物质的一种热物理性质，它说明物质的导热能力，从式（2-4）得

$$\lambda = \frac{q}{-\frac{\mathrm{d}t}{\mathrm{d}x}} \quad \mathrm{W/(m\cdot ℃)} \qquad (2\text{-}6)$$

可见，热导率的数值就是当物体内温度降低为 1℃/m 时，单位时间内、单位面积的导热量，其大小标志着物质的导热能力。不同的物质其 λ 值不同，即使是同一物质（特别是建筑材料和绝热材料），其热导率 λ 的值和物质结构、密度、成分、温度及湿度等因素有关。由于影响热导率的因素很多，因此各种物质的热导率一般都由实验测定。在诸影响因素中，温度与热导率的关系尤为密切。当温度变化范围不大时，对于绝大多数物质，实验测定的热导率，通常表示成温度的函数，即

$$\lambda = \lambda_0 + bt \quad \mathrm{W/(m\cdot ℃)} \qquad (2\text{-}7)$$

式中 λ——t℃时的热导率，W/（m·℃）；

λ_0——0℃时的热导率，W/（m·℃）；

b——由实验测定的温度系数。

工程计算中，热导率通常看成是物体平均温度下的数值，并视为常数。如物体两端的温度为 t_1 与 t_2，其平均热导率为

$$\lambda = \lambda_0 + bt$$

$$t = \frac{t_1 + t_2}{2}$$

热导率 λ 值的大小大体上可视为是依金属、非金属、液体及气体的次序递降。对于气体 λ 值的范围是 0.006～0.6W/（m·℃），气体的温度升高时，λ 值随着增大。

对于液体 λ 值的范围是 0.09～0.7W/（m·℃），温度升高时，除水及甘油外，大多数液体的热导率反而降低。

建筑材料、绝热材料和冶金生产中常用的保温材料的热导率约为 0.023～2.9W/（m·℃）。温度升高时，这类材料除镁砖外，λ 值都随之增大。多孔性材料具有较小的热导率，常用此类材料（如轻质黏土砖）或粒状填料（如炉渣等）做炉墙的保温材料以减少炉子的散热损失。一般把常温下 $\lambda < 0.12$W/（m·℃）的材料称为绝热材料。

金属热导率 λ 值的范围是 2.3 ~ 420W/（m·℃）。金属的导热性与导电性的好坏取决于自由电子的多少，因此导电性好的金属导热性也好。纯金属 λ 值大于合金，且杂质含量愈多，λ 值就愈小，这是由于杂质影响了自由电子的能量传递。大多数金属的 λ 值随温度的升高而降低。

常用筑炉材料的 λ 值见表 4－5 ~ 表 4－6 及表 4－8 ~ 表 4－10。

2.1.4 单层平壁传热

图 2-2 为单层平壁导热示意图。已知平壁左右两个侧面温度均匀，分别为 t_1 与 t_2，且 $t_1 > t_2$，导热仅沿厚度方向（即图上 x 轴向）进行。平壁内的等温面为垂直 x 轴的平面。当平壁内温度分布不随时间改变时，即为一维稳态导热。

在图 2-2 中，离左侧壁面 x 处，厚度为 dx 薄层的温度差为 dt。根据傅里叶定律，经过该薄层的热流密度 q 为

$$q = -\lambda \frac{dt}{dx}$$

稳态导热时，q 为常数，λ 为 $t_1 \sim t_2$ 温度范围内的平均热导率，可视为定值。

边界条件为 $x=0$ 时，$t=t_1$；$x=\delta$ 时，$t=t_2$。对上式分离变量积分得

$$q\int_0^{\delta} dx = -\lambda \int_{t_1}^{t_2} dt$$

即

$$q = \frac{\lambda}{\delta}(t_1 - t_2) = \frac{t_1 - t_2}{\dfrac{\delta}{\lambda}} \quad W/m^2 \qquad (2\text{-}8)$$

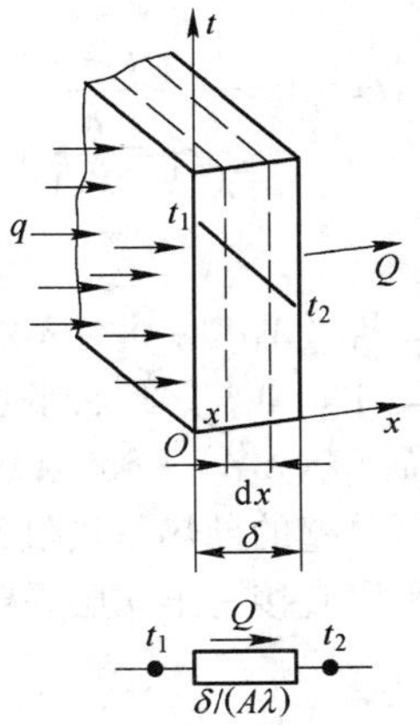

图 2-2　单层平壁导热示意图

若平壁的导热面积为 A，则热流量

$$Q = qA = \frac{t_1 - t_2}{\dfrac{\delta}{\lambda A}} \quad W \qquad (2\text{-}9)$$

式中，$\delta/(\lambda A)$ 和 δ/λ 分别为单层平壁的总面积导热热阻 R_λ 和单位面积导热热阻 r_λ，单位分别为℃/W 和 m^2·℃/W。

2.1.5 多层平壁导热

由两层或两层以上多个不同材料组成的平壁称做多层平壁。图 2-3 表示一个三层平壁。设各层平壁的平均热导率分别为 λ_1、λ_2、λ_3 各层厚度为 δ_1、δ_2、δ_3；两表面各保持均匀稳定温度 t_1 与 t_4，且 $t_1 > t_4$；假定各层间紧密接触，界面温度分别为 t_2 与 t_3。利用公式（2-8）分别写出各层的热流密度为

$$q_1 = \frac{\lambda_1}{\delta_1}(t_1 - t_2) = \frac{t_1 - t_2}{\dfrac{\delta_1}{\lambda_1}} \qquad (1)$$

$$q_2 = \frac{\lambda_2}{\delta_2}(t_2 - t_3) = \frac{t_2 - t_3}{\dfrac{\delta_2}{\lambda_2}} \qquad (2)$$

$$q_3=\frac{\lambda_3}{\delta_3}(t_3-t_4)=\frac{t_3-t_4}{\frac{\delta_3}{\lambda_3}} \qquad (3)$$

在稳态条件下，通过各层的热流密度应相等，即 $q_1=q_2=q_3=q$。则由 (1)、(2)、(3) 式得

$$q=\frac{t_1-t_4}{\frac{\delta_1}{\lambda_1}+\frac{\delta_2}{\lambda_2}+\frac{\delta_3}{\lambda_3}} \quad \mathrm{W/m^2} \qquad (2\text{-}10)$$

若三层平壁导热面积 $A_1=A_2=A_3=A$。则

$$Q=qA=\frac{t_1-t_4}{\frac{\delta_1}{\lambda_1 A}+\frac{\delta_2}{\lambda_2 A}+\frac{\delta_3}{\lambda_3 A}} \quad \mathrm{W} \qquad (2\text{-}11)$$

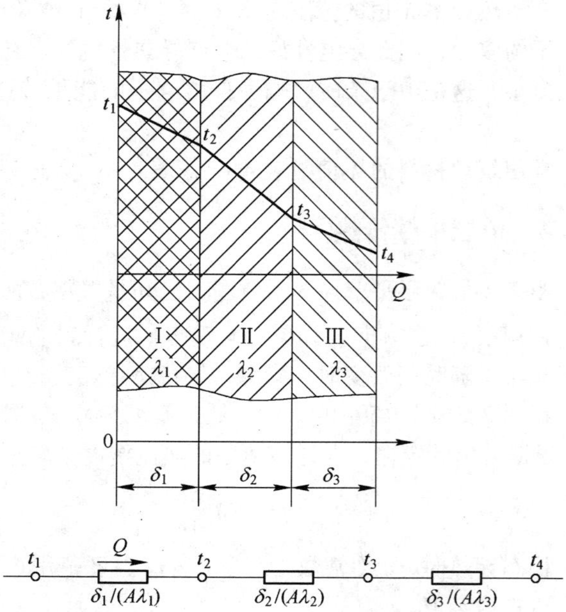

图 2-3 三层平壁的导热

式中，$\delta_1/(\lambda_1 A)$、$\delta_2/(\lambda_2 A)$、$\delta_3/(\lambda_3 A)$ 分别为Ⅰ、Ⅱ、Ⅲ 层平壁面积导热热阻；而 $\delta_1/(\lambda_1 A)+\delta_2/(\lambda_2 A)+\delta_3/(\lambda_3 A)$ 为三层平壁的导热总热阻，即三层平壁导热的总热阻等于串联着的各层平壁导热热阻之和。据此，可以直接写出 n 层平壁热流密度公式

$$q=\frac{t_1-t_{n+1}}{\frac{\delta_1}{\lambda_1}+\frac{\delta_2}{\lambda_2}+\cdots+\frac{\delta_n}{\lambda_n}} \quad \mathrm{W/m^2} \qquad (2\text{-}12)$$

$$Q=qA=\frac{t_1-t_{n+1}}{\frac{\delta_1}{\lambda_1 A}+\frac{\delta_2}{\lambda_2 A}+\cdots+\frac{\delta_n}{\lambda_n A}} \quad \mathrm{W} \qquad (2\text{-}13)$$

2.1.6 中间温度

在计算各层壁的平均热导率时，须知各层壁的边界温度。假如热流密度为已知，则按式 (1)、式 (2)、式 (3) 或式 (2-10) 和式 (2-12) 分别得到：

$$\left.\begin{aligned} t_2&=t_1-q\frac{\delta_1}{\lambda_1}\\ t_3&=t_1-q\left(\frac{\delta_1}{\lambda_1}+\frac{\delta_2}{\lambda_2}\right)\\ &\vdots\\ t_n&=t_{n+1}+q\frac{\delta_n}{\lambda_n}\end{aligned}\right\} \qquad (2\text{-}14)$$

应该注意，在利用式 (2-10) 或式 (2-11) 时，须先知道各层的平均热导率，但后者又取决于边界温度或各中间温度，即在热流密度的公式中不止一个未知数。若将热导率的温度函数式，即式 (2-7) 代入，则求解过程较复杂。为了简化计算，工程上一般采用“试算逼近”法计算热流密度，现举例说明。

[例 2-1] 有一炉墙大平壁，内层为硅砖 $\delta_1=0.46\mathrm{m}$，外层为硅藻土砖 $\delta_2=0.23\mathrm{m}$，已知

下列条件：

$$t_1 = 1500℃, t_3 = 140℃$$

$$\lambda_1 = 1.05(1 + 0.89 \times 10^{-3} t) \quad W/(m \cdot ℃)$$

$$\lambda_2 = 0.198(1 + 1.17 \times 10^{-3} t) \quad W/(m \cdot ℃)$$

求热流密度及中间温度 t_2。

［解］ 按试算逼近法（又称试差法），现假设中间温度 $t_2 = 1000℃$，则各层的平均热导率为

$$\lambda_1 = 1.05\left[1 + 0.89 \times 10^{-3} \times \left(\frac{1500 + 1000}{2}\right)\right] = 2.22 W/(m \cdot ℃)$$

$$\lambda_2 = 0.198\left[1 + 1.17 \times 10^{-3} \times \left(\frac{1000 + 140}{2}\right)\right] = 0.33 W/(m \cdot ℃)$$

按式（2-12），对于两层平壁，$n = 2$

$$q = \frac{t_1 - t_3}{\dfrac{\delta_1}{\lambda_1} + \dfrac{\delta_2}{\lambda_2}} = \frac{1500 - 140}{\dfrac{0.46}{2.22} + \dfrac{0.23}{0.33}} = 1504 W/m^2$$

验算中间温度，按式（2-14）得

$$t_2 = t_1 - q\frac{\delta_1}{\lambda_1} = 1500 - 1504 \times \frac{0.46}{2.22} = 1188℃$$

或

$$t_2 = t_3 + q\frac{\delta_3}{\lambda_3} = 140 + 1504 \times \frac{0.23}{0.33} = 1188℃$$

这与原假设 1000 相差太大，须再次试算。

再设 $t_2 = 1180℃$，重复上述计算

$$\lambda_1 = 1.05\left[1 + 0.89 \times 10^{-3} \times \left(\frac{1500 + 1180}{2}\right)\right] = 2.3 W/(m \cdot ℃)$$

$$\lambda_2 = 0.198\left[1 + 1.17 \times 10^{-3} \times \left(\frac{1180 + 140}{2}\right)\right] = 0.35 W/(m \cdot ℃)$$

$$q = \frac{1500 - 140}{\dfrac{0.46}{2.3} + \dfrac{0.23}{0.35}} = 1587 W/m^2$$

再验算中间温度

$$t_2 = 1500 - 1587 \times \frac{0.46}{2.30} = 1183℃$$

与假设值很接近，即认为第二次试算结果有效。

2.1.7 单层圆筒壁导热

图 2-4 表示一内半径为 r_1，外半径 r_2，长度为 l 的单层圆筒壁，其热导率为 λ，内外壁温度各为 t_1 与 t_2，且 $t_1 > t_2$。当长度 l 大于 10 倍外直径 d_2 时，沿轴向的导热可以略去不计，在工程计算中可视为无限长的圆筒壁。此时温度仅沿半径 r 方向发生变化，等温面为同心圆柱面，因此属一维导热问题。

假定在壁内划出一个半径为 r，厚度为 $\mathrm{d}r$ 的微元圆筒壁，对于这个微元圆筒壁，按傅里叶定律则有

$$Q=-\lambda A\frac{\mathrm{d}t}{\mathrm{d}r}=-\lambda 2\pi rl\frac{\mathrm{d}t}{\mathrm{d}r}$$

边界条件：$r=r_1$ 时，$t=t_1$，$r=r_2$ 时 $t=t_2$。对上式分离变量积分得

$$Q=\frac{2\pi\lambda l}{\ln\frac{r_2}{r_1}}(t_1-t_2)=\frac{1}{\frac{1}{2\pi\lambda l}\ln\frac{d_2}{d_1}}(t_1-t_2)\quad \mathrm{W} \tag{2-15}$$

式中，d_1、d_2 分别为圆筒内外直径；$\frac{1}{2\pi\lambda l}\ln\frac{d_2}{d_1}$是长度为 l 的圆筒壁的导热热阻，℃/W。

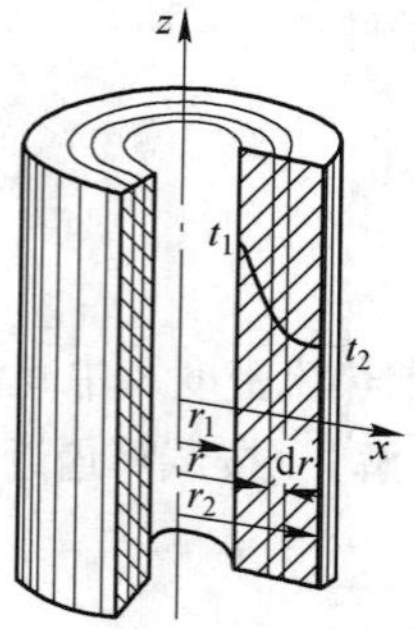

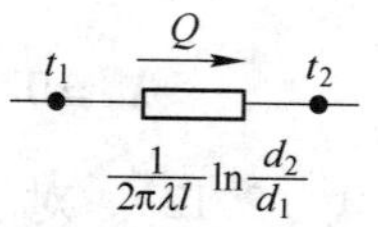

图 2-4 单层圆筒壁导热

应当注意，圆柱体的侧表面积随着半径 r 的增大而增大，所以在稳定导热时，通过圆筒壁的热流量 Q 沿途不变，而热流密度 q 则随着 r 的增大而减少。因此，在圆筒壁导热中，一般只计算热流量 Q 或单位长度热流量 Q_l，而不用导热热流密度概念。若按单位长度计算时，热流量以 Q_l 表示，由式（2-15）得

$$Q_l=\frac{Q}{l}=\frac{t_1-t_2}{\frac{1}{2\pi\lambda}\ln\frac{d_2}{d_1}}\quad \mathrm{W/m} \tag{2-16}$$

式中，$\frac{1}{2\pi\lambda}\ln\frac{d_2}{d_1}$为单层圆筒壁按长度计算的导热热阻，m · ℃/W。

实际计算经验表明，当$(d_2/d_1)<2$ 时，可将圆筒壁的导热计算用平壁导热计算来近似代替，此时用平均直径 $d_m=(d_1+d_2)/2$ 来计算传热面积，以 $\delta=(d_2-d_1)/2$ 作为厚度 δ，简化公式为

$$Q_l=\frac{t_1-t_2}{\frac{\delta}{\pi\lambda d_m}}\quad \mathrm{W/m} \tag{2-17}$$

按简化公式（2-17）计算所造成的误差不超过4%。在一般工程计算中是允许的。

2.1.8 多层圆筒壁导热

由几层不同材料紧密结合所构成的圆筒壁称为多层圆筒壁。如图 2-5 所示。

多层圆筒壁导热公式的推导与多层平壁导热公式推导的方法完全相同，利用式（2-15）及稳态下热流相等（$Q_1=Q_2=\cdots=Q_n$），即可得出任意层数圆筒壁的导热公式。设层数为 n，则热流量

$$Q=\frac{t_1-t_{n+1}}{\frac{1}{2\pi\lambda_1 l}\ln\frac{r_2}{r_1}+\frac{1}{2\pi\lambda_2 l}\ln\frac{r_3}{r_2}+\cdots+\frac{1}{2\pi\lambda_n l}\ln\frac{r_{n+1}}{r_n}}$$

$$=\frac{t_1-t_{n+1}}{\sum_{i=1}^{n}\frac{1}{2\pi\lambda_i l}\ln\frac{r_{i+1}}{r_i}} \tag{2-18}$$

单位长度的热流量

$$Q_l = \frac{t_1 - t_{n+1}}{\frac{1}{2\pi\lambda_1}\ln\frac{r_2}{r_1} + \frac{1}{2\pi\lambda_2}\ln\frac{r_3}{r_2} + \cdots + \frac{1}{2\pi\lambda_n}\ln\frac{r_{n+1}}{r_n}} = $$

$$= \frac{t_1 - t_{n+1}}{\sum_{i=1}^{n}\frac{1}{2\pi\lambda_i}\ln\frac{r_{i+1}}{r_i}} \tag{2-19}$$

上两式中的 $\sum_{i=1}^{n}\frac{1}{2\pi\lambda_i l}\ln\frac{r_{i+1}}{r_i}$ 与 $\sum_{i=1}^{n}\frac{1}{2\pi\lambda_i}\ln\frac{r_{i+1}}{r_i}$ 分别为多层圆筒壁按传热面积 A 计算的与按单位长度计算的导热热阻，总热阻等于各层分热阻之和。

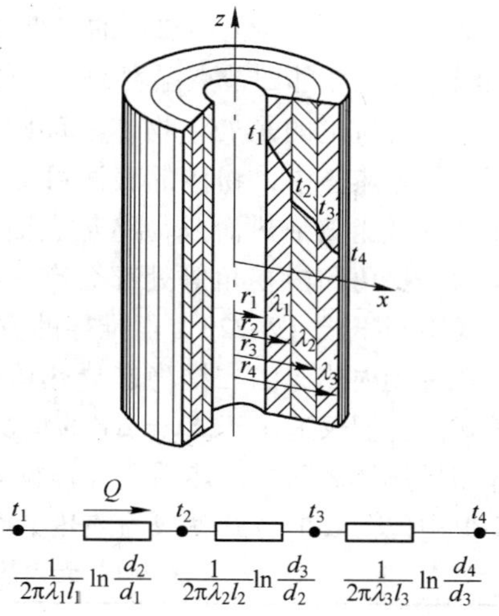

图 2-5　三层圆筒壁导热

2.1.9　多维导热

对于一维导热问题，直接对傅里叶定律的表达式进行积分，就可获得用两端温差表示的导热量的计算式。但对多维问题，必须获得温度场 $f(x,y,z,\tau)$ 的数学表达式后，才能由傅里叶定律算出空间各点的热流密度矢量。

根据能量守恒定律与傅里叶定律，可以导出导热物体中温度场应当满足的数学表达式，即导热微分方程。其中，笛卡儿坐标系中三维非稳态导热微分方程的一般形式可表示为：

$$\frac{\partial}{\partial x}(\lambda\frac{\partial t}{\partial x}) + \frac{\partial}{\partial y}(\lambda\frac{\partial t}{\partial y}) + \frac{\partial}{\partial z}(\lambda\frac{\partial t}{\partial z}) + \dot{\Phi} = \rho c\frac{\partial t}{\partial \tau} \tag{2-20}$$

对于三维稳态导热，则有：

$$\frac{\partial}{\partial x}(\lambda\frac{\partial t}{\partial x}) + \frac{\partial}{\partial y}(\lambda\frac{\partial t}{\partial y}) + \frac{\partial}{\partial z}(\lambda\frac{\partial t}{\partial z}) + \dot{\Phi} = 0 \tag{2-21}$$

式中，$\dot{\Phi}$ 为源项。

求解多维导热问题的方法主要有分析解法与数值解法。由于数学上的困难，分析解法仅限于几何形状及边界条件都比较简单的情形。因此，数值解法发展十分迅速，并获得了广泛的应用。

2.1.10　数值解法中的有限差分法

有限差分法对于稳定温度场和不稳定温度场都能适用，它是把一个连续的区域划分为有限个离散的单元体，并以差分方程式描述这些有限尺度的单元体。求解差分方程式可以得出一些点的温度，而在这些点之间，则认为温度按线性规律变化，因此所得到的温度场只能近似地代表连续分布的温度场。这里仅介绍稳态二维导热的有限差分法。

2.1.10.1　差分方程

差分方程式可以由导热微分方程式得出，也可以利用傅里叶定律的能量平衡法得出。采用能量平衡法时，应把各节点之间想象为由具有导热能力的“导热杆”所连接。因为是稳定温度场，则任一瞬间各节点从相邻节点导入的净能量比为零。

对于图 2-6 中的节点 0，按导热定律，由四邻各节点导入的热流量之和为

$$Q_0 = Q_{10} + Q_{20} + Q_{30} + Q_{40} = 0$$

即

$$Q_0 = \lambda \Delta x \Delta z \frac{t_1 - t_0}{\Delta y} + \lambda \Delta y \Delta z \frac{t_2 - t_0}{\Delta x} + \lambda \Delta x \Delta z \frac{t_3 - t_0}{\Delta y} + \lambda \Delta y \Delta z \frac{t_4 - t_0}{\Delta x} = 0$$

当 $\Delta x = \Delta y$ 时，上式可以简化成

$$t_0 = \frac{t_1 + t_2 + t_3 + t_4}{4} \tag{2-22}$$

由上式可知，在无内热源的二维稳定温度场中，当网格均分（即 $\Delta x = \Delta y$）时，任一内节点的温度等于相邻四节点温度的平均值。

以上所讨论的是处于物体内部的节点，即为内节点。但是在不同的导热体中，物体的表面可能与流体相接触而成为对流表面，也可能被绝热而成为绝热表面。在这些表面上以及这些表面的外拐角和内拐角等处都会有一些节点，这些节点的节点方程式不同于式（2-22），但推导的方法却是相同的。表 2-1 列出了几种无内热源的二维稳态导热体在不同边界条件下的节点方程式。它们仅适用于 $\Delta x = \Delta y$ 的情况，t_f 为流体的温度，α 为流体与导热体表面的换热系数（详见对流换热）。若令 $\alpha = 0$，则表 2-1 中包含 α 的各式就成为绝热平面上的节点方程式。

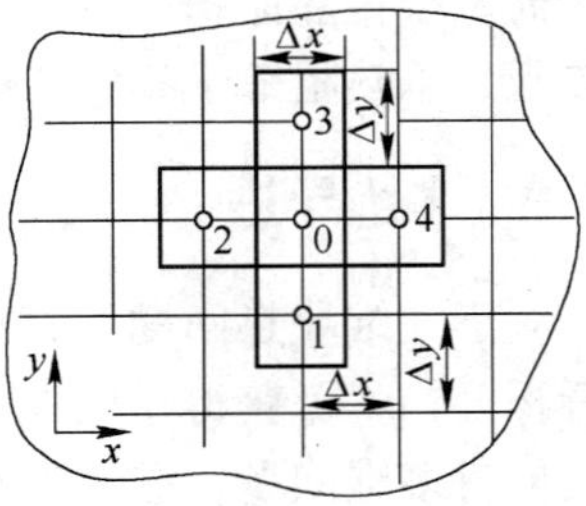

图 2-6 二维稳态导热体内节点的划分

表 2-1 无内热源的二维稳态导热体的节点方程式

几何图形（$\Delta x = \Delta y$）	节点方程式
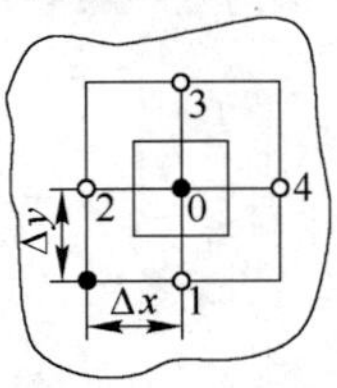	$t_1 + t_2 + t_3 + t_4 - 4t_0 = 0$
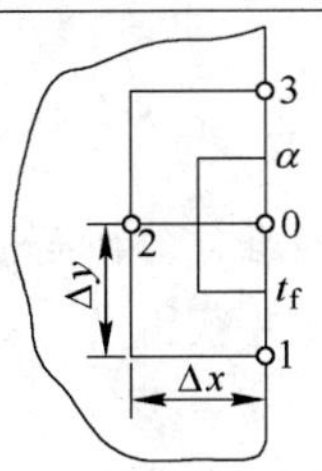	$(t_1 + t_3 + 2t_2) + 2\frac{\alpha \Delta x}{\lambda} t_f - 2(2 + \frac{\alpha \Delta x}{\lambda}) t_0 = 0$
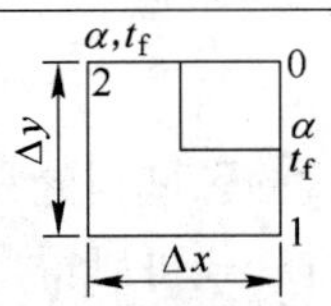	$(t_1 + t_2) + 2\frac{\alpha \Delta x}{\lambda} t_f - 2(1 + \frac{\alpha \Delta x}{\lambda}) t_0 = 0$
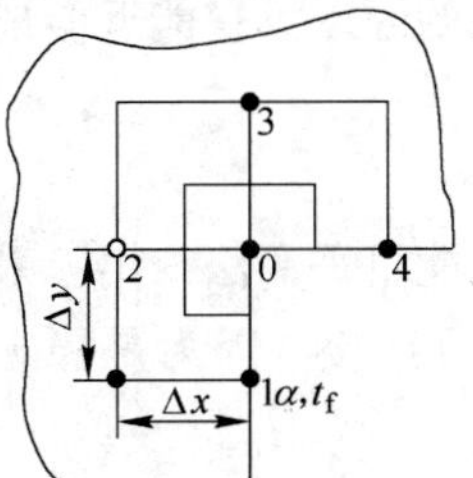	$(t_1 + t_4) + 2(t_2 + t_3) + 2\frac{\alpha \Delta x}{\lambda} t_f - 2(3 + \frac{\alpha \Delta x}{\lambda}) t_0 = 0$

2.1.10.2 节点方程组的求解

若所分析的物体中共有几个未知温度的节点，当然其中也可能有与内节点不同的表面节点，则将得到 n 个差分方程式，联立解之，即能求出 n 个节点的温度 t_0，t_1，t_2，…，t_{n-1}。对于节点较少的导热体，可采用手算松弛法，但节点较多时，采用高斯－赛德尔迭代法计算为宜。若计算复杂，则借助于电子计算机。这里仅介绍高斯－赛德尔迭代法。此法的求解过程的原则是，估计变量的初始值，在依次序求解方程组时不断采用最新的当前值来更新变量的估计值。

［例 2-2］ 图 2-7 为无内热源的二维稳态导热体，热导率 $\lambda=0.4\mathrm{W/(m\cdot℃)}$，表面 B 的温度 $t_{\mathrm{W}B}=100℃$，表面 D 的温度 $t_{\mathrm{W}D}=50℃$，表面 A 为对流表面，流体温度 $t_\mathrm{f}=30℃$，换热系数 $\alpha=40\mathrm{W/(m^2\cdot℃)}$，试确定导热体内节点 4、5、6 的温度 t_4、t_5、t_6。

［解］ 划分网格建立节点方程。取 $\Delta x=\Delta y=5\mathrm{cm}$，因节点 4 在对流表面上，节点 5 为内节点，节点 6 在绝热表面上。由表 2-1 和绝热表面上 $a=0$ 的规定，上述三节点的节点方程式为

$$\left.\begin{aligned}&\text{节点 4：}(t_1+t_7+2t_5)+2\frac{\alpha\Delta x}{\lambda}t_\mathrm{f}-2\left(2+\frac{\alpha\Delta x}{\lambda}\right)t_4=0\\&\text{节点 5：}t_4+t_2+t_6+t_8-4t_5=0\\&\text{节点 6：}t_3+t_9+2t_5-4t_6=0\end{aligned}\right\}\qquad(1)$$

已知 $t_1=t_2=t_3=100℃$，$t_7=t_8=t_9=50℃$，$t_\mathrm{f}=30℃$，$\alpha\Delta x/\lambda=40\times0.05/0.4=5$。故方程组（1）可简化为

$$\left.\begin{aligned}t_4&=\frac{1}{14}(450+2t_5)\\t_5&=\frac{1}{4}(150+t_4+t_6)\\t_6&=\frac{1}{4}(150+2t_5)\end{aligned}\right\}\qquad(2)$$

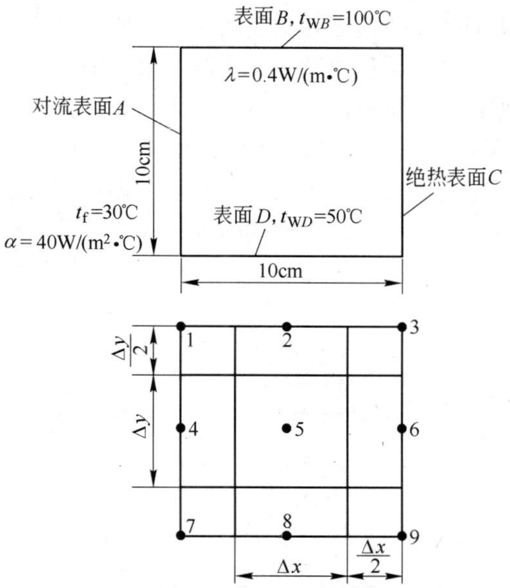

图 2-7 二维稳态导热体

考虑已知条件，估计初始值 $t_5^0=60℃$，$t_6^0=70℃$，代入式（2），得第一次迭代值：

$$t_4=\frac{1}{14}(450+2\times60)=40.71℃$$

$$t_5=\frac{1}{4}(150+40.71+70)=65.18℃$$

$$t_6=\frac{1}{4}(150+2\times65.18)=70.09℃$$

由第一次迭代值得第二次迭代值：

$$t_4=\frac{1}{14}(450+2\times65.18)=41.45℃$$

$$t_5=\frac{1}{4}(150+41.45+70.09)=65.39℃$$

$$t_6=\frac{1}{4}(150+2\times65.39)=70.16℃$$

以此类推，可得其他各次迭代值，直至满足所给定的精确度为止。通常，先给定求解精确度的值 ε，当迭代 n 次以后，如果各节点均满足：$|t_i^n-t_i^{n-1}|\leqslant\varepsilon$，则第 n 次迭代值即为所求的节点温度。

2.2 对流换热

2.2.1 对流换热概述

当流动的流体与静止的固体壁面直接接触而两者的温度又不相同时，他们之间所发生的热传递过程称为对流换热。对流换热既具有分子间的微观导热作用，又具有流体宏观位移的热对流作用，所以它必然受导热规律和流体流动的制约，因而是比较复杂的热传递过程。

理论分析和实验观察都表明，对流换热阻力的大小主要取决于边界层的状况。边界层的状况直接支配着以热对流和导热作用进行的热量传递过程。

2.2.1.1 速度边界层

由第1章流体力学基础所介绍的普朗克边界层概念可知，从壁面的零速度到接近主流速度的一薄层流体中存在速度梯度，我们把这一流体薄层称为速度边界层，并通常把速度 $v=0$ 的壁面到速度达到主流速度 v_∞ 的99%（即 $v=0.99v_\infty$）的垂直距离称为速度边界层厚度，用 δ 表示（图2-8）。

速度边界层的形成是由于流体中黏性力作用的结果。流体在壁面上形成的速度边界层，按其流态可分为层流、过渡流和紊流边界层，而流态又影响着对流换热的强度。

2.2.1.2 热边界层

由于速度在壁面法线方向的变化，因而出现了速度边界层。同理，当流体与壁面之间有温度差时，由于温度在壁面法线方向的变化而出现了热边界层，如图2-9所示。

流体沿平壁流动，主流温度为 t_f 的流体与壁温为 t_w 的平壁之间，进行着对流换热。对紧靠壁面附近的一薄层流体进行测定发现，任一点的温度 t 处于 t_f 和 t_w 之间，而该薄层的厚度 δ_t 随着 x（图2-9）的增大而增大。如同速度边界层一样，δ_t 定义为从温度 $t=t_w$ 的壁面到 $t=0.99t_f$ 处的垂直距离。通常称这一薄层为热边界层。在热边界层以内存在着温度梯度，以外的主流区可以认为温度梯度为零，视作等温流动区。

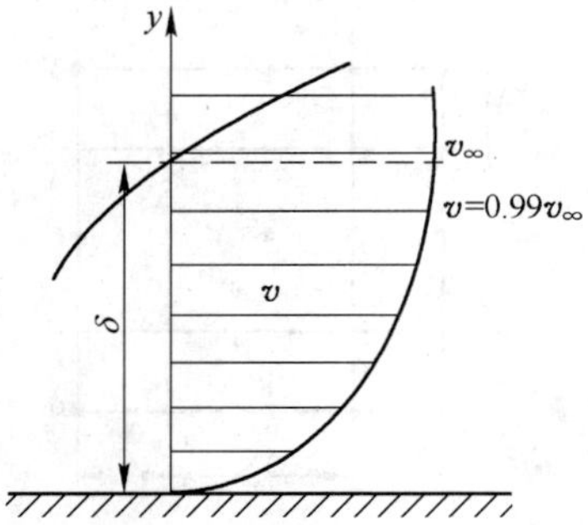

图2-8 速度边界层厚度示意图

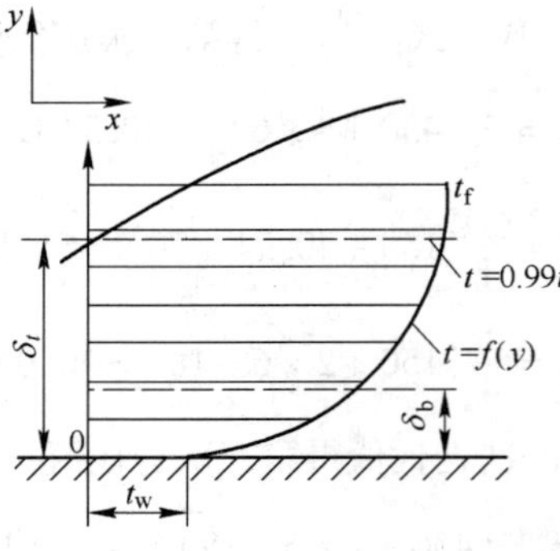

图2-9 热边界层示意图

边界层状况与对流换热是密切相关的。在层流边界层中，沿壁面法线方向没有对流，在这个方向上的热量传递仅依靠流体的导热，因而此时对流换热较弱。在紊流边界层中，层流底层 δ_b 内的热量传递方式仍是导热，但在层流底层以外存在着对流，因而对流换热较强。总之，对流换热实际上是由流体的导热和热对流所组成的传热。同一种流体在相同温差下流过同一壁面时，层流底层的厚度 δ_b 愈薄，对流换热强度就愈强。

还应指出，热边界层厚度 δ_t 不一定等于速度边界层厚度 δ，它们之间存在着一定的比例关

系，这种比例关系主要取决于流体的物性参数。当流体作层流流动时，有

$$\frac{\delta_t}{\delta}=\frac{1}{1.026\sqrt[3]{Pr}}\approx Pr^{-\frac{1}{3}} \tag{2-23}$$

式中，Pr 为普朗特准数（将在下面介绍）。显然，只有当 $Pr=1$ 时，$\delta_t=\delta$。不同流体的 Pr 不同。对于工程上常用的液体和包括空气在内的某些气体，式（2-23）是适用的。

2.2.1.3 牛顿冷却公式

在计算对流换热量时，迄今仍采用牛顿冷却公式，即

$$Q=\alpha(t_w-t_f)A=\frac{t_w-t_f}{\frac{1}{\alpha A}}\quad \text{W} \tag{2-24}$$

式中 t_w，t_f——分别为表面与流体温度，℃；

A——换热面积，m^2；

α——对流换热系数（也称表面传热系数），$W/(m^2\cdot ℃)$；

$1/(\alpha A)$——对流换热热阻，℃/W。

运用式（2-24）计算对流换热量 Q 的关键，在于如何根据各种具体情况确定对流换热系数 α。

2.2.1.4 对流换热系数

由式（2-24）可见，对流换热系数 α 就是当流体与表面温度差 $\Delta t=1℃$ 及换热面积 $A=1m^2$ 时，单位时间内的对流换热量，单位是 $W/(m^2\cdot ℃)$。

对流换热系数 α 受下列因素的影响：

（1）流体流速 v。流体流速 v 增高，层流底层厚度 δ_b 就变薄，因此在层流底层中的流体导热热阻也就减小，导热增强；此外，当流体速度 v 增高时，流体内部相对位移加剧，因此流体内部的对流也较激烈，由于对流换热是由层流底层的导热和流体内部对流所组成，所以当流体流速 v 增高时，对流换热就激烈，换热系数 α 相应增大。

（2）流体的物理性质。流体的物理性质对对流换热系数有着显著的影响，主要包括：

1）流体热导率 λ。热导率 λ 大的流体，在层流底层厚度相同时，层流底层的导热热阻就小，因而对流换热系数 α 就大。如水的热导率是空气的 20 多倍，因而水的换热系数远比空气的高。

2）流体的比热容 c 和密度 ρ。ρc 一般称为单位容积热容量，用以表示单位容积的流体当温度改变 1℃ 时所需的热量。ρc 愈大，即单位容积流体温度变化 1℃ 所需的热量愈多。也就是它载热的能力愈强，因而增强了流体与壁面之间的热交换，提高了换热系数 α。

3）流体的黏性。流体的黏性愈大，则流体流过壁面时的滞止作用愈大。在相同的流速下，黏性大的流体，其层流底层的厚度 δ_b 就较厚，因此减弱了对流换热，即换热系数较低。

（3）壁面的几何尺寸、形状和位置。在对流换热时，流体沿着壁面流过，所以壁面的尺寸、形状和位置对流体的流动有很大影响，从而也就影响对流换热。例如在对流换热时，流体受热上升，所以若热面朝下，就会抑制自然对流换热，流体换热系数 α 就要减小。因此，暖气片一般都垂直于地面放置，其肋片顺着气流方向布置。

2.2.2 相似原理在对流换热中的应用

2.2.2.1 相似现象

几何学中图形相似的概念可以推广到两个同类现象中去。所谓同类现象，是指不但现象的

性质相同，而且还能用同样形式和同样内容的方程式来描述。不同类现象，影响因素不同，不能建立相似关系，对流换热现象中的受迫对流换热与自然对流换热就属于不同类现象。另外，即使是同类现象也不一定相似，同类现象相似的条件是：在同现象之间，在空间上相对应的各点，在时间上相对应的瞬间以及表征现象特性的同类物理量之间各自成常数比例。在空间相对应的各点是指几何相似。在时间上相对应的瞬间是指时间相似。同类物理量之间各自成常数比例是指物理量相似。

A 几何相似

若从几何形状来看，各对应边互成比例，则有

$$\frac{l''_1}{l'_1}=\frac{l''_2}{l'_2}=\frac{l''_3}{l'_3}=\frac{dl''}{dl'}=C_l \tag{2-25}$$

式中，C_l 称为几何线形相似数。若 $C_l=1$，则表示两现象的对应几何形状全等。满足式(2-25)的现象即为几何相似现象。

B 时间相似

在两个几何相似的现象中，一切相对应变化所经过的时间都成常数比例。若 τ'、τ'_1、τ'_2、τ'_3、… 及 τ''、τ''_1、τ''_2、τ''_3、…，分别代表两个相似现象中一切对应的变化所经过的相应时间，则

$$\frac{\tau''}{\tau'}=\frac{\tau''_1}{\tau'_1}=\frac{\tau''_2}{\tau'_2}=\frac{\tau''_3}{\tau'_3}=\frac{\mathrm{d}\tau''}{\mathrm{d}\tau'}=C_\tau \tag{2-26}$$

式中，C_τ 为时间相似常数。当 $C_\tau=1$ 时则两现象的变化在时间上是同步的。

C 物理量相似

几何相似和时间相似是物理相似的前提。若以 ϕ'、ϕ'_1、ϕ'_2、ϕ'_3、…及 ϕ''、ϕ''_1、ϕ''_2、ϕ''_3、…，分别代表两个相似现象在空间上、时间上相似的第一个现象及第二个现象的任一种同类物理量，在物理量相似的条件下，则有

$$\frac{\phi''}{\phi'}=\frac{\phi''_1}{\phi'_1}=\frac{\phi''_2}{\phi'_2}=\frac{\phi''_3}{\phi'_3}=\cdots=\frac{\mathrm{d}\phi''}{\mathrm{d}\phi'}=C_\phi \tag{2-27}$$

式中，C_ϕ 称为物理相似常数。由于表征现象特性的物理量有许多个，因此对不同物理量的 C_ϕ 的值可能是不同的。为了区别每一种物理量的相似常数，也可用 C_t、C_v、C_ρ、C_η 等分别代表温度相似常数、速度相似常数、密度相似常数、黏度相似常数。

2.2.2.2 对流换热中的相似准数

为了便于研究，可将一些能反映现象某种本质特征的有因次的物理量，组合成一些无因次的相似准数。如上述所述，若两对流换热现象相似，则它们必定是几何相似、时间相似以及物理量相似。由于对流换热现象是流体运动时发生在流体与壁面之间的热量传递现象，它涉及流体的运动及热交换，因此对流换热的物理量相似，应包括流体运动相似和热相似。主要相似准数有雷诺相似准数、格拉晓夫相似准数、努塞尔相似准数和普朗特相似准数。

A 雷诺相似准数 Re

雷诺相似准数是一个流体运动的相似准数。流体的运动是流体微团在各种力作用下的结果。作用在微团上的力有：压力 P、浮力 G 及阻止微团运动的内摩擦力 F。按达朗伯（Dalebert）原理，与这三种力作用的结果相平衡的力是惯性力 I，I 与这三种力的合力大小相等，方向相反。

因为流体运动是在力的作用下进行的，所以流体运动相似的前提是动力相似。对两个动力相似的现象，在流场中各种力与其合力所组成的力的多边形应相似。即

$$\frac{P''}{P'}=\frac{G''}{G'}=\frac{F''}{F'}=\frac{I''}{I'}=\cdots \tag{2-28}$$

式中，上角标“′”及“″”分别代表两个现象。

在受迫运动中，流体微团的运动主要取决于作用在微团上的惯性力 I 和内摩擦力 F 的相互关系。惯性力 I 和内摩擦力 F 分别为

$$I=ma=\rho V\frac{\mathrm{d}u}{\mathrm{d}\tau} \tag{2-29}$$

$$F=\eta A\frac{\mathrm{d}u}{\mathrm{d}l} \tag{2-30}$$

式中 V——流体微团的体积；

m——流体微团的质量，$m=\rho V$；

a——在稳定流动中，流体微团由一处转移到另一处的加速度，$a=\dfrac{\mathrm{d}u}{\mathrm{d}\tau}$；

η——流体的动力黏性系数；

A——受力面积；

$\dfrac{\mathrm{d}u}{\mathrm{d}l}$——速度梯度。

根据动力相似，由式（2-28）可得到

$$\frac{F''}{F'}=\frac{I''}{I'} \quad 或 \quad \frac{F''}{I''}=\frac{F'}{I'}$$

将式（2-29）和式（2-30）代入，通过相似变换，并注意到运动黏度系数 $\nu=\dfrac{\eta}{\rho}$，$\dfrac{l}{\tau}=u$ 经整理得

$$\frac{u'l'}{\nu'}=\frac{u''l''}{\nu''}=\frac{ul}{\nu}$$

ul/ν 就是雷诺相似准数 Re，于是 $Re'=Re''=Re$。也就是说，如果两黏性流体动力相似，则它们的 Re 数相等。l' 及 l'' 分别表示两相似现象的线性几何尺寸。

雷诺准数是由一些物理量组成的无因次（即无量纲）数群。雷诺准数 Re 反映了流体流动时惯性力与内摩擦力的相对大小。Re 数大时说明惯性力作用大，流态往往呈紊流，当 Re 小时，说明内摩擦力作用大，流态往往是层流。所以 Re 数是表征黏性流体流动状态呈层流还是呈紊流的一个相似准数。

B 格拉晓夫相似准数 Gr

对于自然对流的黏性流体，可由浮力 G 和内摩擦力 F 之比导出另一个相似准数。浮力为

$$G=g(\rho_0-\rho)V \tag{2-31}$$

式中 V——流体微团体积；

ρ_0——t_0℃时流体密度；

ρ——t℃时流体密度。

因为 $$\rho_0=\rho[1+\beta(t-t_0)]$$

所以 $$\rho_0-\rho=\rho\beta(t-t_0)=\rho\beta\Delta t$$

式中，β 为容积膨胀系数，对于理想气体 $\beta=\dfrac{1}{T_0}$，水的 β 值可查附表。

故 $$G=\rho g\beta(t-t_0)V=g\rho\beta V\Delta t \tag{2-32}$$

根据两现象动力相似，由式（2-28）可得到

$$\frac{G''}{G'}=\frac{F''}{F'}$$

即

$$\frac{G'}{F'}=\frac{G''}{F''}$$

将式（2-30）和式（2-32）式代入上式，并用$\frac{u'l'}{\nu'}=\frac{u''l''}{\nu''}$乘等式两边，经整理得

$$\frac{g\beta' l'^3\Delta t'}{\nu'^2}=\frac{g\beta'' l''^3\Delta t''}{\nu''^2}=\frac{g\beta l^3\Delta t}{\nu^2}$$

式中，$\frac{g\beta l^3\Delta t}{\nu^2}$称为格拉晓夫准数 Gr，于是

$$Gr'=Gr''=Gr$$

也就是说，如果两黏性流体动力相似，它们的 Gr 数相等。

格拉晓夫相似准数 Gr，反映了流体所受的浮力与摩擦力的相对大小。当 Gr 数增大时，表明浮力也在增大。这时流体的自然对流较强，自然对流换热也较强。反之，Gr 数减小时，即自然对流换热系数也就减弱。因此，格拉晓夫相似准数 Gr 是流体在自然对流换热中的一个重要相似准数。

C　努塞尔相似准数 Nu

努塞尔相似准数 Nu 是一个热相似准数。对流换热相似的前提是几何相似、时间相似及流体运动相似。热相似是指温度场相似和热流相似。

对流换热时，在贴近壁面的流体层中，流体导热热流密度可根据傅里叶定律得到

$$q=-\lambda\frac{\partial t}{\partial n}$$

式中　λ——贴近壁面的流体热导率；

$\frac{\partial t}{\partial n}$——贴近壁面的流体沿壁面法线方向的温度梯度。

流体与壁面间对流换热热流密度可根据牛顿公式得到

$$q=\alpha\Delta t$$

稳定换热时，上述导热热流密度应等于对流换热热流密度，即

$$-\lambda\frac{\partial t}{\partial n}=\alpha\Delta t$$

$$\alpha=-\frac{\lambda}{\Delta t}\frac{\partial t}{\partial n} \tag{2-33}$$

式（2-33）就是描写流体边界上换热过程的换热微分方程式。

利用式（2-33）和两个对流换热现象相似的条件，按相似变换法经整理得

$$\frac{\alpha''l''}{\lambda''}=\frac{\alpha'l'}{\lambda'}=\frac{\alpha l}{\lambda}$$

或

$$Nu'=Nu''=Nu$$

上式表明，如果两换热现象相似，它们必具有相同的 Nu 准数。

Nu 称为努塞尔相似准数，它包含了换热系数和流体热导率 λ，实为导热热阻与对流换热热阻之比。Nu 的大小反映出同一种流体在不同情况下的对流换热的强弱程度。

D　普朗特相似准数 Pr

热相似准数中还有一个普朗特相似准数

$$Pr = \frac{\nu}{a}$$

式中，ν 为流体的运动黏度；a 为热扩散系数，$a = \lambda/(\rho c)$。因 λ、ρ、c 和 ν 都是流体的物理性质，故 Pr 又称物理性质相似准数。

2.2.2.3 相似准数间的关系——准数方程式

以上运用相似理论的相似变换法，将影响对流换热的各个物理量，变为由这些物理量组成的无因次相似准数。因为影响对流换热的各个物理量之间有一定的函数关系，所以由这些物理量组成的无因次相似准数之间也必有一定的函数关系。

当流速较小时，Re 数较低时，求解对流换热既要考虑受迫对流又要考虑自然对流，相似准数间的关系式为

$$Nu = f(Re, Gr, Pr) \tag{2-34}$$

若只是受迫对流换热，则式（2-34）简化为

$$Nu = f(Re, Pr) \tag{2-35}$$

若只存在自然对流换热，则式（2-34）简化为

$$Nu = f(Gr, Pr) \tag{2-36}$$

以上这些准数间的关系式需要整理成准数之间的具体函数形式——准数方程式，才能实际应用。

2.2.2.4 模型实验和数据整理

准数方程式（2-35）和式（2-36）的具体函数关系，必须通过实验确定。如果直接利用原现象（或称原模型）进行实验往往会遇到麻烦或困难，有时根本不可能。为此，就得采用与原现象相似的模型进行实验。模型实验应遵守的原则是：

（1）模型与原型要保证几何相似、速度场相似和温度场相似。只有在这种条件下，模型与原型才具有同一的准数方程式。

（2）实验时，改变条件，测定与现象有关的相似准数（如 Re、Gr、Pr、Nu）中所包含的全部物理量，并整理成几组有关的相似准数。

（3）利用这几组有关的相似准数，综合成有关准数间的函数关系式，即准数方程式。

实验数据的整理包括实验数据的计算、分析及处理等方面的工作。相似准数可以关联成一个准数方程式，并可表示成指数函数的形式

$$Nu = CRe^{n} \tag{2-37}$$

对式（2-37）两边取对数得

$$\lg Nu = \lg C + n\lg Re \tag{2-38}$$

分别以 $\lg Nu$ 及 $\lg Re$ 为纵坐标及横坐标作图，则式（2-38）在对数坐标图中为一直线（图 2-10）。这条直线与横坐标 $\lg Re$ 的夹角为 φ，则此直线的斜率 $\tan\varphi$ 即为 n。直线在 $\lg Re = 0$ 处的纵坐标上的截距为 $\lg C$，从而可求得 C 值。根据已求得的 n 值和 C 值，就可确定准数方程式的具体函数关系。如果准数方程式中的准数多于两个，例如

$$Nu = CRe^{n}Pr^{m}$$

此时先固定 Pr 值，按上述方法求出 n 值，然后再固定 Re 值求出 m 值。在已知 m 值及 n 值的情况下，则根据 $C = \frac{Nu}{Re^{n}Pr^{m}}$ 求得 C 值，这样，准数方程式的具体形式也就被确定了。

除上述整理方法外，还可用回归整理法。

在按相似理论进行实验数据整理时，还有三个重要问题必须加以特别注意：

（1）定性温度的选择。相似准数中所包括的物性量往往随温度的变化而变化。用以确定准数中物性量的温度称为定性温度。如何选择定性温度是个重要问题，选用的定性温度不同，所得出的准数方程式的具体形式也会不同。由于实际问题的多样性，故目前还没有一个统一的定性温度选择方案，最常用的定性温度选择方案有下列两种：

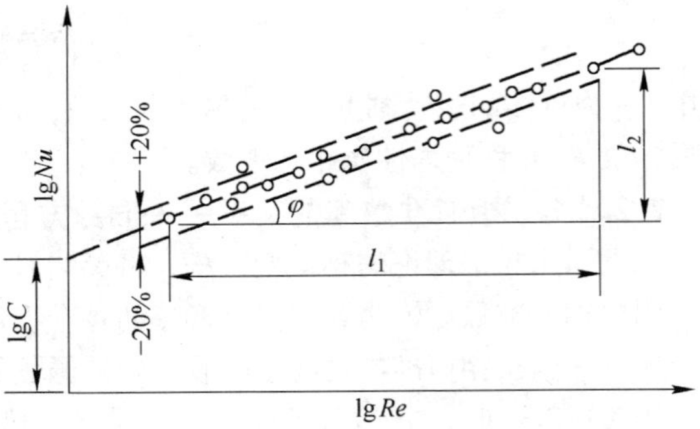

图 2-10 $Nu = CRe^n$ 方程的图示

1）流体温度 t_f。当流体沿平板流动换热时，t_f 即为来流或自由区的流体温度。对于管内流动，则常取 $t_f = \frac{1}{2}(t'_f + t''_f)$，$t'_f$ 与 t''_f 分别为进出口截面上流体的平均温度；

2）热边界层的平均温度 t_m。如 t_w 和 t_f 代表壁面处和自由流区的流体温度，则 $t_m = \frac{1}{2}(t_w + t_f)$。

（2）特征长度的选取。准数中包括的线性尺寸，如 *Re* 和 *Nu* 中所包括的 *l* 都是特征长度。对同一个物理现象若选取的特征长度不同，则相应准数的数值就不一样，在对流换热中应选择对流换热有决定意义的几何尺寸作为特征长度，一般惯例是：

1）流体沿垂直壁面自由流动换热时，取壁的高度；

2）流体在圆管内换热时，取管的内径；

3）流体横向掠过圆柱或圆管时，取其外径；

4）流体在非圆形截面槽道内换热时，用当量直径 $d_e = 4A/U$，其中 *A* 为流道截面积，*U* 为被流体“浸湿”的周边长度。即使仅为部分周边受热或放热时，也应取全部周边。

（3）特征速度的确定。特征速度即 *Re* 数中的流体速度，流体绕流平板或圆柱体时取来流速度 v_f，管内流动时取截面平均流速 v；绕流管束时取最小流道截面积上的最大速度 v_{max}。

［例 2-3］ 一单管外直径为 12mm，在 $5 \times 10^3 < Re < 20 \times 10^3$ 范围内对空气横向流过该管的换热过程进行实验，并测得不同条件下的物理量 v_f、λ、v、a 等，所得数据已综合成 8 组准数见表 2-2，试确定该现象中准数之间的具体函数关系。

表 2-2 测定数据

流速及准数	组数							
	1	2	3	4	5	6	7	8
v_f/m · s^{-1}	6.8	8.45	10.1	11.9	14.2	19.1	24.8	25.8
Re	5.45×10^{-3}	6.87×10^{-3}	8.04×10^{-3}	9.55×10^{-3}	1.16×10^{-2}	1.51×10^{-2}	2.02×10^{-2}	2.04×10^{-2}
Nu	39.9	45.1	50.6	56.4	62.5	74.5	86.1	87.9

［解］ 流体为空气，它的 $Pr = 0.72$ 可认为定值，故准数方程式 $Nu = f(Re) = CRe_n^m$ 把试验所得准数的 8 组数值绘在对数坐标图上，所得 8 个点差不多都落在一条直线上，故能满足指数关系。由图 2-11 可得指数 $n = 0.6$，C 值的确定按直线上任意点的对应值由 $C = Nu/Re^{0.6}$ 求出。考虑到计算结果的精确性，通常对三个点重复计算，然后取其平均值。如取上表中 1、5 和 8 组的准数，得

$$C_1 = \frac{Nu_1}{Re_1^{0.6}} = \frac{39.9}{5450^{0.6}} = 0.2286$$

$$C_5 = \frac{Nu_5}{Re_5^{0.6}} = \frac{62.5}{11600^{0.6}} = 0.2276$$

$$C_8 = \frac{Nu_8}{Re_8^{0.6}} = \frac{87.9}{20400^{0.6}} = 0.2281$$

而平均值 $C = \frac{1}{3}(C_1 + C_5 + C_8) = \frac{1}{3}$ $(0.2286 + 0.2276 + 0.2281)$，最后得到空气横向绕流圆管换热的准数方程式为

$$Nu = 0.2281 Re^{0.6}$$

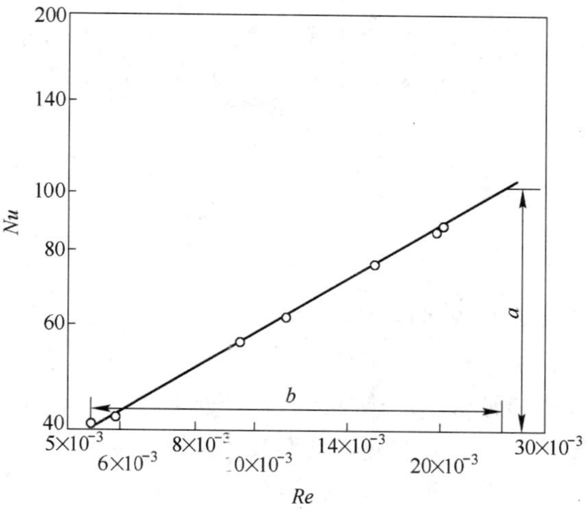

图 2-11 确定指数的对数坐标图

2.2.3 流体在管内强制对流换热的经验公式

2.2.3.1 紊流时的换热

许多研究者对流体在管内作紊流换热进行了大量研究，提出了许多计算公式。目前广泛采用的经验公式为：

$$Nu_f = 0.023 Re_f^{0.8} Pr_f^n \tag{2-39}$$

式中的定性温度是流体的平均温度 $t_f = \frac{1}{2}(t_{f1} + t_{f2})$，特征长度是管内直径。流体被加热 $n = 0.4$，流体被冷却 $n = 0.3$。

式（2-39）的适用范围是：

（1）流体的 $Pr_f = 0.7 \sim 120$；

（2）$Re_f = 10^4 \sim 1.2 \times 10^5$；

（3）光滑圆形直管，且管长与内径之比 $(l/d) \geqslant 50$；

（4）管壁温度与流体间的温度差 Δt 不太大（如气体为 $\Delta t < 50℃$，水为 $\Delta t < 20 \sim 30℃$，油类为 $\Delta t < 10℃$）。

若要扩大使用范围，应作如下补正；

（1）对非圆形截面的管道，采用当量直径作特征长度；

（2）实验证明，热稳定段长度为 $L = 50d$。长度 $L > 50d$ 的管子称为长管，$L < 50d$ 的管子称为短管，短管的平均换热系数高于长管的平均换热系数。如用于短管应对式（2-39）乘以补正系数 ε_L，ε_L 值列于表 2-3。

表 2-3 紊流下的 ε_L 值

Re	L/d								
	1	2	5	10	15	20	30	40	50
1×10^4	1.65	1.5	1.34	1.23	1.17	1.13	1.07	1.03	1
2×10^4	1.51	1.4	1.27	1.18	1.13	1.10	1.05	1.02	1
5×10^4	1.34	1.27	1.18	1.13	1.10	1.08	1.04	1.02	1
1×10^5	1.23	1.22	1.15	1.10	1.08	1.06	1.03	1.02	1
1×10^6	1.14	1.11	1.08	1.05	1.04	1.03	1.02	1.01	1

（3）流体流经弯曲管段时，由于离心力的作用，沿截面会形成一个双漩涡形式的二次环流，附加在前进的主流上面，增加了扰动与混合，强化了换热，这种影响用弯管效应系数 ε_R 补正。

对气体
$$\varepsilon_R = 1 + 1.77\frac{d}{R} \tag{2-40}$$

对液体
$$\varepsilon_R = 1 + 10.3\left(\frac{d}{R}\right)^3 \tag{2-41}$$

式中的 d 和 R 见图2-12。

（4）换热温度差较大时，热流方向不同（冷却或加热）对换热系数是有影响的。当液体流经管道被管壁加热时，因管壁处液体的温度高于管中心处液体的温度，管壁附近的液体黏度就要比管中心处的液体黏度低，这时管内速度分布将如图2-13中曲线3所示。显然在情况3时，紧挨着管壁表面的边界层中，速度梯度较2大，且当其他条件相同时，情况3的层流底层较薄，对流换热就强，所以液体被加热时的换热系数高于它被冷却时的换热系数。气体的黏度随温度变化的规律与液体相反：温度增高，黏度也增高，所以当气体被加热或冷却时，对管内速度分布及换热强弱的影响与液体正好相反。总之，换热温差较大时，热流方向不同（冷却或加热）对换热系数是有影响的。这种影响可用如下补正系数 ε_t 补正。

气体被加热时
$$\varepsilon_t = \left(\frac{T_f}{T_w}\right)^{0.55} \tag{2-42}$$

气体被冷却时
$$\varepsilon_t \approx 1 \tag{2-43}$$

液体被加热时
$$\varepsilon_t = \left(\frac{\eta_f}{\eta_w}\right)^{0.11} \tag{2-44}$$

液体被冷却时
$$\varepsilon_t = \left(\frac{\eta_f}{\eta_w}\right)^{0.25} \tag{2-45}$$

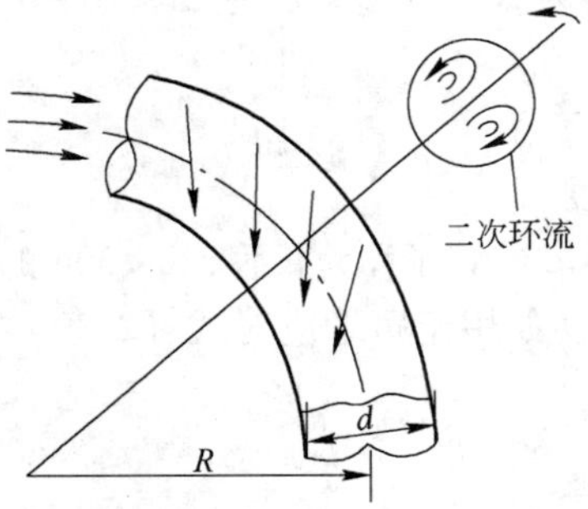

图2-12 管道转弯处的二次环流

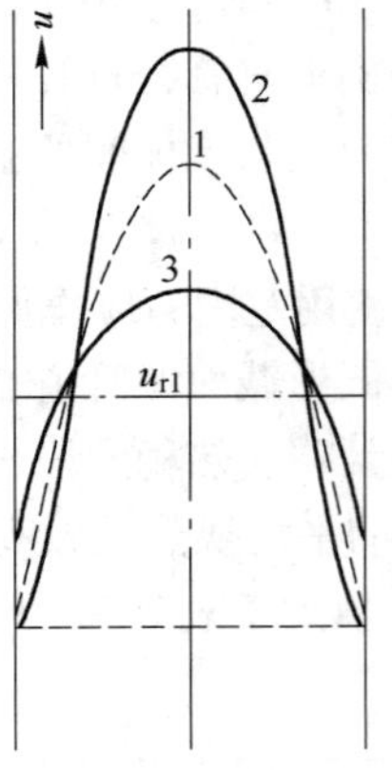

图2-13 换热温差对截面的速度场的影响

1—等温流动；2—气体被加热或液体被冷却；
3—气体被冷却或液体被加热

［例2-4］ 空气在管内径 $d=60$mm，长度 $l=2.1$m 的光滑直管中流动，管内平均流速 $v_f=5$m/s，空气平均温度 $t_f=100$℃，管壁温度 $t_w=400$℃，求对流换热系数。

［解］ 当 $t_f=100$℃时，由附表2查得空气物性参数

$$\lambda_f = 3.207\times10^{-2}\quad \text{W/(m·℃)}$$

$$\nu_f = 23.13 \times 10^{-6} \quad m^2/s$$

$$Pr = 0.695$$

计算雷诺数 $$Re_f = \frac{v_f d}{\nu_f} = \frac{5 \times 0.06}{23.13 \times 10^{-6}} = 12970$$

属于紊流，可选用式（2-39）得

$$Nu_f = 0.023(12970)^{0.8}(0.695)^{0.4} = 38.8$$

$$\alpha = Nu_f \frac{\lambda_f}{d} = 38.8 \times \frac{0.03207}{0.06} = 20.7W/(m^2 \cdot ℃)$$

因温差较大，须考虑热流方向的补正，按式（2-42）得温度补正系数 ε_t

$$\varepsilon_t = \left(\frac{T_f}{T_w}\right)^{0.55} = \left(\frac{273+100}{273+400}\right)^{0.55} = 0.744$$

又因 $l/d = 2.1/0.06 = 35 < 50$。从表 2-3 查得开始段长度影响补正系数 ε_L

$$\varepsilon_L = 1.04$$

故最终的对流换热系数为

$$\alpha = 1.04 \times 0.744 \times 20.7 = 16.02W/(m^2 \cdot ℃)$$

2.2.3.2 管内层流下强制对流换热

工程上通常把 $Re < 2200$ 时的管内流动称为层流。流体与管壁发生强迫对流换热时，如管子内径和温差较小，则能避免附加的自然对流。同时，如果流体又有较大的黏性等，则易出现严格的层流。管内层流时的对流换热可按下式计算：

$$Nu_f = 1.86(Re_f Pr_f \frac{D}{L})^{1/3}(\frac{\eta_f}{\eta_w})^{0.14} \tag{2-46}$$

式中，除 η_w 以壁温 t_w 取值外，其他物性值均以流体的平均温度 t_f 为定性温度。特征长度为内径 D。该式仅适用于 $Pr_f > 0.6$ 的流体，并且对管长 L 也有一定的限制。由上式可知，当 $L \to \infty$ 时，$Nu_f \to 0$，这显然是不可能的，所以认为上式只有在 $Re_f Pr_f D/L > 10$ 的条件下才能成立。如上述条件不能满足或对于像空气这样的气体，则应选用其他公式。

2.2.3.3 管内过渡流换热

过渡流（$2200 < Re < 10^4$）的流态很不稳定，同一雷诺数下可以因外界扰动条件不同而流态各异，因而难以准确计算。现推荐两个实验公式：

$$Nu_f = 0.0214(Re_f^{0.8} - 100)Pr_f^{0.4}\left[1 + (\frac{d}{L})^{\frac{2}{3}}\right]\left(\frac{T_f}{T_w}\right)^{0.45} \tag{2-47}$$

式（2-47）适用范围：

$Pr = 0.6 \sim 1.5$ （气体）

$T_f/T_w = 0.5 \sim 1.5$

$Re_f = 2300 \sim 10^6$

$$Nu_f = 0.012(Re_f^{0.87} - 280)Pr_f^{0.4}\left[1 + (\frac{d}{L})^{\frac{2}{3}}\right]\left(\frac{Pr_f}{Pr_w}\right)^{0.1} \tag{2-48}$$

式（2-48）的适用范围：

$Pr_f = 1.5 \sim 500$（液体）

$Pr_f/Pr_w = 0.05 \sim 20$

$Re_f = 2300 \sim 10^6$

2.2.3.4 气体沿平面强制对流时的对流换热系数

炉气在炉内金属或熔体表面流过时的对流换热，与管道内换热规律不尽相同。对前者，流体与表面的相对位置、热流方向以及流速在表面法线方向上的分布将有更多的影响，比管道内流体换热更复杂，这方面的研究还不很充分，只能大致确定具有下列关系

$$\alpha = Cv_{20}^{n} + K \tag{2-49}$$

式中 v_{20}——折算为20℃时的流速，m/s。

K，C，n——实验常数，见表2-4。

表2-4 实验常数 K、C、n 之值

表面情况	$v_{20} \leqslant 5$			$v_{20} > 5$		
	K	C	n	K	C	n
光滑表面	4.5	3.4	1	0	6.12	0.78
轧制金属表面	5.0	3.4	1	0	6.14	0.78
粗糙表面	5.3	3.6	1	0	6.47	0.78

2.2.3.5 炉内对流换热系数

热空气循环电阻炉内的对流换热系数

$$\alpha = 7.6v_{0}^{0.8} \quad \mathrm{W/(m^2 \cdot ℃)} \tag{2-50}$$

式中 v_0——炉气在标准状态下的流速，m/s。

火焰炉内对裸露物料表面的对流换热系数

$$\alpha = 125\lambda C_{t} v_{0} \quad \mathrm{W/(m^2 \cdot ℃)} \tag{2-51}$$

式中 λ——炉气与金属料面之间的摩擦阻力系数，一般取0.04～0.05；

C_t——炉气比热容，kJ/(m³·℃)。

回转窑内炉气对裸露料面的对流换热系数

$$\alpha = 10.4v_{0} \quad \mathrm{W/(m^2 \cdot ℃)} \tag{2-52}$$

2.2.4 流体横向绕流圆管的换热

由于流体绕流管道时流动的复杂性，尤其是具有分离流动的部分，目前尚无法作数学描述，因而主要依靠试验来揭示换热现象和求解换热系数。求解换热系数 α 的经验公式很多，应用较广的适用于气体和液体的经验公式为

$$Nu_{m} = CRe_{m}^{n} Pr_{m}^{1/3} \tag{2-53}$$

式中，定性温度取 $t_m = (t_w + t_f)/2$，特征长度为圆管外直径 d，Re_m 数中的特征速度为来流速度 v_f，系数 C 和指数 n 随 Re_m 而变，见表2-5。

上面介绍的经验公式，是指流体的流动方向与管道轴线相垂直的情况，即冲击角 $\phi = 90°$。若 $\phi < 90°$（图2-14a），则流体流过圆管时，如同绕流椭圆管一样，将使漩涡区缩小，而且正对来流的冲击减弱，这些都会促使平均换热系数 α 降低。因此，根据上述各公式计算出的 α 值，必须乘以校正系数 C_ϕ。C_ϕ 的值可由图2-14b查得。

表2-5 式（2-53）中的 C 和 n 值

Re_m	C	n	Re_m	C	n
0.4～4	0.989	0.33	4000～40000	0.193	0.618
4～40	0.991	0.385	40000～400000	0.027	0.805
40～4000	0.683	0.466			

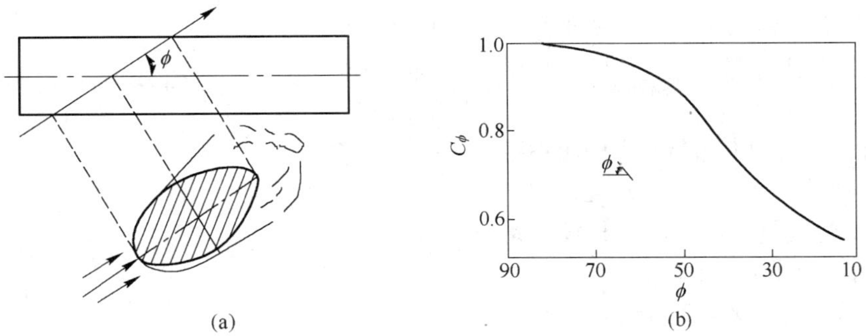

(a) (b)

图 2-14 冲击角小于90°时 C_ϕ 和 ϕ 的关系

(a) $\phi<90°$时的流动情况；(b) C_ϕ 和 ϕ 的关系

2.2.5 流体绕过管束时的换热

液体绕流管束的情况比单管更复杂。管束排列方式有顺排及叉排两种（图2-15）。叉排时，流体在弯曲流道中流过，而顺排时流道比较平直，扰动相对较弱，因而一般地说，叉排的平均换热效果比顺排好，但当 Re 很高（$Re>2\times10^5$）时，顺排中各排道管前半部的边界层也都由受到前一排的尾涡区强烈干扰而变成紊流，所以这时的平均换热系数有可能超过相同 Re 下的叉排。

流体横向绕流顺排和叉排管束的平均换热系数 α 按下式计算，即

$$Nu = CRe_{\mathrm{f}}^{n}\rho r_{\mathrm{f}}^{0.36}\left(\frac{Pr_{\mathrm{f}}}{Pr_{\mathrm{w}}}\right)^{\frac{1}{4}} \tag{2-54}$$

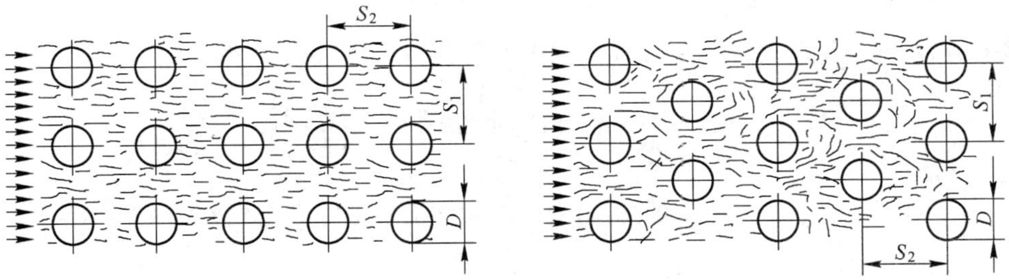

(a) (b)

图 2-15 流体横绕管束的流动

(a) 顺排；(b) 叉排

上式适用范围为 $0.7<Pr_{\mathrm{f}}<500$，$10^3<Re_{\mathrm{f}}<2\times10^6$，$N\geqslant20$（$N$ 为管束的沿流动纵深方向的排数）。上式中，除 Pr_{w} 取壁温 t_{w} 为定性温度外，其他均以流体的平均温度 t_{f} 为定性温度。特征长度取直径 D，特征速度取管间最小截面处的最大流速 $v_{\max}$。引入 $(Pr_{\mathrm{f}}/Pr_{\mathrm{w}})^{\frac{1}{4}}$ 是为了校正流体物性变化的影响。系数 C 和指数 n 见表2-6。

表 2-6 式（2-52）中的 C 和 n 值

排列方式	Re_{f}	C	n
顺　排	$10^3\sim2\times10^5$	0.27	0.63
叉排，$(S_1/S_2)<2$	$10^3\sim2\times10^5$	$0.35\ (S_1/S_2)^{1/5}$	0.60
叉排，$(S_1/S_2)>2$	$10^3\sim2\times10^5$	0.40	0.60
顺　排	$2\times10^5\sim2\times10^6$	0.021	0.84
叉　排	$2\times10^5\sim2\times10^6$	0.022	0.84

如果 $N<20$，从式（2-54）所求得的 α 值尚需乘以校正系数 C_N。C_N 值可从图 2-16 查得。

如果流体流动的方向与管束轴向不相垂直，即来流的冲击角 $\phi<90°$ 时，从式（2-54）求得的换热系数还需乘以校正系数 C_ϕ，其值由图 2-14b 查取。

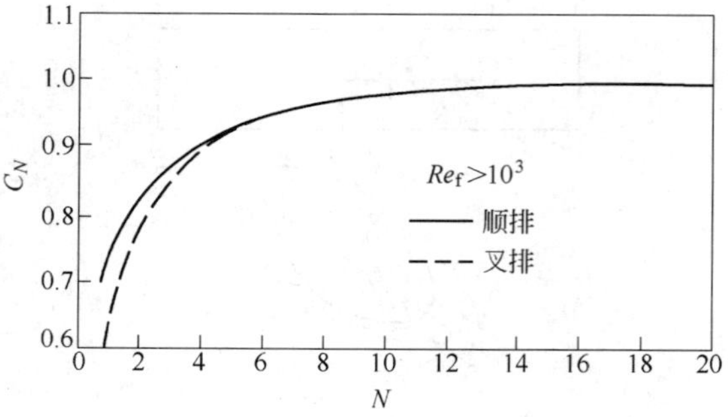

图 2-16　C_N 与 N 的关系

［**例 2-5**］　由 7 排管子（叉排）组成的空气加热器，管外径 $D=12\text{mm}$，管子间距 $S_1=18\text{mm}$，$S_2=15\text{mm}$，管壁温度 $t_w=80℃$。空气的来流速度 $v_f=5\text{m/s}$，管束间空气的平均温度 $t_f=40℃$。冲击角 $\phi=70°$。求管束壁面与空气间的平均换热系数。

［**解**］　因 $t_f=40℃$，$t_w=80℃$，由附表 2 查得空气的：$\lambda_f=2.75\times10^{-2}\text{W/(m}\cdot℃)$，$u_f=19.1\times10^{-6}\text{kg/(m}\cdot\text{s)}$，$Pr_f=0.70$，$\nu_f=16.96\times10^{-6}\text{m}^2/\text{s}$，$Pr_w=0.692$。根据几何条件，管束的斜向节距最小截面处的最大流速为

$$v_{max}=v_f\frac{S_1}{S_1-D}=5\times\frac{18}{18-12}=15\text{m/s}$$

$$Re_f=\frac{v_{max}D}{\nu_f}=\frac{15\times0.012}{16.96\times10^{-6}}=1.061\times10^4$$

忽略辐射的影响，利用式（2-54）计算，$S_1/S_2=18/15=1.2<2$。根据 Re_f 和 S_1/S_2 的值，由表 2-6 查得：$C=0.35\ (S_1/S_2)^{\frac{1}{5}}$，$n=0.60$，则式（2-54）为

$$\begin{aligned}Nu_f&=\frac{\alpha D}{\lambda_f}=0.35\left(\frac{S_1}{S_2}\right)^{\frac{1}{5}}Re_f^{0.60}Pr_f^{0.36}\left(\frac{Pr_f}{Pr_w}\right)^{\frac{1}{4}}\\&=0.35\times1.2^{\frac{1}{5}}\times(1.061\times10^4)^{0.60}\times0.70^{0.36}\times\left(\frac{0.70}{0.692}\right)^{\frac{1}{4}}\\&=83.7\end{aligned}$$

$N>20$ 时，$\alpha=\frac{\lambda_f}{D}Nu_f=\frac{2.75\times10^{-2}}{0.012}\times83.7=189\text{W/(m}^2\cdot℃)$

排数 $N=7$，冲击角 $\phi=70°$，由图 2-16 和图 2-14b 查得：$C_N=0.96$，$C_\phi=0.98$。最后，得管束的平均换热系数

$$\alpha'=\alpha C_N C_\phi=189\times0.96\times0.98=178\text{W/(m}^2\cdot℃)$$

2.2.6　自然对流换热

自然对流换热因流体所处空间的大小不同可分为两类。一类是流体处于很大空间中，因空间很大，流体自然对流不受干扰，称为无限空间中的自然对流换热；另一类是流体封闭在一个小空间内的自然对流，称为有限空间的自然对流。现简要介绍无限空间中的自然对流换热，如各种炉子及输送热流体的管道等在空气中的散热就是在无限空间中的自然对流换热现象。

工程中广泛使用的准则方程式为

$$Nu_m=C(Gr_mPr_m)^n \tag{2-55}$$

式中，系数 C 和指数 n 之值，可根据换热表面的形状、位置及（Gr_mPr_m）的数值范围由表 2-7

给出。下角标 m 表示式中各准数的物性量定性温度为流体与壁面平均温度 $t_m = \frac{1}{2}(t_f + t_w)$。由式（2-55）算得对流的换热系数 α 为整个换热面的平均换热系数。表 2-7 适用于均温壁面的自然对流换热。

表 2-7　式（2-55）中的 C 和 n 值

表面形状及位置	C、n 值			特征长度	适用范围 Gr_mPr_m
	流态	C	n		
垂直平壁及直圆筒	层流 紊流	0.59 0.10	1/4 1/3	高度 h	$10^4 \sim 10^9$ $10^9 \sim 10^{13}$
水平圆筒	层流 紊流	0.53 0.13	1/4 1/3	外径 d	$10^4 \sim 10^9$ $10^9 \sim 10^{12}$
热面朝上或冷面朝下的水平壁	层流 紊流	0.54 0.15	1/4 1/3	平板取面积与周长之比值，圆盘取 $0.9d$	$2\times10^4 \sim 8\times10^6$ $8\times10^6 \sim 10^{11}$
热面朝下或冷面朝上的水平壁	层流	0.58	1/5	矩形取两个边长的平均值，圆盘取 $0.9d$	$10^5 \sim 10^{11}$

上表中对于垂直圆筒，只有当

$$\frac{d}{L} \geqslant \frac{35}{\sqrt[4]{Gr}}$$

时，才能按垂直平壁处理，误差在 5% 以内，否则按下式计算

$$Nu_m = 0.686(GrPr)_m^{\frac{1}{4}} \tag{2-56}$$

［例 2-6］　求裸露水平蒸气管道表面每小时向周围散发的热量。管外径 $d = 100\text{mm}$，管长 $l = 4\text{m}$，管壁温度 $t_w = 170℃$，环境温度 $t_f = 30℃$。

［解］

$$t_m = \frac{1}{2}(t_f + t_w) = \frac{1}{2}(170 + 30) = 100℃$$

由附表 2 查得：t_m 下的空气物性参数

$$\lambda_m = 3.207 \times 10^{-2}\text{W}/(\text{m}\cdot℃)$$

$$\nu_m = 23.13 \times 10^{-6}\text{m}^2/\text{s}$$

$$Pr_m = 0.695$$

$$\beta_m = \frac{1}{T} = \frac{1}{273 + 100} = 2.68 \times 10^{-3}1/℃$$

则

$$Gr_m = \frac{gd^3}{\nu_m^2}\beta_m\Delta t = \frac{9.807 \times (0.1)^3}{(23.13 \times 10^{-6})^2} \times 2.68 \times 10^{-3} \times (170 - 30)$$

$$= 6.9 \times 10^6$$

$$Gr_mPr_m = 6.9 \times 10^6 \times 0.695 = 4.7955 \times 10^5$$

属于层流，由表 2-7 选得，$C = 0.53$，$n = 0.25$ 于是

$$Nu_m = 0.53(Gr_mPr_m)^{0.25} = 0.53(4.7955 \times 10^6)^{0.25} = 24.8$$

$$\alpha = \frac{\lambda_m}{d}Nu_m = \frac{3.207\times10^{-2}}{0.1}\times24.8 = 7.95\text{W}/(\text{m}^2\cdot℃)$$

蒸气管的散热量为

$$Q = \alpha(t_w - t_f)A = 7.95(170-30)\times3.14\times0.1\times4 = 1399\text{W}$$

2.2.7 液体沸腾时的换热

液体与高温壁面接触而被加热时，温度逐渐升高，达到一定数值后，加热面上部地区的液体汽化而成气泡。随着加热过程的进行，气泡不断地产生、扩大和跃离，这种现象称为沸腾。

液体在受热面上的沸腾可分为大容器沸腾和受迫对流沸腾。

2.2.7.1 饱和沸腾曲线

液体沸腾时，液体温度即为饱和温度 t_s，而加热表面的壁温 t_w 必大于液体温度，两者之差 $\Delta t = t_w - t_s$。称为沸腾温差。现以大气压力下的水在容器中沸腾换热为例，分析沸腾温差 Δt 对换热系数 α 及热流密度 q 的影响。α 及 q 随 Δt 的变化如图 2-17 所示。α 曲线中的 AB 段，$\Delta t \leqslant 5℃$。在此范围内沸腾温差较小，气泡数量少，且其生成和运动都缓慢，容器内的水主要依靠密度的差别进行自然对流。此时将没有气泡逸出液面，换热系数 $\alpha < 1200\text{W}/(\text{m}^2\cdot℃)$。它的数值可按自然对流换热规律计算。

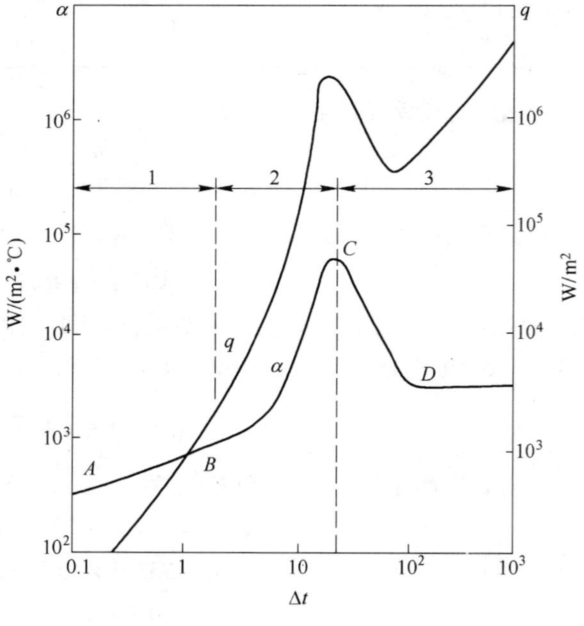

图 2-17 α 及 q 随 Δt 的变化

($\alpha = f(\Delta t)$, $q = f(\Delta t)$, $1.013\times10^5\text{Pa}$)

1—对流沸腾；2—泡状沸腾；3—膜状沸腾

α 曲线的 BC 段，$\Delta t = 5\sim25℃$，随着沸腾温差增大，会有大量的气泡在放热壁上不断生成、不断跃离，当气泡离开壁面后，它原来所占的位置就由周围过来的水填充，激烈的气泡运动，促使换热系数急剧上升达到 58kW/(m²·℃)左右。此时最大的热流密度达到1.45MW/m²。由于这一区域的放热与气泡的生成和运动有密切关系，故称为泡状沸腾（也称为泡态沸腾）。

图中 α 曲线的 CD 段，$\Delta t > 25℃$。由于沸腾温差很大，产生的气泡多而且大，以致气泡在放热壁面上汇合而连成一片，使部分放热面被一层不稳定的气膜所覆盖，把水和壁面隔离，阻碍了水对放热壁面的湿润，显著增大了热阻，故 α 反而随 Δt 的增加而下降。当达到 D 点时，放热面几乎全部被气膜所覆盖。C 点以后这种现象被称为膜状沸腾（也称为膜态沸腾）。沸腾温差 $\Delta t > 100℃$ 时 q 又增大，这是由于 Δt 增加时气膜外表面波动和膜内辐射逐步增加的缘故。

由泡态沸腾过渡到膜态沸腾的转折点称为临界点，也称烧毁点（图中 C 点）。该点对应的温差和热负荷分别称为“临界温差”和“临界热负荷”。一般工业设备中的沸腾换热多控制在临界点以下的泡态沸腾范围，防止加热表面过烧，以保证设备安全、经济地运行。

2.2.7.2 大容器沸腾换热的计算

A 大容器饱和泡态沸腾

由于气泡的产生和运动的规律尚不完全清楚，特别是对加热表面状况的定量描述还缺乏确切的方法。因此泡态沸腾的换热计算采用相似理论的方法整理出一些经验公式。下面介绍几个常用的经验公式。

计算沸腾热流密度 q 的经验公式

$$\frac{C_{p1}(t_w - t_s)}{r} = C_{wl}\left\{\frac{q}{\eta_1 r}\left[\frac{\sigma}{g(\rho_1 - \rho_v)}\right]^{\frac{1}{2}}\right\}^{\frac{1}{3}} Pr_1^n \tag{2-57}$$

式中 C_{p1}——饱和液体的比热容，J/(kg · ℃)；

r——饱和温度 t_s 下的汽化潜热，J/kg；

η_1——饱和液体的动力黏度，Pa · s 或 N · s/m²；

ρ_1，ρ_v——饱和液体、蒸气的密度，kg/m³，蒸气的定性温度取 $t_m = (t_w + t_s)/2$；

Pr_1——饱和液体的普朗特数；

σ——汽－液界面的表面张力 N/m；

g——当地的重力加速度，m/s²。

C_{wl}——与壁面和液体种类有关的系数。

对于多数液体，式（2-57）中的指数 n 均可取 1.7，而水的 n 值可取 1.0。系数 C_{wl} 和水的表面张力 σ 的值见表 2-8 和表 2-9。因为影响泡状沸腾的主要因素是压力大小及壁面材料和液体种类组合的情况，而不是表面的形状，所以式（2-57）适用于不同形状的表面。

表 2-8 系数 C_{wl} 的值

液－壁面组合	C_{wl}	液－壁面组合	C_{wl}
水－镍	0.006	水－化学侵蚀后的不锈钢	0.0133
水－铜	0.013	酒精－铬	0.027
水－铂	0.013	苯－铬	0.010
水－磨光铜	0.0128	35% KOH－铜	0.0054
水－研磨后的不锈钢	0.0080	50% KOH－铜	0.0027

表 2-9 水的表面张力 σ 值

饱和温度/℃	表面张力 σ/mN · m⁻¹	饱和温度/℃	表面张力 σ/mN · m⁻¹
0	75.6	150	48.7
20	72.8	200	37.8
40	69.6	250	36.2
60	66.2	300	4.4
80	62.6	350	3.8
100	58.7	374.15	0

在热力设备中，水是广泛采用的工质。对于水，计算泡状沸腾换热系数 α 的经验公式：

$$\alpha = C(t_w - t_s)^n \left(\frac{p}{p_a}\right)^{0.4} \quad \text{W/(m}^2 \cdot ℃) \tag{2-58}$$

式中，p 和 p_a 分别表示沸腾系统的实际压力和标准大气压力。系数 C 和指数 n 与加热面位置及热流密度 q 有关，见表 2-10。

表 2-10 式（2-58）中的 C 和 n 值

加热面位置	$q/\mathrm{W\cdot m^{-2}}$	C	n
水平面	$q<15800$	1040	1/3
	$15800<q<23600$	5.56	3
垂直面	$q<3150$	539	1/7
	$3150<q<63100$	7.95	3

B 大容器饱和沸腾临界热流密度的计算

饱和沸腾曲线图 2-17 中 C 点的热流密度称为临界热流密度，用 $q_{cr,l}$ 表示。$q_{cr,l}$ 的确定不仅涉及沸腾设备的经济性，而且还会直接影响设备的安全，热负荷超过 $q_{cr,l}$ 时甚至导致设备的烧毁。对于 $q_{cr,l}$ 的计算采用经验公式

$$q_{cr,l}=0.0068g^{0.25}\rho_v^{0.4}r\,(\rho_l-\rho_v)^{0.6} \tag{2-59}$$

式中各物理量同前。

2.2.8 蒸气凝结时的放热

蒸气与低于饱和温度的壁面接触时，凝结成液滴附着在壁面上，并放出汽化潜热的现象称为凝结放热。

凝结液对壁面的润湿能力取决于它的表面张力与它的壁面附着力的关系。如果附着力大于表面张力，凝结液能很好润湿壁面以致在壁面上形成一层液膜，这时凝结蒸气放出的潜热必须通过液膜传至壁面，称为膜状凝结。若凝结液不能很好润湿壁面，则在壁面上凝结成分散的小液珠，称为珠状凝结。珠状凝结时，壁面如为竖壁，则小液珠不断成长扩大，到一定尺寸后，由于重力超过附着力而脱离壁面，并在下落过程中，相互合并成较大的液珠，这样就加速了冷凝面的更新，而且不存在连续的液膜，使蒸气直接与部分冷凝壁面接触，因此热阻较小。

实验证明，珠状凝结的换热系数可达 23～426kW/（$\mathrm{m^2}$·℃），约为膜状凝结时的 10～15 倍。可是，珠状凝结只有当壁面涂以某种有机物（如脂肪酸或油类等）时，才能短时得以保持，所以在换热设备的计算中，按膜状凝结计算是较符合实际的。

竖壁上形成液膜并受重力作用向下流动时，也有层流和紊流两种流动形态（图 2-18）。上段液膜厚度 δ 较小，流动属于层流，其中温度 t 和速度 v_x 的分布见图 2-18，下段液膜增厚，流速也增大，层流逐步经历过渡区而转变为紊流。液膜流动属层流还是紊流由雷诺数 Re 判别。图 2-18b 示意地表示出局部换热系数 α_x 的变化。

2.2.8.1 层流膜状凝结的计算

膜状凝结理论是由努塞尔提出的。根据连续液膜的层流运动和导热的机理从理论上导出了层流膜状凝结换热计算公式。对于竖壁（包括外半径 R 远大于底部膜厚 δ 的竖圆管或圆柱体在内），平均凝结换热系数为

$$\alpha=\frac{4}{3}\left[\frac{r\rho_l^2g\lambda_l^3}{4\eta_lL(t_s-t_w)}\right]^{\frac{1}{4}}\quad \mathrm{W/(m^2\cdot ℃)} \tag{2-60}$$

式中 r——汽化潜热，kJ/kg；

ρ_l，λ_l，η_l——分别为液膜的密度（$\mathrm{kg/m^3}$）、热导率（W/（m·℃））、黏度（Pa·s）；

t_w，t_s——分别为凝结壁面温度、液膜饱和温度。

式（2-60）对任何单一物质的蒸气凝结均适用。定性温度除 r 取 t_s 外，ρ_l、λ_l、η_l 等均取

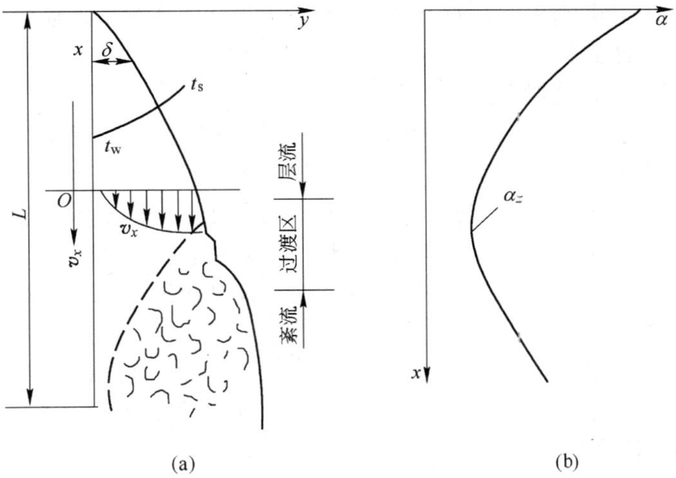

图 2-18 凝结时的液膜流动情况及局部换热系数 α_x

液膜平均温度 t_m，$t_m=(t_w+t_s)/2$。

对于水平圆管（外径 D）外壁的凝结换热系数为

$$\alpha=0.725\left[\frac{\rho_1^2 g\lambda_1^3 r}{\eta_1 D\ (t_s-t_w)}\right]^{\frac{1}{4}}\quad W/(m^3\cdot ℃) \tag{2-61}$$

如有 N 根水平管自上至下竖直排列。且间距不大时，则因凝液下落，会使下面各管的膜层逐渐增厚。这时相当于增大壁面的高度，因此可用 ND 代替式（2-61）中的 D 来计算排管的平均凝结换热系数

即
$$\alpha=0.725\left[\frac{r\rho_1^2 g\lambda_1^3}{N\eta_1 D\ (t_s-t_w)}\right]^{\frac{1}{4}} \tag{2-62}$$

2.2.8.2 紊流膜状凝结的计算

如竖壁较高和温差 t_s-t_w 较大，则液膜迅速增厚并发展成紊流液膜，其平均换热系数 α 的计算公式为

$$\frac{\alpha\ (\nu_1^2/g)^{\frac{1}{3}}}{\lambda_1}=0.0077Re^{0.4} \tag{2-63}$$

式中，ν_1 为液膜的运动黏度系数，单位 m^2/s。

液膜属于层流或紊流，仍然用雷诺数 Re 作为判据。

凝结液膜流动雷诺数 Re 可由其定义式根据液膜的特点表达，如

$$Re=\frac{D_e\rho_1 v}{\eta_1}=\frac{4A\rho_1 v}{U\eta_1}$$

式中，D_e 为当量直径；A、U 和 v 分别为液膜在某截面上的截面积、湿周和平均流速。由于截面上液膜的质量流量 $m=A\rho_1 v$，故

$$Re=\frac{4m}{U\eta_1} \tag{2-64}$$

对于单位宽度的竖壁，$U=1$；对于外直径 D 的竖圆管，$U=\pi D$。实验证实，竖壁上凝结的液膜，当 $Re\geqslant1800$ 时，流动为紊流。对于管外凝结的水平管，则因管底流量为两侧液膜所形成，当 m 以每米管长计算时，应取 $Re=3600$ 作为紊流的判据。

应该注意，凝结换热计算时，先由式（2-60）求出换热系数 α 值，再求出膜层底部的液

膜流量 m。然后以 Re 数判别流态，如为层流，则所求的 α 值有效；如为紊流，则用式（2-63）求出紊流下的换热系数 α。

2.2.8.3 实际因素对凝结换热的影响

蒸气速度、流动方向、不凝性气体含量、表面粗糙度等也在一定程度上影响着凝结换热强度，但上述公式中都没有考虑。

（1）蒸气速度和流动方向。若流速与液膜流动方向相反，则液膜的流动受到阻滞而变厚，导致换热减弱；若与流动方向一致时，液膜变薄，易形成紊流，促使换热增强。实验证明，蒸气流速 $v_f < 10m/s$ 时影响不大，而 $v_f = 40 \sim 50m/s$ 时，换热系数会提高30%左右。当 $v_f = 70m/s$ 时，换热系数会增加40%。

（2）不凝性气体含量。若蒸气中含有空气，壁面附近将因蒸气凝结而使空气浓度增加，形成空气夹层。换热系数降低。实验证明，蒸气中空气的含量即使只有1%，换热系数也会下降一半，因此必须设法排除冷凝器设备中的不凝性气体。

（3）冷凝表面粗糙度。凝结表面粗糙，当凝结雷诺数 Re 较低时，凝液易于积存在壁面上，从而加厚了液膜，换热系数低于光滑壁。但有实验证明，当 $Re > 140$ 后，换热系数可高于光滑壁。

总之，凡有利于加速液膜厚度减薄的因素都能增强冷凝换热，反之，则使冷凝换热减弱。实践中往往在冷凝壁上开槽、加肋、或采用低频振动等方法来提高冷凝效率。

2.3 辐射换热

2.3.1 辐射换热的基本概念

关于辐射换热现象，有两种互相补充的学说，即波动说和微粒说。波动理论认为热辐射即为电磁波的一种，它与无线电波、光波等具有相同的物理本质，只是波长各不相同，而传播的方式与速度完全一样。波动说虽在很多方面能说明和解释热辐射的本质和特性，但对于“光电效应”以及光谱中辐射能的分布规律等则无法说明。20世纪初普朗克创立了量子理论。他认为各种辐射都是由一群能量微粒（或称“量子”）所组成，每种量子都有一定的振动频率，量子的能量与其振动频率成正比。发射物体的温度越高，量子的振动频率也越高。量子说从理论上推导出辐射能量沿波长的分布及其与温度的关系，使人们对辐射本质的认识更深入了一层。1923年法国物理学家德布罗意提出波粒二重性理论将两种学说统一了起来，认为一切辐射都同时具有波动性和微粒性。

按波动说的观点，各种辐射线都是具有不同波长的电磁辐射。电磁波按波长不同可分为X光波、紫外光波、可见光波、红外线光波和无线电波等，如图2-19所示。通常把波长0.1～100μm（$1\mu m = 10^{-6}m$）范围内的辐射线称为热射线，其中大部分能量位于红外线区中的0.7～25μm之间。热射线的传播过程称为热辐射。对于热辐射来说，温度是物体内部电子振动的基本原因，所以热辐射主要取决于温度。

2.3.2 辐射能的吸收、反射和透射

如图2-20所示，辐射能 Q 投射到一个均质物体上时，如同可见光线一样，可能发生如下三种情况：一部分被吸收 Q_a，一部分被反射 Q_r，一部分透过物体 Q_d。根据能量守恒则有

$$Q_a + Q_r + Q_d = Q$$

若等式两边同除以 Q，可得

$$a + r + d = 1$$

式中 a——物体的吸收率，$a = Q_a/Q$；

r——物体的反射率，$r = Q_r/Q$；

d——物体的透射率，$d = Q_d/Q$。

若 $a = 1$，则 $r = d = 0$，表明物体能全部吸收外来辐射，没有反射和透过。这样的物体称为“绝对黑体”，简称“黑体”。

若 $r = 1$，则 $a = d = 0$，表明物体能全部反射外来的热辐射，既不吸收也不透过。这样的物体称为“白体”。

若 $d = 1$，则 $a = r = 0$，表明物体能全部透过热辐射，既不吸收也不反射。这样的物体称为“透热体”。

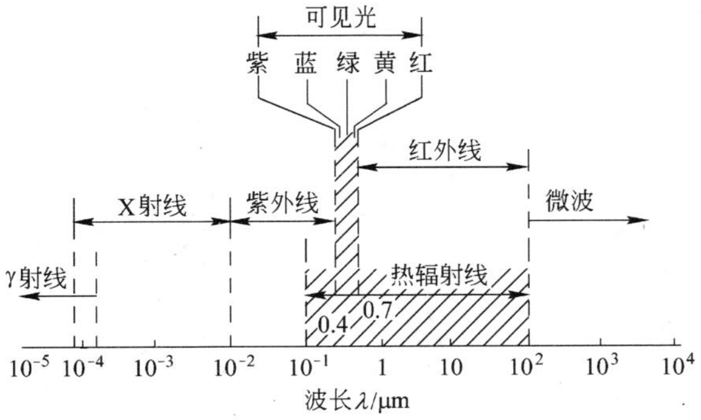

图 2-19 电磁波的波谱

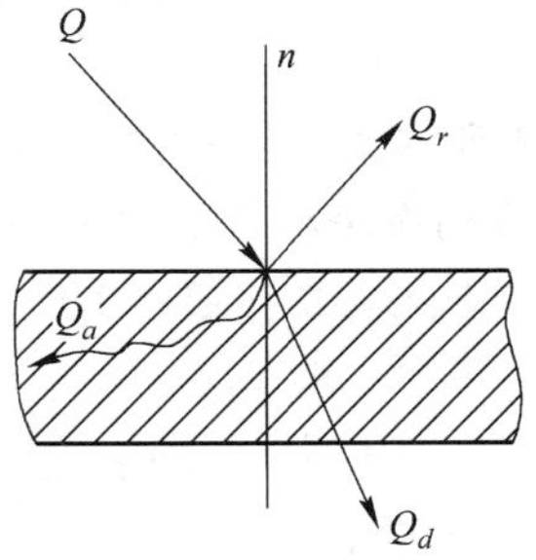

图 2-20 投射到物体上的辐射能分配

自然界中并不存在“黑体”、“白体”、“透热体”。液体和绝大部分固体对于热射线来说，实际就是不透热体，即 $d = 0$，或 $a + r = 1$。这表明凡是善于吸收的物体就不善于反射，善于反射的物体就不善于吸收。

黑体对研究热辐射具有重要意义。它可以用人工的方法制造出来，如图 2-21 所示。投射到小孔上的射线进入空腔后经多次反射和吸收，可以认为全部被吸收了。因此，空腔壁上的小孔具有黑体的特征，这是建立人工标准黑体的原理。

为了表达明确，凡属于黑体的一切物理量，都用下角码“b”标注。

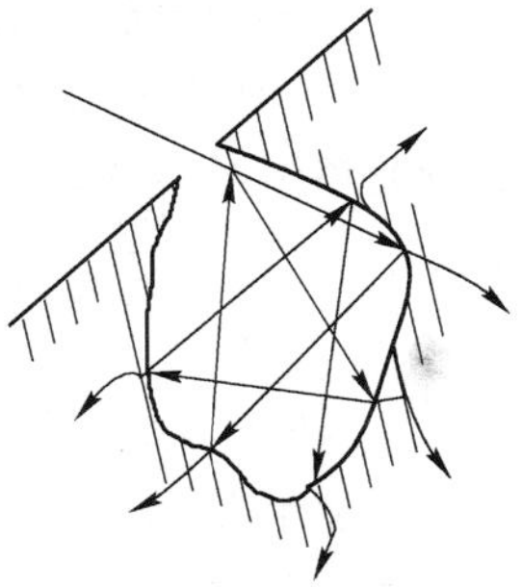

图 2-21 人工黑体模型

2.3.3 热辐射的基本定律

2.3.3.1 普朗克定律

在阐明普朗克定律之前，先说明两个基本概念。

A 辐射力（又称全辐射力）

物体每单位表面积在单位时间内向半球空间辐射出去的波长从 0 ~ ∞ 范围的总能量称为物体的辐射力，用符号 E 表示，单位是 W/m^2。黑体的辐射力用 E_b 表示。

B 单色辐射力

物体辐射能量按波长的分布是不均匀的，如果物体每单位表面积在单位时间内向半球空间辐射出去的波长从 $\lambda \sim \lambda + \Delta\lambda$ 这一波段范围内的辐射能量为 dE，则 dE 与波长间距 $d\lambda$ 的比值称为单色辐射力，用 E_λ 表示，即

$$E_\lambda = \frac{dE}{d\lambda}$$

它的单位是 W/m^3。黑体的单色辐射力用 $E_{b\lambda}$ 表示。

1900 年普朗克根据电磁波的量子理论，确立了黑体的单色辐射力 $E_{b\lambda}$ 与波长 λ、绝对温度 T 之间的关系为

$$E_{b\lambda}=\frac{C_1\lambda^{-5}}{e^{c_2/(\lambda T)}-1}\quad W/m^3 \tag{2-65}$$

式中 λ ——波长，m；

T ——辐射表面的绝对温度，K；

C_1——第一辐射常量，$3.7419\times10^{-16}W\cdot m^2$；

C_2——第二辐射常量，$1.4388\times10^{-2}m\cdot K$。

式（2-65）即普朗克定律，它揭示了黑体辐射力在不同温度下按波长分布的规律。

2.3.3.2 维恩定律

普朗克定律所揭示的关系 $E_{b\lambda}=f(\lambda,T)$，如图 2-22 所示。由图可知，当 $\lambda=0$ 及 $\lambda=\infty$ 时，$E_{b\lambda}=0$。对于任何温度 T，曲线 $E_{b\lambda}$ 有一高峰，并随温度的升高而向短波的方向移动。

对式（2-65）求极值，可得对应于 $E_{b\lambda}$ 为最大值的波长 λ_{max} 与温度 T 之间的关系，即维恩位移定律：

$$\lambda_{max}T\approx2.9\times10^{-3}m\cdot K \tag{2-66}$$

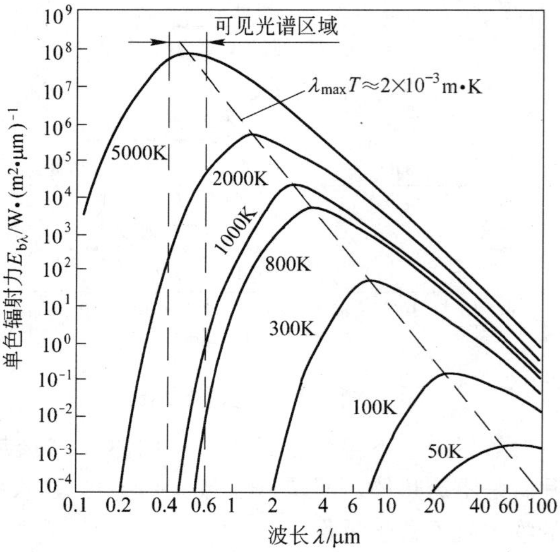

图 2-22 黑体的 $E_{b\lambda}$ 随 λ 和 T 的变化关系

2.3.3.3 斯蒂芬—玻耳兹曼定律

图 2-22 中曲线 $E_{b\lambda}=f(\lambda,T)$ 下的面积，就是该温度下黑体的辐射力 E_b，将式（2-65）的 $E_{b\lambda}$ 按波长从 0 ~ ∞ 进行积分得

$$E_b=\int_0^\infty E_{b\lambda}d\lambda=\int_0^\infty\frac{C_1\lambda^{-5}}{e^{\frac{c_2}{\lambda T}}-1}d\lambda=\sigma_bT^4\quad W/m^2 \tag{2-67}$$

式中，$\sigma_b=5.67\times10^{-8}W/(m^2\cdot K^4)$，称为黑体的辐射系数。

为了便于工程计算，式（2-67）常写成如下形式

$$E_b=C_b\left(\frac{T}{100}\right)^4\quad W/m^2 \tag{2-68}$$

式中，$C_b=5.67W/(m^2\cdot K^4)$ 称为黑体的辐射系数。

式（2-67）和式（2-68）是斯蒂芬－玻耳兹曼定律的数学表达式。它说明黑体的辐射力同它的绝对温度四次方成正比。故斯蒂芬－玻耳兹曼定律又称四次方定律。

实验证明，只有黑体才严格遵守四次方定律，实际物体的辐射力与四次方定律多少都有些偏差。为了方便运算，在传热计算中将实际物体的辐射力也表示成四次方定律的形式，并在黑度中考虑实际物体的辐射力与黑体辐射能力的偏差。

实际物体的辐射力与同温度下的黑体的辐射力的比值称为黑度，用 ε 表示，即

$$\varepsilon=\frac{E}{E_b} \tag{2-69}$$

这样，实际物体的辐射力就可以表示为

$$E=\varepsilon E_b=\varepsilon C_b\left(\frac{T}{100}\right)^4 \quad W/m^2 \tag{2-70}$$

实际物体的黑度 ε 均小于1，且不是一个常数，它与温度及表面状况有关。工程上常用材料的黑度由实验测定，常用材料黑度 ε 值可查附表9。

2.3.3.4 克希荷夫定律

克希荷夫定律确定了物体辐射力和吸收率之间的关系。它由两个平行平板相互辐射而得出。

如图2-23所示，已知黑体表面的吸收率等于1，任意表面的吸收率为 a，黑度为 ε。两平面的面积均等于 A 且彼此平行靠近，以致一个平面的辐射线能全部落在另一平面上。黑体表面投射到任意表面上的辐射能为 E_bA，被任意表面吸收的部分为 aE_bA，余下的部分 $E_bA(1-a)$ 反射回黑体表面被全部吸收。同时，任意表面投向黑体表面的辐射能为 EA，全部被黑体表面吸收。两表面辐射换热的结果，任意表面吸收的能量为 aE_bA，而失去的能量为 EA，两者的差额就是辐射换热量

$$Q=aE_bA-EA$$

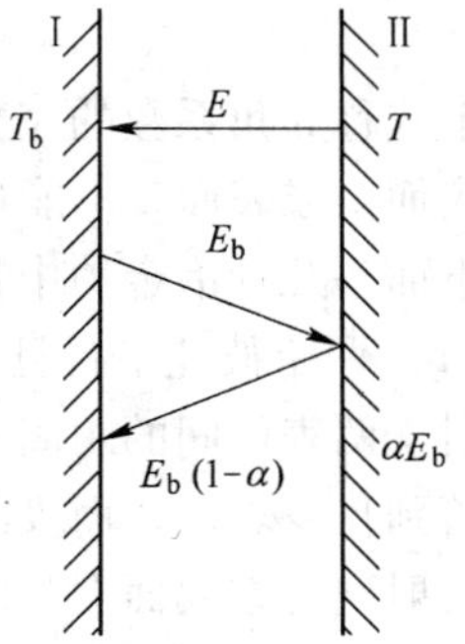

图2-23　克希荷夫定律的推导

若两表面的温度相等即 $T_b=T$，则两表面处于热辐射的动平衡状态，辐射换热量为零，则有

$$aE_b=E$$

由此得到

$$E_b=\frac{E}{a} \tag{2-71}$$

上式对任何物体都成立，则有

$$\frac{E_1}{a_1}=\frac{E_2}{a_2}=\cdots=E_b=f(T) \tag{2-72}$$

这就是克希荷夫定律的表达式。它说明任何物体的辐射力与其吸收率之比，恒等于同温度下的黑体的辐射力，并且只和温度有关，而与物体的本性无关。

把式（2-71）与式（2-69）相比，得

$$\varepsilon=a \tag{2-73}$$

上式表明，在平衡辐射条件下，物体的黑度与其吸收率相等。这是克希荷夫定律的另一表达式。

2.3.4 角系数

在计算两表面间的辐射热交换时，要求知道某表面投射到另一表面的辐射能占该投射表面总辐射能的百分比。即辐射面对受辐射面的角系数。设 A_1 面辐射出去的总能量为 E_1A_1，若其中投射到 A_2 面上的辐射能为 Q_{12}，则 A_1 面对 A_2 面的角系数为

$$\varphi_{1-2}=\frac{Q_{12}}{E_1A_1} \tag{1}$$

同理，A_2 面对 A_1 面的角系数为

$$\varphi_{2-1}=\frac{Q_{21}}{E_2A_2} \tag{2}$$

只要辐射表面服从余弦定律（余弦定律又称兰贝特定律：黑体单位面积辐射出去的能量在空间的不同方向分布是不均匀的，按空间维度角 θ 的余弦规律变化，在垂直于该表面的方向最大，而与表面平行的方向为零（具体推导见参考文献［4］））。通过理论推导，可得

$$A_1\varphi_{1-2}=A_2\varphi_{2-1} \tag{2-74}$$

上式称为互换性原理。

由几个表面所组成的封闭辐射系统，其中任一表面发射的能量必定按照不同的百分比全部投落到封闭系统内各个表面上。按能量守恒关系，可得

$$\varphi_{1-1}+\varphi_{1-2}+\varphi_{1-3}+\cdots\varphi_{1-n}=1 \tag{2-75}$$

上式称为角系数的完整性原理。当表面 1 或表面 2 为凸面或平面时，$\varphi_{1-1}=0$ 或 $\varphi_{2-2}=0$，亦即表面 1 或表面 2 不能自我投射。

下面举几种冶金炉中常见的情况，如图 2-24 所示。

（1）两个彼此平行且十分靠近的大平面如图 2-24a 所示，因彼此很靠近，表面的任一边尺寸相对于两表面间的距离来说都很大，按辐射线直线传播的原理，两表面向外辐射不可能都全部投落到自身表面，而投向第三表面的射线可以忽略不计，因此可以认为每一表面的辐射能都全部投射到对方表面上。由角系数的定义可以直接写出

$$\varphi_{1-2}=\varphi_{2-1}=1$$
$$\varphi_{1-1}=\varphi_{2-2}=0$$

（2）一个大凹面包围一个小凸面，如图 2-24b 所示。因为 A_1 为凸面不能自我投射，则

$$\varphi_{1-1}=0$$

按式（2-74），得

$$\varphi_{1-2}=1-\varphi_{1-1}=1$$

由互换性原理，得

$$\varphi_{2-1}=\frac{A_1}{A_2}\varphi_{1-2}=\frac{A_1}{A_2}$$

（3）两个表面围成的封闭系统，其中之一（A_1）不能自我投射，如图 2-24c 所示，即

$$\varphi_{1-1}=0$$
$$\varphi_{1-2}=1-\varphi_{1-1}=1$$

由互换性原理，得

$$\varphi_{2-1}=\frac{A_1}{A_2}\varphi_{1-2}=\frac{A_1}{A_2}$$

（4）两个相交的空心腔体，其交界面积为 f，如图 2-24d 所示。A_1 与 A_2 之间的相互辐射都必须首先通过 f，它们对 f 的角系数即为对另一表面的角系数，即

$$\varphi_{2-1}=\varphi_{2-f}$$
$$\varphi_{1-2}=\varphi_{1-f}$$

运用第（3）种情况的结果，可得

$$\varphi_{2-f}=\frac{f}{A_2}\quad 即\ \varphi_{2-1}=\frac{f}{A_2}$$

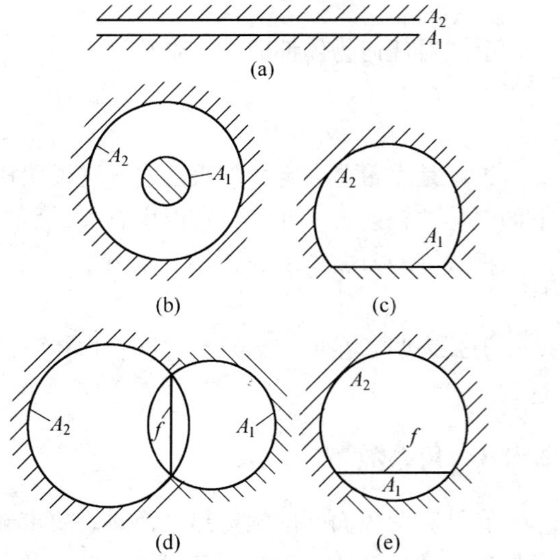

图 2-24　两表面组成的封闭体系
（a）两大相距很近的平行平面；
（b）大凹面包围一个小凸面；（c）两表面围成的封闭体系，其中之一为平面或凸面；（d）两个空腔体相交；
（e）两个任意曲面围成的封闭体系

$$\varphi_{1-f}=\frac{f}{A_1}\quad 即\ \varphi_{1-2}=\frac{f}{A_1}$$

（5）两个任意曲面围成一个空心封闭体，如图 2-24e 所示，它与图 2-24d 的情况类似

$$\varphi_{1-2}=\varphi_{1-f}=\frac{f}{A_1}$$

$$\varphi_{2-1}=\varphi_{2-f}=\frac{f}{A_2}$$

对比较复杂的系统，很多研究者进行过详细的研究和推导，其结果可从有关手册中查到。常见的两个平行平面以及彼此相交的两个平面（不是封闭体系）的角系数可分别由图 2-25 和图 2-26 查取。

2.3.5 物体表面间的辐射换热计算

在工业炉中遇到的表面辐射换热多属于由两表面构成的封闭体系。辐射换热的分析本节运用网络法，这种方法是基于热量传递与电量传递的类似性，把辐射换热系统比拟成等效电路，并借助电网络原理求出结果。

2.3.5.1 有效辐射

设有一个无透射能力、黑度为 ε 的物体 1，周围诸物体对该物体的投射辐射为 G。投射辐射中被物体 1 所吸收的部分 aG 称为吸收辐射，其余反射部分 rG 称为反射辐射。物体 1 的有效辐射 J 是指单位时间内由单位面积所射离的总能量，它等于其本身辐射（辐射力）和反射投射辐射 rG 之和，即

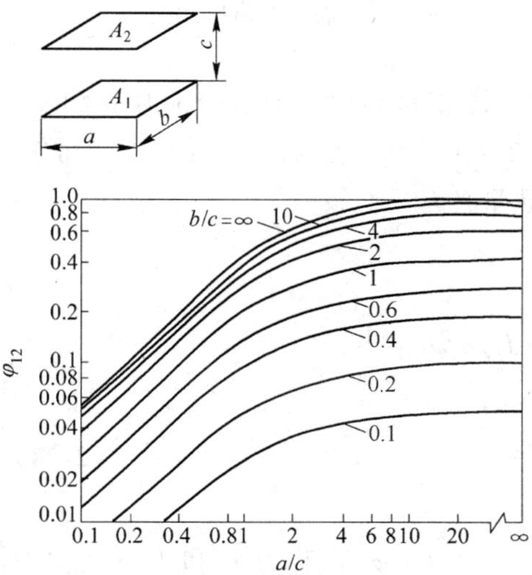

图 2-25 两平行平面间的角系数

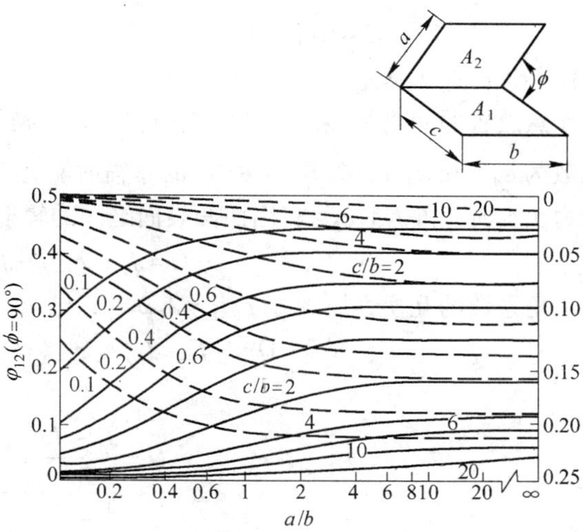

（实线为 ϕ=90°，虚线为 ϕ=120°）

图 2-26 两相交平面的角系数

$$J=E+rG=\varepsilon E_b+rG\quad \mathrm{W/m^2} \tag{2-76}$$

上述各量之间的关系如图 2-27 所示。

2.3.5.2 基本网络单元

A 表面网络单元

为使分析简化，认为参与辐射换热的物体表面的温度、投射辐射 G 和有效辐射 J 在整个表面上是均匀一致的。这样，因为透射率 $d=0$，故反射率 $r=1-a=1-\varepsilon$，代入式（2-76）得投

射辐射的表达式

$$G = \frac{J - \varepsilon E_b}{1 - \varepsilon} \quad \mathrm{W/m^2} \tag{1}$$

由图2-27可见，物体1失去的能量为面积乘以有效辐射J与投射辐射G之差，即

$$Q = (J - G)A \tag{2}$$

式（1）代入式（2）得

$$Q = \frac{E_b - J}{\dfrac{1 - \varepsilon}{\varepsilon A}} \tag{2-77}$$

式中，Q为辐射热流(W)；$E_b - J$为辐射势差；$(1-\varepsilon)/(\varepsilon A)$为表面辐射热阻。式（2-77）的网络单元如图2-28所示，称为表面热阻网络单元。任一进行辐射换热的物体表面都具有这种表面热阻。对于黑体，因$\varepsilon = 1$，故表面辐射热阻为零，因而$J = E_b$。

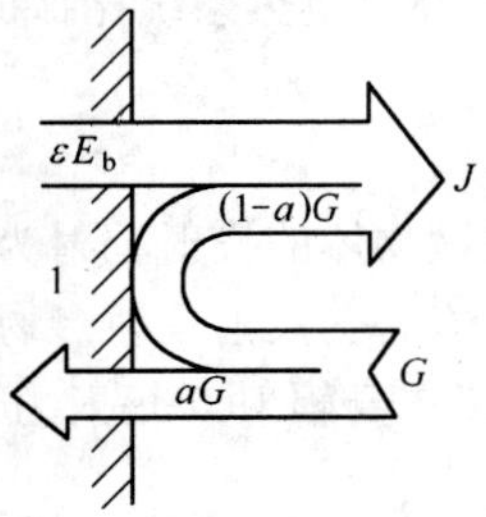

图2-27 有效辐射示意图

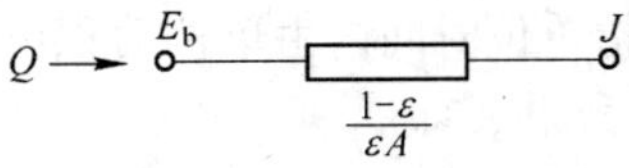

图2-28 表面网络单元

B 空间网络单元

任意放置的两物体表面在它们之间进行辐射换热时，其相互辐射的表面积分别为A_1和A_2，角系数为φ_{1-2}和φ_{2-1}；离开A_1和A_2的总辐射能为J_1A_1和J_2A_2，其中投落在A_2和A_1上的部分，分别为$J_1A_1\varphi_{1-2}$和$J_2A_2\varphi_{2-1}$，因而两表面之间的辐射换热量必为

$$Q = J_1A_1\varphi_{1-2} - J_2A_2\varphi_{2-1}$$

由角系数的互换性原理$A_1\varphi_{1-2} = A_2\varphi_{2-1}$，则

$$Q = (J_1 - J_2)A_1\varphi_{1-2} = (J_1 - J_2)A_2\varphi_{2-1}$$

或

$$Q = \frac{J_1 - J_2}{\dfrac{1}{A_1\varphi_{1-2}}} = \frac{J_1 - J_2}{\dfrac{1}{A_2\varphi_{2-1}}} \tag{2-78}$$

式中，$J_1 - J_2$为两表面的“有效辐射势差”；$1/(A_1\varphi_{1-2})$或$1/(A_2\varphi_{2-1})$称为J_1和J_2间的“空间辐射热阻”，仅与辐射表面的形状、大小、距离和相互位置等几何特征有关。表示式(2-78)的网络单元如图2-29所示，称为空间网络单元。

表面网络单元和空间网络单元反映了物体表面之间辐射换热网络法的要素。对于物体表面间的换热现象，只要把每个表面的表面辐射热阻和有效辐射之间的空间辐射热阻连接起来，就成为该辐射系统的网络图。

2.3.5.3 两个任意表面构成封闭体系时的辐射换热

假定表面1和2构成的封闭体系之间充满着透热介质，表面1和2的温度、黑度、面积分别为T_1、ε_1、A_1和T_2、ε_2、A_2，且$T_1 > T_2$。它们之间的辐射换热可以看成是由表面1的“表

面辐射过程”，表面 1 和 2 空间中的“传递辐射过程”以及表面 2 的“表面辐射过程”所组成，其中每一个“过程”都可用一个相应的网络单元来表示，如图 2-30 所示。

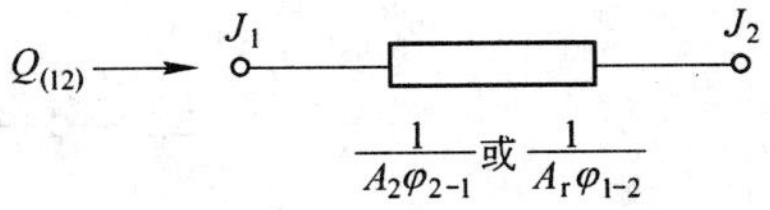

图 2-29 空间网络单元

网络图 2-30 相当于电流为 Q_{12}、电压降为（$E_{b1}-E_{b2}$）和电阻为$\left(\dfrac{1-\varepsilon_1}{\varepsilon_1 A_1}+\dfrac{1}{A_1\varphi_{1-2}}+\dfrac{1-\varepsilon_2}{\varepsilon_2 A_2}\right)$的等效电路，故表面 1 和 2 间的辐射换热量为

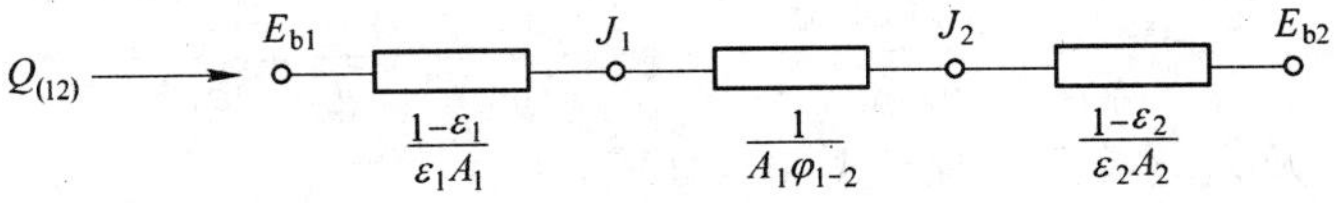

图 2-30 二灰体表面辐射系统的网络图

$$Q_{1-2}=\frac{E_{b1}-E_{b2}}{\dfrac{1-\varepsilon_1}{\varepsilon_1 A_1}+\dfrac{1}{A_1\varphi_{1-2}}+\dfrac{1-\varepsilon_2}{\varepsilon_2 A_2}}=\frac{C_b\left[\left(\dfrac{T_1}{100}\right)^4-\left(\dfrac{T_2}{100}\right)^4\right]}{\dfrac{1-\varepsilon_1}{\varepsilon_1 A_1}+\dfrac{1}{A_1\varphi_{1-2}}+\dfrac{1-\varepsilon_2}{\varepsilon_2 A_2}}\quad \text{W} \tag{2-79}$$

式中，分子为与物体表面温度相同的黑体表面的辐射力之差，分母为二物体表面辐射热阻和它们之间的空间辐射热阻之和。

2.3.5.4 两个相距很近的平行平面间的辐射换热

两平面相距很近彼此平行，它们的温度、黑度、面积分别为 T_1、ε_1、A_1 和 A_2、ε_2、A_2，且 $T_1>T_2$。两平行平面相互辐射的网络也如图 2-30 所示。此时，$A_1=A_2=A$，$\varphi_{1-2}=\varphi_{2-1}=1$，空间热阻为 $1/A_1=1/A_2$，代入式（2-79），得两平行面间的辐射换热量为

$$Q_{1-2}=\frac{C_b\left[\left(\dfrac{T_1}{100}\right)^4-\left(\dfrac{T_2}{100}\right)^4\right]A}{\dfrac{1-\varepsilon_1}{\varepsilon_1}+1+\dfrac{1-\varepsilon_2}{\varepsilon_2}}\quad \text{W} \tag{2-80}$$

2.3.5.5 两表面间有隔热板时的辐射换热

图 2-31 表示两块平行平板 1 和 2 中间放置一块隔热板 3 的辐射换热情况。平板 1 和 2 的温度、黑度、面积分别为 T_1、ε_1、A_1 和 T_2、ε_2、A_2；隔热板 3 的黑度和面积分别为 ε_3 和 A_3。对于这种换热体系，可以看成是由平板 1 的“表面辐射过程”，在平板 1 与隔热板 3 之间的空间中的“传递辐射过程”，朝向平板 1 的隔热板 3 的“表面辐射过程”，朝向平板 2 的隔热板 3 的“表面辐射过程”，在隔热板 3 与平板 2 之间空间中的“传递辐射过程”以及平板 2 的“表面辐射过程”所组成。体系网格如图 2-32 所示。

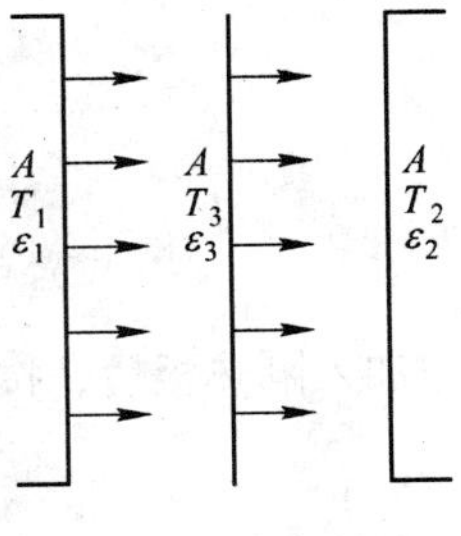

图 2-31 隔热板

该换热体系的辐射换热量 Q 为

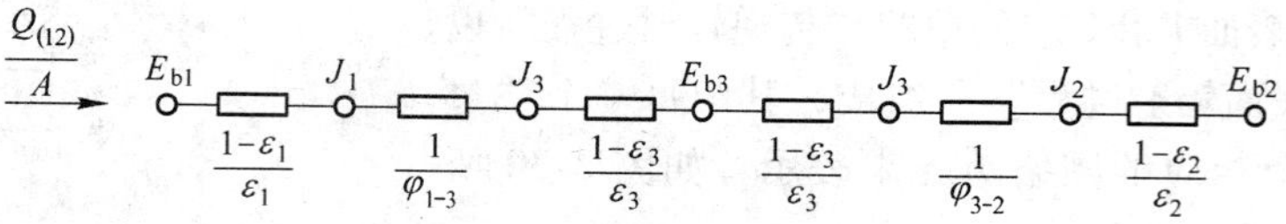

图 2-32　两块平行平板中间有隔热板时的辐射网络

$$Q_{1-2}=\frac{C_b\left[\left(\frac{T_1}{100}\right)^4-\left(\frac{T_2}{100}\right)^4\right]}{\frac{1-\varepsilon_1}{\varepsilon_1A_1}+\frac{1}{A_1\varphi_1}+\frac{1-\varepsilon_3}{\varepsilon_3A_3}+\frac{1-\varepsilon_3}{\varepsilon_3A_3}+\frac{1}{A_3\varphi_{3-2}}+\frac{1-\varepsilon_2}{\varepsilon_2A_2}}\quad \text{W} \tag{2-81}$$

当 $A_1=A_2=A_3$ 及 $\varepsilon_1=\varepsilon_2=\varepsilon_3$ 时，式（2-81）变成

$$Q'_{1-2}=\frac{1}{2}\frac{C_b\left[\left(\frac{T_1}{100}\right)^4-\left(\frac{T_2}{100}\right)^4\right]A}{\frac{1-\varepsilon_1}{\varepsilon_1}+1+\frac{1-\varepsilon_2}{\varepsilon_2}}\quad \text{W} \tag{2-82}$$

比较式（2-80）与式（2-82）可知，放置一块隔热板后的辐射换热量 Q_{1-2}，仅为无隔热板时换热 Q_{1-2}的1/2。同时可以证明，在 T_1 与 T_2 保持不变的情况下，隔热板增设至 n 块，换热量会减少到无隔热板时换热量的 $1/(n+1)$。

从图 2-32 可知，每增加一块隔热板，在网络中就增加一个空间热阻网络元和两个隔热板表面热阻网络元。因此，当放置 n 块隔热板时，网络中就增加 n 个空间热阻网络元，以及 $2n$ 个隔热板表面热阻网络元，这样，就可以画出放置 n 块隔热板时的辐射网络图，并进行辐射换热计算。

［例 2-7］　两平行大平壁间的辐射换热，平壁的黑度各为 0.5 和 0.8，如果中间加一块铝箔隔热板，黑度为 0.05，试计算辐射热减少的百分率。

［解］　在未加隔热板时，单位面积的辐射换热为

$$q_{1-2}=\frac{C_b\left[\left(\frac{T_1}{100}\right)^4-\left(\frac{T_2}{100}\right)^4\right]}{\frac{1-\varepsilon_1}{\varepsilon_1}+1+\frac{1-\varepsilon_2}{\varepsilon_2}}$$

$$=\frac{C_b\left[\left(\frac{T_1}{100}\right)^4-\left(\frac{T_2}{100}\right)^4\right]}{\frac{1-0.5}{0.5}+1+\frac{1-0.8}{0.8}}$$

$$=\frac{C_b\left[\left(\frac{T_1}{100}\right)^4-\left(\frac{T_2}{100}\right)^4\right]}{2.25}$$

加入隔热板后，按网络图 2-32 计算辐射热阻，各表面热阻（单位表面积）为

$$\frac{1-\varepsilon_1}{\varepsilon_1}=\frac{1-0.5}{0.5}=1$$

$$\frac{1-\varepsilon_2}{\varepsilon_2}=\frac{1-0.8}{0.8}=0.25$$

$$\frac{1-\varepsilon_3}{\varepsilon_3}=\frac{1-0.05}{0.05}=19$$

空间辐射热阻为$\frac{1}{A_1\varphi_{1-3}}=1$，$\frac{1}{A_3\varphi_{3-2}}=1$

辐射总热阻为 $1+2\times19+2\times1+0.25=41.25$

因此，加入隔热板后的辐射换热量为

$$q_{1-2}=\frac{C_b\left[\left(\frac{T_1}{100}\right)^4-\left(\frac{T_2}{100}\right)^4\right]}{41.25}$$

辐射热减少百分率为$\frac{41.25-2.25}{41.25}\times100\%=94.5\%$

2.3.5.6 三个表面构成封闭系统时辐射换热

图 2-33a 表示由三个表面构成的封闭辐射系统，各表面的温度、黑度、面积分别为 T_1、ε_1、A_1，T_2、ε_2、A_2 和 T_3、ε_3、A_3。

这三个表面都相互进行辐射、吸收和反射，它们两两之间的辐射换热网络，如图 2-33b 所示。在这种情况下，任一表面与其他两个表面间都同时进行辐射换热。例如 A_1 对 A_2 和 A_3 的辐射换热量各为

$$Q_{1-2}=\frac{J_1-J_2}{\frac{1}{A_1\varphi_{1-2}}}$$

$$Q_{1-3}=\frac{J_1-J_3}{\frac{1}{A_1\varphi_{1-3}}}$$

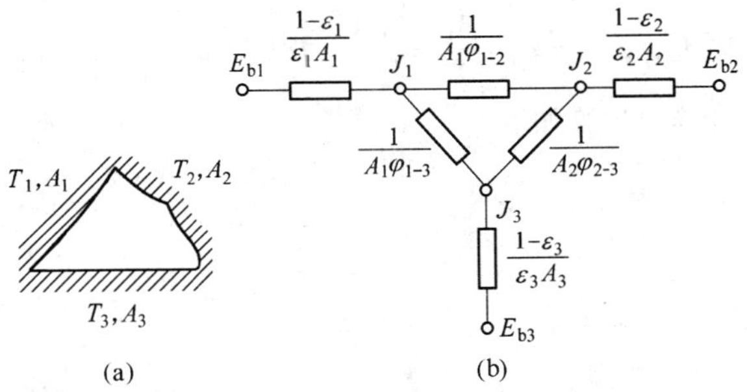

图 2-33 三定温灰体表面组成的辐射系统网络图

由基尔霍夫直流电路定律，即流入网络任一节点的电流之和为零。同样，在辐射网络中流入任一节点的热流量之和也为零。因此，对图 2-33 中的三个节点 J_1、J_2 和 J_3 可以分别列出三个节点方程式

$$\left.\begin{aligned}
&\text{对 } J_1 \text{ 节点：} && \frac{E_{b1}-J_1}{\frac{1-\varepsilon_1}{\varepsilon_1A_1}}+\frac{J_3-J_1}{\frac{1}{A_1\varphi_{1-3}}}+\frac{J_2-J_1}{\frac{1}{A_1\varphi_{1-2}}}=0\\
&\text{对 } J_2 \text{ 节点：} && \frac{J_1-J_2}{\frac{1}{A_1\varphi_{1-2}}}+\frac{E_{b2}-J_2}{\frac{1-\varepsilon_2}{\varepsilon_2A_2}}+\frac{J_3-J_2}{\frac{1}{A_2\varphi_{2-3}}}=0\\
&\text{对 } J_3 \text{ 节点：} && \frac{J_1-J_3}{\frac{1}{A_1\varphi_{1-3}}}+\frac{J_2-J_3}{\frac{1}{A_2\varphi_{2-3}}}+\frac{E_{b3}-J_3}{\frac{1-\varepsilon_3}{\varepsilon_3A_3}}=0
\end{aligned}\right\}\tag{2-83}$$

由式（2-83）可以解出有效辐射 J_1、J_2 及 J_3，从而求得 Q_{1-2}和 Q_{1-3}。

上述 A_1、A_2 和 A_3 所构成的三表面辐射系统中，有时会遇到 A_1 和 A_2 间相互进行辐射换热，而 A_3 却为绝热或处于辐射平衡中的表面，也即它从其他两个表面吸收的热量又重新全部辐射出去，因而 $Q_{3-1}+Q_{3-2}=0$。通常称这类表面为重辐射表面。重辐射表面与其他表面间的净辐射换热量的总和虽然为零，但它的存在却会影响其他表面间的辐射换热。

［例 2-8］ 有一由炉顶隔焰加热熔锌炉，炉顶被煤气燃烧加热到 900℃，熔池液态锌温度

保持600℃，炉膛空间高0.5m。炉顶为碳化硅砌成，其面积为A_1并与熔池的面积A_2相等，即$A_1=A_2=1\times3.8\text{m}^2$，碳化硅砖在900℃下的黑度$\varepsilon_1=0.85$。熔锌表面黑度$\varepsilon_2=0.2$，设炉墙的隔热材料保温良好，可忽略其向外热损失。求在稳定热态下炉顶与炉墙向熔池的辐射热流及炉膛内表面温度。

[解] 炉顶、炉壁与熔池表面的辐射换热网络如图2-33所示。因忽略炉壁散热损失，则可将其视为绝热壁，即投落到炉壁表面A_3的辐射能又全部返回炉内，也就是炉壁表面的净热流量为零，即表面辐射热阻$\dfrac{1-\varepsilon_3}{\varepsilon_3A_3}=0$。这时

$$J_3=E_{b3}$$

A_1、A_2与A_3构成一封闭体系。A_1与A_2两平行表面的几何特性已知为$\dfrac{b}{c}=\dfrac{1.0}{0.5}=2.0$，$\dfrac{a}{c}=\dfrac{3.8}{0.5}=7.6$，由图2-25查得$\varphi_{1-2}=0.55$，$\varphi_{1-3}=1-\varphi_{1-2}-\varphi_{1-1}=1-0.55-0=0.45$；按相互性原理，$\varphi_{2-1}=\varphi_{1-2}\dfrac{A_1}{A_2}=\varphi_{1-2}=0.55$，$\varphi_{2-3}=1-\varphi_{2-1}-\varphi_{2-2}=1-0.55-0=0.45$，网络图2-33中各参数计算如下

$$\frac{1-\varepsilon_1}{\varepsilon_1A_1}=\frac{1-0.85}{0.85\times3.8}=0.0464\text{m}^{-2}$$

$$\frac{1-\varepsilon_2}{\varepsilon_2A_2}=\frac{1-0.2}{0.2\times3.8}=1.05\text{m}^{-2}$$

$$\frac{1}{A_1\varphi_{1-2}}=\frac{1}{3.8\times0.55}=0.478\text{m}^{-2}$$

$$\frac{1}{A_1\varphi_{1-3}}=\frac{1}{3.8\times0.45}=0.585\text{m}^{-2}$$

$$\frac{1}{A_2\varphi_{2-3}}=\frac{1}{3.8\times0.45}==0.585\text{m}^{-2}$$

$$E_{b1}=5.675\left(\frac{T_1}{100}\right)^4=5.675\left(\frac{900+273}{100}\right)^4=107438\text{W/m}^2$$

$$E_{b2}=5.675\left(\frac{T_2}{100}\right)^4=5.675\left(\frac{600+273}{100}\right)^4=32963\text{W/m}^2$$

$$E_{b3}=5.675\left(\frac{T_3}{100}\right)^4$$

列节点方程

对节点J_1：
$$\frac{E_{b1}-J_1}{\dfrac{1-\varepsilon_1}{\varepsilon_1A_1}}+\frac{J_2-J_1}{\dfrac{1}{A_1\varphi_{1-2}}}+\frac{E_{b3}-J_1}{\dfrac{1}{A_1\varphi_{1-3}}}=0$$

对节点J_2：
$$\frac{J_1-J_2}{\dfrac{1}{A_1\varphi_{1-2}}}+\frac{E_{b2}-J_2}{\dfrac{1-\varepsilon_2}{\varepsilon_2A_2}}+\frac{E_{b3}-J_3}{\dfrac{1}{A_2\varphi_{2-3}}}=0$$

对节点J_3：
$$\frac{J_1-E_{b3}}{\dfrac{1}{A_1\varphi_{1-3}}}+\frac{J_2-E_{b3}}{\dfrac{1}{A_2\varphi_{2-3}}}=0$$

代入已知值整理得到

$$\left.\begin{aligned}-25.4J_1+2.09J_2+1.71E_{b3}&=-2315474\\2.09J_1-4.752J_2+1.71E_{b3}&=-31393\\J_1+J_2-2E_{b2}&=0\end{aligned}\right\}$$

解线性方程，得

$$\left.\begin{aligned}J_1&=104756\mathrm{W/m^2}\\J_2&=87078\mathrm{W/m^2}\\J_3=E_{b3}&=95917\mathrm{W/m^2}\end{aligned}\right\}$$

熔池得到的热量，即为 A_1 向 A_2 辐射热量 Q_{1-2} 与 A_3 向 A_2 辐射热量 Q_{3-2} 之和

$$Q_{1-2}=\frac{J_1-J_2}{\dfrac{1}{A_1\varphi_{1-2}}}=\frac{104756-87078}{0.478}=36983\mathrm{W}$$

$$Q_{3-2}=\frac{E_{b3}-J_2}{\dfrac{1}{A_2\varphi_{2-3}}}=\frac{95917-87078}{0.585}=15109\mathrm{W}$$

$$Q'_2=Q_{1-2}+Q_{3-2}=36983+15109=52092\mathrm{W}$$

根据 $E_{b3}=95917\mathrm{W/m^2}$ 即可求出 T_3

$$E_{b3}=5.67\left(\frac{T_3}{100}\right)^4=95917\mathrm{W/m^2}$$

得

$$T_3=1140\mathrm{K}\ 或\ t_3=867℃$$

2.3.6 气体辐射

2.3.6.1 气体辐射的特点

气体辐射与固体相比，有以下三个特点：

（1）不同成分气体的辐射与吸收能力相差很大。如单原子气体、对称二原子气体（N_2、O_2、H_2）可认为是透热体，即不辐射也不吸收能量；三原子和多原子气体（如 CO_2、H_2O、SO_2）则有相当大的辐射和吸收能力。

（2）选择性辐射和吸收。固体辐射为连续光谱，即能辐射和吸收 0 ~ ∞ 各种波长的能量，而气体按其种类和温度只能辐射和吸收一定波长范围的能量，这一特定波长范围称为光带，对于该波段范围以外的热射线则不能辐射和吸收。图 2-34 表示黑体、灰体以及气体的辐射和吸收光谱。表 2-11 表示二氧化碳和水蒸气的三个主要辐射波段。

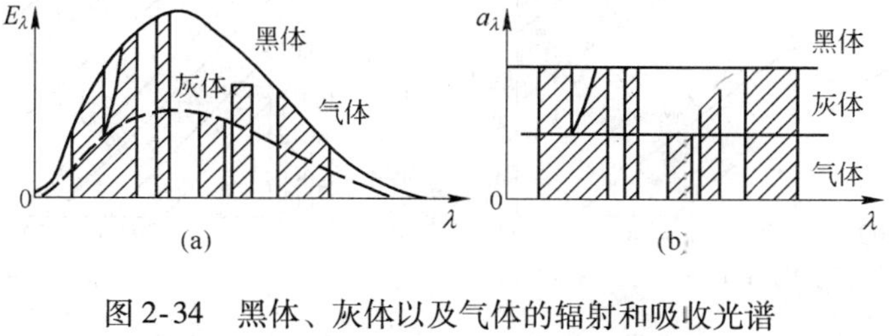

图 2-34 黑体、灰体以及气体的辐射和吸收光谱
（a）辐射光谱；（b）吸收光谱

（3）体积辐射与吸收。固体和液体的辐射只是在表面以下不超过 0.1mm 的薄层内进行，故称表层辐射，而气体辐射则在整个体积内进行。辐射线穿透整个体积时逐渐被吸收而减弱，

减弱的速率取决于射线在穿透中碰到的分子数目多少，即与射线所经历的路线长度、气体分压和温度有关。

表 2-11 二氧化碳和水蒸气的主要辐射波段

波段序号	CO_2		H_2O	
	$\lambda_1 \sim \lambda_2/\mu m$	$\Delta\lambda/\mu m$	$\lambda_1 \sim \lambda_2/\mu m$	$\Delta\lambda/\mu m$
1	2. 64 ~ 2. 84	0. 2	2. 55 ~ 2. 84	0. 29
2	4. 13 ~ 4. 49	0. 36	5. 6 ~ 7. 6	2. 0
3	13. 0 ~ 17. 0	4. 0	12. 0 ~ 25. 0	13. 0

2.3.6.2 气体的黑度

如同固体一样，气体的黑度定义为气体的辐射力与同温度的辐射力之比，即 $\varepsilon_g = E_g/E_b$。为了方便起见，在工程中气体的辐射力仍采用四次方定律，并引入黑度 ε_g，则气体辐射力可表示为

$$E_g = \varepsilon_g C_b \left(\frac{T_g}{100}\right)^4 \quad W/m^2$$

由实验可知，气体黑度 ε_g 是气体分压 p 和射线平均行程 L 的乘积 pL 及气体温度 T_g 的函数，即

$$\varepsilon_g = f(T_g, pL)$$

利用试验得出的线图 2-35 和图 2-36 可以分别查得 ε_{CO_2} 和 ε_{H_2O}。对于水蒸气来说，由于分压 p 对黑度 ε_{H_2O} 的影响比平均行程 L 对黑度的影响更大些，所以用乘积 pL 所查得的水蒸气黑度 ε_{H_2O} 须加以修正，修正系数 β 可从图 2-38 查得。

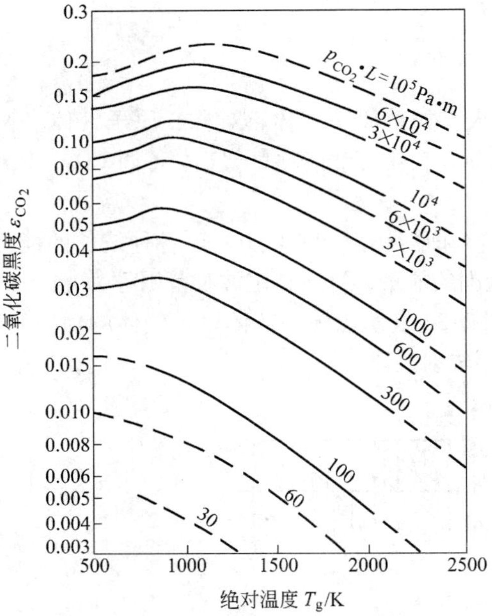

图 2-35 二氧化碳黑度 $\varepsilon_{CO_2} = f(T_g, pL)$ 图

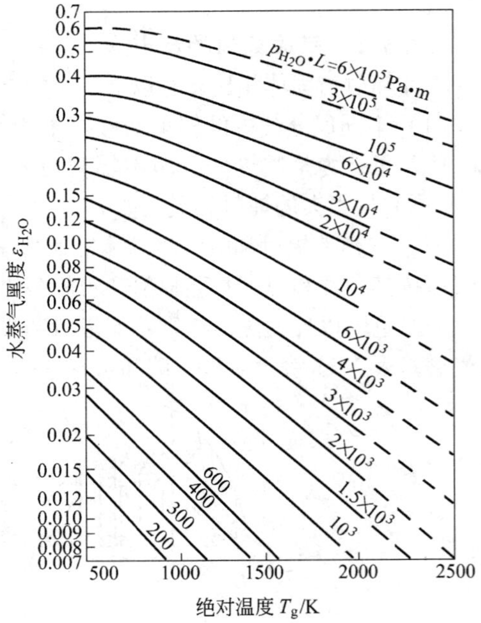

图 2-36 水蒸气黑度 $\varepsilon_{H_2O} = f(T_g, pL)$ 图

冶金炉烟气中，具有辐射和吸收能力的气体主要是 CO_2、H_2O（汽）、SO_2（ε_{SO_2} 见图 2-37），而其他多原子气体含量很少可不予以考虑，此时气体总黑度为

$$\varepsilon_g = \beta\varepsilon_{H_2O} + \varepsilon_{CO_2} + \varepsilon_{SO_2} - \Delta\varepsilon \tag{2-84}$$

式中，$\Delta\varepsilon$ 是考虑到 CO_2 和 H_2O 的吸收光带有部分是重叠的，即两种气体并存时，CO_2 所辐射的能量有部分被 H_2O（汽）所吸收，而 H_2O（汽）辐射的能量也部分地被 CO_2 所吸收，这样就使烟气的总辐射能量比单种气体分别辐射时的总能量要少些，因此上式中要减去 $\Delta\varepsilon$。但 $\Delta\varepsilon$ 值通常很小可以忽略不计，式（2-84）就可以改写成

$$\varepsilon_g = \beta\varepsilon_{H_2O} + \varepsilon_{CO_2} + \varepsilon_{SO_2} \tag{2-85}$$

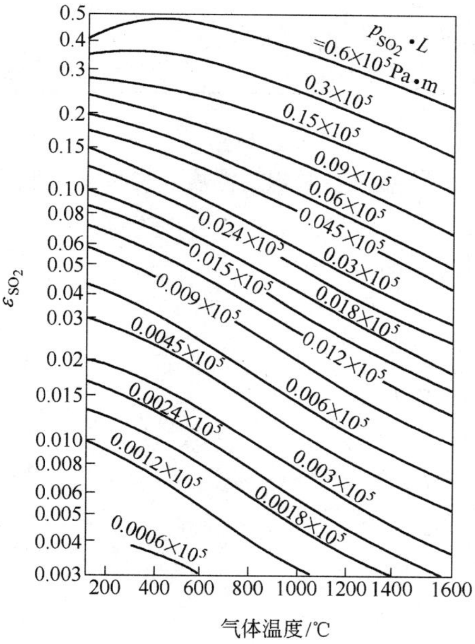

图 2-37　二氧化硫黑度 $\varepsilon_{SO_2}=f(T_g, pL)$

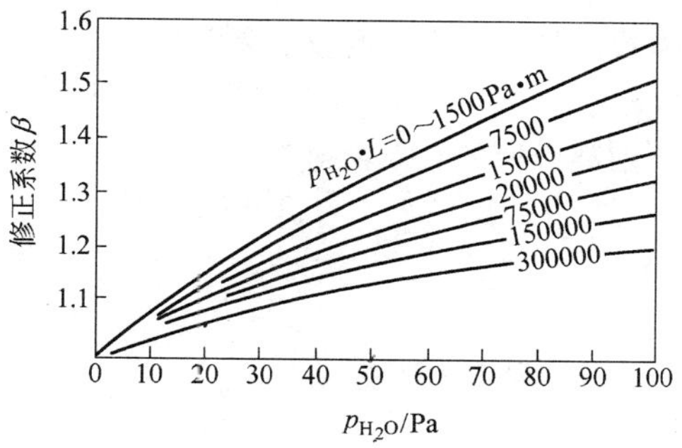

图 2-38　水蒸气分压力 p_{H_2O} 影响的修正系数 β

2.3.6.3　火焰辐射

实际上，高温炉内烟气或火焰中除含有辐射气体分子外，还或多或少地含有悬浮的固体微粒（如灰尘、炭黑以及油或煤燃烧出现的焦粒等）。这些固体微粒的存在不仅增大了气体的辐射与吸收能力，而且改变了纯净气体辐射的特性，使原来典型的选择性辐射或吸收，过渡到近乎固体的连续性辐射与吸收。随着微粒含量的增加，火焰黑度增大，并且短波辐射（可见光）增强，使本来呈淡蓝色或无色的纯净气体辐射变成有光亮轮廓的火炬，称为亮焰或辉焰。由于影响火焰黑度的因素很复杂，工程上采用经验公式来确定火焰黑度

$$\varepsilon_{焰} = \varphi(\varepsilon_{CO_2} + \beta\varepsilon_{H_2O} + \cdots) \tag{2-86}$$

式中，φ 为考虑火焰中悬浮微粒附加辐射的系数，一般气体燃料无焰燃烧时 $\varphi=1$，重油火焰 $\varphi=1.30$，天然气火焰 $\varphi=1.10\sim1.25$，煤粉火焰 $\varphi=1.30$。

在确定 ε_g 时，涉及到气体容积的射线平均行程 L，对各种不同形状的气体容积，射线的平均行程可查表 2-12 或按下式计算

$$L = 0.9\frac{4V}{A} = 3.6\frac{V}{A} \tag{2-87}$$

式中　L——长度，m；

V——气体所占容积，m^3；

A——周围壁表面积，m^2。

表 2-12 在某些特殊形状空间中射线平均行程长度 L

空间形状	L	空间形状	L
直径为 D 的球，对球表面的辐射	$0.60D$	直径与高均为 D 的正圆柱，对底全表面的辐射	$0.60D$
直径为 D 的长圆柱，对侧表面的辐射	$0.90D$	边长为 a 的正方体，对每个侧面的辐射	$0.60a$
直径为 D 的长圆柱，对底面中心的辐射	$0.90D$	厚度为 δ 的气体薄层，对其表面的辐射	1.8δ
直径与高均为 D 的正圆柱，对底面中心的辐射	$0.77D$	外径为 d，横向节距与纵向节距为 S_1 与 S_2 的光滑管束	$0.9d\left(\frac{4S_1S_2}{\pi d^2}-1\right)$

2.3.6.4 气体与围壁间的辐射换热

设温度与成分均匀的气体或火焰充满容器或通道，器壁内表面积、温度、黑度、吸收率分别为 A_2、T_2、ε_2、a_2，气体或火焰的温度、黑度、吸收率分别为 T_1、ε_1、a_1。

因气体无反射能力，故有效辐射就等于自身辐射力，即

$$J_1 = E_1 \tag{1}$$

投落到围壁表面的投射辐射为

$$G = J_1 + J_2\varphi_{2-2}(1-a_1) \tag{2}$$

射离围壁的有效辐射为

$$J_2 = E_2 + J_2\varphi_{2-2}(1-a_1)(1-a_2) + E_1(1-a_2)$$

$$J_2 = \frac{E_2 + E_1(1-a_2)}{1-(1-a_1)(1-a_2)} \tag{3}$$

围壁获得的净热量为

$$Q_2 = (G - J_2)A_2 \tag{4}$$

将式（1）、式（2）、式（3）代入式（4），并注意到 $\varphi_{2-2}=1$ 及 $a_2=\varepsilon_2$，经整理得

$$Q_2 = \frac{C_b\left[\frac{\varepsilon_1}{a_1}\left(\frac{T_1}{100}\right)^4 - \left(\frac{T_2}{100}\right)^4\right]A_2}{\frac{1}{\varepsilon_2}+\frac{1}{a_1}-1} \tag{2-88}$$

当气体或火焰与壁面温度相差不太大时，可粗略认为 $\varepsilon \approx a$，于是式（2-88）简化为

$$Q_2 = \frac{C_b\left[\left(\frac{T_1}{100}\right)^4 - \left(\frac{T_2}{100}\right)^4\right]A_2}{\frac{1}{\varepsilon_2}+\frac{1}{\varepsilon_1}-1} \tag{2-89}$$

上式与两平行表面组成封闭体系时的辐射换热量公式（2-80）完全相同。

[例 2-9] 在常压下流过换热器圆筒形通道的烟气，其进出口温度分别为 $t_1'=1000℃$，$t_1''=780℃$，烟气成分为 $\varphi(CO_2)=8\%$，$\varphi(H_2O)=10\%$；通道表面进出口温度为 $t_2'=625℃$ 及 $t_2''=575℃$，通道直径 $d=0.6m$，内表面黑度 $\varepsilon_2=0.8$。求烟气对壁的辐射换热速率。

[解] 将换热器通道近似地视为无限长圆筒，按表 2-12 查得射线平均行程为

$$L = 0.9d = 0.9\times0.6 = 0.54m$$

因 $1atm = 1.013\times10^5Pa$，故

$$p_{CO_2}\cdot L = 1.013\times10^5\times0.08\times0.54 = 0.44\times10^4 Pa\cdot m$$

$$p_{H_2O}\cdot L = 1.013\times10^5\times0.1\times0.54 = 0.55\times10^4 Pa\cdot m$$

烟气在通道内的平均温度为

$$t=\frac{1}{2}(t'_1+t''_1)=\frac{1}{2}(1000+780)=890℃$$

由图2-35～图2-37分别查得在890℃下烟气各组分的黑度及β为

$$\varepsilon_{CO_2}=0.08;\ \varepsilon_{H_2O}=0.07;\ \beta=1.08$$

不考虑烟气中灰分的影响，则烟气黑度为

$$\varepsilon=\varepsilon_{CO_2}+\beta\varepsilon_{H_2O}=0.08+1.08\times0.07=0.156$$

壁面平均温度为

$$t_2=\frac{1}{2}(t'_1+t''_2)=\frac{1}{2}(625+575)=600℃$$

根据克希荷夫定律导出的条件，可以认为

$$a_1=\varepsilon_1$$

用与上面同样的步骤查图得

$$\varepsilon_1=0.090+1.08\times0.1=0.198$$

代入式（2-88），得

$$Q_2=\frac{5.675}{\frac{1}{\varepsilon_2}+\frac{1}{a_1}-1}\left[\frac{\varepsilon_1}{a_1}\left(\frac{T_1}{100}\right)^4-\left(\frac{T_2}{100}\right)^4\right]A_2$$

$$=\frac{5.675}{\frac{1}{0.8}+\frac{1}{0.198}-1}\left[\frac{0.156}{0.198}\left(\frac{890+273}{100}\right)^4-\left(\frac{600+273}{100}\right)^4\right]\times1$$

$$=9213\text{W/m}^2$$

按简化式（2-89），则

$$Q_2=\frac{5.675}{\frac{1}{0.8}+\frac{1}{0.156}-1}\left[\frac{0.156}{0.198}\left(\frac{890+273}{100}\right)^4-\left(\frac{600+273}{100}\right)^4\right]\times1$$

$$=10639\text{W/m}^2$$

与前一结果比较，简化公式的计算值高出15.5%。

2.4　稳态综合换热

实际传热过程很少是单一的传热方式，而往往是两种或三种基本传热方式同时发生。如一般气体与表面间的传热及火焰炉内火焰与物料表面间的传热，通常是对流与辐射两种传热方式；工业换热器中高温流体与低温流体间的传热，则是三种传热方式同时发生，这些实际传热问题通常称为综合传热。传热过程中所传递的热量由以下传热方程确定：

$$Q=KA(t_1-t_2)$$

其中传热系数K及温差的确定是关键。本节将对不同的情况下的综合换热情况进行讨论。

2.4.1　气体与壁面间的换热

一般换热装置中气体与壁面间的传热通常是辐射与对流作用同时存在。在这种情况下，总的传热量等于辐射传热量与对流传热量之和，即

$$Q=Q_c+Q_r \tag{1}$$

对流换热量为

$$Q_c = \alpha_c(t_g - t_w)A \tag{2}$$

气体与通道壁表面间的辐射传热量为

$$Q_r = \alpha_r(t_g - t_w)A \tag{3}$$

将式（2）及式（3）代入式（1），整理后得

$$Q = \alpha_\Sigma(t_g - t_w)A \tag{2-90}$$

式中，$\alpha_\Sigma = \alpha_c + \alpha_r$，称为气体对表面的总换热系数。

对流换热系数 α_c 可根据对流的具体条件，按对流换热中相应公式计算。对于气体与通道壁面间的辐射换热系数 α_r 可按下式计算

$$\alpha_r = \frac{C_b}{\dfrac{1}{\alpha_g} + \dfrac{1}{\varepsilon_g} - 1} \cdot \frac{\left[\dfrac{\varepsilon_g}{\alpha_g}\left(\dfrac{T_g}{100}\right)^4 - \left(\dfrac{T_w}{100}\right)^4\right]}{t_g - t_w} \tag{2-91}$$

2.4.2 通过间壁的换热

火焰炉炉壁向外散热，隔焰炉以及各种换热器内的传热，都是由某种介质通过一间壁传热给另一介质。工程中这种传热情况十分普遍。

2.4.2.1 通过平壁传热

已知平壁两边流体的温度分别为 t_{f1} 及 t_{f2}，平壁厚度为 δ，其平均热导率为 λ，设平壁两边表面的温度分别为 t_{w1} 及 t_{w2}，两边流体与壁表面间的总换热系数分别为 $\alpha_{\Sigma1}$ 与 $\alpha_{\Sigma2}$，如图 2-39 所示。在这种条件下，传热过程是高温流体以辐射和对流的方式向壁面“1”传热，壁面“1”以传导方式向壁面“2”导热，壁面“2”再以对流及辐射的方式传热给低温流体。根据前面介绍过的公式，可分别写出各段的传热速率：

$$q_1 = \alpha_{\Sigma1}(t_{f1} - t_{w1}) = \frac{t_{f1} - t_{w1}}{1/\alpha_{\Sigma1}} \tag{1}$$

$$q_2 = \frac{\lambda}{\delta}(t_{w1} - t_{w2}) = \frac{t_{w1} - t_{w2}}{\delta/\lambda} \tag{2}$$

$$q_3 = \alpha_{\Sigma2}(t_{w2} - t_{f2}) = \frac{t_{w2} - t_{f2}}{1/\alpha_{\Sigma2}} \tag{3}$$

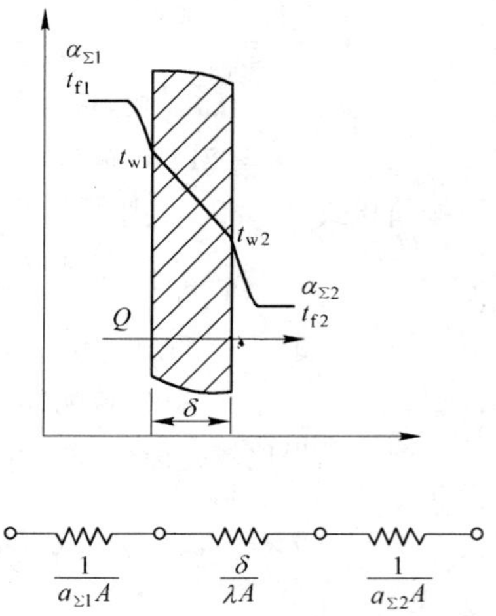

图 2-39 通过平壁的传热

稳定热态下，$q_1 = q_2 = q_3 = q$，则可求得：

$$q = \frac{t_{f1} - t_{f2}}{\dfrac{1}{\alpha_{\Sigma1}} + \dfrac{\delta}{\lambda} + \dfrac{1}{\alpha_{\Sigma2}}} \quad \text{W/m}^2 \tag{2-92}$$

或写成

$$Q = K\Delta tA \quad \text{W} \tag{2-93}$$

式中

$$K = \frac{1}{\dfrac{1}{\alpha_{\Sigma1}} + \dfrac{\delta}{\lambda} + \dfrac{1}{\alpha_{\Sigma2}}} \quad \text{W/(m}^2 \cdot ℃) \tag{2-94}$$

称为“传热系数”。单位面积的传热热阻为

$$R=\frac{1}{K}=\frac{1}{\alpha_{\Sigma1}}+\frac{\delta}{\lambda}+\frac{1}{\alpha_{\Sigma2}}\quad \mathrm{m^2\cdot ℃/W} \tag{2-95}$$

从传热热阻的组成可以看出，这种条件下的传热可视为三段传递过程的串联，其传热热阻与串联电路类似，即总热阻为各段热阻之和。据此，可直接写出通过多层平壁传热公式，即

$$Q=\frac{(t_{f1}-t_{f2})A}{\dfrac{1}{\alpha_{\Sigma1}}+\dfrac{\delta_1}{\lambda_1}+\dfrac{\delta_2}{\lambda_2}+\cdots+\dfrac{\delta_n}{\lambda_n}+\dfrac{1}{\alpha_{\Sigma2}}}\quad \mathrm{W} \tag{2-96}$$

2.4.2.2　通过圆筒壁的传热

圆筒壁的传热过程与平壁相同，不同之处在于圆筒壁导热面积沿热流方向而变，故稳定热态下导热速率也随热流方向变化，故通常只计算单位长度内的总热流，用 Q_L 表示，见图2-40。

设流体与内筒壁间的总换热系数为 $\alpha_{\Sigma1}$，则给热量为

$$Q_1=\alpha_{\Sigma1}(t_{f1}-t_{w1})A_1=\frac{(t_{f1}-t_{w1})}{\dfrac{1}{\alpha_{\Sigma1}A_1}} \tag{1}$$

筒壁本身的导热热流

$$Q_2=\frac{2\pi\lambda L(t_{w1}-t_{w2})}{\ln\dfrac{r_2}{r_1}}=\frac{(t_{w1}-t_{w2})}{\dfrac{1}{2\pi\lambda L}\ln\dfrac{r_2}{r_1}} \tag{2}$$

设外壁与流体间的总换热系数为 $\alpha_{\Sigma2}$，则换热量为

$$Q_3=\alpha_{\Sigma2}(t_{w1}-t_{f2})A_2=\frac{(t_{w2}-t_{f2})}{\dfrac{1}{\alpha_{\Sigma2}A_2}} \tag{3}$$

稳定热态时，$Q_1=Q_2=Q_3=Q$，按比例定律，得

$$Q=\frac{(t_{f1}-t_{f2})}{\dfrac{1}{\alpha_{\Sigma1}A_1}+\dfrac{1}{2\pi\lambda L}\ln\dfrac{r_2}{r_1}+\dfrac{1}{\alpha_{\Sigma2}A_2}}\quad \mathrm{W} \tag{2-97}$$

将式（2-97）改写为传热通式的形式

$$\left.\begin{aligned}Q=K_1(t_{f1}-t_{f2})A_1\\ Q=K_2(t_{f1}-t_{f2})A_2\end{aligned}\right\}\quad \mathrm{W} \tag{2-98}$$

式中

$$K_1=\frac{1}{\dfrac{1}{\alpha_{\Sigma1}}+\dfrac{A_1}{2\pi\lambda L}\ln\dfrac{r_2}{r_1}+\dfrac{A_1}{\alpha_{\Sigma2}A_2}}\quad \mathrm{W/(m^2\cdot ℃)} \tag{2-99}$$

$$K_2=\frac{1}{\dfrac{A_2}{\alpha_{\Sigma1}A_1}+\dfrac{A_2}{2\pi\lambda L}\ln\dfrac{r_2}{r_1}+\dfrac{1}{\alpha_{\Sigma2}}}\quad \mathrm{W/(m^2\cdot ℃)} \tag{2-100}$$

式中，K_1 与 K_2 分别称按 A_1 与 A_2 计算的传热系数。

对多层圆筒，可直接写出

$$Q=\frac{t_{f1}-t_{f2}}{\dfrac{1}{\alpha_{\Sigma1}A_1}+\sum_{i=1}^{n}\dfrac{1}{2\pi\lambda_i L}\ln\dfrac{r_{i+1}}{r_i}+\dfrac{1}{\alpha_{\Sigma2}A_2}}\quad \mathrm{W} \tag{2-101}$$

2.4.2.3 临界热绝缘半径

平壁上敷设绝热层，必然是热阻与绝热层厚度成正比，但圆筒壁却有不同的情况。图 2-41 表示敷设在圆筒壁外的绝热层，其内壁温度 t_{w1} 保持一定，温度为 t_{w2} 的外壁与温度为 t_f 的流体相接触，其间的换热系数为 α，根据圆筒壁导热和对流换热的计算式，通过绝热层的导热量为

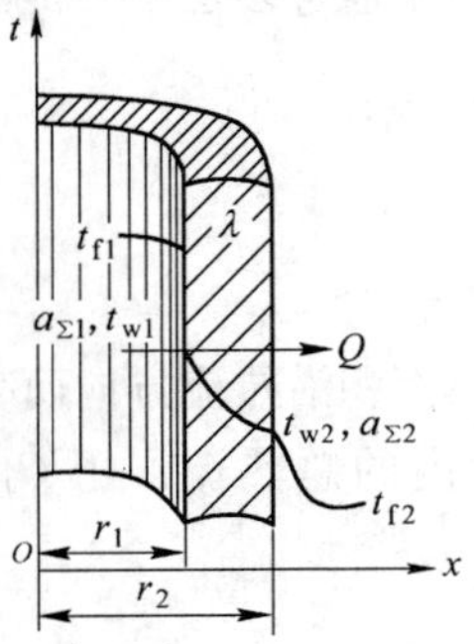

图 2-40 通过圆筒壁的传热

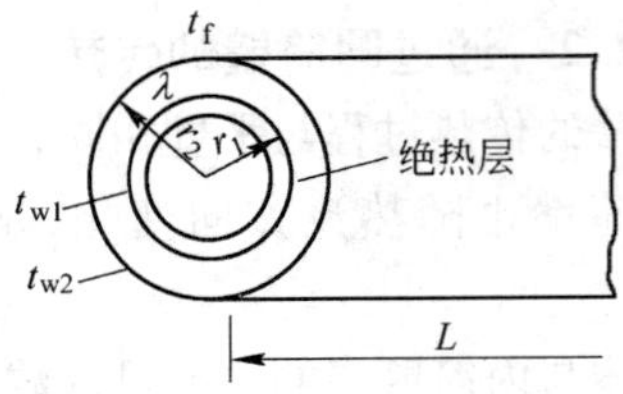

图 2-41 圆筒壁外的绝热层

$$Q = \frac{t_{w1} - t_{w2}}{\dfrac{1}{2\pi\lambda L}\ln\dfrac{r_2}{r_1}} = \frac{t_{w1} - t_{w2}}{R_\lambda} \quad \text{W} \tag{1}$$

绝热层外壁与周围流体间的对流换热量为

$$Q = \frac{t_{w2} - t_f}{\dfrac{1}{2\pi\alpha r_2 L}} = \frac{t_{w2} - t_f}{R_\alpha} \quad \text{W} \tag{2}$$

式（1）中的 R_λ 为绝热层内部的导热热阻，式（2）中的 R_α 为绝热层外壁与流体之间的对流热阻。总热阻为

$$R_t = \frac{\ln(r_2/r_1)}{2\pi\lambda L} + \frac{1}{2\pi L r_2 \alpha} \tag{3}$$

如果 r_1、λ、L、α 为定值，则绝热层增加时 r_2 增加，R_λ 增大而 R_α 减小。R_λ 的增大率和 R_α 的减小率确定总热阻 R_t 是减小还是增大。此时，将 R_t 对 r_2 求导并令 $\frac{dR_t}{dr_2}=0$，得

$$\frac{\alpha\, r_2}{\lambda} = 1 \tag{2-102}$$

又因 $\frac{d^2R_t}{dr_2^2}>0$，因而可以判定当 $r_2=\frac{\lambda}{\alpha}$ 时 R_t 最小，或者说热损失 Q 最大。这时 r_2 称为绝热层的临界半径，用 r_{2c} 表示，即

$$r_2 = r_{2c} = \frac{\lambda}{\alpha} \tag{2-103}$$

图 2-42 列出了 R_λ、R_α、R_t、r_{2c} 及 Q 的关系。从图可见，在敷设绝热层时，若绝热层外半径 r_2 小于 r_{2c}，则随着绝热层厚度的增加，总热阻 R_t 减小，散热损失 Q 增大；若绝热层外半径 r_2 大于 r_{2c}，则随着绝热层厚度增加，总热阻 R_t 增加，散热损失 Q 减小。因此，只有在这种情况下，绝热层才能起保温作用。临界绝热半径 r_{2c} 与绝热材料的热导率 λ 有关，故可选用不同的绝热材料来改变临界半径 r_{2c} 的值。

［例 2-10］ 有一外半径 $r=0.015$m 的圆管，如果用石棉制品作为绝热材料是否合适？已知石棉制品的 $\lambda=0.12$W/（m·℃），换热系数 $\alpha=12$W/（m^2·℃）。若外半径 $r=0.0075$m，

又如何？

［解］　$r_{2c}=\dfrac{\lambda}{\alpha}=\dfrac{0.12}{12}=0.01<0.015$，管子半径大于临界半径 r_{2c}，所以在上述条件下用石棉制品保温是合适的。

$r_{2c}=\dfrac{\lambda}{\alpha}=\dfrac{0.12}{12}=0.01>0.0075$，管子半径小于临界半径 r_{2c}，所以用石棉制品保温是不合适的，应另选。

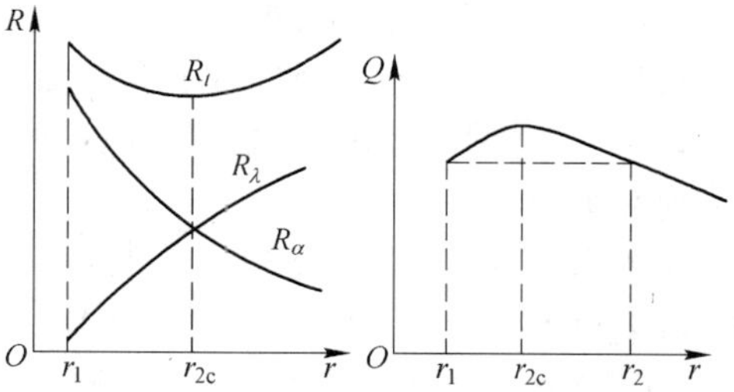

图 2-42　临界绝缘半径

2.4.3　换热器的传热计算

凡是一个系统内用于高温流体通过固体壁面对低温流体进行传热的热工设备，都称为换热器或热交换设备。换热器通常可分为间壁式、蓄热式和混合式三种。本处只讨论间壁式换热器的传热计算。

2.4.3.1　换热器内流体流动方式与温度分布

换热器中冷、热两种流体的流动方式有三种基本方式（图 2-43），即顺流、逆流和叉流。

图 2-44 中（a）及（b）分别示出了在顺流和逆流时，冷、热两种流体沿换热面的温度变化。下角标“1”及“2”分别表示热流体及冷流体，t'_1 及 t''_1、t'_2 及 t''_2 分别表示热流体的进出口温度及冷流体进出口温度。$\Delta t'$ 及 $\Delta t''$ 分别表示冷热流体进出口的温度差。由于热量是由热流体传给冷流体，因此，在换热面的任何处，热流体的温度必定高于对应的冷流体温度。对于顺流，不可能将冷流体加热到超过热流体的出口温度，即 $t''_2<t''_1$。而逆流时，冷流体的出口温度不受此限制，即 t''_2 可以超过 t''_1，但 t''_2 仍小于 t'_1。

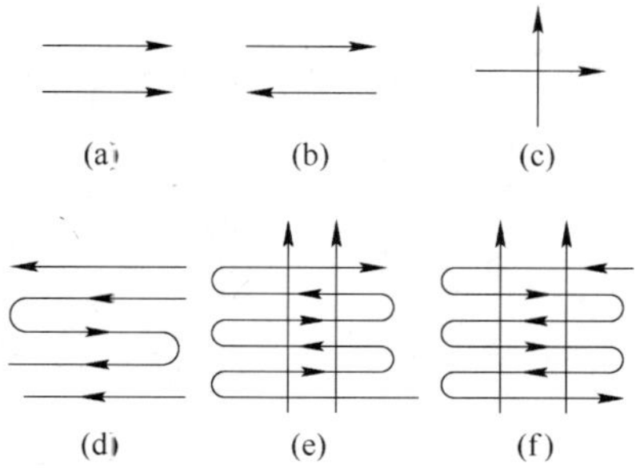

图 2-43　换热器内冷热流体的流动方式
（a）顺流；（b）逆流；（c）叉流；
（d）折流；（e）顺叉流；（f）逆叉流

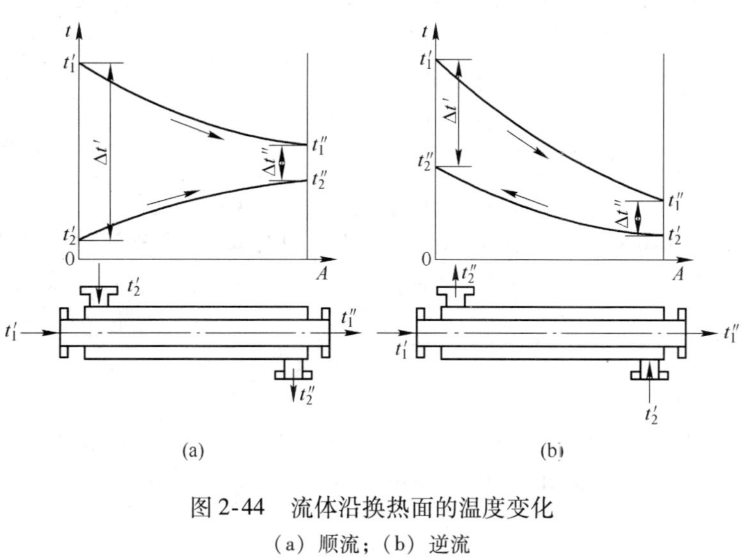

图 2-44　流体沿换热面的温度变化
（a）顺流；（b）逆流

2.4.3.2 对数平均温差法

设计换热器的首要目的，是在换热面积和流体压降为最小的情况下保证所需的传热量。在设计计算中，根据已知的有关物理量，计算为满足二流体间的传热量所必须的换热面积，通常采用对数平均温差法。

顺流和逆流换热器中冷热流体的温度分布如图2-45及图2-46所示。取一微元受热面积 $\mathrm{d}A$，在此微元面积的两侧流体温差为 Δt，在热交换中，热流体温度变化 $\mathrm{d}t_1$，冷流体温度变化 $\mathrm{d}t_2$，当不考虑换热器热损失时，其换热量可由下列三式表示

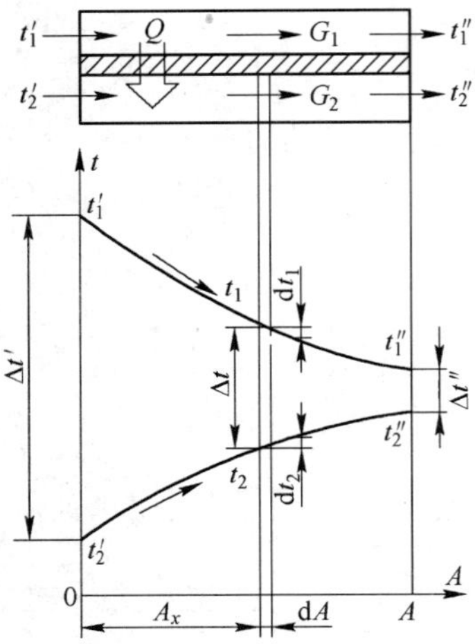

图2-45 顺流时平均温差的推导

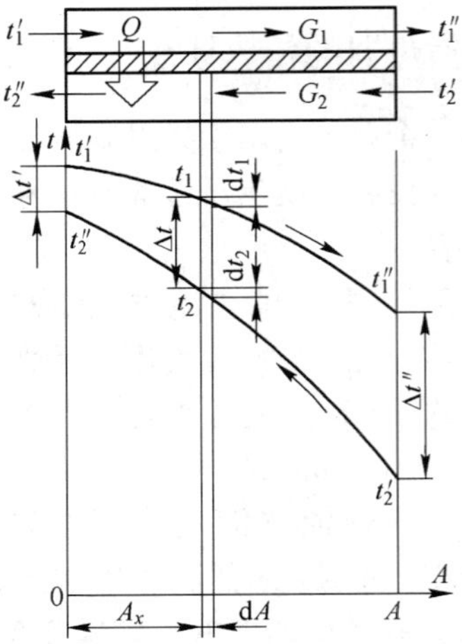

图2-46 逆流时平均温差的推导

$$\mathrm{d}Q = K\Delta t\mathrm{d}A \quad \mathrm{W} \tag{2-104}$$

$$\mathrm{d}Q = \pm G_2 c_{p2}\mathrm{d}t_2 \quad \mathrm{W} \tag{2-104a}$$

$$\mathrm{d}Q = -G_1 c_{p1}\mathrm{d}t_1 \quad \mathrm{W} \tag{2-104b}$$

式中 K——整个换热器面积 A 的平均传热系数，W/（$\mathrm{m}^2 \cdot$℃），对于管子，K 和 A 通常取管外表面相应的值；

G_1，G_2——热冷流体的质量流量，kg/s；

c_{p1}，c_{p2}——热冷流体的比定压热容，J/（kg·℃）。

式（2-104）中的温差 $\Delta t = t_1 - t_2$，而

$$\mathrm{d}(\Delta t) = \mathrm{d}(t_1 - t_2) = \mathrm{d}t_1 - \mathrm{d}t_2$$

由图2-45及图2-46可知，换热面积由左端的0到右端的 A，冷流体温度随面积 A 的变化为：顺流时 $\mathrm{d}t_2$ 为正，逆流时 $\mathrm{d}t_2$ 为负。两种流动情况下 $\mathrm{d}t_1$ 都为负。由上式和式（2-104a）及式（2-104b），得

$$\mathrm{d}(\Delta t) = \mathrm{d}t_1 - \mathrm{d}t_2 = -\frac{\mathrm{d}Q}{G_1 c_{p1}} \mp \frac{\mathrm{d}Q}{G_2 c_{p2}} \tag{2-105}$$

使用上式时，第二项的符号，顺流为“－”逆流为“＋”。视 $G_1 c_{p1}$ 和 $G_2 c_{p2}$ 为常数，对上式积分，Δt 由 $\Delta t'$ 到 $\Delta t''$，热量由0到 Q，将顺流和逆流合并表示为

$$\frac{\Delta t'' - \Delta t'}{Q} = -\left(\frac{1}{G_1 c_{p1}} \pm \frac{1}{G_2 c_{p2}}\right) \tag{2-106}$$

使用上式时，顺流取“＋”号，逆流取“－”号。把式（2-105）中的 $\mathrm{d}Q$ 代入式（2-

104)，得

$$\frac{d(\Delta t)}{\Delta t}=-\left(\frac{1}{G_1c_{p1}}\pm\frac{1}{G_2c_{p2}}\right)KdA$$

视换热器的传热系数 K 为定值，对整个换热面积积分，面积由 0 到 A，得

$$\ln\frac{\Delta t''}{\Delta t'}=-\left(\frac{1}{G_1c_{p1}}\pm\frac{1}{G_2c_{p2}}\right)KA \tag{2-107}$$

将式（2-106）代入式（2-107），得

$$Q=KA\frac{\Delta t''-\Delta t'}{\ln\dfrac{\Delta t''}{\Delta t'}}=KA\Delta t \tag{2-108}$$

上式即为换热器的传热方程式。式中，$\Delta t=\dfrac{\Delta t''-\Delta t'}{\ln\dfrac{\Delta t''}{\Delta t'}}$称为对数平均温差，它对于顺流和逆流都完全适合。当已知 Q、K 并求得 Δt 后，即可由式（2-108）确定换热面积 A。

在工程计算中，当两端温差不大，即 $0.5<\dfrac{\Delta t''}{\Delta t'}<2$ 时，也可用算术平均值代替，即

$$\Delta t=\frac{1}{2}(\Delta t'+\Delta t'') \tag{2-109}$$

在上述范围内，算术平均值与对数平均值的误差不超过4%。对于不是简单的顺流和逆流而呈现叉流或其他混合流动方式，它们的传热对数平均温差计算，通常先按逆流计算出平均温差，然后再乘以校正系数 $\varepsilon_{\Delta t}$，所以叉流及各种混合流动方式的对数平均温差为

$$\Delta t=\varepsilon_{\Delta t}(\Delta t''-\Delta t')/\ln\frac{\Delta t''}{\Delta t'} \tag{2-110}$$

式中的校正系数 $\varepsilon_{\Delta t}$，是辅助量 R 和 P 的函数，即 $\varepsilon_{\Delta t}=f(R,P)$，而

$$R=\frac{t'_1-t''_1}{t''_2-t'_2}=\frac{\text{热流体冷却程度}}{\text{冷流体加热程度}}$$

$$P=\frac{t''_2-t'_2}{t'_1-t'_2}=\frac{\text{冷流体加热程度}}{\text{两流体初始温度差}}$$

$\varepsilon_{\Delta t}=f$（R，P）的具体函数表达式，随换热器形式而异。几种常用换热器的校正系数 $\varepsilon_{\Delta t}=f$（R，P），可由图2-47中查用。从图可看出，$0.5<\varepsilon_{\Delta t}<1.0$，即各种流动方式中以逆流的平均温差最大，而且流体的流程数愈多，$\varepsilon_{\Delta t}$愈大。所以采用多流程换热器有利。

另外，在推导平均温差时，曾假定传热系数 K 为常数，实际上它沿换热器的长度方向是发生变化的，工程计算中，常取始末两端传热的算术平均值为换热器的平均传热系数，即

$$K=\frac{1}{2}(K'+K'')\quad W/(m^2\cdot{}^\circ C) \tag{2-111}$$

在许多实际使用条件下，往往在换热面内外黏附有某些污垢层，因此，在计算传热系数时应考虑污垢热阻，这样，间壁相当于由三层材料组成。由于一般换热器壁都比较薄，故可以近似地用通过平壁的传热系数计算，即

$$K=\frac{1}{\dfrac{1}{a_1}+\dfrac{\delta_1}{\lambda_1}+\dfrac{\delta_2}{\lambda_2}+\dfrac{\delta_3}{\lambda_3}+\dfrac{1}{a_2}}\quad W/(m^2\cdot{}^\circ C) \tag{2-112}$$

式中 δ_1/λ_1——高温侧污垢热阻；

δ_2/λ_2——换热器壁热阻；

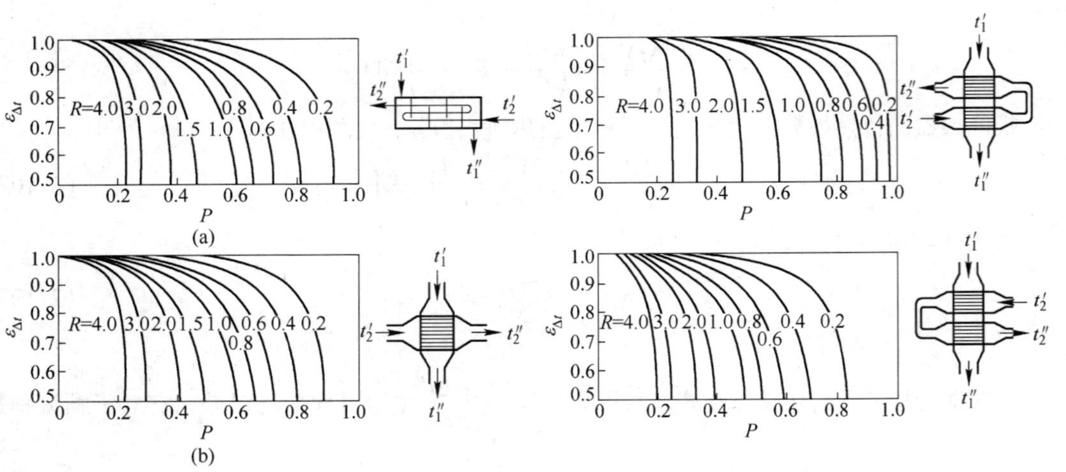

图 2-47 $\varepsilon_{\Delta t}=f(R,P)$

δ_3/λ_3——低温侧污垢热阻。

污垢热阻主要是通过实验确定的。

2.4.4 火焰炉内的综合换热

在加热或熔化金属的火焰炉炉膛中，炉气、炉墙和金属三者之间不仅存在辐射换热，还存在着对流换热和导热。为了便于研究火焰炉炉膛内的综合换热，导出金属吸热量的计算公式，现作如下简化：

（1）火焰充满炉膛，且其温度与黑度各处均匀，并取其黑度与吸收率相等；

（2）炉料布满炉底，其表面为平面并且其黑度与温度均匀；

（3）炉壁内表面温度与黑度均匀；

（4）由炉气以对流换热方式传给炉墙的热量恰好等于炉墙对外散热，在炉膛热交换中，炉墙不失去也不获得净热，即炉墙吸收净辐射换热量 $Q_w=0$。

图 2-48 是火焰炉膛内辐射换热的示意图。ε_g、ε_w、ε_M 分别代表炉气、炉墙及金属的黑度，T_g、T_W 及 T_M 分别代表炉气、炉墙内侧及金属表面的绝对温度，J_W 与 J_M 分别代表炉墙与金属的有效辐射，φ_{M-W} 和 φ_{W-W} 分别代表金属对炉墙和这部分炉墙向那部分炉墙的辐射角度系数。

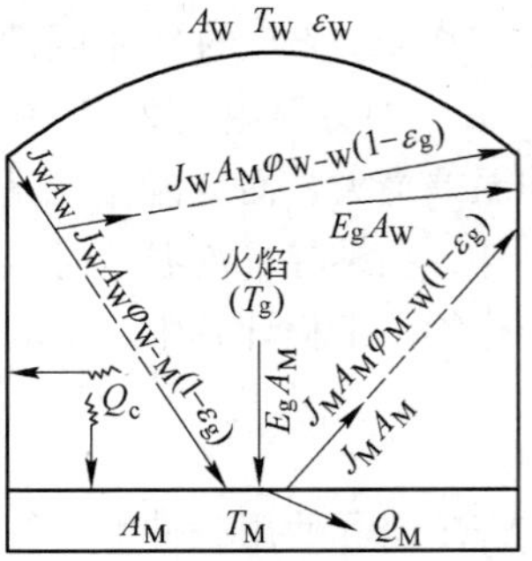

图 2-48 焰炉炉膛内辐射换热示意图

2.4.4.1 炉墙的有效辐射 J_W

在炉膛中，炉气是热源；金属是被加热的对象；炉墙则如同一个热量中转站，炉墙吸收炉气的辐射热，又将这些辐射热传给金属。现以炉墙热平衡来求得炉墙的有效辐射 J_w，而炉墙热平衡可以从炉墙内部和炉墙外部这两种角度来研究。

从炉墙内部来看，炉墙吸收辐射与本身辐射的差额应等于炉墙所获得的净辐射换热量。由炉墙吸收的辐射换热量包括三部分：

炉气对炉墙辐射而被炉墙吸收的那一部分辐射热为

$$\varepsilon_g C_b \left(\frac{T_g}{100}\right)^4 A_W \varepsilon_W$$

金属对炉墙的有效辐射在穿过炉气后而被炉墙吸收的那一部分辐射热为

$$A_M J_M \varphi_{M-W}(1-\varepsilon_g)\varepsilon_W$$

炉墙本身的有效辐射透过炉气后到达另一部分炉墙而被炉墙所吸收的那一部分热量为

$$J_W \varphi_{W-W}\ (1-\varepsilon_g)\ \varepsilon_W A_W$$

炉墙本身的辐射为

$$\varepsilon_W C_b \left(\frac{T_W}{100}\right)^4 A_W$$

由简化条件（4）可知，炉墙吸收的净辐射换热量 $Q_w=0$，则此时平衡方程式为

$$\left[\varepsilon_g C_b \left(\frac{T_g}{100}\right)^4 A_W \varepsilon_W + A_M J_M \varphi_{M-W}(1-\varepsilon_g)\varepsilon_W + J_W \varphi_{W-W}(1-\varepsilon_g)\varepsilon_W A_W\right] - \varepsilon_W C_b \left(\frac{T_W}{100}\right)^4 A_W = 0$$

消去上式中的 ε_W，得

$$\left[\varepsilon_g C_b \left(\frac{T_g}{100}\right)^4 A_W + A_M J_M \varphi_{M-W}\ (1-\varepsilon_g)\ + J_W A_W \varphi_{W-W}\ (1-\varepsilon_g)\right] - C_b \left(\frac{T_W}{100}\right)^4 A_W = 0 \tag{2-113}$$

从炉墙外部来看，投射到炉墙上的辐射能与炉墙有效辐射的差，应等于炉墙吸收的净辐射换热量。投射到炉墙上的辐射热量也包括三部分：

炉气对炉墙的辐射热量为

$$\varepsilon_g C_b \left(\frac{T_g}{100}\right)^4 A_W$$

金属的有效辐射透过炉气后到达炉墙的那部分热量为

$$J_M A_M \varphi_{M-W}(1-\varepsilon_g)$$

炉墙本身的有效辐射穿过炉气后到达另一部分炉墙的热量为

$$J_W A_W \varphi_{W-W}(1-\varepsilon_g)$$

炉墙的有效辐射热为 $J_W A_W$。

同样，由简化条件（4）可知，炉墙吸收净辐射换热量为零。则此时热平衡方程式为

$$\left[\varepsilon_g C_b A_W \left(\frac{T_g}{100}\right)^4 + A_M J_M \varphi_{M-W}\ (1-\varepsilon_g)\ + J_W A_W \varphi_{W-W}\ (1-\varepsilon_g)\right] - J_W A_W = 0 \tag{2-114}$$

显然，式（2-113）与式（2-114）相等，则得

$$J_W = C_b \left(\frac{T_W}{100}\right)^4 \tag{2-115}$$

从式（2-115）可看出。吸收净辐射换热量为零的炉墙，它的有效辐射 J_W 与炉墙本身黑度 ε_W 无关，即无论炉墙黑度 ε_W 大小如何，炉墙的有效辐射 J_W 恒等于 $C_b\left(\frac{T_W}{100}\right)$，此时，炉墙如同黑体，它的有效辐射等于它同温度下的黑体本身辐射。

2.4.4.2 炉墙温度 T_W

从式（2-115）可知，J_W 与 T_W^4 成正比。这样从研究金属有效辐射 J_M 入手，找出影响 T_W 的因素。

根据有效辐射的定义，炉膛中金属的有效辐射应等于其本身辐射与反射投来辐射之和。金属本身辐射为

$$\varepsilon_M C_b A_M \left(\frac{T_M}{100}\right)^4$$

反射投来辐射为

$$\varepsilon_g C_b A_M \left(\frac{T_g}{100}\right)^4 (1-\varepsilon_M) + J_W A_W \varphi_{W-M}(1-\varepsilon_g)(1-\varepsilon_M)$$

所以

$$J_M A_M = \varepsilon_M C_b A_M \left(\frac{T_M}{100}\right)^4 + \varepsilon_g C_b A_M \left(\frac{T_g}{100}\right)^4 (1-\varepsilon_M) + J_W A_W \varphi_{M-W}(1-\varepsilon_g)(1-\varepsilon_M) \tag{2-116}$$

将式（2-115）、式（2-116）代入式（2-114），并注意到 $\varphi_{M-W}=1$、$\varphi_{W-W}=1-\varphi_{W-M}$ 及 $\frac{A_M}{A_W}=\varphi_{W-M}$。整理后得

$$T_W^4 = T_M^4 + \frac{\varepsilon_g[1+\varphi_{W-M}(1-\varepsilon_g)(1-\varepsilon_M)]}{\varepsilon_g+\varphi_{W-M}(1-\varepsilon_g)[\varepsilon_M+\varepsilon_g(1-\varepsilon_M)]}(T_g^4-T_M^4) \tag{2-117}$$

由式（2-117）可见，炉墙温度 T_W 与炉墙黑度 ε_W 无关，而取决于 T_g、T_M、ε_g 及 φ_{W-M}，并且 T_W 的值介于 T_g 与 T_M 之间。

2.4.4.3 金属吸收的净辐射热量 Q_M

炉内金属表面为平面（简化条件2）。根据金属内部的热平衡，金属吸收辐射热与其本身辐射之差，应等于金属净吸收的辐射换热量 Q_M。其中金属吸收辐射热包括两部分：

炉气对金属辐射而被金属所吸收的那部分热量为

$$\varepsilon_g C_b A_M \left(\frac{T_g}{100}\right)^4 \varepsilon_M$$

炉墙有效辐射透过炉气后到达金属表面而被金属所吸收的那部分热量为

$$J_W A_W \varphi_{W-M}(1-\varepsilon_g)\varepsilon_M$$

金属本身辐射热量为

$$\varepsilon_M C_b A_M \left(\frac{T_M}{100}\right)^4$$

所以金属净吸收辐射换热量为

$$Q_M = \left[\varepsilon_g C_b A_M \left(\frac{T_g}{100}\right)^4 \varepsilon_M + J_W A_W \varphi_{W-M}(1-\varepsilon_g)\varepsilon_M\right] - \varepsilon_M C_b A_M \left(\frac{T_M}{100}\right)^4 \tag{2-118}$$

将式（2-115）及 $\frac{A_M}{A_W}=\varphi_{W-M}$ 代入式（2-118），并注意到 $C_b=5.67\text{W}/(\text{m}^2\cdot\text{K}^4)$，经整理得到金属吸收的净辐射热量为

$$Q_M = \frac{5.67\varepsilon_g\varepsilon_M[1+\varphi_{W-M}(1-\varepsilon_g)]}{\varepsilon_g+\varphi_{W-M}(1-\varepsilon_g)[\varepsilon_M+\varepsilon_g(1-\varepsilon_M)]}\left[\left(\frac{T_g}{100}\right)^4-\left(\frac{T_M}{100}\right)^4\right]A_M$$

$$= C_D\left[\left(\frac{T_g}{100}\right)^4-\left(\frac{T_M}{100}\right)^4\right]A_M,\ \text{W} \tag{2-119}$$

式中的 C_D 为炉膛内炉气、金属和炉墙之间进行辐射换热时的“导来辐射系数”，也称为炉墙、炉气对金属的综合辐射系数

$$C_D = \frac{5.67\varepsilon_g\varepsilon_M[1+\varphi_{W-M}(1-\varepsilon_g)]}{\varepsilon_g+\varphi_{W-M}(1-\varepsilon_g)[\varepsilon_M+\varepsilon_g(1-\varepsilon_M)]} \tag{2-120}$$

从式（2-120）可以看出，导来辐射系数 C_D 与炉墙黑度无关，即炉墙在炉膛内辐射换热

中仅起中间体的作用。

当物料表面黑度 $\varepsilon_M = 0.8$ 时，C_D 与 ε_g 和 φ_{W-M} 之间的关系，如图 2-49 所示。

从图 2-49 可知，欲增加导来辐射系数 C_D，可通过提高 ε_g（小于 0.4 时）或适当减小炉墙对金属的角度系数 $\varphi_{W-M} = A_M/A_W$ 来达到。

在暗焰炉中，由于这时 ε_g 较小，采用向火焰中喷油加碳的办法提高 ε_g，可显著地提高 C_D，但是要掌握适当的喷油量，使其能完全燃烧，这样还可以提高炉气温度 T_g，强化传热。否则，反而达不到应有的效果。

在 A_M 一定时，适当提高炉膛空间高度，即加大 A_W 以降低 φ_{W-M}，也可以使 C_D 值提高。尤其当 $\varepsilon_g < 0.5$ 时，其效果就更为显著。但是过多地增加炉墙面积 A_W 也带来一些不利因素，如炉墙造价提高，炉墙热损失增加以及炉气不易充满炉膛，不利于加热金属或物料。

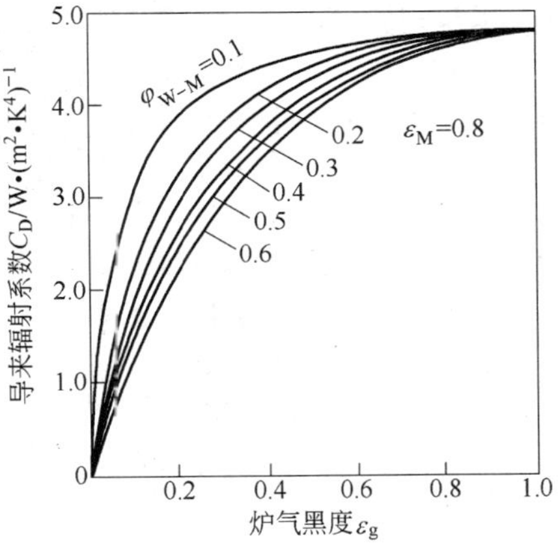

图 2-49 C_D 与 ε_g 和 φ_{W-M} 之间的关系

2.4.4.4 火焰炉平均温度与定向传热

火焰炉内火焰温度实际上是不均匀的，利用式（2-118）时，只能近似地取某种平均温度来代替 T_g。从获得相同的辐射传热效果出发，一般按下式计算火焰平均的温度，即

$$\left(\frac{T_g}{100}\right)^4 = \sqrt{\left[\left(\frac{T'_g}{100}\right)^4 - \left(\frac{T'_M}{100}\right)^4\right]\left[\left(\frac{T''_g}{100}\right)^4 - \left(\frac{T''_M}{100}\right)^4\right]} + \left(\frac{\overline{T}_M}{100}\right)^4 \tag{2-121}$$

式中 T'_g，T''_g——始端及末端的火焰或炉气温度，K；

T'_M，T''_M——始端及末端的物料温度，K；

$\overline{T}_M$——物料的平均温度，K。

温度分布比较均匀的熔炼炉，物料平均温度可按下式计算

$$\overline{T}_M = \left\{\frac{1}{2}\left[(T'_M)^4 + (T''_M)^4\right]\right\}^{1/4} \tag{2-122}$$

温度沿炉长变化较大的炉（如连续加热炉）内，则宜分成若干小的区段，分别求取算术平均值计算各段的传热量。分区越小，计算结果越接近于实际情况。在粗略计算这种炉内物料平均温度时，可取抛物平均值法，即

$$\overline{T}_M = T'_M + \frac{2}{3}(T'_M - T''_M) \tag{2-123}$$

火焰温度除了沿炉长方向变化以外，在同一垂直截面上也往往分布不均匀。因而，定性地说，与火焰高温部分靠近的表面，所得到的净辐射热流较炉顶或炉墙为多，这就称为“直接定向传热”。若将火焰高温部分靠近炉顶，再借后者的辐射与反射作用均匀加热物料，这就是“间接定向传热”。直接定向传热可以强化对物料的加热，而又不过分提高炉衬表面的温度。例如在熔炼炉内，常将火焰指向或贴近熔池表面流动，这样不仅可增加对熔池表面的辐射和对流换热，而且还可以适当降低炉顶温度，从而延长炉衬寿命。

思考题与习题

2-1　气体与液体的导热在机理上有何差别，为什么温度升高时气体的热导率升高，而大多数液体（除水和甘油外）的热导率却降低？

2-2　金属导热与非金属固体导热的机理有何异同，它们对温度的变化有何反应？

2-3　为什么多孔材料的隔热性能较好，若多孔材料被水浸湿以后其导热性能有何变化？

2-4　合金的热导率为什么比纯金属的低？

2-5　炉墙由耐火砖和红砖两层组成，厚度均为250mm，热导率分别为0.6W/(m·℃)和0.4W/(m·℃)，炉墙内外侧壁温分别为705℃和90℃。试求：(1) 通过炉墙的热流密度；(2) 若有关条件不变，但红砖改为热导率为0.067W/(m·℃)的珍珠岩保温混凝土，且热流密度保持不变，试问该层的厚度应为多少？

2-6　某炉墙大平壁由黏土砖砌成，厚度为$\delta = 230$mm，两表面温度分别为370℃与50℃，黏土砖热导率为0.7W/(m·℃)，求单位面积热阻r_A与热流密度q。若平壁材料改为铸铁，其热导率为52.3W/(m·℃)，其他条件不变，单位面积热阻r_A与热流密度q又为多少？

2-7　测定一种材料的热导率，用该材料做成厚5mm的大平板，在稳定热态下，保持平板两表面的温度差为30℃，并测得通过该平板的热流密度$q = 6210$W/m^2。试确定该材料的热导率。

2-8　一炉墙平壁面积为12m^2，由两层耐火材料组成，内层为镁砖，其热导率$\lambda = 4.3 - 0.48 \times 10^{-3}t$W/(m·℃)，外层为黏土砖，其热导率$\lambda = 0.698 + 0.58 \times 10^{-3}t$W/(m·℃)，两层厚度均为0.25m，假定两层紧密接触。已知炉墙内壁温度$t_1 = 1000$℃，外表面温度$t_2 = 100$℃，求热流密度q及热流量Q。

2-9　计算通过每米耐热钢管的热流。已知材料的热导率$\lambda = 15.12 + 1.31 \times 10^{-2}t$W/(m·℃)，管内直径为20mm，外径为30mm，内外表面温度分别为600℃及45℃。

2-10　某圆形炉壁由两层耐火材料组成，第一层为镁砖，第二层为黏土砖，两层紧密接触，第一层内外直径分别为2.94m及3.54m，第二层外径为3.77m，炉壁内外表面温度分别为1200℃与150℃，求热流密度以及两层耐火材料交界面处的温度。材料热导率见习题2-8。

2-11　蒸气管道内外直径分别为160mm和170mm，管壁热导率$\lambda_1 = 58$W/(m·℃)；管外包扎两层隔热材料，第一层厚30mm，热导率$\lambda_2 = 0.17$W/(m·℃)，第二层厚50mm，热导率$\lambda_3 = 0.093$W/(m·℃)，蒸气管道内表面温度为300℃，保温层外表面温度为50℃。求：(1) 各层热阻；(2) 每米长管道的热损失；(3) 各层接触面温度。

2-12　某热风管道，管壁热导率$\lambda = 58$W/(m·℃)，内径$d_1 = 85$mm，外径$d_2 = 100$mm，内表面温度$t_1 = 150$℃，现拟用硅酸铝纤维毡保温，其热导率$\lambda = 0.0526$W/(m·℃)，若要求保温层外壁温度不高于40℃，允许的热损为$Q_L = 52.3$W/m，试计算硅酸铝纤维保温层的最小厚度。

2-13　有一各向同性材料的方形物体，其热导率为常量。已知各边界上的恒定温度如图2-50所示。试用高斯－赛德尔迭代法求取其内部网格节点1、2、3、4的温度。

2-14　何谓速度与温度边界层，两者的联系与区别怎样？

2-15　对流换热的机理是什么，它受哪些因素的影响？

2-16　对流换热中的各个相似准则的物理意义分别是什么？

2-17　什么是沸腾换热的临界热流密度、临界温压和临界换热系数？

2-18　何为膜状凝结与珠状凝结，各有何特点？

2-19　凝结液膜的层流和紊流如何判别？

2-20　空气在热风管道内以流速$v = 5$m/s流动，风道内径$d = 60$mm，管道长3m，管壁平均温度$t_W =$

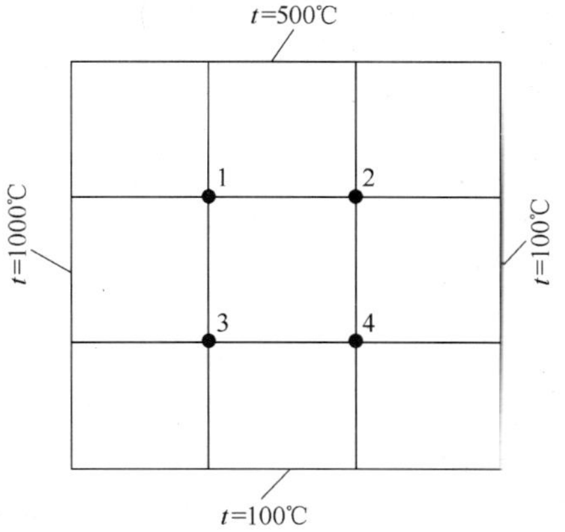

图 2-50　习题 2-13 图

140℃，空气温度 $t_f=90℃$，求热风与管道间的换热量。

2-21　求烟气汽化冷却器中烟气对管壁的对流换热系数。已知烟管内径 $d=0.5m$，高 $h=7.5m$，烟气流速 $v=6.5m/s$，入口烟气温度 $t_1=800℃$，出口烟气温度 $t_2=680℃$，管内壁温度 $t_W=140℃$。烟气在平均温度下的热导率 $\lambda_f=90.2\times10^{-3}W/(m\cdot℃)$，$v_f=120\times10^{-6}m^2/s$，$Pr_f=0.6$。

2-22　有一根利用炉子废热加热的铜制热水管，已知水在入管前温度 $t_{f1}=20℃$，管子内径 $d=20mm$，水在出口处温度 $t_{f2}=60℃$，水的平均流速 $v=2m/s$，管长 $l=3.5m$，管内壁温度为 90℃，求管内平均换热系数。

2-23　计算回转窑钢壳表面的自然对流散热量。回转窑外径 $d=3m$，长度 $l=44m$，外表面平均温度 $t_W=150℃$，环境温度 $t_f=50℃$。

2-24　有一外径 $d=3mm$ 的水平导线，其外表面温度 $t_W=90℃$，远离导线的空气温度为 $t_f=30℃$，求单位时间内因自然对流换热每米长导线所损失的热量。

2-25　油缸中重油被蒸气蛇管加热，重油温度 $t=20℃$，蒸气管外表面温度 $t_W=120℃$，管外直径 $d=60mm$，求油与管间的换热系数。已知边界层温度 $t_m=(120+20)/2=70℃$ 下重油的各种物性参数为：$\rho=900kg/m^3$，$c_p=1884J/(kg\cdot℃)$，$\lambda_m=0.174W/(m\cdot℃)$；$\nu_f=2\times10^{-3}m^2/s$，$\beta=3\times10^{-4}1/℃$。

2-26　水以 0.7kg/s 的流量进入内径为 25mm 的管子，进口水温 38℃，管子的内壁温度保持在 60℃。为使水的出口温度达到 42℃，试问需要多长的管子？

2-27　某换热器中，冷却水以 2m/s 的流速流过内径为 20mm 的长铜管，进、出口温度分别为 20℃ 和 60℃。设铜管内壁的平均温度为 90℃，试计算冷却水侧的换热系数。

2-28　烟气横向垂直流过管束，管外径 $d=83mm$，管长 $l=1.65m$，管束内流量 $m=5.75kg/s$；烟气进口温度 $t_f=1000℃$，管表面温度 $t_W=400℃$，四排管子按顺排方式排列，每排 10 根，$S_1=300mm$，$S_2=200mm$，求（1）烟气与管束间的换热系数；（2）改为叉排，其他条件不变，求换热系数。

2-29　有光滑钢管束 5 排，每排 20 根，长 1.5m，管外径 $d=25mm$，$L_1=50mm$，$L_2=37.5mm$，管壁温度 $t_W=110℃$，空气进口温度 $t_f=15℃$，标准状态下空气流量 $v_0=5000m^3/h$。试比较顺排与叉排的平均换热系数。

2-30　在某一已定尺寸的套管式换热器中，热流体与冷流体逆流换热。热流体进入时为 120℃，排出时为 60.5℃；冷流体进入时为 20℃，排出时为 67.6℃。若换热器中流体进口温度不变，流量不变，且传热系数、物料比热容以及设备热损失不变，但换热器的换热面积增大一倍，试求冷、热流体排出温度及热流通量的变化。

2-31　敞口大铜锅的平底，直径为 0.4m，由电热器使锅底温度保持在 115℃。试计算水在锅内沸腾时所消耗的电功率、每小时的耗水量和改变壁温时将会达到的临界热负荷。

2-32 表压力为196200Pa的饱和蒸气在表面温度为60℃的圆管表面凝结，管长 $L=1.5\mathrm{m}$，管外径 $D=100\mathrm{mm}$，分别求该管竖立与横置时的冷凝换热速率。

2-33 试述热辐射的本质。

2-34 试述斯蒂芬－玻耳兹曼定律和维恩位移定律。

2-35 何为单色辐射力和全辐射力，黑体辐射力如何计算？

2-36 试比较黑体、实际物体、气体的热辐射特性。

2-37 有效辐射的概念是什么？

2-38 如何绘制几个相对表面间辐射换热网络图？

2-39 气体黑度受哪些因素的影响，如何确定气体和火焰的黑度？

2-40 平行放置的两块铜板，温度分别保持 $t_1=500$℃，$t_2=20$℃，其黑度相同，均为0.8。铜板的尺寸比二板之间的距离大得多，求此二板的本身辐射、有效辐射、反射辐射以及它们间的辐射换热量。

2-41 两个相距很近彼此平行的大平面，已知 $t_1=527$℃，$t_2=27$℃，黑度均为0.8，求：(1) 两表面的辐射能力；(2) 辐射换热速率。

2-42 上题中若在两表面间安放一块黑度为0.8的隔板时，辐射换热速率为无隔板时的多少倍？

2-43 在外层空间的真空中，一个直径为344mm的球形飞行物体的表面温度为－12℃。如视球面为黑体表面，且外界无辐射能投射到该球面上，为使球面维持－12℃不变，试计算球内所需能量的功率。

2-44 黑度 $\varepsilon_1=0.3$ 和 $\varepsilon_2=0.8$ 相距很近的两块大平行平板之间进行辐射换热，试问其间设置 $\varepsilon_3=0.04$ 的磨光铝制隔热板后，换热量减少为原有换热量的百分之几？

2-45 输送热空气的管中用热电偶测温，仪表指示温度为 $t_a=400$℃，热电偶热端黑度 $\varepsilon=0.8$，管壁内表面温度为 $t_W=400$℃，气流对热电偶热端的换热系数为46.52W/(m^2·℃)，计算由于热电偶热端辐射引起的测温误差。

2-46 沸腾炉汽化冷却烟管内径 $d=0.5\mathrm{m}$，内壁平均温度140℃，黑度0.9，烟气入口温度890℃，出口680℃，气体成分为：$\varphi(SO_2)=8.5\%$，$\varphi(H_2O)=7.7\%$，求烟气对管壁的辐射传热速率（由于烟气含尘较多，其黑度可近似地取为纯气体的1.3倍），并比较精确公式与简化公式的结果。

2-47 烟气流过辐射换热器内管，其直径 $d=1\mathrm{m}$，内管黑度 $\varepsilon=0.9$，温度 $t_2=700$℃，烟气温度 $t_1=1200$℃，烟气成分：$\varphi(CO_2)=14.5\%$，$\varphi(H_2O)=4\%$，若忽视端头辐射的影响，试计算辐射传热速率。

2-48 内壁温度为 T_W 的废气管，废气的真实温度为 T_f，但热电偶测得的读数为 T_1 ($T_1>T_W$)。已知热电偶热接点的黑度为 ε_1，废气与热接点间的对流换热系数为 α。如果忽略热电偶因导热引起的误差，并视废气为非吸收性介质，试导出稳态情况下反应废气温度 T_f 的表达式，并对测温误差的产生和消除进行分析讨论。

2-49 设 T_1 与 ε_1 为表面 A_1 的温度与黑度，T_2 与 ε_2 为表面 A_2 的温度与黑度，φ_{12} 为表面 A_1 对表面 A_2 的角度系数，φ_{21} 为表面 A_2 对表面 A_1 的角度系数，且 $T_1>T_2$。试用辐射网络法推证任意两表面构成封闭体系时，两表面 A_1 与 A_2 之间辐射换热量计算公式为：

$$Q_{12}=\frac{5.67\left[\left(\frac{T_1}{100}\right)^4-\left(\frac{T_2}{100}\right)^4\right]A_1\varphi_{12}}{\left(\frac{1}{\varepsilon_1}-1\right)\varphi_{12}+\left(\frac{1}{\varepsilon_2}-1\right)\varphi_{21}+1}$$

2-50 面积为50cm×50cm的表面1和表面2互相垂直放置如图2-51所示。表面1的温度 $T_1=1000\mathrm{K}$，黑度 $\varepsilon_1=0.6$，表面2绝热。而表面与壁温 $T_W=300\mathrm{K}$ 的大房间进行稳定的辐射换热。试确定绝热表面2的温度 T_2 和表面1的辐射热损失 Q_1。

2-51 一个电烙铁，端部面积0.0013m^2，黑度为0.88，置于25℃的房内空气中（房间墙壁温度也为25℃）。烙铁端部与空气之间的换热系数为11W/(m^2·℃)。当加于烙铁端部的功率为20W时，试计算达到稳态时端部的表面温度。

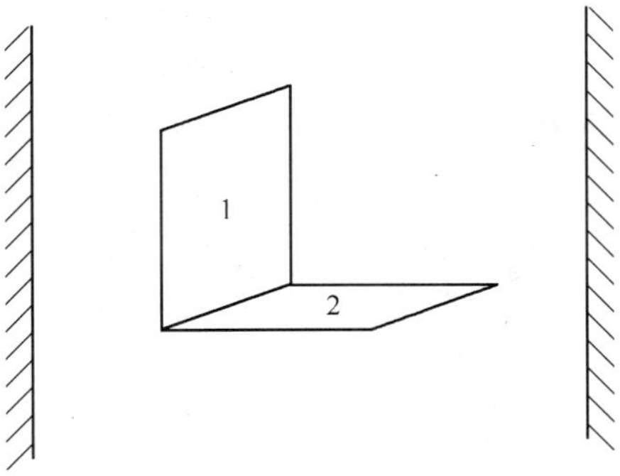

图 2-51　习题 2-50 图

2-52　炉壁由三层组成，内层是厚度 $\delta_1=0.23\text{m}$、$\lambda_1=1.2\text{W/(m·℃)}$ 的黏土砖，外层是 $\delta_3=0.24\text{m}$、$\lambda_3=0.5\text{W/(m·℃)}$ 红砖；两层中间填以厚度 $\delta_2=0.03\text{m}$、$\lambda_1=0.1\text{W/(m·℃)}$ 的石棉作为隔热层。炉墙内侧烟气温度 $t_{f1}=1200℃$，烟气侧换热系数 $\alpha_{\Sigma1}=40\text{W/(m}^2\text{·℃)}$；厂房室内空气温度 $t_{f2}=20℃$，空气侧换热系数 $\alpha_{\Sigma2}=15\text{W/(m}^2\text{·℃)}$，试求通过该炉墙的散热损失和炉墙内、外表面的温度 t_1 和 t_2。

2-53　某工业炉炉墙由两层耐火砖砌成。炉内烟气温度为 1350℃，炉外车间空气温度为 35℃，烟气侧的换热系数 $\alpha_{\Sigma1}$ 为 $20\text{W/(m}^2\text{·℃)}$，车间空气侧的换热系数 $\alpha_{\Sigma2}$ 为 $10\text{W/(m}^2\text{·℃)}$；两层炉墙的厚度均为 0.23m，第一层炉墙的热导率 λ_1 为 1.5W/(m·℃)，第二层炉墙的热导率 λ_2 为 0.5W/(m·℃)，试求两层炉墙交界面上的温度 t_{W2}。

2-54　外径为 0.03m 的管子，需要覆盖一层绝热材料以减少散热，已知绝热材料的外表面与周围空气间的换热系数。现由热导率 $\lambda=0.058\text{W/(m·℃)}$ 的矿渣棉和 $\lambda=0.302\text{W/(m·℃)}$ 的水泥两种绝热材料，试问选何种合适？

2-55　某炉子排出的废气温度为 450℃，流量为 0.04kg/s，比热容为 1.13kJ/(kg·℃)。现拟用废气余热把流量为 0.1kg/s，初温为 10℃的水加热到 50℃，以供生活之用。今有两台现成的逆流套管式换热器，传热系数和传热面积分别为 $K_1=100\text{W/(m}^2\text{·℃)}$、$A_1=0.9\text{m}^2$ 和 $K_2=100\text{W/(m}^2\text{·℃)}$、$A_2=0.6\text{m}^2$。试通过计算确定选哪一台换热器合适？设水的平均比热容为 $c_p=4.2\ \text{kJ/(kg·℃)}$。

2-56　欲用初温为 170℃、比热容 $c_p=2.1\text{kJ/(kg·℃)}$、流量为 2300kg/h 的油把流量为 2300kg/h 的水从 35℃加热到 65℃。若传热系数 $K=300\text{W/(m}^2\text{·℃)}$，试求换热面积。

2-57　试计算钢管逆流换热器的面积。标准状态下废气流量 $V_g=1300\text{m}^3\text{/h}$，废气温度 $t_g=800℃$；空气流量 $V_a=1000\text{m}^3\text{/h}$，要求从 20℃预热到 300℃。现由耐热无缝钢管，内径 53mm，壁厚 3.5mm，热导率 $\lambda=46\text{W/(m·℃)}$。假定空气流速 $v_{0,a}=10\text{m}^3\text{/s}$；烟气流速 $v_{0,g}=10\text{m}^3\text{/s}$。

2-58　在某一已定尺寸的套管式换热器中，热流体与冷流体逆流换热。热流体进入时为 120℃，排出时为 60.5℃；冷流体进入时为 20℃，排出时为 67.5℃，若换热器中流体进口温度不变，流量不变，且传热系数、物料比热容以及设备热损失不变，但换热面积增大 1 倍，试求冷、热流体排出温度及热通量的变化。

2-59　正交逆流型壳管式换热器中，管外热水被管内冷水所冷却，如图 2-52 所示。换热面积 $A=5\text{m}^2$，传热系数 $K=1400\text{W/(m}^2\text{·℃)}$。冷却水和热水的流量以及它们的进口温度各为：$\dot{m}_c=1000\text{kg/h}$、$\dot{m}_h=5000\text{kg/h}$、$t_{c1}=20℃$、$t_{h1}=100℃$，试计算冷却水和热水的出口温度 t_{c2}、t_{h2} 和传热量 Q。

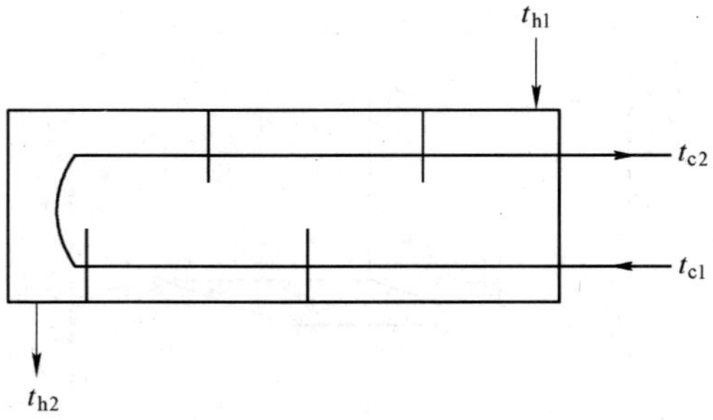

图 2-52 习题 2-59 图

3 燃料及燃烧

3.1 燃料的特性

为了合理地选择和使用燃料，必须了解冶金工业所用主要燃料的特性。燃料的基本特性包括燃料的化学组成和发热量，它们是评定燃料质量好坏的主要指标。

3.1.1 燃料的化学组成

3.1.1.1 气体燃料的化学组成及表示法

A 气体燃料的组成

气体燃料主要有煤气，它是由各种简单气体组成的混合物，其中一部分是可燃的气体，如 CO、H_2、CH_4 和其他碳氢化合物，属煤气中有益组成物，而碳氢化合物燃烧时放热能力最大，H_2 次之，CO 最低；另一部分是不可燃气体，如 N_2、CO_2、SO_2、O_2、H_2O 等。有的煤气中尚含有 H_2S，它虽然可燃烧放热，但燃烧产物 SO_2 有毒，对人和设备都有害，属煤气中的有害成分。此外，煤气中还有微量的灰尘，它相对降低了可燃物含量，也属于有害成分。

B 气体燃料化学组成的表示法和换算

气体燃料各成分的体积含量有干成分和湿成分两种表示方法：一种是包括水汽在内的表示法，因实际使用的气体燃料都有水汽，所以湿成分即为实用组成，表示为

$$\varphi(CO^s)+\varphi(H_2^s)+\varphi(CH_4^s)+\varphi(N_2^s)+\cdots+\varphi(H_2O^s)=1 \tag{3-1}$$

式中，$\varphi(CO)$、$\varphi(H_2^s)$、…、$\varphi(H_2O^s)$ 分别代表 CO、H_2…、H_2O 在湿煤气中所占的体积分数。

气体燃料水汽含量 H_2O^s 可以认为是在一定温度下所包含的饱和水蒸气量，但它是随气体燃料的温度变化而变化的。为了确切说明气体燃料的组成，必须避开水汽的影响，干成分表示为

$$\varphi(CO^g)+\varphi(H_2^g)+\varphi(CH_4^g)+\cdots+\varphi(N_2^g)=1 \tag{3-2}$$

式中，$\varphi(CO^g)$、$\varphi(H_2^g)$、…、$\varphi(N_2^g)$ 分别代表 CO、H_2、…、N_2 等成分在干煤气中所占的体积分数。

由于气体燃料在使用时含有水分，因此在进行热工计算时，应当根据该温度下的饱和水蒸气量，将干成分换算成湿成分。其通式为

$$\varphi(M^s)=\varphi(M^g)\times\frac{100}{100+0.124g_{H_2O}^g} \tag{3-3}$$

式中 $\varphi(M^s)$——气体燃料中某种成分的湿成分的体积分数；

$\varphi(M^g)$——该种成分的干成分的体积分数；

$g_{H_2O}^g$——每 $1m^3$[1] 干煤气所含的饱和水蒸气量，g/m^3。根据煤气温度由附表5查得。

---

[1] 本章气体体积均指标准状态下的体积。

［例3-1］ 已知高炉煤气的干成分为：$\varphi(CO^g)=27.20\%$，$\varphi(H_2^g)=3.20\%$，$\varphi(CH_4^g)=0.20\%$，$\varphi(CO_2^g)=14.70\%$，$\varphi(O_2^g)=0.20\%$，$\varphi(N_2^g)=54.50\%$。试确定此高炉煤气在平均温度为30℃时的湿成分。

［解］ 查附表5得高炉煤气在30℃时，$g_{H_2O}^g=35.10g/m^3$。根据式（3-3）可求得各组分的湿成分为

$$\varphi(CO^s)=\varphi(CO^g)\times\frac{100}{100+0.124g_{H_2O}^g}$$

$$=\frac{100}{100+0.124\times35.10}\times27.20\%$$

$$=0.958\times27.20\%=26.07\%$$

$$\varphi(H_2^s)=0.958\times3.20\%=3.07\%;$$

$$\varphi(CH_4^s)=0.958\times0.20\%=0.19\%;$$

$$\varphi(CO_2^s)=0.958\times14.70\%=14.08\%;$$

$$\varphi(O_2^s)=0.958\times0.20\%=0.19\%;$$

$$\varphi(N_2^s)=0.958\times54.50\%=52.21\%;$$

$$\varphi(H_2O^s)=\frac{35.10\times22.4}{18\times1000}=0.0437=4.37\%$$

3.1.1.2 固体和液体燃料的化学组成及表示法

固体和液体燃料虽然物理状态不同，但它们都是由碳、氢、氧、氮、硫五种元素以及水分和灰分等杂质所组成。它们在燃烧过程中的变化及对燃烧的影响分述如下：

碳是固、液燃料的主要成分，在煤中碳含量为50%～90%，而在液体燃料中碳含量一般在85%以上。碳燃烧时放出大量的热，约为33913kJ/kg。但碳一般以化合物状态存在，故燃烧放出的热量比上述值稍低。

氢在液体燃料中约含10%，而在固体燃料中一般在6%以下。氢燃烧放出的热量为143020kJ/kg，故液体燃料比固体燃料的发热量大。

液、固燃料的硫，因其燃烧产物SO_2有毒，故要求硫含量在1%以下。

氧在固、液燃料中含量不等，因为它与其他可燃成分形成一系列氧化物，不能进行燃烧放热，从而降低了这些可燃组成物的燃烧热，故希望燃料中含氧量越少越好。

氮是惰性成分，不能参加反应，但含量仅为1%～2%。

水分是有害的，它不仅相对地降低可燃成分含量，而且使燃料发热量降低。液体燃料含水2%以下，固体燃料含水较高且波动范围大。

灰分是燃料中不能燃烧的矿物质，其组成主要是SiO_2、Al_2O_3、CaO、Fe_2O_3等。液体燃料灰分含量一般在0.3%以下，固体燃料灰分含量较多，2%～40%。它不仅降低可燃成分的含量，影响燃料燃烧过程，而且还影响冶炼过程。低熔点的灰分影响尤甚，易熔化结块妨碍通风，故一般要求灰分熔点大于1300℃。因此灰分的多少是衡量燃料质量的重要指标之一。

根据生产实践的需要，固、液燃料各化学组成的质量含量用以下四种“基”来表示：

应用基组成 以包括全部水分和灰分的燃料质量作为100%，即

$$w(C^{ar})+w(H^{ar})+w(O^{ar})+w(N^{ar})+w(S^{ar})+w(A^{ar})+w(M^{ar})=1 \quad (3\text{-}4)$$

分析基组成 为实验室的分析值，以空气风干燃料为100%，即

$$w(C^{ad})+w(H^{ad})+w(O^{ad})+w(N^{ad})+w(S^{ad})+w(A^{ad})+w(M^{ad})=1 \quad (3\text{-}5)$$

干燥基组成 以除去水分后的燃料质量作为100%，即

$$w(C^{d})+w(H^{d})+w(O^{d})+w(N^{d})+w(S^{d})+w(A^{d})=1 \tag{3-6}$$

可燃基组成 以无水无灰的可燃质成分质量作为100%，即

$$w(C^{daf})+w(H^{daf})+w(O^{daf})+w(N^{daf})+w(S^{daf})=1 \tag{3-7}$$

此外，在工业上为了评价燃料的质量指标还采用工业分析的方法测定固、液体燃料中的水分（M）、灰分（A）、挥发分（V）和固定碳（C）的含量，将分析结果表示成这些成分在燃料中的质量分数，作为评价和选择燃料的重要指标，即

$$w(M^{ad})+w(V^{ad})+w(C_{GD}^{ad})+w(A^{ad})=1 \tag{3-8}$$

3.1.1.3 各成分表示方法之间的换算

上述四种表示方法之间可以互相换算，其换算系数列于表3-1。

表3-1 固、液体燃料不同成分基础的换算系数

已知成分的基	所求成分的基			
	应用基	分析基	干燥基	可燃基
应用基	1	$\frac{100-w(M^{ad})_{\%}}{100-w(M^{ar})_{\%}}$	$\frac{100}{100-w(M^{ar})_{\%}}$	$\frac{100}{100-w(M^{ar})_{\%}-w(A^{ar})_{\%}}$
分析基	$\frac{100-w(M^{ar})_{\%}}{100-w(M^{ad})_{\%}}$	1	$\frac{100}{100-w(M^{ad})_{\%}}$	$\frac{100}{100-w(M^{ad})_{\%}-w(A^{ad})_{\%}}$
干燥基	$\frac{100-w(M^{ar})_{\%}}{100}$	$\frac{100-w(M^{ad})_{\%}}{100}$	1	$\frac{100}{100-w(A^{d})_{\%}}$
可燃基	$\frac{100-w(M^{ar})_{\%}-w(A^{ar})_{\%}}{100}$	$\frac{100-w(M^{ad})_{\%}-w(A^{ad})_{\%}}{100}$	$\frac{100-w(A^{d})_{\%}}{100}$	1

注：$w(M^{ad})_{\%}$表示其数值为$w(M^{ad})$的100倍，余同。

[例3-2] 某烟煤的化学组成为：

$w(C^{daf})=85.32\%$，$w(H^{daf})=4.56\%$，$w(O^{daf})=4.07\%$，$w(N^{daf})=1.86\%$，
$w(S^{daf})=4.25\%$，$w(A^{d})=7.78\%$，$w(M^{ar})=3.00\%$，求该烟煤的应用基组成。

[解] 按表3-1的换算系数，先将灰分的干燥基组成换成应用基组成

$$w(A^{ar})=w(A^{d})\times\frac{100-w(M^{ar})_{\%}}{100}=0.0778\times\frac{100-3}{100}=7.55\%$$

而后将各元素的可燃基组成换算成应用基组成

$$\begin{aligned}w(C^{ar})&=w(C^{daf})\times\frac{100-w(M^{ar})_{\%}-w(A^{ar})_{\%}}{100}\\&=0.8532\times\frac{100-(3.00+7.55)}{100}\\&=0.8532\times0.8945=76.32\%\end{aligned}$$

同理

$$w(H^{ar})=0.0456\times0.8945=4.08\% \qquad w(O^{ar})=0.0407\times0.8945=3.64\%$$
$$w(N^{ar})=0.0180\times0.8945=1.61\% \qquad w(S^{ar})=0.0425\times0.8945=3.80\%$$

3.1.2 燃料发热量

单位质量或单位体积的燃料在完全燃烧时所放出的热量叫做燃料的发热量。通常用Q表示，单位是kJ/kg或kJ/m^3。根据燃烧产物中水存在的状态不同又可分为高位发热量（Q_{GW}）和低位发热量（Q_{DW}）。Q_{GW}指的是燃料完全燃烧后燃烧产物冷却到其中的水蒸气凝结成0℃的水时放出的热量；Q_{DW}指的是燃料完全燃烧后燃烧产物中水蒸气冷却到20℃时放出的热量。Q_{GW}和Q_{DW}之间的换算公式为

$$Q_{DW}=Q_{GW}-2512[w(M^{ar})+9w(H^{ar})]^{❶} \quad (3\text{-}9)$$

高位发热量可以用热量计直接测定，所得结果准确可靠，因为它不受燃料成分分析误差的影响。如果已知燃料的元素分析数据，用计算的方法求发热量是比较简单的，但其结果是近似的。

气体燃料低发热量的计算　气体燃料的发热量是各简单可燃气体的发热量之和

$$Q_{DW}=[128\varphi(CO^{s})+108\varphi(H_2^{s})+360\varphi(CH_4^{s})+231\varphi(H_2S^{s})]\times 100 \quad (3\text{-}10)$$

式中，$\varphi(CO^{s})$、$\varphi(H_2^{s})$、…，分别为气体燃料中各成分的体积分数。

固、液燃料低发热量的计算　对于固、液燃料低发热量的计算，目前较通用的是门捷列夫公式

$$Q_{DW}^{ar}=[339w(C^{ar})+1030w(H^{ar})-109(w(O^{ar})-w(S^{ar}))-25w(M^{ar})]\times 100 \quad (3\text{-}11)$$

式中，$w(C^{ar})$、$w(H^{ar})$、…，分别为燃料中各成分的质量分数。

混合燃料发热量的计算　在生产实践中，有时采用混合燃料进行燃烧，其发热量计算方法为

$$Q_c=x_1Q_1+(1-x_1)Q_2 \quad (3\text{-}12)$$

式中　Q_1，Q_2——两种燃料的发热量；

x_1——燃料 Q_1 在混合燃料中所占的质量（或体积）分数。

标准燃料　为了评价各种燃料的发热能力，通常选定一种燃料作为其他燃料的比较标准，并用来表示燃料用量的单位。规定发热量为 29308kJ/kg（气体燃料为 29308kJ/m^3）的燃料为标准燃料。这样，任何燃料都可换算成标准燃料。

[例 3-3]　根据例 3-2 求出的烟煤应用基组成，计算其发热量。

[解]　按式(3-11)先求低位发热量

$$\begin{aligned}Q_{DW}^{ar}&=[339w(C^{ar})+1030w(H^{ar})-109(w(O^{ar})-w(S^{ar}))-25w(M^{ar})]\times 100\\&=339\times 76.32+1030\times 4.08-109\times(3.64-3.80)-25\times 3.00\\&=30017\text{kJ/kg}\end{aligned}$$

按式(3-9)计算高位发热量

$$\begin{aligned}Q_{GW}&=Q_{DW}^{ar}+2512(w(M^{ar})+9w(H^{ar}))=30017+2512\times(0.03+9\times 0.0408)\\&=31010\text{kJ/kg}\end{aligned}$$

3.2 燃烧计算

燃烧计算实际上是燃烧反应物质平衡和热平衡的计算，其内容有：助燃空气需要量的计算；燃烧产物的体积、成分和密度的计算；燃烧温度的计算。其目的是为炉子设计和炉子热工管理提供必要的数据。这些数据是选择风机、确定烟道和烟囱尺寸以及进行传热计算时不可缺少的依据。

计算方法有分析计算法和近似计算法，前者主要是根据各种元素的反应方程式算出燃烧时空气需要量及燃烧产物量。这种方法的优点是计算结果比较准确。可以了解燃烧过程的实质，缺点是计算较繁杂。后者是利用燃烧各特性之间存在的关系作出图表，用图表近似进行计算，这种方法比较简单，但结果不够准确。

为了使计算简化而又能满足工程计算精度的要求，在燃烧计算中通常采用以下几点假设：

(1) 气体的体积都是指标准状态(0℃，101325Pa)下的，一切气体在标准状态下的千摩尔体积按 22.4m^3 考虑；

---

❶ 1kg 水由 0℃ 变成 20℃ 水蒸气需要热量（主要是汽化潜热）约为 2512kJ，1kg 燃料中含水 $w(M^{ar})$kg，含氢 $w(H^{ar})$kg，氢完全燃烧后生成水 $9w(H^{ar})$kg。

（2）当温度不高于2100℃时，在计算中不考虑燃烧产物的热分解；

（3）计算空气量时，认为干空气中 O_2 与 N_2 的体积比为21/79，重量比23.2/76.8，忽略空气中的稀有气体和 CO_2 的存在。

3.2.1 空气需要量、燃烧产物量及其成分的计算

气体燃料和固、液体燃料成分表示方法不同，故计算方法亦不同。其燃烧反应方程式分别列于表3-2和表3-3。

表3-2 每1m³（标准状态下）气体燃料燃烧时的燃烧反应表

湿成分/%	反应方程式（体积比例）	需氧体积 /$m^3 \cdot m^{-3}$	燃烧产物体积/$m^3 \cdot m^{-3}$				
			CO_2	H_2O	SO_2	N_2	O_2
$\varphi(CO^s)$	$CO+\frac{1}{2}O_2=CO_2$ 1∶1/2∶1	$\frac{1}{2}CO^s$	CO^s				
$\varphi(H_2^s)$	$H_2+\frac{1}{2}O_2=H_2O$ 1∶1/2∶1	$\frac{1}{2}H_2^s$		H_2^s			
$\varphi(CH_4^s)$	$CH_4+2O_2=CO_2+2H_2O$ 1∶2∶1∶2	$2CH_4^s$	CH_4^s	$2CH_4$			
$\varphi(C_nH_m^s)$	$C_nH_m+(n+\frac{m}{4})O_2=nCO_2+\frac{m}{2}H_2O$ 1∶$n+m/4$∶n∶$m/2$	$(n+\frac{m}{4})C_nH_m^s$	$nC_nH_m^s$	$\frac{m}{2}C_nH_m^s$			
$\varphi(H_2S^s)$	$H_2S+\frac{3}{2}O_2=SO_2+H_2O$ 1∶3/2∶1∶1	$\frac{3}{2}H_2S^s$		H_2S^s	H_2S^s		
$\varphi(CO_2^s)$	不燃烧			CO_2^s			
$\varphi(SO_2^s)$	不燃烧				SO_2^s		
$\varphi(O_2^s)$	不燃烧	$-O_2^s$					
$\varphi(N_2^s)$	不燃烧					N_2^s	
$\varphi(H_2O^s)$				H_2O^s			

表3-3 每1kg液、固体燃料燃烧时的燃烧反应表

各组成物含量		反应方程式（物质的量比）	燃烧时需氧物质的量	燃烧产物物质的量				
应用基组成 /%	物质的量			CO_2	H_2O	SO_2	N_2	O_2
$w(C^{ar})$	$\frac{C^{ar}}{12}$	$C+O_2=CO_2$ 1∶1∶1	$\chi(\frac{C^{ar}}{12})$	$\chi(\frac{C^{ar}}{12})$				
$w(H^{ar})$	$\frac{H^{ar}}{2}$	$H_2+\frac{1}{2}O_2=H_2O$ 1∶1/2∶1	$\chi(\frac{H^{ar}}{4})$	$\chi(\frac{H^{ar}}{2})$				
$w(S^{ar})$	$\frac{S^{ar}}{32}$	$S+O_2=SO_2$ 1∶1∶1	$\chi(\frac{S^{ar}}{32})$			$\chi(\frac{S^{ar}}{32})$		
$w(O^{ar})$	$\frac{O^{ar}}{32}$	消耗掉	$-\chi(\frac{O^{ar}}{32})$					
$w(N_2^{ar})$	$\frac{N^{ar}}{28}$	不燃烧					$\chi(\frac{N^{ar}}{28})$	
$w(M^{ar})$	$\frac{M^{ar}}{18}$	不燃烧			$\chi(\frac{M^{ar}}{18})$			
$w(A^{ar})$		不燃烧、无气态产物						

从表3-2可看出，标准状态下，1标准立方米气体燃料完全燃烧的理论空气需要量为

$$L_0=4.762\times\left[\frac{1}{2}\varphi(CO^s)+\frac{1}{2}\varphi(H_2^s)+2\varphi(CH_4^s)+\right.$$
$$\left.(n+\frac{m}{4})\varphi(C_nH_m^s)+\frac{3}{2}\varphi(H_2S^s)-\varphi(O_2^s)\right] \tag{3-13}$$

当空气消耗系数 n 选定以后，实际空气需要量可按 $L_n=nL_0$ 计算。

当燃烧产物量为表3-2中燃烧产物和空气带入的 N_2、O_2、水分时

$$V_n=[\varphi(CO^s)+\varphi(H_2^s)+3\varphi(CH_4^s)+(n+\frac{m}{2})\varphi(C_nH_m^s)+\varphi(CO_2^s)+$$
$$2\varphi(H_2S^s)+\varphi(N_2^s)+\varphi(H_2O^s)]+(n-\frac{21}{100})L_0+0.00124g_{H_2O}^{g}L_n \tag{3-14}$$

据表3-3分析，可得出个有关燃烧参数公式，空气需要量为

$$L_0=4762\times(\frac{w(C^{ar})}{12}+\frac{w(H^{ar})}{4}+\frac{w(S^{ar})}{32}-\frac{w(O^{ar})}{32})$$
$$=8.89w(C^{ar})+26.67w(H^{ar})+3.33(w(S^{ar})-w(O^{ar})) \tag{3-15}$$

$$L_n=nL_0\text{m}^3/\text{kg} \tag{3-16}$$

$$V_n=(\frac{w(C^{ar})}{12}+\frac{w(S^{ar})}{32}+\frac{w(H^{ar})}{2}+\frac{w(M^{ar})}{18}+\frac{w(N^{ar})}{28})\times22.4+$$
$$(n-\frac{21}{100})L_0+0.00124g_{H_2O}^{g}L_n\text{m}^3/\text{kg} \tag{3-17}$$

燃烧产物成分就是燃烧产物中各组分所占的体积分数即

$$\left.\begin{aligned}\varphi(CO_2')&=V_{CO_2}/V_n\\\varphi(H_2O')&=V_{H_2O}/V_n\\\varphi(O_2')&=V_{O_2}/V_n\\\varphi(SO_2')&=V_{SO_2}/V_n\\\varphi(N_2')&=V_{N_2}/V_n\end{aligned}\right\} \tag{3-18}$$

式中，V_{CO_2}、V_{SO_2}、……，表示燃烧产物中各组分的体积。

对液、固体燃料而言，按下式计算

$$\left.\begin{aligned}V_{CO_2}&=w(C^{ar})\times\frac{11}{3}\times\frac{22.4}{44}=\frac{w(C^{ar})}{12}\times22.4\text{m}^3/\text{kg}\\V_{N_2}&=\frac{w(N^{ar})}{28}\times22.4+\frac{79}{100}L_n\text{m}^3/\text{kg}\\V_{H_2O}&=(\frac{w(H^{ar})}{2}+\frac{w(M^{ar})}{18})\times22.4+0.00124g_{H_2O}^{d}L_n\text{m}^3/\text{kg}\\V_{SO_2}&=\frac{w(S^{ar})}{32}\times22.4\text{m}^3/\text{kg}\\V_{O_2}&=\frac{21}{100}(L_n-L_0)\text{m}^3/\text{kg}\end{aligned}\right\} \tag{3-19}$$

对于气体燃料同理可得：

$$
\left.
\begin{aligned}
V_{CO_2} &= [\varphi(CO^s) + \varphi(CH_4^s) + n\varphi(C_nH_m^s) + \varphi(CO_2^s)]\ m^3/m^3 \\
V_{N_2} &= \varphi(N_2^s) + \frac{79}{100}L_n\ m^3/m^3 \\
V_{SO_2} &= \varphi(H_2S^s)\ m^3/m^3 \\
V_{O_2} &= \frac{21}{100}(L_n - L_0)\ m^3/m^3 \\
V_{H_2O} &= [\varphi(H_2^s) + 2\varphi(CH_4^s) + \frac{m}{2}\varphi(C_nH_m^s) + \varphi(H_2S^s) + \\
&\quad \varphi(H_2O^s)] + 0.00124 g_{H_2O}^g L_n\ m^3/m^3
\end{aligned}
\right\}
\quad (3\text{-}20)
$$

3.2.2 燃烧产物密度的计算

燃烧产物密度是指 1 标立方米燃烧产物所具有的质量，单位是 kg/m^3。已知产物成分时，密度即为各成分质量之和除以燃烧产物的总体积。各成分质量为各成分的体积乘以该成分的密度，则标准态的密度为：

$$
\rho_0 = \frac{44\varphi(CO_2') + 18\varphi(H_2O') + 64\varphi(SO_2') + 28\varphi(N_2') + 32\varphi(O_2')}{22.4} \quad (3\text{-}21)
$$

当不知燃烧产物成分时，可用参加反应物质的总质量除以燃烧产物的总体积得出密度。这是因为反应前后的物质质量是相等的，对气体燃料为

$$
\rho_0 = \frac{[28\varphi(CO^s) + 2\varphi(H_2^s) + (12n+m)\varphi(C_nH_m^s) + 34\varphi(H_2S^s)}{V_n} + \frac{44\varphi(CO_2^s) + 32\varphi(O_2^s) + 28\varphi(N_2^s) + 18\varphi(H_2O^s)] \times \frac{1}{22.4} + 1.293L_n}{V_n} \quad (3\text{-}22)
$$

对于固体、液体燃料用下式计算

$$
\rho_0 = \frac{(1 - A^{ar}) + 1.293L_n}{V_n}\ kg/m^3 \quad (3\text{-}23)
$$

各种燃料的经验公式列于表 3-4。

表 3-4 各种燃料的经验公式

燃料种类	理论空气需要量 $L_0/m^3 \cdot kg^{-1}$	实际燃烧产物量 $V_n/m^3 \cdot kg^{-1}$
木柴和泥煤	$L_0 = \frac{1.07}{1000}Q_{DW} + 0.007M^{ar} - 0.06$	$V_n = \frac{0.95}{1000}Q_{DW} + 1.09 + 0.007M^{ar} + (n-1)L_0$
各种煤	$L_0 = 1.01\frac{Q_{DW}}{1000} + 0.5$	$V_n = 0.89\frac{Q_{DW}}{1000} + 1.65 + (n-1)L_0$
各种液体燃料	$L_0 = 0.85\frac{Q_{DW}}{1000} + 2.0$	$V_n = 1.11\frac{Q_{DW}}{1000} + (n-1)L_0$
煤气 $Q_{DW} < 12500kJ/m^3$	$L_0 = 0.875\frac{Q_{DW}}{1000}$	$V_n = 0.725\frac{Q_{DW}}{1000} + 1.0 + (n-1)L_0$
煤气 $Q_{DW} > 12500kJ/m^3$	$L_0 = 1.09\frac{Q_{DW}}{1000} - 0.25$	$V_n = 1.14\frac{Q_{DW}}{1000} + 0.25 + (n-1)L_0$
焦炉与高炉混合煤气	$L_0 = \frac{Q_{DW}}{1000} - 0.20$	$V_n = 0.945\frac{Q_{DW}}{1000} + 0.765 + (n-1)L_0$
天然气 $Q_{DW} < 35800kJ/m^3$	$L_0 = 1.105\frac{Q_{DW}}{1000} + 0.05$	$V_n = 1.105\frac{Q_{DW}}{1000} + 1.05 + (n-1)L_0$
天然气 $Q_{DW} > 35800kJ/m^3$	$L_0 = 1.105\frac{Q_{DW}}{1000}$	$V_n = 1.18\frac{Q_{DW}}{1000} + 0.38 + (n-1)L_0$

注：表中的 Q_{DW} 用 kJ/kg 或 kJ/m^3。

3.2.3 空气消耗系数

3.2.3.1 空气消耗系数的定义及其选择

由前面计算可知，空气消耗系数指的是实际空气需要量 L_n，与理论空气需要量 L_0 的比值，即 $n = L_n/L_0$。

理论和实践表明，当 n 过小时会形成不完全燃烧，而过大时对燃烧会有不利影响。因此 n 是控制燃烧过程的一个重要参数。在设计炉子时，n 值根据经验选取。对要求完全燃烧的炉子其 n 值列于表 3-5。

表 3-5 空气消耗系数 n

燃料种类	燃烧方法	n
固体燃料	人工加煤	1.2 ~ 1.5
	机械加煤	1.2 ~ 1.3
	粉煤燃烧	1.15 ~ 1.25
液体燃料	低压喷嘴	1.10 ~ 1.15
	高压喷嘴	1.20 ~ 1.25
气体燃料	无焰燃烧	1.03 ~ 1.05
	有焰燃烧	1.05 ~ 1.20

从表 3-5 可见，燃烧的种类，燃烧方法和燃烧设备的构造等都会影响 n 值，故在选取 n 值时应全面考虑。

3.2.3.2 空气消耗系数 n 对炉子热工的影响

在冶金炉中，空气消耗系数有很重要的意义，它对炉子的热工影响很大。

（1）对空气消耗量的影响。从式（3-16）和式（3-17）等式可见，当燃料一定时，L_n 和 V_n 随 n 值增加而成比例地增加。这样，就要求增大供风和排烟系统的能力，从而增加投资费用和动力消耗。在工作的炉子中，往往由于 n 值的增大，使整个系统阻力增加，而引起烟囱抽力不够。

（2）对燃烧温度的影响。当 n 值增大时，V_n 也增大，导致单位体积燃烧产物的热含量 i（见式（3-26））减少和燃烧产物中过剩空气的体积分数 V_L（见式（3-27））增大，因而使得燃烧温度下降。

（3）对燃烧产物成分的影响。当 n 值增大时虽可保证更大程度的完全燃烧，但此时燃烧产物中 N_2、O_2 绝对数量增加，而使燃烧产物中 CO_2 和 H_2O（汽）的含量相对减少，削弱了烟气在高温炉膛中的辐射能力。

（4）对燃烧产物热损失的影响。当 n 增大时 V_n 也增大，在燃烧产物离开炉膛时，它所带走的热损失也增大。

（5）对燃烧利用程度的影响。当 $n>1$ 时，随着 n 值增大，不仅燃烧温度降低和燃烧产物的辐射能力减弱，而且随产物带走的物理热损失也增加。当 $n<1$ 时，n 值愈小，化学不完全燃烧热损失也愈大。显然，n 值过大或 n 值过小都会使燃料利用程度降低。

总之，在保证最大程度完全燃烧的前提下，n 值愈小愈好。

3.2.4 燃烧温度的计算

所谓燃烧温度是指燃料燃烧时其气态产物（烟气）所能达到的温度。燃烧产物中所含的热量越多，它的温度就越高。燃烧温度就越高。燃烧温度与燃料种类、成分、燃烧条件和传热条件等各方面的因素有关，它主要取决于在燃烧过程中热量收入和热量支出的热平衡关系。分析燃烧过程的热量平衡，就可找出燃烧温度的计算方法和提高燃烧温度的措施。

燃烧过程中热平衡项目如下（各项均按每千克或每标准立方米燃料计算）：

热量收入项有：

（1）燃料燃烧的化学热，即燃料的发热量 Q_{DW}；

（2）燃料带入的物理热 $Q_f = C_f t_f$；

（3）空气带入的物理热 $Q_a = L_n C_a t_a$。

热量支出项有：

（1）燃烧产物的物理热 $Q_{c,p} = V_n C_{c,p} t_{c,p}$；

（2）燃烧产物中某些气体在高温下热分解反应消耗的热量 $Q_{t,d}$；

（3）燃料不完全燃烧而损失的热量 Q_i；

（4）由燃烧产物传给周围物体的热量 $Q_{t,c}$。

在稳态下，热量收入与支出应相等，热平衡方程式为

$$Q_{DW} + Q_f + Q_a = V_n C_{v,p} t_{c,p} + Q_{t,d} + Q_i + Q_{t,c}$$

由此得到燃烧产物温度为

$$t_{c,p} = \frac{Q_{DW} + Q_f + Q_a - Q_{t,d} - Q_i - Q_{t,c}}{V_n C_{c,p}} \tag{3-24}$$

$t_{c,p}$便是在实际燃烧条件下燃烧产物的温度，也称实际燃烧温度。从式（3-24）可看出，影响实际燃烧温度的因素很多，且 $Q_{t,d}$、Q_i、$Q_{t,c}$及 $C_{c,p}$都与燃烧温度有关，故不能直接算出。若假设燃料在绝热条件下燃烧（$Q_{t,c}=0$）并且完全燃烧（$Q_i=0$），则在这种条件下计算出的温度称为“理论燃烧温度”，即

$$t_{th} = \frac{Q_{DW} + Q_f + Q_a - Q_{t,d}}{V_n C_{c,p}} \tag{3-25}$$

理论燃烧温度是燃料燃烧过程的一个重要指标，它是分析炉子和热工计算的重要依据，诸如在燃料和燃烧条件的选择、温度控制和炉温水平的估计及热交换计算方面都有意义。

因为在高温下 CO_2 和水蒸气要进行分解，使得燃烧产物的体积和成分都有所变化，这样就使理论燃烧温度的计算更复杂。为了简化计算，当温度不超过 2100℃ 且用空气作助燃剂时，可以忽略热分解的影响，这样理论燃烧温度就按没有热分解的条件下近似进行计算。

工程上一般都采用 $i-t$ 图图解法近似计算，其计算方法和步骤如下：

（1）求出燃烧产物的理论热含量。所谓燃烧产物的理论热含量就是假定在燃烧过程中不存在任何热损失的理想条件下，燃烧产物单位体积中所含的物理热，以符号 i 表示。

其计算式为

$$i = (Q_{DW} + Q_f + Q_a)/V_n = (Q_{DW} + c_f t_f + L_n c_a t_a)/V_n \tag{3-26}$$

式中 t_f——燃料的温度，℃；

c_f——在 t_f 温度下燃料的比热容，kJ/(kg·℃)；

t_a——空气在燃烧前的温度，℃；

c_a——空气在 t_a 温度下的比热容，kJ/(kg·℃)。

（2）求出燃烧产物中过剩空气的体积分数 V_L，即

$$V_L = (V_n - V_0)/V_n \times 100\% = (L_n - L_0)/V_n \times 100\% \tag{3-27}$$

（3）确定 t_{th}的数值。根据 i、V_L 在 $i-t$ 图（见图 3-1）的横坐标上即可查到所求理论燃烧温度 t_{th}。

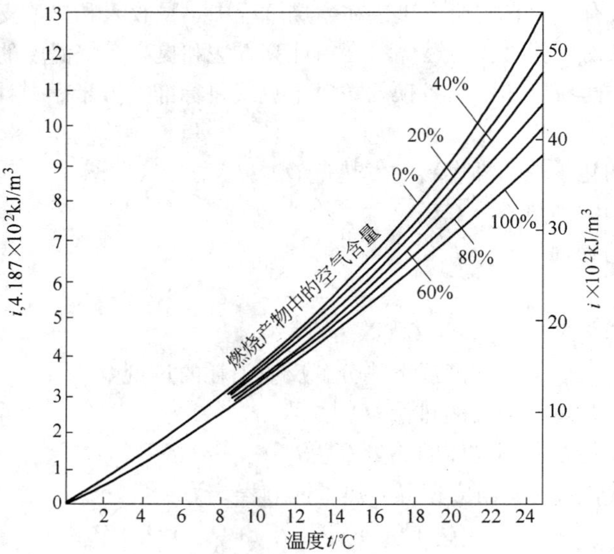

图 3-1 求理论燃烧温度的 $i-t$ 图

实际燃烧温度。由于 $Q_{t,c}$ 和 Q_i 的客观存在，故炉子的温度永远也达不到理论燃烧温度。在此情况下，炉子实际能达到的最高温度称为“实际燃烧温度”。由于无法准确计算，所以目前工程上多按一些经验系数 η 加以估算。它同理论燃烧温度之间存在如下经验关系：

$$t_{c,p}=\eta t_{th} \quad (℃) \tag{3-28}$$

式中 $t_{c,p}$——实际燃烧温度，℃；

η——高温系数，其经验值列于表 3-6。

表 3-6 某些炉子的高温系数的经验值

炉子类型	η
炼铜反射炉	0.75～0.80
回转窑	0.65～0.75
均热炉	0.68～0.73
连续加热炉	0.70～0.85
离析窑燃烧室	0.82～0.88
球团竖式焙烧炉	0.92～0.95

[例 3-4] 某铜精炼反射炉以重油为燃料，其化学组成为：$w(C^{daf})=88.2\%$，$w(H^{daf})=10.4\%$，$w(O^{daf})=0.3\%$，$w(N^{daf})=0.6\%$，$w(S^{daf})=0.5\%$，$w(M^{ar})=1\%$，$w(A^{d})=0.2\%$。

已知：助燃空气在燃烧前预热到200℃，求实际助燃空气量；燃烧产物的体积、组成和密度；实际燃烧温度。

[解] （1）燃料组成换算。燃烧计算应根据燃料的实用组成来进行，因此，需将可燃组成换算成使用组成。按表 3-1 的换算系数，首先将 $w(A^{d})$ 换算成 $w(A^{ar})$，而后换算成其他成分

$$w(A^{ar})=w(A^{d})\times\frac{100-w(M^{ar})_{\%}}{100}=0.002\times\frac{100-1}{100}=0.198\%$$

$$w(C^{ar})=w(C^{daf})\times\frac{100-[w(M^{ar})_{\%}+w(A^{ar})_{\%}]}{100}=0.882\times\frac{100-(1+0.198)}{100}=87.14\%$$

同理可算得

$$w（H^{ar}）=10.28\%；w（O^{ar}）=0.296\%$$

$$w（N^{ar}）=0.592\%；w（S^{ar}）=0.494\%$$

换算后的实用组成质量分数总和等于100%。

（2）计算助燃空气量。按式（3-15）理论空气量为

$$\begin{aligned}L_0 &= 8.89w(C^{ar})+26.67w(H^{ar})+3.33(w(S^{ar})-w(O^{ar}))\\ &=8.89\times0.8714+26.67\times0.1028+3.33\times(0.00494-0.00296)\\ &=10.5\text{m}^3/\text{kg}\end{aligned}$$

设此条件下选用高压重油喷嘴，其空气消耗系数由表3-5查得，取 $n=1.2$，则实际助燃空气量为

$$L_n=nL_0=1.2\times10.5=12.6\text{m}^3/\text{kg}$$

（3）燃烧产物量计算。按式（3-19）燃烧产物各成分体积为

$$V_{CO_2}=\frac{w(C^{ar})}{12}\times22.4=\frac{0.8714}{12}\times22.4=1.63\text{m}^3/\text{kg}$$

$$V_{H_2O}=(\frac{w(H^{ar})}{2}+\frac{w(M^{ar})}{18})\times22.4=(\frac{0.1028}{2}+\frac{0.01}{18})\times22.4=1.16\text{m}^3/\text{kg}$$

$$V_{SO_2}=\frac{w(S^{ar})}{32}\times22.4=\frac{0.00494}{32}\times22.4=0.00346\text{m}^3/\text{kg}$$

$$V_{O_2}=\frac{21}{100}(L_n-L_0)=0.21\times(12.6-10.5)=0.44\text{m}^3/\text{kg}$$

$$V_{N_2}=\frac{w(N^{ar})}{28}\times22.4+\frac{79}{100}L_n=\frac{0.00592}{28}\times22.4+\frac{79}{100}\times12.6=9.959\text{m}^3/\text{kg}$$

则 $V_n=\sum_1^5 V_i=13.19\text{m}^3/\text{kg}$。

（4）燃烧产物组成为

$$\varphi（CO_2'）=（\frac{V_{CO_2}}{V_n}）\times100\%=\frac{1.63}{13.19}\times100\%=12.36\%$$

$$\varphi（H_2O'）=（\frac{V_{H_2O}}{V_n}）\times100\%=\frac{1.16}{13.19}\times100\%=8.79\%$$

$$\varphi（SO_2'）=（\frac{V_{SO_2}}{V_n}）\times100\%=\frac{0.00346}{13.19}\times100\%=0.03\%$$

$$\varphi（O_2'）=（\frac{V_{O_2}}{V_n}）\times100\%=\frac{0.441}{13.19}\times100\%=3.34\%$$

$$\varphi（N_2'）=（\frac{V_{N_2}}{V_n}）\times100\%=\frac{9.959}{13.19}\times100\%=75.48\%$$

（5）燃烧产物密度。按式（3-21）为

$$\begin{aligned}\rho_0&=\frac{44\varphi(CO_2')+18\varphi(H_2O')+28\varphi(N_2')+32\varphi(O_2')+64\varphi(SO_2')}{22.4}\\ &=\frac{44\times0.1236+18\times0.0879+28\times0.7548+32\times0.0334+64\times0.0003}{22.4}=1.30\text{kg/m}^3\end{aligned}$$

或 $$\rho_0=\frac{1-w(A^{ar})\times100+1.293L_n}{V_n}=\frac{1-0.198+1.293\times12.6}{13.19}=1.296\text{kg/m}^3$$

（6）重油发热量计算。按式（3-11）为

$$Q_{DW}=[339w(C^{ar})+1030w(H^{ar})-109(w(O^{ar})-w(S^{ar}))-25w(M^{ar})]\times 100$$
$$=339\times 87.14+1030\times 10.28-109\times(0.296-0.494)-25\times 1$$
$$=40125.44\text{kJ/kg}$$

（7）燃烧温度计算。先按式（3-26）计算出燃烧产物的理论热含量

$$i=\frac{Q_{DW}+Q_f+Q_a}{V_n}=\frac{Q_{DW}+c_f t_f+L_n c_a t_a}{V_n}$$

其中，Q_f 因重油温度不高（常温）可略去不计；助燃空气的物理热 Q_a，因空气预热到200℃，按下式计算

$$Q_a=L_n c_a t_a=12.6\times 1.31\times 200=3301\text{kJ/kg 重油}$$

Q_a 值也可按 $V_L=100\%$ 的那条线，从 $i-t$ 图查得。

于是，燃烧产物的理论热含量

$$i=\frac{40125.44+3301}{13.19}=3294\text{kJ/m}^3$$

$$V_L=\frac{L_n-L_0}{V_n}=\frac{12.6-10.5}{13.19}=16\%$$

根据 i 及 V_L 由 $i-t$ 图查得 $t_{th}=1940℃$。

若取高温系数 $\eta=0.75$❶，则实际燃烧温度为

$$t_r=\eta t_{th}=0.75\times 1940=1455℃$$

3.2.5 理论燃烧温度的讨论

各种冶金炉对温度都有一定的要求，因此保证燃烧温度是燃料燃烧的中心任务。所以要分析影响燃烧温度的因素，明确控制燃烧温度的手段，从实际燃烧温度表示式（3-24）

即
$$t_{c,p}=\frac{Q_{DW}+Q_f+Q_a-Q_{t,d}-Q_i-Q_{t,c}}{V_n\cdot C_{c,p}}$$

可知，影响实际燃烧温度的因素有：

（1）燃料的发热量 Q_{DW}。燃料的发热量越高，其理论燃烧温度越高。故对要求高温的炉子，应选择发热量高的优质燃料。但对于气体燃料，当 Q_{DW} 在 3400～8400kJ/m³ 范围内时，其燃烧温度随 Q_{DW} 值的增加而增长较快；当 $Q_{DW}\geqslant 8400\text{kJ/m}^3$ 以后，随着 Q_{DW} 的增加，烟气量 V_n 增加较快，因而使单位体积燃烧产物的热含量没有多大变化（本质地讲，燃烧温度主要取决于单位体积燃烧产物的含热量）。所以其理论燃烧温度增长缓慢。

（2）空气和煤气的预热温度。燃烧温度随着燃料和空气的物理热含量 Q_f 和 Q_a 增加而升高，为增加 Q_f 和 Q_a，采取燃烧前预热空气和煤气，但预热空气较为方便，对发热量高的煤气效果更好。这是实际应用中提高燃烧温度的普遍有效的办法。

（3）空气消耗系数 n。它影响燃烧产物的生成量和成分，并影响到燃料的不完全燃烧程度，从而影响燃烧温度。因为空气消耗系数太大（$n\gg 1$），使燃烧产物体积增大而导致燃烧温度降低；如果空气消耗系数过小（$n\leqslant 1$ 时），则造成化学不完全燃烧，而同样使燃烧温度降低。因此，为提高燃烧温度，应该在保证完全燃烧的前提下，尽可能减少空气消耗系数 n。

---

❶ 取 $\eta=0.75$ 仅是某种阶段适用。实际上，在加料阶段，火焰周围是冷炉料，大量吸热，η 下降，火焰温度升不上去；当炉料熔化后的过热阶段，需热量减少，η 上升，有可能达到0.8～0.88。

（4）助燃空气的富氧程度。从燃烧计算可知，燃烧产物的主要成分是 N_2（一般 70% ~ 80%），而 N_2 又绝大多数来自助燃空气。如果采用富氧（往空气中混入氧气，使 N_2 含量相对降低）或纯氧气作助燃剂，使燃烧产物体积大大减少，使燃烧温度显著上升。生产实际表明，富氧程度对发热量较高的燃料影响较大，而对发热量较低的燃料影响较小。当采用富氧来提高燃烧温度时，富氧空气在含氧 27% 以下有明显效果，而再提高富氧程度，效果便越来越不明显。

（5）减小燃烧产物传给周围物体的散热量 $Q_{t,c}$。燃烧过程中向外界散失的热量，是使实际温度降低的因素之一。为减小这项损失，应加强燃烧室的保温。

（6）提高燃烧强度。燃烧强度是指燃烧空间的单位容积在单位时间内所燃完的燃料量（或以放出热量的多少来表示）。若燃烧技术合理，加快燃烧速度，提高燃烧强度，增加热量的收入，从而使实际燃烧温度上升。这是生产实践中通常采用的方法。当然，在一定条件下提高燃烧强度是有限的，超过这个限度再增加燃料量，将导致燃料的不完全燃烧而对温度的提高无益。

3.3　燃料燃烧及燃烧装置

3.3.1　煤气燃烧及煤气烧嘴

3.3.1.1　煤气燃烧过程

任何一种气体燃料的燃烧过程，从本质上看包括三个阶段，即气体燃料和空气的混合、混合后的可燃气体的加热和着火，完成燃烧化学反应而进行正常燃烧。

A　煤气和空气的混合

煤气和空气的混合是一个紊流扩散和机械掺混过程，其影响因素主要有：

（1）煤气和空气的流动方式。实践证明，煤气和空气平行流动时的混合速度最慢，火焰最长；当煤气和空气的流动方向之间有一定交角特别呈旋转运动时，能够加快混合速度，这是因为不仅有扩散作用，而且还有机械掺混作用在促使气体的混合。

（2）气流速度。在层流情况下，混合是通过分子扩散的方式进行的，与气流速度无关。在紊流情况下，气流速度越大，紊流作用就越强，混合也就越快。

（3）气流相对速度（速度差）增加煤气与空气的速度差，可以增加两股气流间的摩擦而改善混合状况，气流速度差越大，混合就越快。

（4）气流直径。气流直径越大，完成混合所需的时间越长。因此，将气流分成许多细小流股，以增加煤气和空气的接触面，从而加强混合。例如采用多喷口，流股，流股的烧嘴，均可加速煤气和空气的混合，提高燃烧强度。

（5）空气消耗系数。适当增大空气消耗系数能使混合加快，火焰缩短。反之则混合放慢，火焰拉长。

以上是影响煤气与空气混合速度的主要因素及基本规律。它可以作为我们比较和鉴别烧嘴特点的依据。即在设计或选择烧嘴时，可以根据上述因素对混合的影响规律来改变烧嘴的结构，以便得到所需要的火焰长度。

B　煤气和空气混合物的加热和着火

要使煤气与空气混合物发生燃烧反应，必须达到着火温度才能进行。所谓着火温度，指的是可燃混合物开始稳定燃烧的温度。

着火可分为自然着火和强迫着火。常把使容器内整个气体的温度同时达到着火温度的过程称为自然着火（煤气爆炸属于这种过程）；如果是先用一小的热源（小火焰、电火花或灼热的小物体等）将可燃混合物某一局部先加热到着火温度，然后而引起其他部分着火，这样的着火过程称为强迫着火或点火。工业炉内煤气的燃烧过程都属于强迫着火的类型。在这种着火方式下，为了使燃烧反应连续地进行下去，必须使可燃气体燃烧以后所放出的热量足以能够把邻近的未燃气体加热到着火温度。因此，煤气燃烧过程的稳定与否和煤气空气混合比例有直接关系。例如，在生产实践中，往往会出现“点不着”的情况，或者当火源撤走后立即熄灭，这时必须调整煤气和空气配比。这就说明，只有当煤气的浓度处于一定范围之内时，才能使可燃气体保持稳定的燃烧，这一浓度范围叫做“着火浓度极限”。其值见表3-7。

表3-7 煤气空气混合物的着火温度和着火浓度极限

气体名称	着火温度/℃		着火浓度极限/%	
	最 低	最 高	下 限	上 限
氢气（H_2）	550	609	4.0~9.5	65.0~75.0
一氧化碳（CO）	630	672	12.0~15.6	70.9~75.0
甲烷（CH_4）	800	850	4.9~6.3	11.9~15.4
乙烷（C_2H_6）	540	594	3.1	12.5
丙烷（C_3H_8）	525	588	2.4	9.5
丁烷（C_4H_{10}）	490	569	1.93	8.4
乙烯（C_2H_4）	540	550	3.0	28.6
乙炔（C_2H_2）	335	500	2.5	80.0
焦炉煤气	556	650	5.6~5.8	28.0~30.8
发生炉煤气	700	800	20.7	71
高炉煤气	700	800	35.0~40.0	50.0~73.5
天然气	750	850	5.1~5.8	12.1~13.9

当煤气的浓度小于着火浓度的下限时（空气过多），这种煤气混合物就不会着火，因为它发出热量不足以把邻近的气体加热到着火温度。同理，如果煤气的浓度大于着火浓度的上限（空气太少），也不能保持稳定的燃烧。因此，煤气是否能保持连续稳定的燃烧，取决于着火温度和着火浓度极限。

掌握煤气的着火温度和着火浓度极限，不仅对炉子的正常操作和管理有实际意义，而且对煤气的防火防爆等安全技术也有重要意义。例如，为了不致发生煤气着火爆炸，在煤气储存和输运管道附近绝不允许引火或存在任何可使煤气温度达到着火温度的高温热源。在采用无焰燃烧法时，由于煤气空气预先在混合器中进行混合，所以它们的预热温度必须控制在着火温度以下。又如停炉之后和开炉之前，都必须用蒸汽把煤气管道中的残余气体赶净。点火时，如果第一次熄灭，则必须将烟道闸门板打开使炉内的可燃气体排走后再进行下一次点火，否则会爆炸。

C 完全燃烧化学反应

当煤气空气混合物达到其着火温度点着后，就立即开始剧烈的氧化反应，并放出大量光和热，这就是可燃气体的燃烧反应阶段。

a 氢燃烧化学反应

氢燃烧化学反应是按照链式反应的机理进行的，其机理如下：

由于一些外来的影响，例如高能量分子的碰撞等，氢分子分解成氢原子

$$H_2 + M \longrightarrow 2H + M$$

式中，M 代表气体中除氢以外的催化剂分子或活化表面。

生成的活化中心形成了链式反应的起源，这种生成称为活化中心的初生。氢原子遇到氧分子发生化学反应

$$H + O_2 \longrightarrow O + OH$$

氧原子遇到氢氧根分别引起化学反应

$$O + H_2 \longrightarrow H + OH$$

$$OH + H_2 \longrightarrow H_2O + H$$

上述三式进行一次作为一个节“链”，其链式反应如下

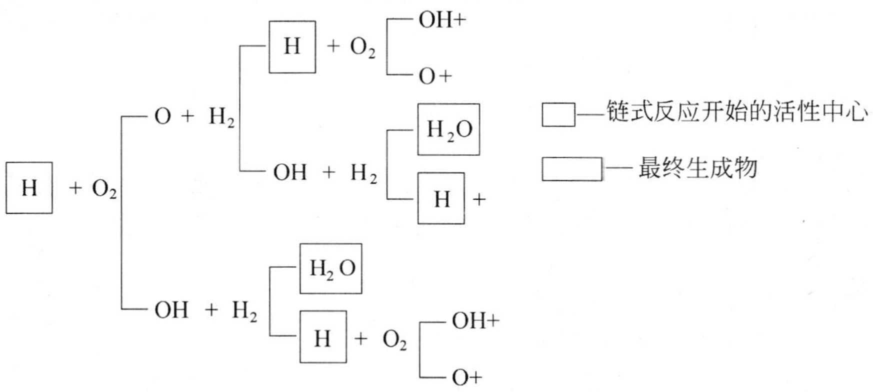

而写出其化学方程式就得到

$$H + O_2 \longrightarrow O + OH$$

$$O + H_2 \longrightarrow H + OH$$

$$2\ (OH + H_2) \longrightarrow 2\ (H + H_2O)$$

以上三反应的总和相当于以下化学方程式

$$H + 3H_2 + O_2 \longrightarrow 2H_2O + 3H \tag{3-29}$$

通过式（3-29）所示的这样一节链，一个氢原子生成了两个水分子，同时又再生了三个氢原子（活化中心）。这三个氢原子又引起了下一节链，不仅产生了更多的水分子，而且生成了更多的氢原子。整个燃烧反应就是这样一节链接着一节链地加速下去，所以称它为链式反应。

b　一氧化碳燃烧化学反应

一氧化碳燃烧也是链式反应。氢和水蒸气对一氧化碳的燃烧反应具有触媒作用，因此，一氧化碳与氧的混合物的燃烧反应又分为“干燥”和“潮湿”混合物两种情况。

“干燥”的一氧化碳和氧燃烧时，臭氧起活化中心的作用。“干燥”的一氧化碳和纯氧的混合物要在660℃以上才能着火。

当一氧化碳和氧的混合物掺有水蒸气（称为潮湿）或氢时，链式反应的机理有很大的改变。这时活化中心 H、O、OH 除上述氢的链式反应外，还和 CO 发生反应

$$OH + CO \longrightarrow CO_2 + H \tag{3-30}$$

$$CO + O + M \longrightarrow CO_2 + M \tag{3-31}$$

式中，M 的意义同前。

如果掺在 CO 和 O_2 混合物中的不是 H_2 而是 H_2O，那么 H_2O 会有一部分转化成 OH，也会

引起上述反应。

O、OH 等活化中心所引起的燃烧速度比干燥的要快得多，因此，“潮湿”的一氧化碳要比“干燥”的一氧化碳容易爆炸。当一氧化碳与纯氧的混合物中掺有 2% 水蒸气时，温度达到 600 ~ 640℃时就能着火。

c　烃的燃烧化学反应

烃（C_nH_m）的燃烧化学反应也是链式反应，只不过更复杂一些，在此不赘述。

由于大量活化中心的作用，使燃烧反应进行得异常迅速，温度愈高，则反应速度愈快。

综上所述，煤气燃烧过程包括混合、着火和燃烧三个阶段。其中混合过程是一种物质扩散过程，而着火和燃烧是传热、传质和化学反应过程。实际上，在炉内这三个过程是同时存在、相互制约、连续进行的，只是将煤气和空气混合好了，在高温下着火和燃烧反应都能自动、连续而且异常迅速地进行。所以混合得充分与否，是决定煤气燃烧过程的关键。促使煤气与空气的充分混合，这是设计煤气烧嘴的主要任务。

3.3.1.2　火焰传播

A　火焰传播

如前所述，在点火后，通过燃烧反应所放出的热量把邻近的未燃气体加热，使其达到着火温度而燃烧起来。这种通过热量传递而使燃烧反应逐渐向前推移的现象叫做“火焰的传播”。

火焰的传播如图 3-2 所示，可燃混合物经一管道流动，假设其速度分布沿断面是均匀的，点火后可形成一个平面燃烧前沿，燃烧前沿与新鲜的可燃混合物及燃烧产物之间进行着热量和质量的交换，这种靠传热和传质的作用使燃烧前沿向前传播的过程称为火焰的传播或正常燃烧。设可燃混合物的气流速度为 v，燃烧前沿的移动速度为 u，且 u 与 v 的方向相反，则燃烧前沿对管壁的相对位移有三种可能的情况：

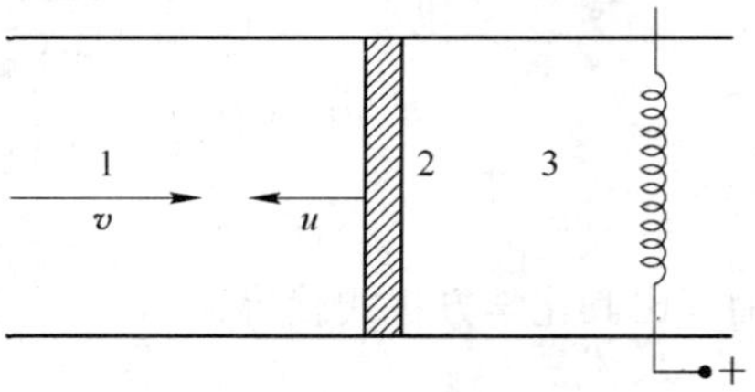

图 3-2　燃烧前沿传播示意图

1—可燃混合物；2—燃烧前沿；3—燃烧产物

（1）当 $|v| = |u|$ 时，即两者速度相等。这时火焰前沿的位置将是稳定不动；

（2）当 $|v| < |u|$ 时，火焰前沿就会向左移动。在烧嘴中发生这种现象便称为“回火”；

（3）当 $|v| > |u|$ 时，火焰前沿就会向右移动而最终脱离管口，这种现象便称为“脱火”。

综上所述，只由当 $|v| = |u|$ 时，才能保持火焰稳定，否则，将发生“回火”或“脱火”现象，这在生产上应防止发生。

B　火焰传播速度的影响因素

在工业炉的燃烧条件下，影响火焰传播速度的主要因素有：

（1）煤气成分。如图 3-3 所示，H_2 燃烧时火焰传播速度最快，CO 次之，C_nH_m 最慢。这是因为各气体的导热系数不同所致。

（2）煤气与空气的混合比例（即空气消耗系数 n）。从理论上讲，$n = 1$ 时火焰传播速度最大，图 3-3 表明，火焰传播速度的最大值是在 $n < 1.0$ 的某个地方（在 $n = 0.5 \sim 0.9$ 的范围内）。这是因为在煤气浓度偏高的条件下，燃烧链反应的活化中心浓度较大，因而燃烧反应进行较快，故火焰传播速度较大。当可燃气体中煤气的浓度太大或太小时，都会使火焰的传播速度相应下降。

（3）可燃混合物的初始温度。从图 3-4 可见，提高可燃混合物的初始温度，能显著提高火焰的传播速度。因而，在生产实践中，常常把空气与煤气进行预热。因为初始温度提高后，把可燃混合物加热到着火温度所需要传入的热量减小，燃烧反应带的温度将提高，反应速度将加快，气体的热导率随温度升高而增加，密度随温度的升高而减小。这些因素都将导致火焰传播速度的增加。

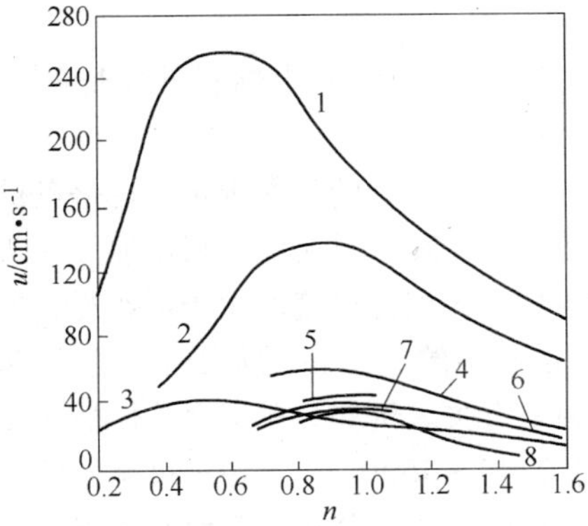

图 3-3 火焰传播速度与空气消耗系数的关系

1—H_2；2—CO；3—C_2H_4；4—C_3H_6；5—C_3H_8；6—CH_4；7—C_6H_5；8—CH_4

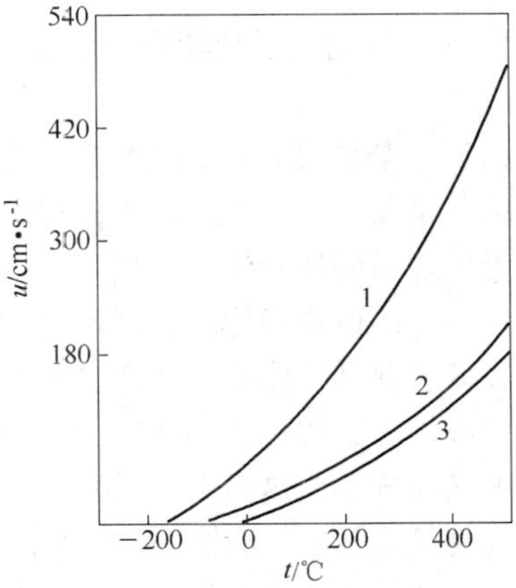

图 3-4 火焰传播速度与温度的关系

1—焦炉煤气；2—天然气；3—发生炉煤气

当气流的紊乱程度增加时，火焰传播速度增大。此外，在绝热条件下，火焰传播速度较快；而当向外界强烈散热时，火焰传播速度则较小。

研究火焰传播及火焰传播速度与各种影响因素之间的关系主要有两方面的意义：其一，它可以给提高燃烧速度和改进燃烧技术指出方向；其二，火焰传播速度的数据是设计燃烧器时不可缺少的依据。这是因为，为了保证燃烧过程和火焰稳定，必须使煤气空气的喷出速度与该条件下火焰传播速度相适应，也就是说二者之间必须保持动态平衡。

3.3.1.3 煤气燃烧方法

根据煤气和空气在燃烧前的混合方式不同，可将煤气燃烧方法分为有焰燃烧、无焰燃烧和半无焰燃烧。

A 有焰燃烧（扩散燃烧）

指煤气和空气在烧嘴中不预先进行混合，而是在离开烧嘴进入炉内，在炉内（或燃烧室中）边混合边燃烧，这时火焰较长并有鲜明的轮廓，故名为有焰燃烧。因为混合过程是一种物质扩散过程，故有焰燃烧的原理属于扩散燃烧。

B 无焰燃烧（动力燃烧）

所谓无焰燃烧法，是煤气和空气进入炉膛内（或燃烧室）之前预先进行充分混合，这时燃烧速度极快，整个燃烧过程在烧嘴砖（或叫烧嘴坑道）内就可以结束，火焰很短，甚至看不到火焰，这种“预混式”的燃烧称为“无焰燃烧”。因为它的着火和正常燃烧已不需要混合过程，主要取决于化学动力学方面的因素，故无焰燃烧的原理属于“动力燃烧”。

无焰燃烧的特点如下：

（1）无焰燃烧时，由于燃烧速度快，煤气中的碳氢化合物来不及分解，火焰中的游离碳比较少，所以火焰清澈透明，黑度小，辐射能力弱。火焰长度短，且不易控制，高温区集中在烧嘴附近；

（2）要求煤气的压力较高，对于喷射式烧嘴一般为 4900 ~ 29420Pa，而且要求使用净化后的煤气；

(3) 煤气和空气的预热温度受到限制，原则上不能高于混合气体的着火温度，否则将造成严重的回火现象，使烧嘴无法正常工作。一般空气最高预热到500℃，煤气最高预热到300℃；

(4) 空气消耗系数较有焰燃烧小，一般 $n = 1.02 \sim 1.05$ 就能达到完全燃烧，且理论燃烧温度高；

(5) 燃烧速度快，燃烧空间的热强度（指 $1m^3$ 燃烧空间在1h内燃料的燃烧所发出的热量，单位是 $kJ/(m^3 \cdot h)$）高，比有焰燃烧时大100～1000倍。

无焰烧嘴要特别注意火焰的稳定性。所谓火焰的稳定性，指的是在规定的燃烧条件下火焰能保持一定的位置和体积，既不“回火”也不“脱火”。导致“回火”的根本原因是火焰传播速度和可燃混合气体喷出速度之间的动态平衡遭到破坏，火焰传播速度大于可燃混合气体喷出速度所致。为了防止“回火”，可燃混合物气体从喷嘴喷出的速度必须大于某一临界速度，后者与煤气成分、预热温度、烧嘴口径及气流性质等因素有关。例如，对于火焰传播速度较大的煤气（焦炉煤气），可燃混合气体的喷出速度应不小于12～15m/s，当空气和煤气预热时，其出口速度还应提高。此外，还应注意保证出口断面上速度的均匀分布，避免使气流受到外界扰动。

如果可燃混合气体从喷嘴喷出速度大于火焰传播速度，则发生“脱火”。脱火后，火焰中断，延续下去即有可能灭火，造成温度降低。为了防止“脱火”，除了应使可燃混合物的喷出速度与火焰传播速度相适应外，还应采取某些措施来构成强有力的点火热源，常用的方法有：

(1) 将燃烧通道做成突扩式以保证部分高温燃烧产物回流到火焰根部；

(2) 采用钝体型稳定器或带火环的烧嘴；

(3) 在燃烧器上安装辅助性点火烧嘴或者在烧嘴前方设置点火作用的高温砌体。

3.3.1.4 气体燃料的燃烧装置——烧嘴

A 有焰烧嘴

有焰燃烧所用的燃烧装置称为有焰烧嘴。常用的有焰烧嘴有：套管式烧嘴（已有定型的结构系列，分四组22个型号）；低压涡流式烧嘴（DW－1型，现有9种型号），扁缝涡流式烧嘴（DW－2型）；环缝涡流式烧嘴（共有14种型号）。其一般技术性能列于表3-8。有焰煤气烧嘴的种类很多，还有半喷射式烧嘴、平焰烧嘴、陶瓷燃烧器以及高速烧嘴、低氧化氮烧嘴等等。

B 有焰煤气烧嘴的计算

对于已定型的烧嘴，设计部门提供了烧嘴结构尺寸和性能图表，可以直接选用。只有当设计新烧嘴和验算旧烧嘴时才需要计算。

设计新烧嘴时的已知条件：煤气流量、煤气工作压力及烧嘴燃烧能力。需要计算解决的问题：确定煤气喷口、空气喷口、混合气体喷口的断面尺寸；确定烧嘴前的空气压力。

计算结果仅仅是近似的，还必须参照实际资料和经验数据对计算结果进行适当的修正。下面介绍烧嘴主要尺寸的计算方法：

(1) 煤气导管直径 D_g

$$D_g = 1130\sqrt{\frac{V_g\ (1+\beta t_g)}{3600 v_g}}\ \text{mm} \qquad (3\text{-}32)$$

表 3-8 常用有焰煤气烧嘴的一般技术性能

烧嘴类别	规格型号	适用于煤气种类及发热量 Q_{DW}/kJ·m^{-3}	燃烧能力 /m^3·h^{-1}	烧嘴前煤气的压力/Pa	烧嘴前空气的压力/Pa	空气系数	混合气体出口速度 /m·s^{-1}	允许预热温度	火焰估算长度	优缺点及其使用情况
套管式	第一组 第二组 第三组 第四组	净发生炉煤气 3768～5862 混合煤气 5862～9211 焦炉煤气 16747 天然气	20～100 10～100 5～65 3～35	784～1471	784～1471	手动时取 1.15～1.2 自动时取 1.05～1.1	10～40	不受限制	当煤气出口速度 10.1m/s、空气出口速度 10.8m/s 时，约为出口直径的 32 倍	结构简单，气体流动阻力小，要求气体的压力比其他有焰烧嘴低，只要煤气压力大于炉膛压力就不会回火，火焰长； 混合较差，燃烧缓慢，要使煤气在炉内燃烧完需要较大的燃烧空间，适用于要求长火焰的炉子
低压涡流式	DW－1	净发炉煤气 5443 混合煤气 8374 焦炉煤气 16747	45～600 11～480 6～250	最低为：392 正常为：784	一般为：1961～2452 正常为：1961		25～32		当煤气出口速度 10.1m/s，空气出口速度 10.8m/s 时，约为出口直径的 17 倍	结构简单，制作方便，混合较好，火焰较短。空气流动阻力比套管式烧嘴大些，烧嘴前压力需保持在 1961Pa 以上。在煤气喷口中加一涡流片，不需做更大的变动就能烧天然气； 一般在煤气和空气同时预热的条件下使用，应用较广泛
扁缝涡流式	DW－2	净发生炉煤 5443 混合煤气 8374	100～1000 45～600	1471～1961	1471～1961		10～15		当混合物出口速度 10～12m/s 时，约为出口直径的 6～8 倍	这种烧嘴是有焰烧嘴中混合最好火焰最短的一种。经扩大煤气缝隙之后可以烧高炉煤气； 混合物喷出速度低于一定值时便回火，高于 15m/s 时就能断火。应用较广泛
环缝涡流式	第一组 第二组	净发生炉煤气 3768～5862 混合煤气 5862～9211	200～2000 200～1800	1961～3922	1961～3922		一般为 10～20		当煤气出口速度 19.5m/s，空气出口速度 11m/s 时，约为出口直径的 7 倍	混合较好，火焰较短。煤气要干净，否则易堵，在无燃烧室情况下混合物喷出速度不应超过 20m/s 以防熄火，在有燃烧室时则不受限制，喷出速度低于 5～8m/s 时就可能回火，当煤气喷口尺寸加以修改与缩小之后，还可用于烧焦炉煤气及天然气

式中 V_g——煤气的燃烧量（即烧嘴燃烧能力），m^3/h；

β——气体膨胀系数，$\beta = 1/273$，1/℃；

t_g——煤气的温度,℃；

v_g——导管中煤气的实际流速，一般为 10 ~ 30m/s。

（2）空气导管直径 D_a

$$D_a = 1130\sqrt{\frac{V_a(1+\beta t_a)}{36000 v_a}} \tag{3-33}$$

式中 V_a——通过烧嘴的助燃空气量，m^3/h；

t_a——助燃空气的温度,℃；

v_a——导管中空气的实际流速，一般为 10 ~ 30m/s。

（3）煤气出口直径 d_g

$$d_g = 1130\sqrt{\frac{V_g\ (1+\beta t_g)}{3600 v'_g}}\quad \text{mm} \tag{3-34}$$

式中 v'_g——煤气出口的实际速度，m/s，可按下式计算：

$$v'_g = 0.9\sqrt{\frac{2gp'_g}{\rho_g}} \tag{3-35}$$

式中 ρ_g——煤气的实际密度，kg/m^3，$\rho_g = \rho_{0,g}/(1+\beta t_g)$，$\rho_{0,g}$ 是煤气在 0℃ 时的密度，kg/m^3；

p'_g——煤气在出口处的压力，Pa，$p'_g = p_g/k_g$，其中 p_g 为烧嘴前的煤气压力，Pa；k_g 是烧嘴对煤气的阻力系数，对套管式约为 1.1；对 DW－1 型约为 1.2。

（4）空气出口截面积 f_a

$$f_a = \frac{V_a(1+\beta t_a)}{3600 v'_a}\quad \text{m}^2 \tag{3-36}$$

式中 v'_a——空气出口的实际流速，m/s，一般 $v'_a = 1.2 v'_g$。

f_a 求出后再按烧嘴的结构情况，确定空气出口的截面尺寸。

（5）混合气体出口直径 d_c

$$d_c = 1130\sqrt{\frac{V_c(1+\beta t_c)}{3600 v'_c}}\quad \text{mm} \tag{3-37}$$

式中 V_c——煤气与空气混合后的流量，m^3/h，$V_c = V_g + V_a$；

t_c——煤气与空气混合后的温度,℃，近似按下式计算

$$t_c = \frac{t_g + L_n t_a}{1 + L_n} \tag{3-38}$$

v'_c——混合气体的实际出口速度，m/s，应大于回火速度，一般取 10 ~ 15m/s，若经过预热，则可高达 50m/s。

C 无焰烧嘴

目前工业上应用的无焰烧嘴多为喷射式烧嘴。它是以煤气作为喷射介质，按比例吸入助燃所需的空气，并在混合管道内充分混合，而后喷射燃烧。其结构示意图如图 3-5 所示。

无焰烧嘴（喷射式）各部件的用途及特点如下：

（1）煤气喷口。它是一个收缩性管嘴。做成收缩性是为了使出口断面上的气流速度分布比较均匀，以提高喷射效率；

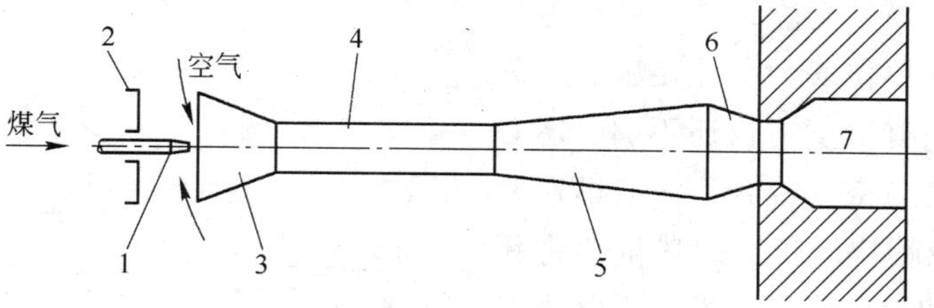

图 3-5　喷射式无焰烧嘴结构示意图

1—煤气喷口；2—空气调节阀；3—空气吸入口；4—混合管；
5—扩压管；6—喷头；7—燃烧坑道

（2）空气调节阀。它可以沿烧嘴轴线方向前后移动，用来改变空气的吸入量，以便根据燃烧过程的需要来调整空气消耗系数；

（3）空气吸入口。为了减少空气的气动阻力常做成逐渐收缩式的喇叭形管口；

（4）混合管。煤气和空气在这里进行混合，因此，要求有足够长度，约为直径的 3 倍，一般做成直筒状；

（5）扩压管。它是一段逐渐扩张的圆管，气流通过时，流速降低，一部分动压转为静压，这就增大了喷射器两端的压差，以提高喷射器的工作效率；

（6）喷头。呈收缩状，一方面为了提高混合气体的喷出速度，另一方面是为了使出口断面上速度分布均匀化，有利于防止回火。在一些大型的喷射式烧嘴的喷头上必须安装散热片，或者做成水冷式，以便加强散热，这是防止回火的一个有效措施；

（7）燃烧坑道。用耐火材料砌成，可燃气体在这里被迅速加热到着火温度并完成燃烧反应。燃烧坑道对可燃气体的加热点火一方面依靠燃烧坑道壁的高温辐射作用，另一方面还可以使部分高温燃烧产物回流到喷头附近（火焰根部），以构成直接点火热源，因此，坑道的张角不宜小于 90°。

喷射式无焰燃烧已广泛使用。常用的有低热值煤气喷射式烧嘴、焦炉煤气喷射式烧嘴和天然气喷射式烧嘴。其详细结构、工作性能和主要尺寸可参考《工业炉设计参考手册》。

3.3.2　重油燃烧及重油喷嘴

3.3.2.1　重油的燃烧过程

理论分析表明，一个油粒烧尽所需要的时间与其直径的平方成正比，这就是说，为了加快油的燃烧速度，首先应把油雾化成细小颗粒然后使细粒与空气混合，在高温下开始蒸发、热解裂化和着火燃烧，这便是燃料油的雾化燃烧过程。

重油的雾化燃烧过程是一个复杂的物理 - 化学过程。重油在炉内燃烧是以油雾矩的形式燃烧的，因此，各个细粒在同一时间并不经过同一阶段。油雾矩的燃烧过程如图 3-6 所示。重油自油嘴喷出后，首先开始雾化过程，然后油粒被加热和蒸发。伴随着蒸发，有些颗粒和部分油蒸气就开始热解和裂化。当空气流股和油流股相遇时，就开始了混合过程。但两个流股的混合是逐渐进行的，流股的边缘优先进行混合，流股的中心处则要经过一段较长距离，空气才能与油雾混合。当某一处空气和油雾中的气体混合达到一定比例，并且温度达到着火温度时，即着火。由于混合过程较长，所以是边混合边燃烧，形成了有一定长度的火焰。沿火焰长度，平均温度是逐渐升高的，而氧气平均浓度是逐渐降低的。因此，燃烧过程各个阶段之间是相互联系、相互制约的。在火焰中，各个阶段之间并不存在明显的界限。

重油雾化是燃烧的先决条件，只有雾化得很细，油颗粒的单位表面积才足够大，蒸发才能加快。但只有蒸发得快还不够，还必须使蒸发产物迅速与空气混合，才能迅速燃烧。反过来，燃烧越快，产生的热量会将新鲜的油雾越快地加热，使之蒸发。所以研究重油燃烧过程着重研究两个条件：一是油的雾化；二是油雾与空气的混合。现分述如下。

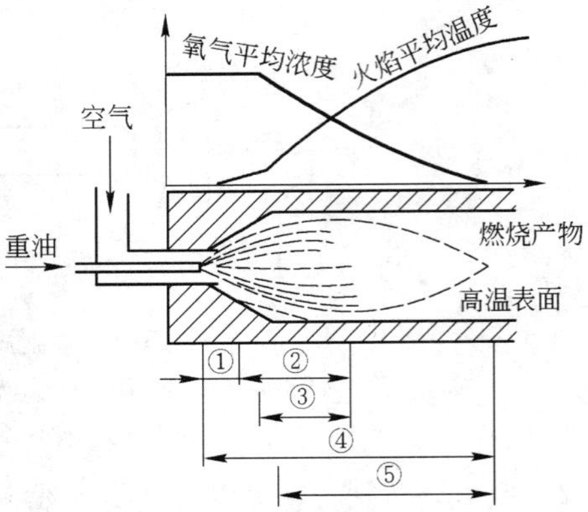

图 3-6 油雾燃烧示意图

①—雾化；②—蒸发；③—热解和裂化；④—混合；⑤—着火形成火焰

A 油的雾化

重油通过喷嘴破碎为细小颗粒的过程称为油的雾化过程。该过程大致是按以下几个阶段进行的：

（1）液体由喷嘴流出时形成薄幕或流股；

（2）由于流体的初始紊流状态和空气对液体流股的作用，使液体表面发生弯曲波动；

（3）在空气压力的作用下，产生了流体薄膜；

（4）靠表面张力的作用，薄幕分裂成颗粒；

（5）颗粒继续破裂；

（6）颗粒（互相碰撞时）的聚合。

雾化过程是一个复杂的物理过程。无论是液体的流出和薄膜的形成，还是克服表面张力而形成小颗粒，都是要消耗能量的。只有对体系作功，才能使油雾化。根据雾化过程所消耗的能量来源，可以把雾化方法分为两大类：

一是主要靠雾化剂的能量使油雾化。常用的雾化剂是空气或蒸汽，根据气体雾化剂压力的不同，这类方法还可分为：高压雾化（雾化剂压力为98067Pa）、中压雾化（雾化剂压力为9807～98067Pa）及低压雾化（雾化剂压力为2942～9807Pa）。

在用气体介质作雾化剂的过程中，雾化剂以较大的速度喷出，当和重油流股相遇时，气体便对油表面产生冲击和摩擦，使油表面受到外力的作用。当外力大于油的内力（表面张力和黏性）时，重油流股便会破碎成分散的油粒。只要保持外力大于油的内力，油的雾化过程将继续下去，直到在油的表面上的外力与内力达到平衡，油粒就不再破碎，雾化过程便到此结束。

二是主要靠液体本身压力能使液体以高速喷入相对静止的空气中，或以旋转方式使油流加强摆动并与喷口附近的固体壁摩擦使得油雾化，这种方法称为油压式或机械式雾化。

由上可见，雾化过程是油的表面上外力（如冲击力、摩擦力）和内力（黏性力、表面张力）相互作用的过程。

雾化颗粒的平均直径是雾化质量的一个主要指标。根据雾化理论的研究，影响颗粒平均直径的因素有烧嘴结构、油的性质及工况。在这些因素中，有些因素是在生产中能够直接调节的，如流体压力及流量等；有些则不便直接调节，如油的密度和黏度调节范围就很小。

因此，通过以上分析，可将影响油雾化颗粒直径的因素概括如下：

影响雾化质量的作用	影响作用力的因素	直接调节的参数
内力	黏度、表面张力	油温
外力	雾化剂流出速度	雾化剂压力、喷口直径
	雾化剂单位耗量	雾化剂流量
	油的喷出速度	油压、喷口直径
	雾化剂与细流股接触表面、雾化剂与细流股的交角	喷嘴结构

B 油雾与空气的混合

油被雾化之后，还必须与大量的空气良好地混合才能迅速燃烧。油雾与空气的混合是两个射流的混合，混合规律及影响因素同两个气体射流（如煤气与空气的混合）类似，但较难混合，可加大空气速度，使空气与油雾成交角或成旋转气流或分两次相遇来加强混合过程。

综上可看出，稳定和强化重油燃烧的基本途径有三，即：

（1）改善雾化质量；

（2）供给适量的空气，强化空气和油雾的混合；

（3）保证点火区域和燃烧室的高温。

3.3.2.2 重油喷嘴

重油喷嘴的结构及性能，应根据炉子热工过程的要求确定。对重油喷嘴的基本要求是：具有一定的燃烧能力；在一定的调节范围内能保证雾化质量；能造成空气与油雾混合的良好条件；调节倍数能满足生产中调节油量的要求；能使燃烧稳定，火焰的形状和长度稳定，或根据生产要求允许调节火焰长度；喷嘴的调节方便或能实现自动调节；结构坚固，工作可靠，检修方便等等。

重油喷嘴的种类很多，通常是根据其雾化方法不同，可分为以下三类：即低压喷嘴、高压喷嘴和机械（油压）喷嘴。

各类重油喷嘴的主要特征列于表3-9。其他类型产品尺寸可参考《重有色冶金炉设计参考资料》。

表3-9 各种油喷嘴的主要特征

序号	项 目	低压喷嘴	高压喷嘴		涡流式机械雾化喷嘴	转杯式机械雾化喷嘴
			蒸汽雾化	压缩空气雾化		
1	调节比	1:5～1:8	1:6～1:10		1:2～1:3	1:4
2	雾化剂压力/Pa	4903～9807	490333～588399	294200～686466		
3	雾化剂消耗量	75%～100%的理论空气量	0.4～0.6kg/kg油	0.5～0.8m^3/kg油		
4	雾化剂喷出速度/m·s^{-1}	50～86	300～400			
5	油压/Pa	49033～98067	98067～490333		980665～2941995	196133～392266
6	燃油量/kg·h^{-1}	2～300	10～1500		30～2000	10～1000

续表 3-9

序号	项目	低压喷嘴	高压喷嘴		涡流式机械雾化喷嘴	转杯式机械雾化喷嘴
			蒸汽雾化	压缩空气雾化		
7	要求的油黏度/°E	3.5~5.0	4~15（一般4~6）		2~3.5	2.5~8
8	助燃空气供给方式	一般不另行供给	全部另行供给	部分另行供给	全部另行供给	部分另行供给
9	空气消耗系数	1.1~1.15	1.25			
10	空气最高预热温度/℃	300	800		800	
11	结构特点	较简单	最简单、不易堵塞		简单但加工精度高	较复杂
12	能量消耗及经常费用	较低	较高		最小	较低
13	初建费用	较低	最低		较高	最高
14	适用范围	加热炉、隧道窑、热处理炉、退火炉、石灰窑	回转窑、池窑、锅炉、珍珠岩焙烧炉、冲天炉、铸石窑、烘干机		回转窑、大型加热炉、锅炉	热处理炉、锅炉

3.3.2.3 重油喷嘴的计算

当设计新的油喷嘴或对原有喷嘴改进时，除了根据生产实践经验和科学实验的结果设计喷嘴的结构和类型外，还要对喷嘴的主要尺寸进行计算。这里仅介绍工业炉常用的低压油喷嘴的基本计算方法、高压喷嘴和机械喷嘴可参考《重有色冶金炉设计参考资料》。

计算需要的已知条件：(1) 每个喷嘴的燃烧能力；(2) 油温、油压及油的密度；(3) 雾化剂的种类、温度、压力和密度。

主要计算的尺寸是：

(1) 重油导管的直径 d_0；

(2) 油喷出口的断面积或直径 $d_{b,0}$；

(3) 雾化剂导管直径 d_a；

(4) 雾化剂喷口的断面积 $A_{b,a}$和直径 $d_{b,a}$。

各尺寸的计算公式如下：

(1) 导油管直径 d_0

$$d_0 = 18.81\sqrt{\frac{B_0}{\rho_0 v_0}} \quad \text{mm} \tag{3-39}$$

式中 B_0——喷嘴的燃油量，kg/h；

ρ_0——重油的密度，kg/m³；

v_0——重油的流速，m/s，一般取 0.1~0.8m/s。当 B_0 很小时，可低于 0.1m/s，以避免通道过小而堵塞；当处于高温热风包围之中且导油管较长的喷嘴，可取 0.5~1.5m/s，避免结焦。

为避免管道堵塞和油中沥青沉淀，导油管直径不应小于 10mm。在设计中也可直接按表 3-10 推荐的数据选取。

(2) 油喷出口断面积 ($A_{b,0}$) 及直径 $d_{b,0}$根据流量计算公式

$$B_0 = 3600\mu_0 A_{b,0}\sqrt{2p_0\rho_0} \quad \text{kg/h}$$

得重油喷口断面积的计算公式为

$$A_{b,0} = \frac{B_0}{3600\mu_0\sqrt{2p_0\rho_0}}\quad m^2 \tag{3-40}$$

故重油喷口的直径为

$$d_{b,0} = 15.31\sqrt{\frac{B_0}{\mu_0\sqrt{p_0\rho_0}}}\quad mm \tag{3-41}$$

式中　μ_0——重油喷出口的流量系数，对一般低压油喷嘴取0.2～0.3；

p_0——烧嘴前油压，Pa；

ρ_0——重油在实际情况下的密度，kg/m^3。

表3-10　导油管直径推荐数据

燃油量 $B_0/kg\cdot h^{-1}$	<30	30～300	300～500	500～1000	1000～1600	1600～2500
导油管直径 d_0/mm	10	10～15	15～20	20～25	25～32	32～40

（3）雾化剂（空气）导管直径 d_a

$$d_a = 18.81\sqrt{\frac{V_a}{v_a}}\quad mm \tag{3-42}$$

式中　V_a——雾化剂（空气）流量，m^3/h；

v_a——雾化剂（空气）在导管内的流速，一般取10～20m/s。

（4）雾化剂（空气）喷出口直径 $d_{b,a}$ 及雾化剂（空气）的喷出口断面积 $A_{b,a}$ 可由下式计算，即

$$A_{b,a} = \frac{V_a}{3600\mu_a\sqrt{2\Delta p_a/\rho_a}}\quad m^2 \tag{3-43}$$

$$d_{b,a} = 15.81\sqrt{\frac{V_a}{\mu_a\sqrt{\Delta p_a/\rho_a}}}\quad mm \tag{3-44}$$

式中　μ_a——雾化剂（空气）喷出口的流量系数，一般取0.6～0.8；

Δp_a——喷嘴前雾化（空气）的表压，Pa；

ρ_a——空气密度，kg/m^3。

[例3-5]　已知低压油喷嘴的燃烧量 $B_0=100kg/h$，重油密度 $\rho_0=960kg/m^3$，喷嘴前的油压 $p_0=49033Pa$，喷嘴前雾化剂（空气）的表压 $\Delta p_0=4903Pa$，雾化剂（空气）的流量 $V_a=1148m^3/h$，空气的密度 $\rho_a=1.293kg/m^3$，试求该喷嘴的主要尺寸。参照图3-7。

[解]

（1）导油管直径：取 $v_0=0.4m/s$，按式（3-39）

$$d_0 = 18.81\sqrt{\frac{B_0}{\rho_0 v_0}} = 18.81\sqrt{\frac{100}{960\times0.4}} = 9.6mm\ 取\ 10mm$$

（2）油喷嘴出口直径：

取 $\mu_0=0.2$ 按式（3-41）

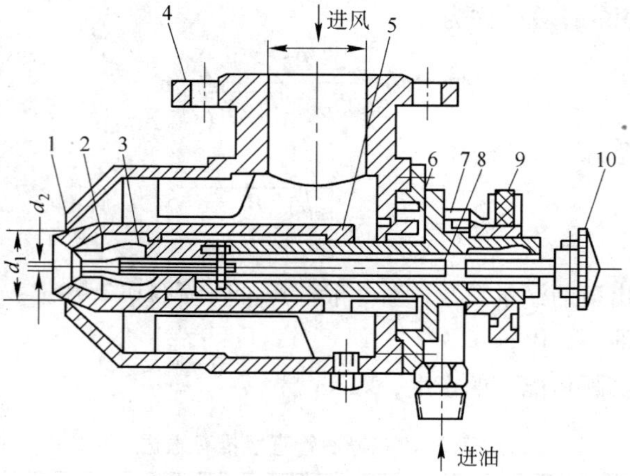

图 3-7　RK 型三级雾化低压油喷嘴

1—空气喷头；2—油喷头；3—针阀；4—壳体；
5—导向螺钉；6—转动轴套；7—调风杆；8—油套筒；
9—调风轮；10—转动把手

$$d_{b,0} = 15.81\sqrt{\frac{B_0}{\mu_0\sqrt{p_0\rho_0}}} = 15.81\sqrt{\frac{100}{0.2\sqrt{49033\times 960}}} = 4.27\text{mm}$$

（3）雾化剂（空气）导管直径：取 $v_a = 18\text{m/s}$，按式（3-42）

$$d_a = 18.81\sqrt{\frac{V_a}{v_a}} = 18.81\sqrt{\frac{1148}{18}} = 150.22\text{mm}$$

（4）雾化剂（空气）喷出口直径：取 $\mu_a = 0.6$ 按式（3-44）

$$d_{b,a} = 15.81\sqrt{\frac{V_a}{\mu_a\sqrt{\Delta p_a/\rho_a}}} = 15.81\sqrt{\frac{1148}{0.6\sqrt{4903/1.293}}} = 88.13\text{mm}$$

3.3.3　重油掺水乳化燃烧法

近些年来，为了强化油的燃烧过程，节约燃料，将一部分水加入油中，经乳化使之成油水乳化液，然后经过油喷嘴燃烧。

目前国内外制备乳化油的方法有流体机械搅拌法，乳化剂法和超声波法。超声波法在国内已广泛采用，其中效果较好的是弹簧片式超声波发生器，其工作原理见图 3-8。高压泵把油水混合物通过管道打入喷嘴以后，以 30m/s 的速

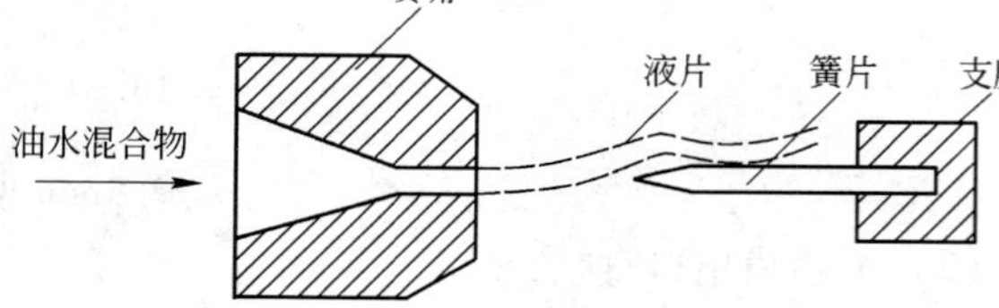

图 3-8　簧片哨工作原理

度射出，打在弹簧片上，激发其共振，向油水混合物中辐射超声波，使油和水极均匀地混合而成乳状液。

许多关于乳化液燃烧机理的研究表明，乳化液燃烧之所以能改善燃烧过程，主要是因为乳化油雾化以后，形成油包水的颗粒，当其进入高温区时，里面的水首先达到沸点而汽化，由于变成蒸汽后体积剧增，致使冲破外层油膜而产生“微爆效应”，出现二次雾化，所以能在低氧条件下强化燃烧，降低空气过剩系数，减少排烟热损失。

另一方面，乳化油燃烧一般为对称裂解，不会产生单质游离碳，故可消除黑烟和结焦。由于形成燃烧活化中心，因而促进燃烧火焰均匀稳定，增加热辐射和热传递。由于燃烧充分，能大幅度减少烟尘及有害气体的排放，减少了环境污染。

国内普遍认为，最佳掺水率为10%～30%，节能剂按水量的千分之三。增大掺水率会因这部分水的吸热而抵消了部分节油效果。

总之，生产实践证明，油掺水燃烧法是一种改善雾化质量和节约油的有效措施，节约效果显著。

3.3.4 原煤燃烧及层状燃烧室

原煤加到炉栅上成层状，而空气通过炉篱穿过燃料层并和燃料进行燃烧反应，生成的高温燃烧产物离开燃料层而进入炉膛的过程称为层式燃烧。其主要优点是设备简单和燃烧稳定；缺点是对煤质量要求较高，燃烧强度不能太大，加煤和清渣体力劳动较繁重。

原煤层状燃烧过程，该过程可用图3-9中所给出的煤层高度方向上气体成分的变化曲线来说明。从图中可看出，在氧化带中，碳的燃烧除了产生CO_2以外，它还产生少量的CO。在氧化带末端（该处氧气浓度已趋近于零），CO_2浓度达到最大，而且燃烧温度也最高。实验证明，氧化带的高度大约等于煤块尺寸的3～4倍。

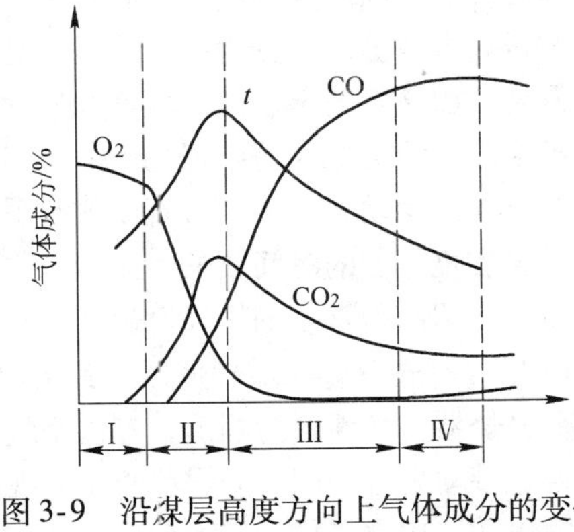

图3-9 沿煤层高度方向上气体成分的变化
Ⅰ—灰渣带；Ⅱ—氧化带；
Ⅲ—还原带；Ⅳ—干馏带

当煤层厚度大于氧化带的厚度时，在氧化带之上将出现一还原带，CO_2被C还原成CO，因为是吸热反应，所以随着CO浓度的增大，气体温度逐渐下降。

上述情况说明，根据煤层厚度的不同，其燃烧反应和产物也不同，所以就出现了两种不同的层状燃烧法，即“薄煤层”燃烧法和“厚煤层”燃烧法。

薄煤层燃烧法又称一级燃烧法，煤层较薄，对于烟煤只有100～150mm，在煤层中部产生还原反应。在燃烧产物中，从理论上讲不应存在CO、H_2、C_mH_n等可燃气体。

厚煤层燃烧法也称为半煤气燃烧法，煤层较厚，对烟煤大约为200～400mm。目的是为了使部分燃烧产物得到还原，使燃烧产物中含有一些CO、H_2等可燃气体，进入炉膛后继续燃烧，故又称为二段燃烧法，这样使火焰拉长，改善了炉膛中的温度分布。

当采用薄煤层燃烧法时，助燃空气全部由煤层下部送进燃烧室。当采用厚煤层燃烧时，一部分空气由煤层下部送入（称为一次空气），另一部分（称为二次空气）则是从煤层上部空间分很多股细流以高速送到燃烧室空间，以便和燃烧产物中可燃气体迅速混合燃烧。二次空气和一次空气比例应根据煤炭挥发分的含量和燃烧产物中可燃气体的多少来决定。

3.3.5 粉煤燃烧及粉煤燃烧器

粉煤燃烧是将煤磨到一定细度（一般是0.02～0.07mm），然后用空气载流通过烧嘴喷入炉内呈悬浮状态进行火炬式燃烧。用来输送粉煤的空气，称为一次空气，约占燃烧所需空气量的15%～50%（煤中挥发物含量越高，一次空气量越大），其余的空气直接通入炉内，称为二次空气。

与层状燃烧相比，粉煤燃烧具有以下优点：可以大量使用劣质煤；粉煤颗粒细，与空气接触面大，故燃烧速度快，在较少的空气消耗系数（$n=1.2\sim1.25$）下即可完全燃烧，因而保证能获得较高的温度；其燃烧过程易于调节，并可实现炉温自动控制，而且开炉点火较快，大大减轻了劳动强度，改善劳动条件；粉煤火焰具有较高的辐射能力；二次空气允许预热到较高温度，有利于提高炉温，回收余热和节约燃料。

煤粉燃烧法的主要缺点是需要建立一套粉煤制备和运输系统，设备比较复杂，并且粉煤燃烧后的灰分大部分落在炉膛里，对金属加热和熔炼质量均有影响，在高温下灰分对炉衬有侵蚀作用，因此要求其灰分的熔点要比炉温高150～200℃，以减轻对耐火材料的侵蚀。此外，在使用和贮存不当时易发生爆炸。

粉煤燃烧时生成火焰很长，因粉煤颗粒在炉内燃烧完全需要一定的时间，故这种燃烧方法适合用于大型的熔炼反射炉或大型回转窑等。

粉煤燃烧器的形式种类很多。按喷出口断面形状可分为圆形和扁形两种。后者的火焰较宽，铺展性好，同时气层较薄，有利于粉煤与二次空气的混合，但不能造成气流的旋转运动。

按送风方式分，可分为单管式与双管式。前者是有一个管子，助燃空气全部作一次空气与粉煤混合，由该管喷出燃烧。故燃烧速度慢，火焰很长。后者有二次空气喷出管，在二次空气的扰动下，煤粉的燃烧得到强化，故火焰较短。

按气体的运动方式分，有直流式与涡流式。后者的粉煤与空气混合物形成涡流状自烧嘴喷出，粉煤燃烧停留的时间较长，而且与空气的混合较充分，有利于粉煤的燃烧，火焰较短。

下面介绍两种常用的粉煤燃烧器：

（1）涡流式双管粉煤燃烧器。其结构如图3-10所示。目前我国大型熔炼冰铜反射炉均使用此种燃烧器。其断面为圆形，二次空气从切线方向通入，在出口处与粉煤及一次空气的混合物相遇，带动后者一同呈旋涡状喷出。在一次空气与粉煤的出口处有一锥形扩散阀，其作用是要使粉煤和一次空气成一定的角度（45°～75°）与二次空气相遇，以加强混合和改善燃烧。扩散阀的调节由手柄操纵。其性能列于表3-11。

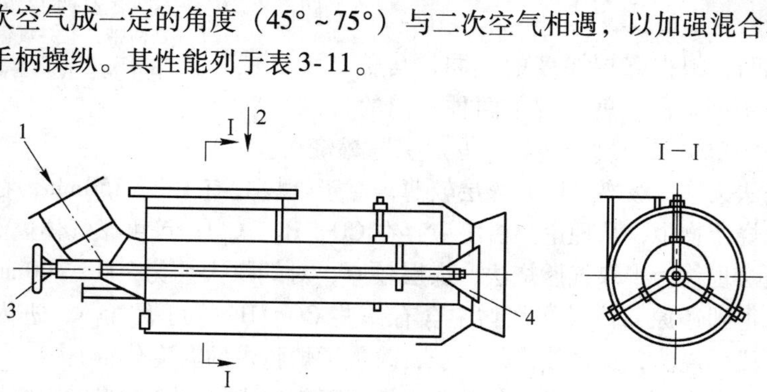

图3-10 涡流式双管粉煤燃烧器

1—粉煤及一次空气进口；2—二次空气（切线方向）；3—手柄；4—扩散阀

表 3-11 国内大型反射炉用的粉煤燃烧器性能

性能名称	设计指标	操作指标①	操作指标②
燃烧能力/$t \cdot h^{-1}$	0.5～1.4	1.1～1.3	1.25～1.44
煤的挥发分/%	30～40		
总空气量/$m^3 \cdot h^{-1}$	9830	8910～9500	11000～11700
一次空气量/%	28.8	30～31.6	30～31.6
一次空气出口速度/$m \cdot s^{-1}$	17～20	10.7～14.9	15～17
二次空气出口速度/$m \cdot s^{-1}$	22～25	18.5～19.5	20～22
混合物出口速度/$m \cdot s^{-1}$	24～26	21～22	24～25
一次空气压力/Pa	1049	1177～1373	1569～1765
二次空气压力/Pa	1049	1961～2256	5492
质量/kg	约 713		860

① 二次风压测点设在总风管闸门之后；
② 设在闸门之前。

（2）扁口式粉煤燃烧器。其结构如图 3-11 所示。燃烧器的特点为中心管可前后移动，故能调节出口断面，在中心管前端有叶片可使气流旋转以消除炭粒表面附有的薄膜，从而达到混合好和缩短燃烧时间的目的。其工作性能为燃烧速度 5～8m/s，混合物速度 15～20m/s，二次空气速度 10～20m/s。二次空气可预热至高温。

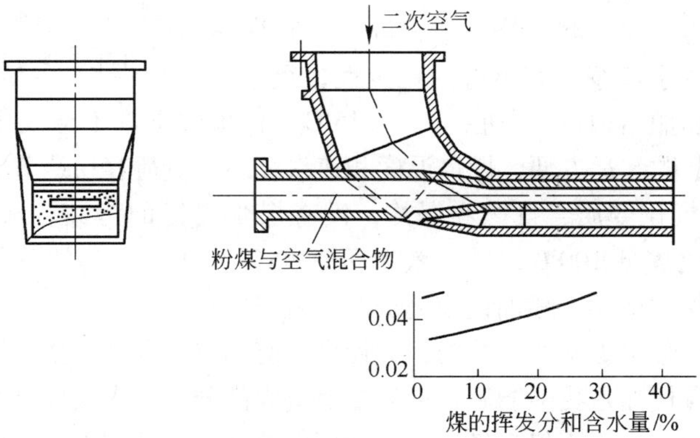

图 3-11 扁口式粉煤燃烧器

粉煤燃烧器计算主要是确定出口以及导管的截面尺寸，其计算方法可参阅《重有色冶金设计参考资料》。

为了确定燃烧带的长度和高温区的范围而要进行火焰长度的计算。其步骤如下：

粉煤完全燃烧所需时间，可按下面的经验公式粗略估算①

$$\tau = \tau_1 + \tau_2 = 0.25D(1 - V) + 40d^{1.8}(1 - V)$$
$$= (1 - V)(0.25D + 400d^{1.8}) \tag{3-45}$$

火焰长度

$$L = v\tau = v(1 - V)(0.25D + 400d^{1.8}) \tag{3-46}$$

① 粉煤燃烧过程是一个传热、传质与化学反应同时发生的复杂过程。粉煤颗粒燃烧时间可用综合传质模型估算，也有人研制出了粉煤燃烧过程的综合数学模型。

式中　τ——粉煤完全燃烧所需的时间，s；

τ_1——粉煤着火时间，s；

τ_2——粉煤燃烧时间，s；

V——挥发分含量,%；

d——粉煤颗粒直径，mm；

v——粉煤与空气混合物从燃烧器喷出的实际速度，m/s；

D——燃烧器直径，m；

L——火焰长度，m。

粉煤完全燃烧所需时间，按公式计算比较麻烦，可根据粉煤的挥发物含量及颗粒大小，直接用图3-12的曲线确定。

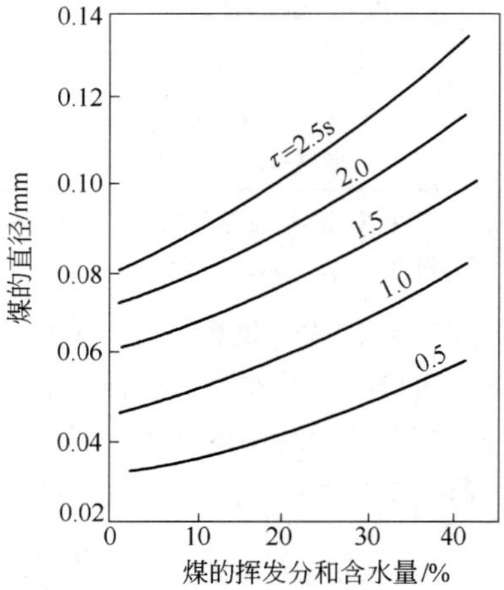

图3-12　粉煤燃烧所需的时间

3.3.6　水煤浆燃烧及沸腾燃烧技术

3.3.6.1　水煤浆燃烧技术

水煤浆是一种新型代油燃料。水煤浆是由65%～70%的经过洗选磨细（平均粒径70μm，最大不超过0.28mm）的煤，30%～35%的水和1%左右的添加剂组成的液态燃料。其运动黏度通常为$10^{-3}m^2/s$左右（剪切率100/s），具有与石油类似的物性，可以像石油那样运输、装卸、贮存、泵运、雾化和燃烧，在常温下流动性比重油好。我国制备的水煤浆具有良好的稳定性，经过长距离的罐车运输和船舶运输试验，在40～－15℃气候条件下都不会发生硬沉淀或变质。与煤炭相比，水煤浆装、贮、运方便，燃烧温度和速率较高，负荷容易调节，火焰充满度好，在贮运过程中不会发生氧化变质、自燃和爆炸，没有煤尘飞扬的污染。水煤浆含水分30%～35%，但着火温度还比煤低100℃，燃烧效率可达98%～99%，其低发热量一般为19000～21000kJ/kg，2t浆相当于1t油，燃油设施稍加改造就可应用。

水煤浆的应用：改善了煤炭产品结构，为社会节能创造了条件；使矿区煤泥化害为利，节约了好煤。同时，以煤代油是我国能源政策的重要组成部分，而水煤浆是实现以煤代油的一条重要技术途径，它的工业应用不仅有经济效益和环境效益，而且有着明显的节能效果。

国内外水煤浆燃烧技术发展概况。水煤浆技术是近20年发展起来的，美国、日本、瑞典、俄罗斯和意大利等工业发达国家，都投入了大量人力、物力进行研究开发，并已达到工业化应用水平，我国已领先进入工业应用阶段。

3.3.6.2　沸腾燃烧技术

沸腾燃烧法是一种很有发展前途的新型燃烧方法，它是利用空气动力使煤在流态化状态下完成传热、传质和燃烧反应。所使用煤的粒度一般在10mm以下，大部分是0.2～3mm的碎屑。运行时，刚加入的煤粒受到气流的作用，迅速和灼热料层中的灰渣粒子混合，并与之一起上下翻腾运动，故称沸腾燃烧，如图3-13所示。

沸腾炉的料层温度一般控制在850～1050℃，沸腾炉的高度为1.0～1.5m，其中新加入的燃料仅为5%，因此，整个料层相当于一个大蓄热池，燃料进入沸腾料层后，就和几十倍以上的灼热颗粒混合，因此，能很快升高温度并着火燃烧，即使对于多灰、多水、低挥发分的劣质燃料也能维持稳定的燃烧。所以能烧各种燃料，解决了劣质煤的利用问题，并给大量煤矸石的利用找到了出路，因此，从1965年后沸腾燃烧法在锅炉上发展很快（图3-14），对解决我国煤炭资源的合理利用问题有重要意义。

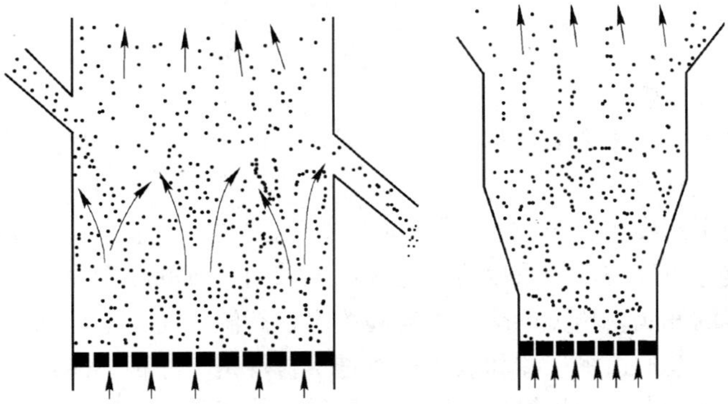

图3-13 沸腾燃烧煤粒翻滚示意图

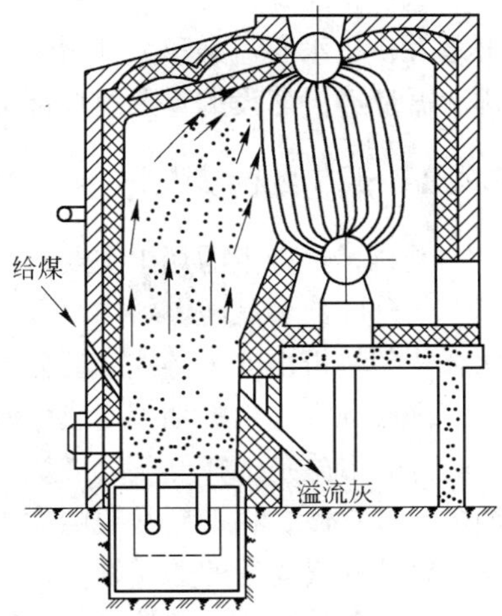

图3-14 沸腾燃烧锅炉

沸腾燃烧的优点是：适合性广，能烧各种煤（包括劣质煤和煤矸石）；由于在沸腾炉内，燃料与空气能强烈地混合，燃烧迅速，故燃烧效率高，最高可达99%以上，燃烧室紧凑；如加入石灰石，可以大幅度地脱硫；且因燃烧温度低，故高温 NO_x 生成少。

3.3.7 蓄热式高温空气燃烧技术

蓄热式高温空气燃烧技术HTAC（High Temperature Air Combustion）是目前国内外开始流行的一种革命性的全新燃烧技术，它通过高效蓄热材料将助燃空气从室温预热至前所未有的800℃高温，同时大幅度降低 NO_x 排放量，使排烟温度控制在露点以上、150℃以下的范围内，最大限度地回收烟气余热，使炉内燃烧温度更趋均匀。HTAC技术针对燃料种类或热值的不同，有单蓄热与双蓄热之分。一般认为油类、高热值煤气及含焦油粉尘的热脏发生炉煤气则只需或只能采用助燃空气单蓄热方式；清洁的低热值燃料（高炉煤气、转炉煤气）可采用双蓄热方式。

蓄热式燃烧技术可应用的领域，除了钢铁和机械行业外，还有建材、有色和石化等行业，甚至可用于轻工和日常生活。

目前，蓄热式燃烧技术仅应用于气体燃料和液体燃料，对燃烧煤粉和固体燃料的炉窑还存在一定的风险。

3.4 燃烧污染与防治

矿物燃料燃烧时所产生的二氧化硫、氮氧化物、烃类、烟尘等，它们之间互相作用且能产生比其本身危害大得多的污染物。如 SO_2 在以金属氧化物及活性炭成分为主的烟尘的催化作用下会生成 SO_3，遇水则形成硫酸雾或酸雨，又能与金属氧化物生成硫酸盐。英国在1952年12月曾造成伦敦烟雾事件，五天内死亡4000人。又如利物浦下的酸雨，pH值达到4，斯堪的纳维亚半岛pH值达到过2.8，使瑞典的湖泊在30年中酸度增大63倍，鱼类减少10倍，森林受到破坏，土壤被酸化。这种现象在我国南方使用高硫煤的四川、桂林等地也已出现。兰州市在1977年冬天也发生过类似的现象。

总之，能源物质（煤和石油）在加工和燃烧过程中排放出来的污染物，其数量之多、危害之大，是水质污染和大气污染的主要祸根。因此，防止燃烧污染，做好环境保护，是节能减排和循环经济建设的重要组成部分。

3.4.1 烟尘的污染与防治

燃料燃烧产生的烟尘主要是灰分和未燃炭。

灰分的数量是随燃料中灰分含量而定；未燃炭包括气相析型炭黑和残炭微粒。炭黑系碳氢化合物裂解析出的长链式碳氢分子（C_8H）。

排放到大气中的烟尘变成浮游粉尘污染大气，成为引起哮喘病的原因之一，减少烟尘排放量的有效措施是选择低灰分燃烧、改进燃烧技术、采用清洁能源以及采用有效的收尘设备。在烟尘治理方面，将抑制常规电除尘器的发展，拓宽电除尘器对高浓度、高温、高比电阻烟尘和含有腐蚀性气体等的适应领域；发展配套的监测仪器和装备；改进型材规格和品种，降低主体重量；完善计算机选型技术，开发脉冲供电、微机控制、可变电压供电装置等。重点开发特殊环境使用的电除尘器，适当发展用于各种炉窑的中小型电除尘器。袋式除尘器应提高配套机电产品及材料性能，提高产品质量；开发耐高温、耐腐蚀的滤料和纤维原料；在此基础上发展每小时处理风量在10万m^3以上、耐温250℃以上、寿命3年以上的袋式除尘器，淘汰技术落后、质量低劣的旋风除尘器，重点发展高效低阻及除尘、脱硫一体化，即组合式除尘器。

3.4.2 硫氧化物（SO_x）的污染与防治

燃料中硫的氧化机理，燃料中的硫在燃烧过程中与氧反应，主要产物是SO_2和SO_3，但SO_3的浓度相当低，即使在贫燃料状态下，生成的SO_3也只占SO_2生成量的百分之几。在富燃料状态下，除SO_2外，还有一些其他S的氧化物，如SO及其二聚物（$(SO)_2$），还有少量一氧化二硫。这些产物化学反应能力强，所以仅在各种氧化反应中以中间体形式出现。

使用含有可燃性硫的燃料时，从一般装置中产生的SO_x几乎都是SO_2，而其中的0.5%～2.5%再氧化成SO_3。

SO_2是无色而有刺激气味的气体，只要空气中含有百万分之三左右就能闻到，万分之一左右，就能引起支气管等的不适反应，暴露3h的致死浓度约为千分之一。排到大气中的SO_2，可氧化成SO_3与水蒸气化合成亚硫酸，对生态循环有很大影响。还可能与水汽、烟尘等结合变成硫酸烟雾，它的危害性比SO_2更为严重。

SO_2主要采用以下防治方法：

（1）重油脱硫。重油脱硫常用的方法：在钼、钴和镍等的金属氧化物催化剂作用下，通过高压加氢反应，使碳与硫的化合键断裂，以氢置换出硫，同时氢与硫作用形成H_2S，从重油中分离出来。

（2）煤燃烧二氧化硫的控制，分为燃前脱硫、燃烧中脱硫、燃烧后脱硫和煤转化过程中脱硫，其中烟气脱硫被认为是最有效的脱硫方式。烟气脱硫目前主要有吸收法和吸附法，以吸收法应用最为广泛，另外还有许多物理方法，如电子辐射法、等离子法等正在积极发展中。吸收法中又分为湿法和干法脱硫，其中湿法脱硫是商业应用最为广泛的方法，如石灰（石）－石膏法，海水脱硫、钠碱法、氨吸收法等，干法中有旋转喷雾吸收法、烟气循环流化床脱硫等。

（3）采用低氧燃烧，以防止 SO_3 的生成。

“十五”期间，国家重点发展了燃煤电厂烟气脱硫技术和设备，其中重点发展湿法脱硫工艺，以满足大容量、高参数火电机组烟气脱硫的需要；适当发展烟气循环流化床脱硫、喷雾干燥脱硫、炉内喷钙尾部增湿活化脱硫、电子束脱硫等工艺，以适应中小机组和老机组的烟气脱硫。同时，根据实施《中华人民共和国大气污染防治法》的要求，适当发展工业锅炉、炉窑相配套的实用型或简易型脱硫工艺技术和设备。

3.4.3 氮氧化物（NO_x）的污染与防治

工业烟气中含有 NO_x，对人体和动植物都有极大的危害，是造成大气污染的主要有害气体之一。烟气中的 NO_x 主要是燃烧过程中生成的，其中氮来源于空气和燃料，氧来源于空气。NO_x 主要是 NO 和 NO_2，NO 占 90%，其余为 NO_2。

目前，对 NO_x 的生成有三种得到接受的机理：热机理（Thermal）、瞬间机理（Prompt）和燃料机理（Fuel）。第一种机理认为 NO_x 是空气中的 N_2 和 O_2 在高温下反应生成的：$N_2 + O_2 \longrightarrow NO、NO_2$，$NO_x$ 的产量随温度的升高而呈指数增长，当温度高于 1100℃ 时是生成 NO_x 的主要机理；第二种机理认为 NO_x 是 N_2、O_2 和碳氢化合物的自由基之间相对快速的反应生成的：$CH_4 + N_2 + O_2 \longrightarrow NO、NO_2、CO_2 + H_2O$，该机理在较低温度时是常见且重要的机理；第三种则认为 NO_x 是由燃料中的含氮的有机物直接氧化生成的：$R_3N + O_2 \longrightarrow NO、NO_2、CO_2 + H_2O$，与具有三个价键的 N_2 分子相比，燃料中的氮更容易与 O_2 或其他中间产物发生反应而生成 NO_x，因此该机理也是较低温度下常见的 NO_x 生成机理。

NO_x 的生成主要与火焰中的最高温度、氧和氮的浓度以及气体在高温下停留的时间等因素有关。NO_x 的治理方法也主要是根据燃烧过程的特点来设计的，所以可以简单地把 NO_x 的治理方法分为燃烧的前处理，燃烧方式的改进及燃烧的后处理这三种方法。其中燃烧的前处理主要是指燃料的脱氮，从而减少燃烧过程 NO_x 的生成量。

在实际工作中，可采用降低火焰高温区的温度、减少过剩空气、采用新燃烧方法（如低 NO_x 喷嘴燃烧、阶段燃烧、水或水蒸气喷入燃烧、烟气循环燃烧以及排烟脱氮）等措施，以减少 NO_x 对大气的污染。

3.4.4 碳氧化物（CO、CO_2）的污染与防治

当燃料与空气混合不良或空气供应不足时会产生不完全燃烧，此时烟气中就存在着一氧化碳，它是无色、无味、无嗅的有毒气体。它能与血红蛋白结合，生成一氧化碳血红蛋白，使血红蛋白本身丧失送氧功能，以致引起人体组织缺氧以致死亡。消除 CO 污染的关键是改善燃烧，如完全燃烧则碳组分将完全转变为 CO_2。但大量 CO_2 排入大气也是污染，会影响大气层的构成与温度，造成“温室效应”。二氧化碳、一氧化碳、甲烷、臭氧、水蒸气等都是温室气体，但主要的还是二氧化碳和甲烷，其中二氧化碳的作用占 70% 以上，燃煤、燃气、燃油都会排出大量二氧化碳。

减少 CO_2 排放是能源工业的方向。我国经济快速增长，各项建设取得巨大成就，但也付出了巨大的资源和环境代价，经济发展与资源环境的矛盾日趋尖锐。只有坚持节约发展、清洁发展、安全发展，才能实现经济又好又快发展。同时，温室气体排放引起全球气候变暖，备受

国际社会广泛关注。加强节能减排工作，也是应对全球气候变化的迫切需要，是我们应该承担的责任。我国已强力推行多项节能减排措施，如强化节能减排目标责任评价考核，坚决遏制高耗能、高排放行业过快增长，加快淘汰落后生产能力，加大节能减排重点工程实施力度，抓好重点领域节能，强化污染防治，加快节能减排技术开发和推广，加强对节能减排工作的监督检查等确保减少 CO_2 排放，完成国家制定的节能减排目标。

思考题与习题

3-1　何谓燃烧的发热量，其高、低发热量有何区别？

3-2　何谓空气消耗系数，它的大小对炉子热工有何影响？

3-3　何谓炉子的实际燃烧温度？

3-4　为什么说气体燃料燃烧温度的关键是与空气混合？

3-5　为什么说液体燃料燃烧的关键是雾化？

3-6　采用粉煤燃烧技术为什么能提高炉温和节约燃料？

3-7　先进的燃烧方法是采用富氧空气或纯氧作为助燃剂，在这种情况下，燃烧产物的体积、组成以及燃烧温度会发生什么变化？试从理论上加以分析说明（与普通空气作助燃剂时进行比较）。

3-8　燃烧污染控制主要有哪些方面的措施？

3-9　某烧结厂单独采用发热量为 3763.7kJ/m^3 的高炉煤气点火，要求点火温度达到 1250℃，试问可采用哪些措施？

3-10　已知发生炉煤气的干成分为：$\varphi(CO^g)=29.8\%$，$\varphi(H_2^g)=15.4\%$，$\varphi(CH_4^g)=3.08\%$，$\varphi(C_2H_4^g)=0.62\%$，$\varphi(CO_2^g)=7.71\%$，$\varphi(O_2^g)=0.21\%$，$\varphi(N_2^g)=43.18\%$，煤气的温度为 23℃，空气预热到 300℃，煤气预热到 200℃，空气消耗系数 $n=1.2$，求发生炉煤气的发热量、空气需要量、燃烧产物量、燃烧产物成分和密度、理论燃烧温度各为多少？

3-11　某厂铜精炼反射炉使用天然气为燃料，已知其干成分为 $\varphi(CH_4^g)=95.82\%$，$\varphi(C_2H_4^g)=2.04\%$，$\varphi(C_3H_8^g)=1.02\%$，$\varphi(C_4H_{10}^g)=0.41\%$，$\varphi(CO_2^g)=0.2\%$，$\varphi(N_2^g)=0.51\%$，$n=1.1$，天然气水分含量 $g_{H_2O}^g=15.55g/m^3$。试求 Q_{DW}、L_n、V_n、燃烧产物组成及 ρ_0。

3-12　某烧重油的铜精炼反射炉，已知重油应用基成分为 $w(C^d)=85.0\%$，$w(H^{ar})=11.3\%$，$w(O^{ar})=0.9\%$，$w(N^{ar})=0.5\%$，$w(S^{ar})=0.2\%$，$w(A^{ar})=0.1\%$，$w(W^{ar})=2.0\%$。为了降低重油的黏度，燃烧前将重油加热到 90℃。喷嘴用空气作雾化剂，空气消耗系数为 $n=1.2$，空气预热至 400℃。求发热量、空气需要量、燃烧产物量、燃烧产物成分和密度、理论燃烧温度各为多少？（提示：重油 90℃时的平均比热容为 $c=0.415+0.008\times90=1.96$kJ/（kg·℃））

3-13　已知某厂用高、焦炉混合煤气（7∶3），煤气的温度为 28℃；其干成分为：高炉煤气 $\varphi(CO_2^g)=13.9\%$，$\varphi(CH_4^g)=0.6\%$，$\varphi(O_2^g)=0.3\%$，$\varphi(H_2^g)=3.0\%$，$\varphi(CO^g)=26.2\%$，$\varphi(N_2^g)=56.0\%$；焦炉煤气 $\varphi(CO_2^g)=3.1\%$，$\varphi(C_2H_4^g)=2.9\%$，$\varphi(O_2^g)=0.4\%$，$\varphi(CH_4^g)=25.4\%$，$\varphi(H_2^g)=57.9\%$，$\varphi(CO^g)=9.0\%$，$\varphi(N_2^g)=1.3\%$，求混合煤气湿成分和发热量 Q_{DW}。

3-14　某炉采用成分为题 3-12 的混合煤气，该炉子的热负荷为 25.12×10^6kJ/h，试计算：(1) 每小时应供给炉子多少煤气？(2) $n=1.05$ 时，每小时供应多少空气？(3) 废气量多少（忽略炉子吸、漏气及空气的水分）？

3-15　已知某烟煤成分为：$w(C^{daf})=85.32\%$，$w(H^{daf})=4.56\%$，$w(O^{daf})=4.07\%$，$w(N^{daf})=1.80\%$，$w(S^{daf})=4.25\%$，$w(A^d)=7.78\%$，$w(W^d)=3.0\%$。求 Q_{DW}、L_0、V_0、ρ_0 燃烧产物成分和 t_{th}（忽略空气水分）。

3-16　已知某熔炼焙砂的冰铜反射炉，采用煤粉作燃料，其原煤成分：$w(C^{daf})=82\%$，$w(H^{daf})=7\%$，

$w(N^{daf})=1\%$，$w(S^{daf})=1\%$，$w(O^{daf})=9\%$，$w(A^{d})=10\%$，$w(W^{ar})=5\%$。$n=1.2$，一次空气量为20%，其预热温度为500℃，冰铜反射炉的高温系数 $\eta=0.75$。求煤粉的应用基成分、Q_{DW}、L_n、V_n、ρ_0、燃烧产物量、实际燃烧温度为多少（考虑空气中水分的影响，空气温度为21℃）？

4 耐火材料

4.1 概　述

4.1.1 耐火材料在冶金工业中的地位和作用

凡是耐火度不低于1580℃，在一定程度上抵抗温度骤变和炉渣侵蚀，并能承受高温荷重的材料称为耐火材料。耐火材料是高温技术的基础材料，它主要用于工业生产中的高温热工设备和各种窑炉，其中冶金工业所用的耐火材料占整个耐火材料生产的60%～75%。随着现代工业技术的发展，不但对耐火材料质量要求越来越高，对耐火材料有特殊要求的品种越来越多，形状也越来越复杂。

世界上有35个国家耐火材料工业比较发达。过去世界耐火材料的一半是由美国和前苏联生产的，1993年，我国耐火材料产量达1002万t，跃居世界第一位。耐火材料工业被描绘为冶金工业和其他高温工业的“支撑工业和先行工业”，与高温工业，尤其是钢铁工业的发展密切相关，是相互依存，互为促进，共同发展的关系。几个主要国家工业部门耐火材料的消耗比例如表4-1所示。

表4-1　几个主要国家工业部门耐火材料消耗的比例　　（%）

国名	钢铁	有色冶金	机械	建材	化工	其他	出口
美国	62.0	9.0	—	13.5	5.5	1.0	9.0
日本	71.7	2.2	3.0	8.9	6.1	4.1	4.0
俄罗斯	60.1	4.0	10.3	8.1	4.7	10.9	1.9
中国	67.0	3.0	8.0	12.0	2.0	5.0	3.0

20世纪80年代以来，世界上工业发达国家的耐火材料发展有两个明显特征：（1）开发优质新产品，品种更新换代较快；（2）耐火材料消耗显著下降：我国耐火材料综合消耗每1t钢从1980年的25kg降到15kg（美国15.5kg，英国15.3kg，德国15.2kg，日本11.9kg），目前我国最先进的是上海宝钢，每吨钢消耗耐火材料10kg左右，达到世界先进水平。在耐火材料品种方面，不定形耐火材料产量明显增加，美国1970年不定形耐火材料产量占31%，1986年达到50%；日本1970年不定形耐火材料产量占16%，1993年达到53%，2000年达到60%。我国1980年的不定形耐火材料比例占12%，1997年增长到25%以上，2000年接近30%。不定形耐火材料的应用范围也从中低温部位发展到高温部位，而且有许多场合是在苛刻复杂的条件下使用的。生产不定形耐火材料的能耗仅为生产制品能耗的1/6，机械化施工，劳动强度减少，使用寿命提高，经济效益显著提高。

我国有丰富的耐火原料资源，是耐火材料生产大国，不但能满足我国超亿吨钢铁生产需要，还大量出口国外。改革开放以来，我国耐火材料工业发生了巨大的变化，耐火材料产品结构正在逐步改善，向优质高效、多品种、系列化发展，在提高质量、发展品种方面取得了一定成绩。然而，目前我国单位产品的耐火材料消耗仍比发达工业国家高很多；在耐火材料品种结构方面，普通耐火制品所占比例仍然较大；由于缺乏精料，加上某些工艺技术和装备比较落后，与国际水平相比，与冶炼技术发展要求相比，制品性能尚存在较大的差距。

今后，我国耐火材料工业要由数量型向品种质量型转变，立足于我国的资源条件和使用需要，研究发展优质高效高铝质和碱性制品，发展优质不定形耐火材料和绝热耐火材料。要抓紧解决精料和装备两个薄弱环节；在生产工艺上要坚持精料、精配、精混、高压、高温、精整及采取复合技术的方针，继续坚持基础理论的研究，从而开发出有我国特点的优质耐火材料，满足国民经济发展的需要。

4.1.2　冶金炉对耐火材料的要求

耐火材料用于各种高温设备中，它受着高温条件的物理化学侵蚀和机械破坏作用，所以耐火材料的性能应满足如下要求：

（1）耐火度高。现代冶金和其他工业炉窑的加热温度一般都在1000～1800℃之间。耐火材料应该在高温作用下具有不易熔化的性能。

（2）高温结构强度大。耐火材料不仅应具有较高的熔化温度，而且还应具有在受到炉子砌体的荷重下或其他机械振动下，不发生软化变形和坍塌。

（3）热稳定性好。冶金炉和其他工业窑炉在操作过程中由于温度骤变引起材料各部分温度不均匀，砌体内部会产生应力而使材料破裂和剥落。因此，耐火材料应具有抵抗这种破损的能力。

（4）抗渣能力强。耐火材料在使用过程中，常受到高温炉渣、金属和炉尘的化学腐蚀作用。因此，耐火材料必须具有抵抗高温化学腐蚀的能力。

（5）高温体积稳定。耐火材料在长期高温使用中，砖体内部由于晶形转变会产生不可恢复的体积收缩或膨胀，造成砌体的损坏。因此，要求耐火材料在高温时体积稳定。

（6）外形尺寸规整、公差小。砌体的砖缝虽用耐火泥浆填充，但密度和强度均比制品差，在使用过程中容易被侵蚀，因而砖缝是砌体的薄弱环节。因此应使砖缝愈小愈好，只有准确的外形尺寸才能达到这种要求，所以制品不能有大的扭曲、缺边、缺角、熔洞和裂纹等缺陷，尺寸公差要合乎规定的要求。

除此之外，有时还要考虑耐火材料的导热性和导电性。实际上没有任何一种耐火材料能完全满足所有上述要求。在选择或评价耐火材料时，必须使材料的突出特性与使用条件相适应，物尽其用，同时又考虑到经济核算。

4.1.3　耐火材料的分类

除轻质耐火材料（绝热材料）外，所有耐火材料都可以按以下方法进行分类。

4.1.3.1　按化学矿物组成分类

根据耐火材料的化学矿物组成可分为如下几种：

（1）硅质耐火材料。这是以 SiO_2 为主要成分的耐火材料，主要品种有：硅砖（$w(SiO_2)>93\%$）和石英玻璃制品（$w(SiO_2)>99\%$）。

（2）硅酸铝质耐火材料。这类耐火材料中均含有相当数量的 Al_2O_3 和 SiO_2，生成铝硅酸盐，主要品种有：半硅砖（$w(Al_2O_3)=15\%\sim30\%$，$w(SiO_2)>65\%$）、黏土砖（$w(Al_2O_3)=30\%\sim48\%$）、高铝砖（$w(Al_2O_3)>48\%$）。

（3）含镁系耐火材料。该系列中均以 MgO 为主要成分，主要品种有：

1）镁石质制品。这类制品以方镁石为主晶，一般 $w(MgO)>80\%$，主要包括：镁砖（$w(MgO)>90\%$）、镁铝砖（$w(MgO)>80\%$、$w(Al_2O_3)=5\%\sim10\%$）、镁硅砖（$w(MgO)>83\%$、$w(SiO_2)=5\%\sim11\%$、$w(CaO)<2.5\%$）、镁铬砖（$w(MgO)=55\%\sim80\%$、$w(Cr_2O_3)=15\%\sim30\%$）和镁钙砖。

2）白云石制品 主要包括普通白云砖［$CaMg(CO_3)_2$］制品（$w(CaO)>40\%$、$w(MgO)>30\%$）、镁质白云石制品（$w(MgO)=75\%\sim77\%$、$w(CaO)=19\%\sim21\%$）和抗水性白云石制品。

3）镁橄榄石（$2MgO\cdot SiO_2$）质制品（$w(MgO_3)=5\%\sim55\%$）。

4）铬质制品（$w(Cr_2O_3)>30\%$）。

（4）含碳系耐火材料。这类耐火材料中含有一定数量的碳或碳化物，主要品种有：炭砖、含石墨黏土制品、石墨高铝制品和碳化硅制品。

（5）含锆系耐火制品。这类材料中均含有一定数量的氧化锆。常用的品种有：锆英石（$ZrSiO_4$）制品、二氧化锆制品和锆－莫来石制品。

（6）特种耐火材料。这是一类由较纯的难熔的氧化物、碳化物、氮化物、硅化物和硼化物制品以及金属陶瓷等构成的耐火材料。

4.1.3.2 按制造方法、制品性质、制品形状和尺寸等分类

（1）按耐火材料的制造方法分类。除天然矿石切割加工外，人造制品常根据其成型特点分为块状制品和不定形制品。块状制品又分为烧成制品、不烧制品和熔铸制品；不定形制品有耐火混凝土、耐火可塑料、耐火捣打料、耐火泥和耐火喷涂料、投射料等。

（2）按制品性质分类。依其耐火度的高低可分为：普通耐火制品（耐火度为 1580～1770℃），高级耐火制品（耐火度为 1770～2000℃），特级耐火制品（耐火度大于 2000℃）。依其化学性质可分为酸性耐火材料、中性耐火材料和碱性耐火材料。依其密度或导热性可分为重质耐火材料和轻质耐火材料或隔热耐火材料。

（3）按制品形状和尺寸分类。可分为标准砖、异型砖、特异型砖、大异型砖，以及实验室和工业用坩埚、皿、管等特殊制品。

4.1.4 耐火材料的一般生产过程

耐火材料的品种质量与生产工艺关系很大，相同的原料采用不同的工艺，可以制造出不同品种和质量的制品。耐火材料生产的普通工艺过程，也可以说是传统生产的工艺过程。普通耐火材料都遵循这个生产过程。只是由于耐火材料的品种不同，在某些工序里存在小的差异。但基本过程都是：

原料加工→配料→混炼→成型→干燥→烧成→检查分级→成品入库。

4.2 耐火材料的组成和性质

耐火材料的质量取决于其组成和性质的优劣。耐火材料的性质是评价其质量的核心内容和基本依据，而耐火材料的性质又取决于其化学矿物组成和组织结构。因此，为了合理地使用耐火材料，首先必须知道耐火材料的性质。

4.2.1 耐火材料的化学矿物组成

4.2.1.1 化学组成

根据耐火材料中各种化学成分的含量和其作用，通常将其分为主成分、杂质和外加成分三类。

A 主成分

主成分是耐火制品中构成耐火基体的成分，是耐火材料的特性基础。它的性质和数量直接决定制品的性质。耐火材料按主成分的化学性质可分为酸性耐火材料（SiO_2、ZrO_2 等）、中性耐火材料（Al_2O_3、Cr_2O_3、SiC 等）和碱性耐火材料（MgO、CaO 等）。

可作为耐火材料主成分的都是具有高晶格能的高熔点或分解温度很高的单质或化合物。要求它在耐火材料生产或使用过程中能形成稳定的具有优良性能的矿物，在自然界储量较高而且较易提取与利用。在地壳中分布较多，可作为耐火材料主成分的主要是氧化物，目前生产与使用较广泛的主要有 Al_2O_3、BeO、Cr_2O_3、MgO、CaO、SiO_2、ThO_2、TiO_2、UO_2、ZrO_2 等。另外，有一些碳化物（SiC、WC、B_4C）、氮化物（AlN、Si_3N_4）、硅化物（$MoSi_2$）、硼化物（TiB_2）和硫化物（TbS），也可作为耐火材料的主成分。

B 杂质

耐火材料的原料绝大多数是天然矿物，在耐火材料（或原料）中含有一定量的杂质。这些杂质是某些能与耐火基体作用而使其耐火性能降低的氧化物或化合物，即通常称为熔剂的杂质。杂质的化学成分也是氧化物，如 Fe_2O_3、K_2O、Na_2O 等。杂质成分除具有熔剂作用外，还具有降低制品（原料）的烧成温度，促进其烧结的有利作用，但同时也会使制品的某些耐火性能降低。

C 外加成分

外加成分常称为外加剂，是在耐火制品生产中为特定目的另外加入的少量成分。如为促进材料中某些物相的形成和转化而加入的矿化剂；为抑制材料中某些物相的形成而加入的抑制剂或稳定剂；为促进材料的烧结而加入的助熔剂等。外加剂的加入可在一定程度上改变材料的组成与结构，从而使制品获得某种预期特性，但需防止其严重影响制品抵抗高温的性质。

4.2.1.2 矿物组成

耐火制品是矿物组成体。制品的性质是其组成矿物和微观结构的综合反映。因此，在研究耐火制品的组成对其性质的影响时，不但要考虑化学组成而且也要考虑制品的矿物组成，以及矿物相的晶粒大小、形状和分布情况。

A 耐火材料的晶相组成

根据耐火材料中构成相的性质、所占比重和对材料技术性质的影响，耐火材料矿物组成分为主晶相和基质两类。主晶相是指构成材料结构的主体，熔点较高，对材料的性质起支配作用的一种晶相。耐火材料主晶相的性质、数量、其分布和结合状态直接决定制品的性质。耐火材料中主要组成的结晶相或骨料，可以是一种，也可以是两种。例如，黏土质耐火材料的主晶相只有一种即莫来石 $3Al_2O_3 \cdot 2SiO_2$；而高铝质耐火材料有两种主要结晶成分即莫来石和刚玉（$\alpha-Al_2O_3$）。

基质是包围在主晶相四周或存在于耐火材料大晶体间隙中，起胶结作用的结晶矿物或非结晶玻璃质。基质对制品的性质（如高温特性和耐侵蚀性）起着决定性的影响。在使用时制品往往首先从基质部分开始损坏，采用调整和改变制品的基质成分是改善制品性能的有效工艺措施。

B 耐火制品的显微组织结构

耐火制品的显微组织结构有两种类型（图4-1）：一种是由硅酸盐（硅酸盐晶体矿物或玻璃体）结合物胶结晶体颗粒的结构类型（图4-1a）；另一种是由晶体颗粒直接交错结合成结晶网（图4-1b）。直接结合结构类型的制品的高温性能（高温力学强度、抗渣性和热震稳定性）要优越得多。因此，近些年来，国内外都在致力于研究和制造直接结合砖，即采用高纯原料，减少砖中低熔点硅酸盐结合物。并在高温下使少量液相移向颗粒间隙中，使固体颗粒构成连续的结晶网，形成直接结合的特征结构，从而显著提高制品的高温性能指标，延长其使用寿命。

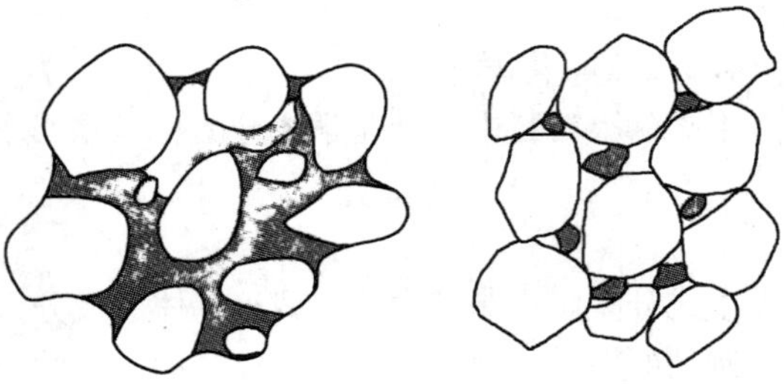

图4-1 耐火制品的显微组织结构

4.2.2 耐火材料的物理性质

耐火材料的物理性质与使用性能有着密切的关系。物理性质是影响使用性能的重要因素，也是衡量耐火材料质量好坏的依据之一。

4.2.2.1 致密性

耐火制品的致密程度，是评价耐火制品质量的重要标志之一，它通常用气孔率、吸水率、体积密度、真密度和透气性来表示。

A 气孔率

气孔率指耐火制品中气孔体积占总体积的百分率。

耐火材料内的气孔是由原料中气孔和成型后颗粒间的气孔所构成。按其存在形态，大致可分为三种类型（图4-2）：（1）闭口气孔，它封闭在制品中不与外界相通；（2）开口气孔，一端封闭，另一端与外界相通，能为流体填充；（3）贯通气孔，它贯通制品的两面，能为流体通过。开口气孔及贯通气孔又合称显气孔，这种气孔在耐火砖中占多数。在我国，通常所称气孔率即指显气孔率，有的国家指总气孔率。

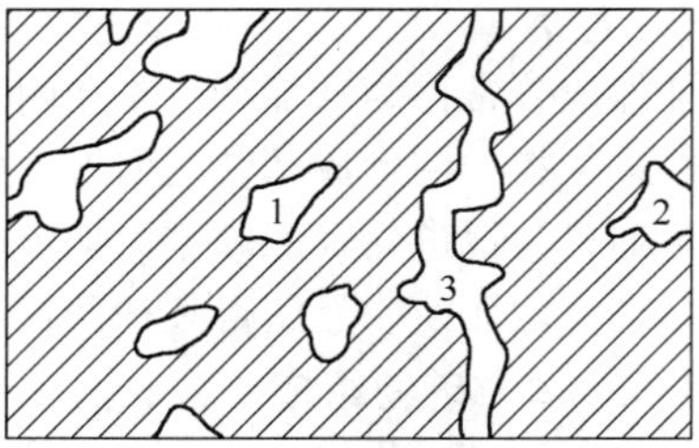

图4-2 耐火制品中气孔类型
1—封闭气孔；2—开口气孔；3—贯通气孔

气孔率分为总气孔率和显气孔率，总气孔率 $= \dfrac{V_1 + V_2 + V_3}{V} \times 100\%$，显气孔率 $= \dfrac{V_2 + V_3}{V} \times 100\%$，式中 V、V_1、V_2、V_3 分别为试样总体积、闭口气孔、开口气孔和贯通气孔的体积。

气孔的容积、形状以及大小的分布对耐火材料性质有很大影响，耐火材料的主要性质和气孔率之间的关系如图4-3所示。

生产工艺对气孔率的影响较其他性质大。耐火制品的开口气孔率可以小到零或大到75%～80%。在耐火砖质量指标中一般对显气孔有规定，例如普通黏土的显气孔率，根据前冶金部标准不得超过28%。

B 吸水率

吸水率是指填充制品的全部开口气孔所需水的质量占制品干燥质量的百分数，即

$$吸水率 = \frac{G_1 - G}{G} \times 100\%$$

式中，G 为试样烘干质量，G_1 为试样吸水饱和后的质量。

C 体积密度

体积密度指制品单位体积（包括气孔体积）的质量，用符号 ρ 表示，kg/m^3。

$$\rho = \frac{G}{V}$$

体积密度大的耐火砖，内部很致密，气孔率低，同时抵抗炉渣侵蚀的能力较强。

D 真密度

真密度是指耐火材料除去全部气孔后，单位体积的质量，即

$$\rho' = \frac{G}{V - (V_1 + V_2 + V_3)}$$

真密度不能表示出制品的宏观组织结构特征，但它的大小可以反映出原料的纯度、烧结程度及制品晶形结构的基本特性。

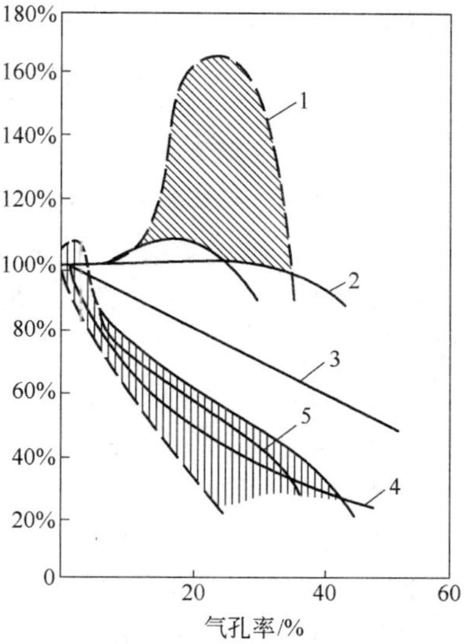

图 4-3 耐火材料性质和气孔率的关系
1—热震稳定性；2—膨胀系数；
3—体积密度；4—热导率；5—强度

4.2.2.2 力学性质

耐火材料的力学性质是指材料在不同温度下的强度、弹性和塑性性质。

A 常温耐压强度

常温耐压强度是指常温下耐火材料在单位面积上所能承受的最大压力，如超过此值，材料被破坏。

通常，耐火材料在使用过程中很少由于常温下的静负荷而招致破损。但常温耐压强度主要是表明制品的烧结情况，以及与其组织结构相关的性质，测定方法简便，因此是判断制品质量的常用检验项目。另一方面通过常温耐压强度可间接评定其他指标，如制品的耐磨性，耐冲击性以及不烧制品的结合强度等。

B 耐磨性

耐磨性是指耐火材料抵抗固体、液体和含尘气流对其表面的机械磨损作用的能力。

耐火材料耐磨性不仅取决于制品的密度、强度，而且也取决于制品的矿物组成、组织结构和材料颗粒结合的牢固性。常温耐压强度高，气孔率低，组织结构致密均匀，烧结良好的制品总是有良好的耐磨性。

C 高温耐压强度

高温耐压强度是指耐火材料在高温下单位面积所能承受的极限压力。

耐火材料的高温耐压强度指标可反映出制品在高温下结合状态的变化，特别是加入一定数量结合剂的耐火可塑料和浇注料，由于温度升高，结合状态发生变化时，高温耐压强度的测定更为有用。

4.2.2.3 热学性质

A 热膨胀性

耐火材料热膨胀性指材料的线度和体积随温度升降发生可逆性增减的性能。常以线膨胀系

数或体积膨胀系数表示。线膨胀系数和体积膨胀系数的表达式如下：

$$\alpha = \frac{1}{L} \cdot \frac{\mathrm{d}L}{\mathrm{d}t};\beta = \frac{1}{V} \cdot \frac{\mathrm{d}V}{\mathrm{d}t}$$

式中 α，β——分别为线膨胀系数和体积膨胀系数；

L，V——分别为材料的长度和体积；

$\mathrm{d}L$，$\mathrm{d}V$——分别为温度变化（$\mathrm{d}t$）时，材料长度和体积的微小变化量。

热膨胀性的大小，反映了制品处于温度变化条件时的体积稳定性，直接影响抗热震性和受热后的应力分布和大小。它为制品的烧成和烘炉、砌体预留膨胀缝以及工业窑炉和高温设备结构设计提供了依据。各种耐火砖的热膨胀曲线如图 4-4 所示。

B 热导率

热导率是表征耐火材料导热特性的一个物理指标，指单位温度梯度下，单位时间内通过单位垂直面积的热量。它是高温热工设备热工计算的基本数据，是隔热材料的最重要的指标。

影响导热能力的主要因素是化学矿物组成、组织结构和温度。各种耐火材料的热导率往往差别很大，随温度变化的增减趋势迥异。一般晶体具有负的热导率温度系数，而玻璃质和非晶物质有正的热导率温度系数。所以大部分耐火材料的热导率随温度升高而增大。例如黏土砖、硅砖等都如此。但有些如镁砖、碳化硅砖等则相反，随温度升高热导率反而下降。各种耐火材料的热导率如图 4-5 所示。

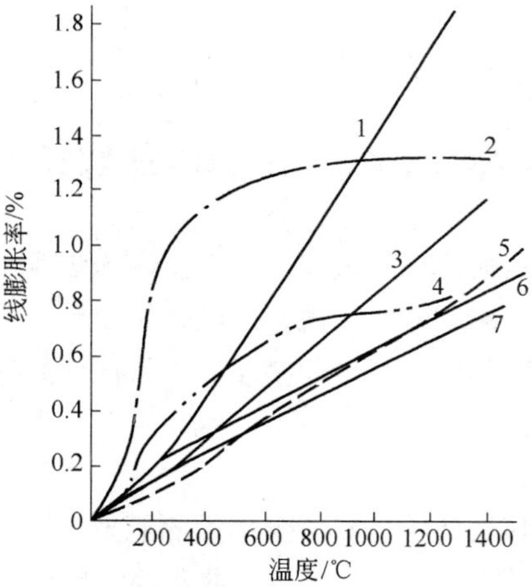

图 4-4 各种耐火砖热膨胀曲线

1—镁砖；2—硅砖；3—铬镁砖；4—半硅砖；5，7—黏土砖；6—高铝砖

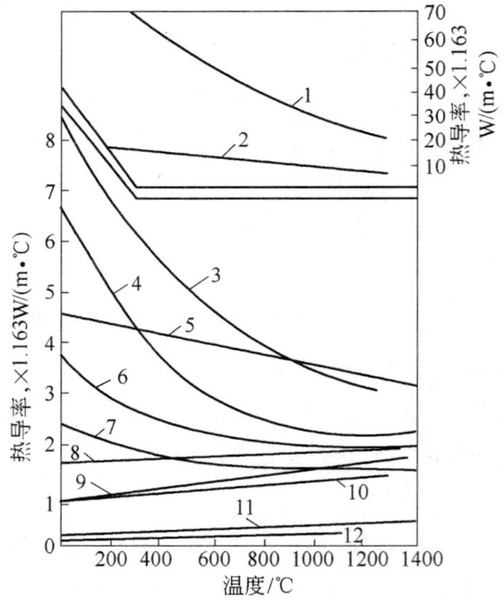

图 4-5 各种耐火材料的热导率

1—石墨；2—碳化硅砖；3—镁砖；4—高铝砖（$w(Al_2O_3)=99\%$）；5—碳化硅砖（$w(SiC)=50\%$）；6—锆英石砖；7—铬镁砖；8—铬砖；9—硅砖；10—黏土砖；11—黏土隔热砖；12—硅藻土砖

C 比热容

常压下加热 1kg 物质使之温度升高 1℃ 所需要的热量称为比热容。耐火材料的比热容除影响炉体的加热、冷却速度外，在蓄热砖中也具有重要意义。

耐火材料的比热容与其化学矿物组成及温度有关。实验测定证明，比热容随温度的升高而缓慢增加，工程计算中一般采用平均比热容。它是计算砌体蓄热量的重要参数，同时比热容的大小对耐火材料的热稳定性也有影响。表 4-2 列出了几种耐火材料的平均比热容。

表 4-2 耐火材料的平均比热容

耐火制品	比热容平均值 kJ/(kg·℃)			
	25～600℃	25～1000℃	25～1200℃	25～1400℃
黏土质	0.921	0.963	0.996	1.022
镁 质	0.883	0.942	0.971	1.00
硅 质	1.130	1.193	1.214	—

D 导电性

用做电炉内衬的耐火材料，要考虑其导电性。在低温下，除碳质、石墨黏土质、碳化硅质等耐火材料有较好的导电性外，其他耐火材料都是电的绝缘体，但温度升高到1000℃以上时，则导电性有明显增加。这是由于高温下耐火材料内部开始有液相生成而电离所致。

耐火材料的电阻 R 与绝对温度 T 的关系为

$$\lg R = \frac{A}{T} + B$$

式中，A 和 B 为与材料性质有关的常数。

耐火材料中的杂质对其高温下的电阻率有显著影响，因此制备优良电绝缘性耐火制品的基本途径之一是尽可能采用较纯的原料。

4.2.3 耐火材料的工作性质

耐火材料的工作性质是表征其抵抗高温热负荷作用，同时还受其他化学、物理化学及力学作用而不易损坏的性能，是决定耐火材料寿命的主要因素。

4.2.3.1 耐火度

耐火度指的是耐火材料在无荷重时抵抗高温而不熔融的性能。通常用耐火材料在一定条件下开始熔融软化的温度来表示。耐火材料包括多种化学矿物组成，不是纯物质，故没有一定的熔点。耐火材料的熔融过程，首先是低熔点成分开始熔化，随着温度升高熔化量不断增加，最后全部熔融。因此，耐火度仅仅代表耐火材料开始熔融软化到一定程度时的温度。

耐火度是用比较法进行测定的。根据耐火度试验方法（GB/T 7322—1997），将欲测的耐火材料试样制成上底每边是2mm，下底每边8.5mm，高30mm的截面为等边三角形的截头三角锥。将此锥与已知耐火度的尺寸形状相同的标准锥同时放在耐火托盘上，然后放置电阻炉内以一定的升温速度进行加热。到某一温度，当试样锥的顶部与标准锥的顶部同时弯倒接触底盘时，这时标准锥的耐火度即作为试样的耐火度。耐火度的标记表示方法，我国用标准锥的标号来表示，例如锥号 WZ171，即表示耐火度为1710℃。三角锥弯倒情况如图4-6所示。

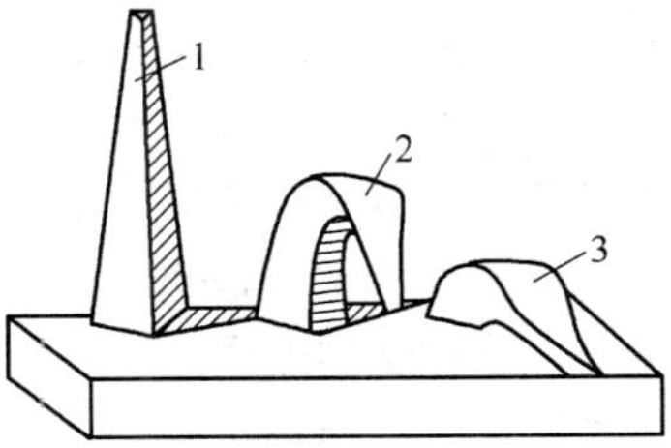

图 4-6 三角锥弯倒情况
1—三角锥未弯倒；2—三角锥顶点与底盘接触；3—三角锥弯倒过大

耐火材料在实际使用过程中，除经受高温作用外，还承受荷重和炉渣侵蚀等各种作用，使耐火材料能够承受的温度降低。因此，耐火度不能作为材料使用温度来考虑，实际上一般仅作为耐火材料纯度的鉴定指标。常用的几种耐火材料的耐火度为：

硅 砖 1690～1730℃ 黏土砖 1500～1750℃

高铝砖 1750～2000℃ 镁 砖 2000℃以上

4.2.3.2 荷重软化温度

荷重软化温度是耐火材料在一定的重负荷和热负荷共同作用下达到某一特定压缩变形时的温度，表征了在较大的温度范围内材料的结构性能，便于对材料作出较全面的估价。

荷重软化温度的测定按照耐火制品荷重软化温度试验方法示差－升温法（GBT 5989—1998）。试验为中心带通孔的圆柱体，直径 50mm ± 0.5mm，高 50mm ± 0.5mm，中心通孔孔径 12～13mm。在 0.2MPa（致密定形耐火制品）或 0.05MPa（隔热定形制品）压力下，在高温电炉内按规定的升温速度连续均匀加热，直到试样产生规定的压缩形变，记录升温时试样的形变，测定在产生规定形变量时的相应温度。通常测定试样压缩 0.6%（即从试样最高点压缩 0.3mm）的温度（称荷重软化点）、压缩 4%（2mm）的变形温度和压缩 40%（20mm）的变形温度（也叫变形终了温度或破坏温度）。试验荷重变形情况的结果，通常用温度－变形曲线来表示。某些耐火材料的荷重变形曲线如图 4-7 所示。

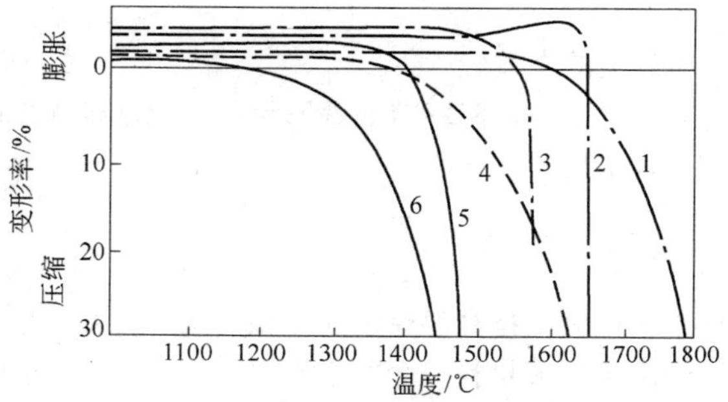

图 4-7 各种耐火材料的荷重变形曲线

1—高铝砖（$w(Al_2O_3)=70\%$）；2—硅砖；3—镁砖；4，6—黏土砖；5—半硅砖

荷重变形曲线不同的原因主要取决于制品中存在的结晶相、晶体的构造和性状，即晶体是否形成网络骨架或以孤岛状分散于液相中，前者变形温度高，后者变形温度主要由液相的含量及黏度所决定。此外，制品的致密度和颗粒组成对荷重变形温度也有一定的影响。

黏土砖的主要相组成是莫来石和作为莫来石基质的大量硅酸盐玻璃相。由于大量黏度非常高的液相的存在以及这种液相黏度并不因温度升高而迅速降低的特点，使黏土砖虽开始软化变形温度较低，但具有很宽的荷重变形温度范围。

硅砖的相组成主要是鳞石英和少量的方石英，且鳞石英在砖中形成矛状双晶相互交错构成结晶网络，这种结构形成制品的坚强骨架。只在接近鳞石英的熔点时，由于熔融骨架会破坏，引起砖的变形以致坍塌。所以硅砖的开始软化变形温度很高，但达到软化变形温度后几乎立即溃裂。

镁砖中主要相组成是大量的高熔点方镁石结晶颗粒，被少量的熔点较低的结合物所包围。高温下砖中液相黏度很小，所以结合物强度的丧失就破坏了砖体的强度，反映出荷重变形开始温度与变形终了温度相差 10～30℃，而与耐火度之差则超过 1000℃的特点。

4.2.3.3 抗渣性

耐火材料在高温下抵抗熔渣侵蚀的能力，称为抗渣性。熔渣侵蚀是各种冶金炉（特别是熔炼炉）中耐火材料损坏的主要原因，所以抗渣性对耐火材料有着十分重要的意义。

熔渣侵蚀耐火材料的主要原因是高温下熔渣与耐火材料起化学反应，生成易熔化合物，使耐火材料由表面至内部一层层地侵蚀。此外，在高温条件下液态炉渣通过耐火材料中的孔隙渗入，使耐火材料中某些成分物理溶解于炉渣中，再加上流动性熔渣的机械冲刷作用，也将引起耐火材料的表面逐渐脱落。

抗渣性的主要影响因素有：

（1）耐火材料和熔渣的化学成分。以 SiO_2 为主要成分的氧化硅质等酸性耐火材料，能抵抗酸性熔渣（含酸性氧化物 SiO_2、P_2O_5 等较多的炉渣），因两者间不起化学反应。但酸性耐火材料易被碱性炉渣（含 CaO、MgO 较多）所侵蚀，因为高温下两者间易起化学反应，生成易熔硅酸盐化合物。以 CaO、MgO 为主要成分的氧化镁质、白云石等碱性耐火材料则相反，对碱性炉渣（含 CaO、MgO 较多）的抵抗能力强，但对酸性炉渣抵抗能力差。而中性耐火材料，如碳质耐火材料，无论对酸性或碱性炉渣都有较强的抵抗能力。

（2）炉内温度。化学反应的速度随着温度的升高而迅速增大，炉渣对耐火材料的化学侵蚀也是如此。温度在 800～900℃之间时，炉渣侵蚀尚不明显，到 1200～1400℃以上时，化学侵蚀反应速度急剧增加。同时，由于炉温升高使炉渣黏度显著下降，流动性增加，更易于渗入耐火材料的气孔及砖缝中，反应接触面增加，侵蚀加剧。此外，炉渣与耐火材料的物理溶解和机械冲刷作用也随着炉温的升高而加剧。

（3）耐火材料的气孔率。气孔率（尤其是开口及贯通气孔率）愈低，则熔渣愈不容易渗入，反应接触面愈小，耐火材料的抗渣性就愈好。因此，生产气孔率低的致密耐火砖是提高抗渣能力和延长其使用寿命的有效措施。

测定抗渣性的方法很多，大体有以下四类：以熔锥法为代表的平衡状态法；以坩埚法为代表的静态法；撒渣法、喷渣法、滴渣法和旋棒法等动态法；电化学法。我国国家标准 GB 8931—88 规定的回转渣蚀法为一种喷渣法。

4.2.3.4 抗热震性

抗热震性又称抗热震稳定性、耐急冷急热性，是耐火制品抵抗温度急变而不破坏的能力。

耐火材料受到急剧的温度变化，内部会产生热应力。当热应力达到了制品的极限抗张强度和抗剪强度时，制品就会开裂或剥落。由于存在多晶转变，硅砖受急冷急热易产生裂纹、开裂，镁砖则因为线膨胀系数较大，弹性模量也较大，缓冲应力能力较差，所以受急冷急热时易于剥落。

烧结耐火制品的抗热震性按黑色冶金行业标准 YB/T 376—2004 规定测定。以经受 1100℃加热和水冷的循环次数来量度。常用耐火制品的抗热震稳定性如下：

硅　砖	1～4 次	普通黏土砖	5～25 次
普通镁砖	2～3 次	粗粒黏土砖	25～100 次
镁铝砖	>15 次		

4.2.3.5 高温体积稳定性

耐火砖在烧成过程中，所进行的物理－化学变化往往没有进行完结。当制品长期使用在高温下，这些物理－化学变化仍然继续进行。其结果使耐火砖的体积发生不可逆的收缩或膨胀，通常称为残存收缩或膨胀（或重烧收缩或膨胀）。重烧体积变化的大小，表明制品的高温体积稳定性。

重烧时的体积变化可用线变化百分率或体积变化百分率表示：

$$\Delta L\% = \frac{L_2 - L_1}{L_1} \times 100\%$$

$$\Delta V\% = \frac{V_2 - V_1}{V_1} \times 100\%$$

式中 L_1，L_2——重烧前后试样长度；

V_1，V_2——重烧前后试样体积。

残存收缩是耐火砖在高温下继续生成易熔结合物，熔化成液相填充于孔隙中，使结晶颗粒进一步靠近；或由于再结晶作用使晶粒增大，密度增加而体积缩小。残存膨胀是由于伴随体积膨胀的物理-化学变化在高温下进行的结果。在使用过程中，黏土砖、高铝砖等多数耐火砖发生残存收缩变化，而硅砖则因有晶形转变而发生残存膨胀。

残存收缩使冶金炉砌体砖缝增大，带来强度降低以及熔渣侵蚀加剧的后果。对于烘炉，若残存收缩过大，砖缝过宽，有可能引起炉顶下沉，甚至倒塌。

残存膨胀不大时，使砖缝致密，在一定条件下对炉顶寿命带来好的影响。但残存膨胀过大则不利，用这样的耐火砖筑炉时，有可能破坏炉体结构。

重烧体积变化的测定方法，通常是将在高于使用温度以上（根据制品的要求和使用条件来定），保温2~3h，然后测其体积变化。各种耐火制品允许的重烧体积变化取决于制品的使用条件和要求，一般不超过0.5%~1.0%。具体检测方法依照致密定形耐火制品重烧线变化试验方法（GB 5988—86）和定形隔热耐火制品重烧线变化试验方法（GB/T 3997.1—1998）。

4.3 常用块状耐火制品

4.3.1 硅酸铝质耐火制品

硅酸铝质耐火制品是以 Al_2O_3 和 SiO_2 为主要成分，还含有少量起熔剂作用的杂质成分，如 Fe_2O_3、TiO_2、CaO、MgO、Na_2O 和 K_2O 等。按 Al_2O_3 的含量不同可分为三类：半硅质制品（$w(Al_2O_3)=15\%\sim30\%$）；黏土质制品（$w(Al_2O_3)=30\%\sim48\%$）；高铝质制品（$w(Al_2O_3)>48\%$）。从 $Al_2O_3-SiO_2$ 二元系状态图（图4-8）可以看出其化学成分、理论相组成与相平衡温度之间的关系。

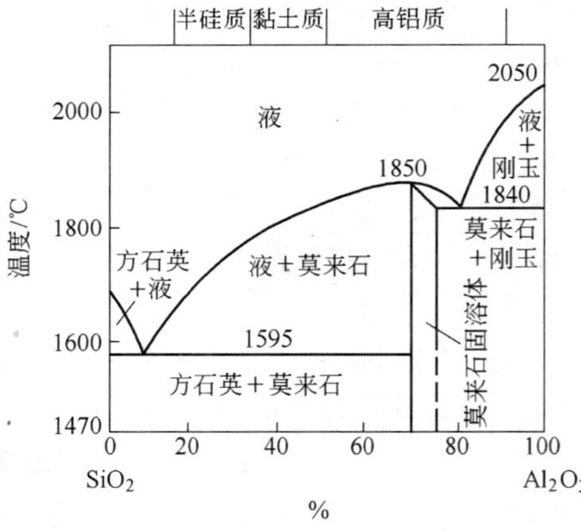

图4-8 Al_2O_3-SiO_2 二元系状态图

由图可以看出，该二元系有三个平衡相：方石英、莫来石和刚玉。莫来石的实际组成不是固定的，它的 Al_2O_3 含量波动在71.8%~77.5%之间，相当于化学式 $A_3S_2\sim A_2S$ 之间的组成，习惯上以 A_3S_2 表示。它的熔点为1850℃，具有良好的性能，其含量越多，耐火材料的质量越高。

4.3.1.1 黏土质耐火制品（黏土砖）

在世界各国耐火制品总产量中，黏土砖约占60%~70%。黏土砖是最普通的耐火砖，外表是浅棕黄色或黄色，广泛用于砌筑各种冶金炉及其他工业用炉，并用于砌筑烟囱、烟道等炉子辅助设备。黏土砖的价格比较便宜。

黏土砖的主要化学成分是 SiO_2（质量分数为45%~65%）和 Al_2O_3（质量分数为30%~48%），这两种成分在砖内结合成硅酸铝化合物形式，故黏土砖属于硅酸铝质耐火材料。在黏土砖中尚含有 Fe_2O_3、TiO_2、CaO、MgO、K_2O、Na_2O 等杂质，杂质总量必须小于6%。

黏土砖的矿物成分主要由莫来石（质量分数为25%~50%）、玻璃相（质量分数为25%~

60%）和方石英及石英（最高质量分数达30%）所组成。莫来石是黏土砖的主晶，其他成分是 SiO_2 和杂质组成的非结晶玻璃质。玻璃质起着结合剂作用，包围在莫来石结晶的四周，形成坚固的整体。

黏土砖的特性指标受化学成分、制造方法以及烧成温度的制约而差别较大，主要特性有：

（1）耐火度。黏土砖的耐火度在1580～1750℃之间。影响它的主要因素是化学成分，提高 Al_2O_3 含量可提高耐火度，但随着杂质含量增加，尤其是随 Fe_2O_3 和碱金属含量的增加耐火度显著降低。按 Al_2O_3 含量及耐火度的不同，可将制品分为四等：特等的耐火度不小于1750℃；一等的不小于1730℃；二等的不小于1673℃；三等的不小于1580℃。

（2）荷重软化温度。黏土质制品的荷重开始软化温度为1250～1400℃，压缩40%时温度为1500～1600℃，比其耐火度低很多，也远低于硅砖。其原因为黏土砖中莫来石晶体数量少，在制品中尚未形成结晶骨架结构。提高荷重软化温度的有效途径是提高制品中 Al_2O_3 含量，降低杂质的含量。

（3）抗渣性。黏土砖含 SiO_2 在45%～65%（质量分数）之间，属于弱酸性耐火材料，抗弱酸性渣的能力较强，对酸性渣和碱性渣的抵抗能力都较差。此外，杂质FeO能与 SiO_2 生成易熔化合物，因而黏土砖不宜用来砌筑轧钢加热炉的炉底，以免被熔融氧化铁膜侵蚀。黏土砖抗渣能力与熟料含量有关，熟料含量愈高，则气孔率愈低，砖愈致密，抗渣能力愈强。

（4）抗热震性。黏土砖的抗热震性好，普通黏土砖为10～15次，多熟料黏土砖为50～100次或更高。

（5）体积稳定性。在1350℃时，黏土砖的重烧收缩率为0.5%～0.7%。这使炉子砌砖体的砖缝变宽，给炉子寿命带来不利的影响。

黏土砖成本低廉，工作温度在1400℃左右，且对酸性炉渣有一定的抵抗能力，目前广泛用于冶金工业的各种加热炉、锻造炉、热处理炉以及有色冶金炉等炉渣侵蚀作用不大的部位。

4.3.1.2 半硅砖

SiO_2 的质量分数大于65%（$w(Al_2O_3)=15\%\sim30\%$）的耐火材料称为半硅质制品，属半酸性的耐火材料。

半硅砖的性能与黏土砖相近，耐火度为1670～1710℃，荷重软化开始温度为1300～1430℃，使用时高温体积稳定性好，抗酸性渣的能力较好，具有较高的高温结构强度。主要用于砌筑焦炉、酸性化铁炉、冶金炉烟道以及盛钢桶内衬等。

4.3.1.3 高铝质耐火制品（高铝砖）

凡是 Al_2O_3 含量大于48%（质量分数）的硅酸铝耐火制品统称为高铝质耐火制品。制品按 Al_2O_3 含量的不同分为三级：$w(Al_2O_3)>75\%$ 的为一级；$w(Al_2O_3)=65\%\sim75\%$ 的为二级；$w(Al_2O_3)=48\%\sim60\%$ 的为三级。按主要矿物组成可分为：低莫来石质、莫来石质、莫来石－刚玉质及刚玉－莫来石质、刚玉质四类。

高铝制品和黏土制品相比，突出的优点是耐火度及荷重软化温度高，抗渣性好，而且随着氧化铝含量的增加，这些性能也随之提高。

（1）耐火度。普通高铝砖的耐火度介于1750～1790℃之间，耐火度随着 Al_2O_3 含量的增加而升高，含 Al_2O_3 在95%以上的刚玉质（$\alpha-Al_2O_3$）高铝耐火制品，其耐火度可达1900～2000℃。Fe_2O_3、CaO等杂质与游离的 SiO_2（莫来石结晶以外的）组成玻璃质，使高铝砖的耐火度降低。

（2）荷重软化温度。普通高铝砖的荷重软化温度比黏土砖高，介于1400～1530℃之间。荷重软化温度随着 Al_2O_3 含量的增加而提高，随杂质含量的增加而降低。

（3）抗渣性。高铝制品的主要成分是 Al_2O_3，而 Al_2O_3 属于两性氧化物，故既能抗酸性渣又能抗碱性渣的侵蚀。抗酸性渣侵蚀能力不如硅砖，抗碱性渣侵蚀能力不如镁砖，但优于黏土砖。制品的抗渣性随着 Al_2O_3 含量增加而增加。

（4）抗热震性。高铝制品的抗热震性介于黏土质制品和硅质制品之间。一般高铝砖只能承受水冷 5 ~ 6 次，电熔刚玉砖可达水冷 50 次。

目前高铝砖广泛用于砌筑高炉、平炉、热风炉、加热炉、回转窑以及铝熔炼炉等。

4.3.2 氧化硅质耐火制品

SiO_2 含量 93%（质量分数）以上的耐火材料称为氧化硅质耐火材料，它的典型制品是硅砖。硅砖是以硅石为原料，以石灰乳、铁鳞、纸浆废液等为结合剂和矿化剂，在高温下烧成的酸性耐火材料。硅砖的矿物组成是由鳞石英、方石英和少量残存石英和高温形成的玻璃质等共存的复相组织。

SiO_2 有多种结晶形态，在温度变化等条件下晶形之间会发生转变，且伴随有体积的变化而产生应力。所以了解 SiO_2 的晶形转化对硅砖的制造、性质和使用均有重要意义。SiO_2 在不同温度、压力及杂质存在的条件下有八种变体：β－石英、α－石英、γ－鳞石英、β－鳞石英、α－鳞石英、β－方石英、α－方石英等结晶形态，以及非结晶变体石英玻璃。它们之间的互相转变如图 4-9 所示。

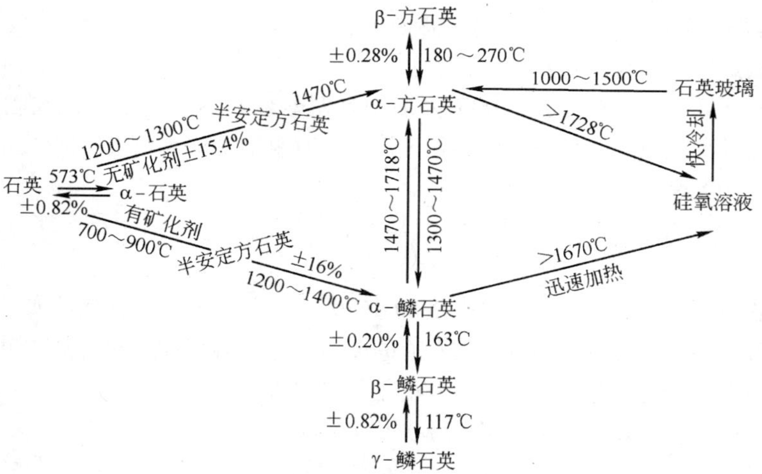

图 4-9 SiO_2 晶型转化示意图

按转变速度不同，SiO_2 晶形转变可分为迟钝转变和快速转变两种。无论何种转变都伴随有体积变化。

迟钝转变，是石英、鳞石英、方石英和石英玻璃之间发生的转变。其转化是由一种结晶形态转化成另一种结晶形态，转化速度慢，转化温度高，转化时间长，转化时伴随较大的体积变化。为加速转化必须添加细磨的矿化剂。

快速变化，则是石英、鳞石英和方石英的亚种 α、β、γ 型之间发生的转变，由于它们的组织结构和物理性质很相似，其转变过程只是晶格的扭曲或伸直，而不是晶格的重新排列，因而转变容易，转变速度快，体积变化不大，转变为可逆。

硅砖的主要性能有：

（1）耐火度。硅砖的耐火度为1690～1730℃，主要取决于SiO_2及杂质含量。SiO_2的含量越高，则耐火度越高；杂质Al_2O_3、Na_2O、K_2O等因与SiO_2组成易熔化合物，会使耐火度降低。

（2）荷重软化温度。荷重软化温度比黏土砖及高铝砖均高，一般为1620～1670℃，与耐火度很接近，这是硅砖突出的性质，主要是因为鳞石英能形成良好的结晶骨架。由于硅砖高温结构强度好，故常用来砌筑高温炉的炉顶。

（3）抗渣性。硅砖含SiO_2在93%（质量分数）以上，属于强酸性耐火材料。对酸性炉渣的抵抗能力很强，而容易被碱性炉渣侵蚀，但由于SiO_2能吸收一定量的CaO或FeO生成两种互不溶解的液相，故其对CaO和FeO有一定的抵抗能力。硅砖的抗渣性还与砖的组织结构（气孔率、气孔大小及分布）和颗粒组织有关。组织结构致密及颗粒较粗的抗渣性就好。

（4）抗热震性。温度激烈变化时，由于硅砖内部结晶的快速型转变，体积突然膨胀或收缩，产生较大内应力，使砖裂开和剥落。故硅砖的抗热震稳定性很差，只能承受水冷1～2次。硅砖抗热震性与温度范围有关，在600℃以下，尽量避免温度的激烈变化。在600℃以上时，由于不发生快速型结晶转变，抗热震性大有好转。

（5）高温体积稳定性。硅砖在温度升高时，除了普通的热膨胀以外还有晶形转变时所伴随的体积膨胀。因此，用硅砖砌筑的炉子在烘炉时温度应缓慢上升，以免因膨胀过急而造成炉体破坏。同时，在砌炉时应留出足够的膨胀缝。

硅砖是酸性耐火材料，广泛用来砌筑炼焦炉、玻璃熔炉、酸性炼钢炉以及其他热工设备。

4.3.3　碱性耐火制品

凡是以碱性氧化物MgO和CaO为主要组成的制品称为碱性耐火制品。现代炼钢工业绝大多数采用碱性炼钢法，因此碱性耐火材料品种的多少和质量的好坏，对炼钢工业的发展有重要意义。碱性耐火制品主要有镁质耐火制品和白云石质耐火制品两大类。

4.3.3.1　镁质耐火制品

通常把以方镁石为主晶的耐火材料统称为镁石或镁质耐火材料。一般MgO含量在80%（质量分数）以上，包括冶金镁砂、镁砖、镁铝砖、镁铬转和镁硅砖等品种。

A　冶金镁砂

菱镁矿（主要成分是$MgCO_3$）或海水（卤水）提取的氢氧化镁经过高温煅烧可得到烧结镁石，粉碎以后即可作为冶金镁砂使用。冶金镁砂的化学成分如表4-3所示。镁砂除制砖外，还可作为反射炉、平炉烧结炉底、电炉打结炉底以及补炉材料。

由于冶金镁砂在使用过程中是将镁石颗粒与助溶剂机械混合，因此不易均匀。当撒入炉内时会出现偏析。在镁砂多的地方不易烧结，多孔松散；在助溶剂多的地方产生大量的液相，影响炉底烧结质量。基于这种情况又发展了合成镁砂，即马丁砂。镁石、白云石（或石灰石）、铁矿石按一定比例配料，均匀混合，然后煅烧再破碎至一定颗粒组成而得合成镁砂，其化学成分列于表4-4。

表4-3　冶金镁砂的化学成分　（%）

指　标	一等	二等	三等
$w(MgO)$（不小于）	87	83	78
$w(SiO_2)$（不大于）	4	5	6
$w(CaO)$（不大于）	5	8	12
灼减（不大于）	0.5	0.8	0.8

表 4-4 合成镁砂的化学成分

组 成	SiO_2	Al_2O_3	Fe_2O_3	CaO	MgO	P_2O_5
质量分数/%	3.8 ~ 5.1	1.6 ~ 2.9	9.5 ~ 11.7	11.5 ~ 11.6	66.6 ~ 71.9	<3

B 普通镁砂

制造镁砖的主要原料是烧结镁石。此外，也可以使用一部分熔融镁石。$w(MgO)$不低于90.5%，$w(CaO)$不超过1.6%，$w(SiO_2)$不超过4.5%。

普通镁砖按生产工艺不同，分为不烧镁砖和烧结镁砖两种。不烧镁砖又称化学结合镁砖，是用具有良好颗粒配比的冶金镁砂，采用卤水和亚硫酸纸浆废液作结合剂，经高压成型后进行干燥而制得的。烧结镁砖是用纯度较高的烧结镁石为原料，用亚硫酸纸浆废液作结合剂，经过成型干燥后，在1550 ~ 1600℃的高温下烧结而制得的。高纯度高密度制品的烧成温度在1700℃以上。

普通镁砖的主要性能有：

（1）耐火度。普通镁砖的主要化学矿物组成为方镁石 MgO，其含量大于80%，耐火度超过2000℃。

（2）荷重软化温度。镁砖的荷重软化温度较低，只有1500 ~ 1550℃。其主要原因是原料纯度不高，含有相当数量的杂质，它们在烧结过程中形成钙镁橄榄石等低熔点基质，将方镁石包围起来，使高熔点的方镁石主晶不能形成连续的结晶网格，而是呈孤岛状分散在低熔点的基质中。因此，镁砖不能用来砌筑高温炉的炉拱，以免在高温下受热变形。

（3）抗渣性。镁砖是碱性耐火材料，抗碱性渣能力强，特别是对氧化铁熔渣具有强的抵抗能力。镁砖抵抗炉渣中 CaO 的侵蚀也很强，但对 CaO 和 SiO_2 共同作用的抵抗能力较差。

镁砖抗酸性渣能力弱，不能与酸性炉渣接触，而且在高温下不宜与黏土砖及硅砖长期接触，因为黏土砖中的 Al_2O_3 和 SiO_2 对镁砖有侵蚀作用。

影响镁砖抗渣性的，还有炉渣作用的动力学因素（如温度、渣的流动性、流动速度等）。就制品本身而言，提高纯度和密度、减少气孔率等能显著提高抗渣性。

（4）抗热震性。镁砖的抗热震性很差，只有2 ~ 3次。这主要是由于主晶与基质的膨胀系数差别较大。镁砖与硅砖有类似的缺点，不能用于温度波动剧烈的地方，用镁砖砌筑的炉子在操作过程中应保持炉温稳定，防止因温度变化过急而造成炉体的破坏。

（5）体积稳定性。与其他耐火材料相比，镁砖的线膨胀系数最大，在20 ~ 1500℃之间，平均线膨胀系数为14.3×10^{-6}，故砌筑过程中，应留有足够的膨胀缝。镁砖在高温长期使用时，因方镁石结晶的进一步长大，继续进行烧结而产生残存收缩，这对于砌体是不利的。

（6）导热性。镁砖的导热性很好，随温度不同，热导率波动于4.1 ~ 12.1W/（m·℃），故镁砖砌体的炉体外层，一般应有足够的隔热层，以减少散热损失。

（7）水化性。如果镁砖长期处于潮湿气氛中，矿化不好的 MgO 将能缓慢地吸收大气中的水分进行水化反应，并伴随有体积膨胀，影响产品质量和使用效果。因此，镁砖的运输和贮存必须防潮。镁砖的砌筑一般也采用干砌，即用干镁火泥撒于砖缝中，或在砖缝间夹以薄铁片，在高温下铁片被氧化为氧化铁，它能与镁砖中的氧化镁起化学反应从而将砖黏结成整体。

镁砖主要用于炼钢工业及有色冶金工业。如平炉、电炉、混铁炉等内衬和加热炉炉底、均热炉炉底以及炼铜、镍、铅鼓风炉炉缸、前床和炼铜、锡反射炉炉墙、上升烟道等也多用镁砖砌筑。

C 镁铝砖

镁铝砖是以方镁石（MgO 晶体）为主，以镁铝尖晶石（$MgO\cdot Al_2O_3$）为基质的耐火制品。

我国用加入 Al_2O_3 的办法，使 Al_2O_3 与 MgO 反应生成镁铝尖晶石，成功地制造镁铝砖，它既保留了镁砖耐火度高、抗碱性渣和氧化铁炉渣性能好的特点，又改进了热稳定性差和高温结构强度低的两个主要特点，在大型平炉炉顶上使用取得了非常满意的效果。

镁铝砖的性能指标为：气孔率 12% ~21%；体积密度 2800 ~ 3000kg/m^3；耐压强度 35 ~ 110MPa；荷重软化温度 1610 ~ 1660℃；热稳定性 50 ~ 150 次。

除上述指标比普通镁砖好之外，抗渣性也优于镁砖。因为 $MgO\cdot Al_2O_3$ 保护方镁石颗粒免受炉渣侵蚀作用的能力比钙镁橄榄石强得多。当炉渣侵入时，其中的氧化铁首先溶于镁铝尖晶石中，直至饱和以后才与方镁石反应。另外，由于 $MgO\cdot Al_2O_3$ 的存在，提高了低熔物的耐火度，因而可以减缓炉渣的侵蚀速度。

镁铝砖广泛应用于工作温度高且波动频繁、机械负荷大的位置，如用于平炉、炼铜反射炉等高温熔炼炉炉顶的砌筑材料。

D 镁铬砖和铬砖

镁铬砖是以烧结镁砂加铬铁矿为原料，制成的 $w(MgO)$ 大于 48%，$w(Cr_2O_3)$ 大于 8% 的耐火制品。其矿相组成为方镁石（MgO）和含铬尖晶石（$MgO\cdot Cr_2O_3$）。

这种砖的性能与镁铝砖差不多。由于镁铬砖价格贵，在我国很少应用，普遍为镁铝砖所代替。

此外，还有一种含 Cr_2O_3 量较高（$w(Cr_2O_3)$ 在 30% 以上），而 MgO 量较少（$w(MgO)$ = 10% ~30%）的铬砖。它的主要特征是属于中性耐火材料，因 Cr_2O_3 属于中性氧化物，故对碱性炉渣和酸性炉渣都有良好的抵抗能力。铬砖有时用来砌筑于酸性耐火砖与碱性耐火砖交界的地方，以避免酸性耐火材料与碱性耐火砖之间在高温下起反应。

4.3.3.2 白云石质耐火制品

以人工合成的或以天然的白云石为原料制成的耐火材料称为白云石质耐火制品。按其化学矿物组成，白云石质耐火材料可分为两大类：

（1）含有游离石灰的白云石质耐火材料，因其组成中含有难于烧结的活性 CaO，极易吸潮粉化，故又称为不稳定或不抗水的白云石质耐火材料。

（2）不含游离 CaO 的白云石质耐火材料。组成中 CaO 全部呈结合态，不会因水化而分散，因而也称稳定性或抗水性白云石质耐火材料。

白云石质耐火材料主要应用于碱性氧气转炉中。从化学组成看，经历了杂质由高到低的阶段，在工艺上由不烧到轻烧至高温烧成。目前普遍的倾向是发展低杂质含量，高 MgO 含量的合成白云石砖。近年来，伴随着氧气顶吹转炉炼钢的迅速发展，我国白云石质耐火材料也得到迅速的发展，新品种新工艺不断出现，如振动成型大砖，轻烧真空油浸砖，合成镁化白云石大砖及烧成油浸白云石砖等，均成功地使用在转炉上，大大提高了炉龄。

4.3.4 含碳耐火材料

含碳耐火材料是指由碳或碳的化合物制成的耐火材料。根据所用含碳原料的成分及产品的矿物组成，含碳耐火材料可分为三类：炭砖、石墨黏土制品和碳化硅制品。含碳耐火材料最大的缺点是易氧化，在较低温度下遇氧气即燃烧，还能被水蒸气等所氧化。

4.3.4.1 炭砖

炭砖是将质量好、含灰分低的冶金焦炭或无烟煤，经粉碎烘干后加入一定量熬好的焦油或沥青，经混合、成型，在隔绝空气下烧成，含碳量在85%～90%以上的制品。也可以将混合料现场直接捣打成炉衬使用（不烧制品）。

炭砖的主要特征是：

（1）耐火度高。因为碳实际上是不熔化的物质，只在3500℃升华。

（2）抗渣性极强。碳是中性物质，它与酸性、碱性的炉渣及其他耐火材料均不起作用，并且不被金属或炉渣润湿，因此它的抗渣性能好。

（3）抗热震性好。因为碳的线膨胀系数小，热导率大，故抗热震性好。

此外，炭砖还具有高温强度好，耐磨性和导电性能好的特点。

为了防止炭砖在氧化气氛中强烈氧化，所以只能用在不和氧化性气氛接触的地方，如高炉炉底和炉缸，炉腹和炉身下部也开始采用炭砖。此外，炭砖还广泛用于电化学工业、化学工业、石油化学工业、电镀工业、铁合金工业炉或设备的内衬，酸液碱液槽衬和管路以及熔炼有色金属（铅、铝、锑等）的炉衬等。

4.3.4.2 石墨黏土制品

石墨黏土制品是将质量良好的石墨配入部分软质黏土作结合剂，混合后成型，在隔绝空气下烧成含碳量为20%～70%的制品。所含碳呈石墨形态。加入的黏土除了作结合剂以外，还可以降低其氧化速度，延长使用寿命。

石墨制品的特性与炭砖基本相同。但石墨黏土制品的耐火度一般在2000℃左右，这是因为结合剂（耐火黏土）的耐火度低的缘故。

石墨黏土质耐火材料多用于制造坩埚供熔炼有色金属用，还用于浇注锰钢用的钢包内衬、塞头和水口砖（因高锰渣侵蚀力强）。

4.3.4.3 碳化硅制品

碳化硅制品是以人造碳化硅（金刚砂）为原料，加入结合剂（如软质耐火黏土）或不加结合剂（再结晶质），经高温煅烧而成含SiC（$w(\mathrm{SiC})=30\%\sim90\%$）的耐火制品。

人造碳化硅是用纯石英砂（$w(\mathrm{SiO_2})$不低于97%）和含碳很高的焦炭或无烟煤在电炉内于高温下制得的。

碳化硅耐火制品主要有两种：

（1）以黏土为结合剂碳化硅制品。它是以软质黏土为结合剂的耐火制品。根据制品的用途不同，加入黏土量也有所不同，通常为10%～35%。按SiC的含量不同分为三级：一级$w(\mathrm{SiC})>85\%$，二级$w(\mathrm{SiC})$约70%～85%，三级$w(\mathrm{SiC})<50\%$。

碳化硅质耐火制品基本上保留了炭砖所具有的特征。如导电导热性能好，不易被熔融金属和炉渣所润湿，具有良好的抗渣性、抗热震性。以黏土为结合剂碳化硅制品耐火度为2000～2100℃，荷重软化开始温度为1650～1750℃。在较高温度下不易氧化，抗氧化能力比炭砖强。当温度高于1627℃时，SiO_2进行蒸发，并与SiC发生作用，故碳化硅制品使用温度应控制在1600℃以下。

（2）再结晶碳化硅制品。这类制品所用的原料中含有较高的碳化硅（$w(\mathrm{SiC})$95%～99%）和有机结合剂，在高温（2200℃左右）电炉中加热而得到的。其性能优于黏土结合剂制品。

碳化硅耐火制品造价昂贵，所以主要用于要求导热性和导电性高的热工设备上，如有色冶金的蒸馏罐、精馏塔、电解槽侧墙、熔融金属管道。热处理的马弗罩、电阻炉的发热体。化学工业的油汽发生器和脱硫炉等方面。此外在空间技术上可用做火箭喷管和高温燃气透平叶片等。

4.4 不定形耐火材料

不定形耐火材料又称为散状耐火材料，是由合理级配的粒状和粉状料与结合剂共同组成的不经成型和烧成而直接供使用的耐火材料。用这种耐火材料可构成无接缝的整体构筑物，故还称为整体耐火材料。不定形耐火材料种类很多，如耐火混凝土、耐火可塑料、耐火泥、补炉料、捣打料、喷涂料等都属于不定形耐火材料。

不论哪种散状耐火材料，基本上都是由作为耐火基体的“骨料”和作为结合剂的“胶结料”等两部分组成。骨料可以是黏土质、高铝质、硅石质、碱性耐火材料和其他特殊耐火材料；胶结料可以是各种水泥、磷酸、磷酸盐、硫酸盐、水玻璃、膨润土以及其他特殊材料。限于篇幅，此处只介绍耐火混凝土及耐火泥。

4.4.1 耐火混凝土

耐火混凝土与普通混凝土不同。它是由耐火骨料、掺和料、胶结材料及水按一定比例混合、成型和硬化后得到的耐火制品。它能承受高温作用，一般混凝土允许工作温度在300℃以下，而耐火混凝土允许温度最高可达1700℃。

与普通耐火砖相比，耐火混凝土具有制造工艺简单，可以制成任意形状，产品成品率高，能源消耗小，便于砌筑施工机械化等优点；还可以进行炉子整体浇灌而减少砖缝，延长炉子寿命。所以，耐火混凝土是现代耐火材料的重要发展方向。目前已成功运用于均热炉，各种加热炉，热处理炉，隧道窑，回转窑，煤气发生炉等许多热工设备上，并取得了满意的使用效果。耐火混凝土存在的主要问题是：荷重软化温度较低、收缩较大、烘烤时间较长等。

耐火混凝土的种类很多。根据所用胶结材料的不同，可以分为硅酸盐水泥耐火混凝土、水玻璃耐火混凝土、磷酸耐火混凝土等。根据其硬化条件，可分为水硬性、气硬性和热硬性混凝土三种。

各种耐火混凝土的具体配方及使用范围见有关专著。

4.4.2 耐火泥

耐火泥是由粉状物料和结合剂组成的供调制泥浆用的不定形耐火材料。用来填充砖缝，将砖块结合成整体，以增加砌筑物的强度、提高严密性、防止漏气、减少熔渣和金属液的渗透。就其性质而言应满足如下要求：耐火泥的化学矿物组成、物理性质和工作性质应和砌砖的性质相似或相同；耐火泥的颗粒组成应与设计允许的砖缝大小相适应，一般不大于砖缝的二分之一至三分之一；耐火泥调制后应具有良好的塑性和结合性，以免在干燥和烧结过程中产生较大收缩而出现裂纹；耐火泥在烧结后应具有较高的机械强度和良好的气密性以及抗渣性。

耐火泥由骨料细粉和结合剂（胶结剂）两部分组成。骨料一般用各种耐火材料的熟料粉，如黏土熟料、矾土熟料、烧结镁石等。结合剂有各种水泥、磷酸盐、水玻璃、沥青油、卤水、硼酸、软质黏土等。不同结合剂适用于相应的骨料粉，例如，卤水只适用于镁火泥，硼酸仅适用于硅质火泥，软质黏土用于制造黏土和高铝火泥。各种砌砖用耐火泥的配制见有关专著。

4.5 特种耐火材料

特种耐火材料是在传统陶瓷和一般耐火材料的基础上发展起来的新型材料，所以也称高温陶瓷或高温材料。它包括高熔点氧化物和高熔点非氧化物及由此衍生的金属陶瓷、高温涂层、高温纤维及增强材料，即高温陶瓷材料和金属陶瓷材料两大类。

4.5.1 高温陶瓷材料

高温陶瓷材料包括高熔点的纯氧化物和某些元素的碳化物、硅化物、氮化物、硼化物及硫化物等。

4.5.1.1 纯氧化物制品

纯氧化物包括 Al_2O_3、MgO、CaO、BeO、CeO、ZrO_2、ThO_2、UO_2 等的制品。这些制品的主要特点是：耐火度高、致密性好、高温结构强度大、抗热震性和化学稳定性好，此外，大多数氧化物具有电绝缘性。

下面介绍几种主要氧化物制品的特点及其应用。

A 氧化铝（Al_2O_3）制品

氧化铝的化学稳定性好，在 1700～1800℃时可抵抗除氟外的一切气体的作用；使用温度可达 1900℃的熔融氧化铝制品可作高温电炉及火焰炉的炉衬材料，也可作为钨丝炉和钼丝炉缠绕钨丝和钼丝的材料；再结晶氧化铝绝缘管可作为铂－铂铑合金热电偶的绝缘材料。

刚玉坩埚可熔炼多种金属，刚玉的其他制品有热电偶保护套、火花塞、高温下液态金属和气体过滤器。氧化铝还经常作为金属陶瓷的主要原料。

B 氧化铍（BeO）制品

氧化铍的熔点为 2570℃，热稳定性好，特别是抵抗还原的能力强；热导率高（但电导率低），热膨胀小而且均匀；同时，在高温下化学稳定性好，可用来盛装熔融金属；氧化铍坩埚可用于真空感应电炉中熔化纯铍和纯铂；还可做温度高达 2350℃的加热原件，以及感应电炉中的反射屏。然而，其价格昂贵且有剧毒，使用受限。

C 氧化锆（ZrO_2）制品

氧化锆的熔点为 2677℃，导热性好，热容量小，因而是高温炉窑中很好的结构材料。在氧化性气氛和中等还原气氛中使用时和 Al_2O_3 一样比较稳定，同许多金属及氧化物相接触时和锆石英（$ZrO_2 \cdot SiO_2$）一样稳定。使用温度比氧化铝和锆石英高，但价格贵得多。

ZrO_2 制品在高温下能抵抗酸性和中性物质的化学作用。与钢水接触时不发生作用，可用做盛钢桶、流钢槽的内衬和连铸的铸口砖。可用氧化锆坩埚熔融二氧化钼等耐火材料，也可用来熔融钯、铑等贵金属。氧化锆导电性较好，可作为高频发热原件，但在低频感应磁场中不会被加热，故可作为感应炉中的坩埚或绝缘材料。

D 氧化镁（MgO）制品

氧化镁的熔点为 2800℃，加热时剧烈膨胀，使用温度可超过 2000℃，但高温（2300～2400℃）时，易被还原和挥发，因此，在还原条件下应用时，温度限制在 1700℃左右，真空下不超过 1600～1700℃；氧化镁具有良好的化学稳定性，氧化镁坩埚可熔炼镍、铀、钍、钼、镁、铂、钴、锌、铜、铝等金属；氧化镁还可用来作为燃烧气体燃料的高温炉（2200℃）的炉衬材料。

E 氧化钙（CaO）制品

氧化钙的熔点为2600℃，抵抗金属和炉渣的侵蚀作用强，是一种良好的坩埚材料，但氧化钙制品在空气中易水化而破坏，为了增加氧化钙制品的稳定性，可加进稳定剂（例如 TiO_2、BeO 等）使之在煅烧过程中，在 CaO 晶体表面生成易熔的低熔化合物，既利于烧结，又能防止 CaO 晶体的水化。氧化钙坩埚可熔化铂族金属，有 TiO_2 作稳定剂的氧化钙制品可用做熔炼磷酸盐矿石用的回转窑衬里。

4.5.1.2 碳化物

碳化物是一种最耐高温的材料，很多碳化物的熔点均在3000℃以上。例如，WC—2867℃，W_2C—2857℃，Mo_2C—2690℃ ±50℃，NbC—3500℃，TaC—3877℃，TiC—3140℃，ZrC—3530℃，HfC—3887℃，SiC—2100℃。

碳化物的热稳定性很高，其中又以碳化钛（TiC）为最好。碳化物比其他耐火材料具有更高的导热性与导电性，但抗氧化性差，不过很多碳化物的抗氧化能力比高熔点金属、碳、石墨的抗氧化能力高。目前工业上作为高温材料应用得最多的是碳化钛和碳化硅。碳化钛 TiC 制成的坩埚可熔炼 Na、Bi、Sn 等金属；碳化硅 SiC 是良好发热原件，在空气中碳化硅发热原件最高使用温度为1500℃，寿命400～500h，一般使用温度为1300℃。碳化物的熔点高、硬度大，常作为金属陶瓷中的耐火陶瓷部分。

4.5.2 金属陶瓷

金属陶瓷是用物理或化学的方法将陶瓷相与金属相结合成整体的一种材料。

陶瓷相包括氧化物、碳化物、氮化物、硼化物和硅化物等，其中的任何一种或几种都可作为金属陶瓷中的陶瓷相。金属相可以是纯金属或合金。

陶瓷材料具有熔点高、硬度大、耐热性强和比金属更能抗氧化等优点，但脆性较大，抗热震性较差。金属材料有良好的塑性、延展性、热电传导性和抗热震性，但耐热性和抗氧化性差。金属陶瓷将二者结合起来，使其同时具有金属与陶瓷的优良特性。

金属陶瓷中常用的金属有 Fe、Cr、Ni、Mo、Al、Co 等，常用的陶瓷材料有 Al_2O_3、Cr_2O、TiC、WC、Cr_2O_3、TiN 等。采用不同氧化物与不同金属结合乃至改变其相对含量等，能获得所需的某些优良性能。其用途广泛，可作导弹喷管的衬套（Al_2O_3－W－Cr），测熔融金属温度的高温热电偶的保护管（Al_2O_3－Cr，ZrB－Mo，MgO－Mo），熔炼金属的坩埚（ZrO_2－Ti），高速切削刀具（Al_2O_3－MgO－Fe），高温机械密封环（Al_2O_3－TiO_2－Cr－Mo），透平叶片（ThO－Ni）等。

碳化物基金属陶瓷所用的碳化物是 TiC 和 Cr_3C_2，以碳化钛基金属陶瓷最为成熟，应用也最广。以碳化钛陶瓷为基本骨架，浸渍高温合金制成的金属陶瓷可做透平叶片；用碳化钛－钴、碳化钛－镍、碳化钛－铬等制成的金属陶瓷可做高温轴承、切削刀具等；碳化铬基金属陶瓷具有较高的抗氧化性和抗化学腐蚀性，可做气阀、衬套、轴承等化工零件。有关多种金属陶瓷的组成和物理性能可以参考耐火材料专著。

4.6 隔热耐火材料

国内外研究表明，采用轻质隔热耐火材料砌筑窑炉，砌筑材料可节约1/10～1/9，热容降低1/10～1/11。用一块轻质隔热砖代替三块半标准砖砌筑窑墙，其热耗下降1/10。另外，采用轻质耐火材料可使窑炉烘窑和冷却时间减少1/5，基建投资下降1/5～1/10。隔热耐火材料热导率较低，一般为 0.3W/（m·℃）以下，气孔率一般在 50% 以上，体积密度不大于 1300kg/m^3，机械强度较低。

隔热耐火材料根据工作温度，分为高温隔热材料（小于 1200℃），中温隔热材料（900～1200℃）和低温隔热材料（小于 900℃）三种。按体积密度分为一般隔热材料（体积密度小于 1300kg/m^3），常用隔热材料（体积密度为 600～1000kg/m^3）和超轻质隔热材料（体积密度小于 300kg/m^3）。

4.6.1 中低温隔热材料

常用的中低温隔热耐火材料有蛭石、硅藻土、石棉、矿渣棉等制品，它们的主要性能列于表 4-5。

表 4-5 常用中低温隔热材料的主要性能

材料名称			容重/kg·m^{-3}	最高使用温度/℃	热导率/W·(m·K)$^{-1}$
硅藻土质	硅藻土粉	生料	680	900	$0.10+0.28\times10^{-3}t$
		熟料	600		$0.08+0.21\times10^{-3}t$
	硅藻土隔热板	A 级	500	900	$0.07+0.21\times10^{-3}t$
		B 级	550		$0.08+0.21\times10^{-3}t$
		C 级	650		$1.0+0.23\times10^{-3}t$
	硅藻土焙烧板、管	A 级	450	900	$0.038+0.19\times10^{-3}t$
		B 级	550		$0.048+0.20\times10^{-3}t$
	硅藻土石棉粉		280～320	600	$0.066+0.15\times10^{-3}t$
石棉制品	石棉绳		约 800	300	$0.07+0.31\times10^{-3}t$
	石棉板		1000～1400	600	$0.16+0.19\times10^{-3}t$
	碳酸镁石棉板、管		280～360	450	$0.10+0.33\times10^{-3}t$
	碳酸镁石棉灰		<140	350	<0.05
	石棉粉	一级	<600	500	<0.08
		二级	<860		<0.09
矿渣制品	粒状高炉渣		500～550	600	$0.09+0.29\times10^{-3}t$
	矿渣棉	一级	<125	600	
		二级	<150		$0.04+0.19\times10^{-3}t$
		三级	<200		$0.05+0.19\times10^{-3}t$
	水玻璃矿渣棉制品		400～450	750	<0.07
蛭石制品	膨胀蛭石粉	一级	100	1000	0.05～0.06
		二级	200	1000	0.05～0.06
		三级	300	1000	0.05～0.06
	水泥蛭石制品		430～500	600	0.09～0.14
	水玻璃蛭石制品		400～450	800	0.08～0.10
	沥青蛭石制品		300～400	70～90	0.08～0.10

续表 4-5

材料名称			容重/kg·m^{-3}	最高使用温度/℃	热导率/W·(m·K)$^{-1}$
珍珠岩制品	膨胀珍珠岩	一级	<65	800	0.02~0.03
		二级	66~160	800	0.03~0.04
		三级	161~300	800	0.05~0.06
	水玻璃珍珠岩制品		<250	650	0.07
	水泥珍珠岩制品		<400	800	0.13
	磷酸盐珍珠岩制品		<220	1000	$0.05+0.29\times10^{-4}t$

4.6.2 高温隔热材料

使用温度在1200℃以上的隔热耐火材料称为高温隔热材料。包括各种轻质耐火材料（轻质黏土砖、轻质高铝砖、轻质硅砖等），耐火纤维及其制品和各种空心球制品。

高温轻质材料的制造方法分为两大类：一是掺入可燃物法，这是制造轻质隔热耐火材料广泛采用的方法。在配制的泥料中掺入粉碎的煤粉、木屑以及其他有机物，这些可燃物质在烧成时被烧掉，因而形成气孔；二是气体法，即在成型用的泥浆悬浮液中，加入一些能产生气泡的物质。气体法又分为泡沫法和化学法两种，前者是加入起泡剂产生气泡，然后再加入固定剂使已有的气泡固定下来；后者是加入化学药品与原料中某些物质发生化学反应产生气泡，同时加入固定剂。

4.6.2.1 轻质黏土砖

轻质黏土砖可用多种方法制造，主要是用掺入可燃物和气体法制造。它以耐火黏土熟料为原料，以可燃黏土为结合剂，加入适量可燃物或起泡剂经过烧成而得到。

可燃加入物的用量取决于砖坯成型的结合性和可塑性。通常约为30%~45%（质量分数）。随着可燃加入物的增加，制品的强度和体积密度降低。为了获得强度较高和形状规则的制品，可燃加入物采用木屑和木炭并用。单独加入木屑的制品强度低。而只加入木炭制得的制品强度虽然高，但气孔率较低。

泥料的含水量一般波动在25%~45%，熟料的加入量为15%~20%，其余为结合黏土，在1320~1350℃下，强氧化气氛中烧成。

用泡沫法制造的轻质黏土砖，制品中的气孔是由特别加入泥料中的泡沫所形成的。泥料是由90%~95%的熟料、5%~10%的结合黏土和木屑组成；用35%~45%的水调制成流动泥浆，然后再加入制好的泡沫，混合均匀，用浇注法来制造生坯。最后在1250~1350℃烧成。

轻质黏土制品的最主要的性质见表4-6。

表4-6 黏土质隔热耐火砖的理化指标（GB 3994—2005）

项　目	指标						
	NG135-1.3	NG135-1.2	NG135-1.1	NG130-1.0	NG125-0.8	NG120-0.6	NG115-0.4
体积密度/kg·m^{-3} ≤	1300	1200	1100	1000	800	600	400
常温耐压强度/MPa ≥	5.0	4.5	4.0	3.5	3.0	2.0	1.0
加热永久线变化不大于2%的试验温度/℃ ≥	1350	1350	1350	1300	1250	1200	1150
热导率（350℃±25℃）/W·(m·K)$^{-1}$ ≤	0.55	0.50	0.45	0.40	0.35	0.25	0.20

4.6.2.2 轻质高铝砖

轻质高铝砖采用高铝矾土熟料和结合黏土为原料，如果用掺入可燃物法制造氧化铝含量为50%~60%的制品时，高铝矾土和结合黏土的配比为40%~50%和50%~60%，外加20%~25%的锯木屑，混合均匀后捆料24h，用可塑法成型，在1350~1380℃烧成。其制品的性能为：体积密度为1200~1350kg/m^3，耐压强度可达3~6MPa，气孔率达50%以上。它是一种良好的高温隔热耐火材料。此外，用工业氧化铝、高铝矾土等原料可制造轻质莫来石，轻质刚玉等制品，使用温度更高。这些制品由于含Al_2O_3及SiO_2杂质少，Al_2O_3含量高能抵抗H_2、CO等还原性气体的侵蚀，因此可向炉内通入氢、氮、甲烷等保护气体，使被处理工件不氧化，是当前通入保护气体的轧钢加热炉和退火炉很好的节能炉衬材料。轻质高铝制品的性能列于表4-7。

表4-7 高铝隔热耐火砖的理化指标（GB 3995—1983）

项目		指标						
		LG-1.0	LG-0.9	LG-0.8	LG-0.7	LG-0.6	LG-0.5	LG-0.4
$w(Al_2O_3)$/%	≥				48			
$w(Fe_2O_3)$/%	≤				2.0			
体积密度/kg·m^{-3}	≤	1000	900	800	700	600	500	400
常温耐压强度/MPa	≥	4.0	3.5	3.0	2.5	2.0	1.5	0.8
加热永久线变化不大于2%的试验温度/℃	≥	1400	1400	1400	1350	1350	1250	1250
热导率(350℃±25℃)/W(m·K)$^{-1}$	≤	0.50	0.45	0.35	0.35	0.30	0.25	0.20

4.6.2.3 轻质硅砖

轻质硅砖按用途不同分为一、二两级。一级制品用于轧钢加热炉顶及耐火材料工业烧成窑窑顶，可直接与火焰接触；二级制品用于各种热工设备的隔热。

轻质硅砖同样是用可燃加入物法或气体法制造的。泥料以结晶石英为原料，以无烟煤和焦炭作为可燃加入物配制而成，外加石灰乳和纸浆废液。如果可燃加入物中含有Fe_2O_3，则配料时不再加入氧化铁皮，以防止影响制品的耐火性。坯料干燥后水分低于1%时，在倒焰窑中烧成。烧成温度为1400~1420℃。

轻质硅砖的性能指标：真密度不大于2300kg/m^3，显气孔率不小于45%；体积密度不大于1200kg/m^3；常温耐压强度不小于3.5MPa，耐火度不小于1670℃，0.1MPa荷重下开始软化温度不小于1560℃。

4.6.2.4 氧化铝空心球砖

氧化铝空心球砖及其制品是一种新型保温材料，它是用工业氧化铝（$\gamma-Al_2O_3$）作原料，其Al_2O_3含量应大于98%，在电弧炉内熔融，然后用压缩空气（压力$7\times10^5\sim8\times10^5$Pa）吹熔融液流（温度为2200~2300℃），将液流吹散而成。吹出的球大小不一，去掉太细及太大的空心球，并分成大于5.13mm、5.13~3.22mm、3.22~2.0mm、2.0~1.0mm、1.0~0.5mm五种规格。

空心球的大小比例要适宜，若大球减少，小球配比增加，会使制品的气孔率下降，体积密度增加，强度增大，热导率也跟着增大，这就降低了制品的保温性能。大球量增多，保温性能提高，但制品的强度降低。因而，在选择配料时要适当配合。

氧化铝空心球制品的特点是：高温结构强度高，保温性能好，耐压强度高，耐磨耐侵蚀性能好，耐高温高速气流冲击好等。因此，可以直接作为高温炉窑内衬材料，广泛应用于高温电炉、钼丝炉等热工设备上。

氧化铝空心球制品的性能列于表4-8。

表4-8 氧化铝空心球制品的性质

烧成温度/℃	气孔率/%	体积密度/$kg \cdot m^{-3}$	耐压强度/Pa	温度/℃			热导率/$W \cdot (m \cdot K)^{-1}$	抗热震性/次(1300℃)
				热面	冷面	平均		
1750	65.5	1.23	—	800	460	630	0.94	水冷3
				1100	580	840	0.92	风冷>21
1500	66.9	1.18	3.75×10^6	800	450	625	0.81	水冷3
				1100	570	835	0.78	风冷>21

4.6.3 耐火纤维

耐火纤维是20世纪60年代初期发展起来的既耐高温又隔热的纤维状耐火材料。它既具有一般纤维的柔软、高强度、易于加工等优点，又具有普通纤维所没有的耐高温、耐腐蚀的性能。耐火纤维的特点是：质量小（只有轻质砖的1/5～1/10），热容量小升温快，可提高炉窑的周转率；热导率小，绝热效率高，耐热震和机械振动，寿命长；耐火纤维衬里厚度薄，结构轻，可节省钢材和基建费用。

由于耐火纤维制品的保温性能好，蓄热量小，故用它来代替耐火砖和不定形耐火材料，可节约燃料及电能达20%～30%，因而在冶金、化工等工业炉窑上得到广泛应用。

4.6.3.1 纤维化方法

A 喷吹法

它是指用压缩空气或高温水蒸气等喷吹电弧炉或电阻炉流口中流出的熔融液流股而形成耐火纤维。该工艺所用设备较简单，制得的耐火纤维较短而细。

B 甩丝法

它是指使熔融液流股落在高速回转离心辊的表面上，由于离心力的拉伸作用，使熔融液分散，经二级或三级离心而制得耐火纤维。甩丝法工艺采用甩丝机，设备复杂，制得的纤维较长而粗，主要用来制造耐火纤维绳和布等织物。

4.6.3.2 几种主要耐火纤维

A 普通硅酸铝纤维

它是以高岭土或耐火黏土等天然矿物的煅烧料为原料，有的再加入少量的B_2O_3或ZrO_2等添加剂，在电弧炉或电阻炉中熔融形成稳定流股，用喷吹法或甩丝法工艺，使熔融液流股分散并纤维化，便制成普通硅酸铝纤维，并进一步加工成各种形式的二次制品。

B 高纯硅酸铝纤维

高纯硅酸铝纤维，也称为“标准型”硅酸铝纤维，是采用纯度较高的工业氧化铝粉及硅石砂或石英砂为原料，有的也加少量B_2O_3或ZrO_2添加剂，在电弧炉或电阻炉中熔融，形成稳定流股，用喷吹法或甩丝法工艺进行纤维化而制得。所用工业氧化铝粉及硅石砂中，Al_2O_3和SiO_2的总含量应大于99%。

制得的高纯硅酸铝纤维，也可由它加工成各种形式的二次制品。

在温度较高的情况下，硅酸铝纤维会产生再结晶逐渐析出莫来石（$3Al_2O_3 \cdot 2SiO_2$）及方英石（SiO_2）的结晶。使纤维逐渐失去原有的透明度，纤维变脆，甚至粉化。因此，硅酸铝纤维的最高使用温度为1260℃。普通硅酸铝纤维长期使用温度应小于1000℃，高纯硅酸铝纤维长期使用温度应小于1100℃。

C 高铝纤维

在高纯硅酸铝纤维的基础上，进一步提高 Al_2O_3 含量，则纤维的耐热性能也随之提高，长期使用温度为1200℃左右。高铝纤维的制造，也是采用工业氧化铝粉及硅石砂，按照 Al_2O_3 含量为60%～62%及 SiO_2 含量为38%～40%的质量比配料，经混料、压团、煅烧并破碎成20～60mm的料块，再用电弧炉或电阻炉熔融，进行纤维化，制得高铝纤维。进一步加工可制成二次制品。

此外还有含铬硅酸铝纤维、多晶莫来石纤维、多晶氧化铝纤维、稳定氧化锆纤维。上述各种纤维的主要性能及使用情况列于表4-9。

表4-9 各种耐火纤维主要性能及使用情况

品种	普通硅酸铝纤维	高纯硅酸铝纤维	含铬硅酸铝纤维	高铝耐火纤维	多晶莫来石纤维	多晶氧化铝纤维
长期工作温度/℃	<1000	<1100	<1280	1200～1250	<1320	1400～1600
工作气氛	火焰炉（油、煤气）电阻炉（大气）	火焰炉（油、煤气）电阻炉（大气、还原气氛）	电阻炉（大气）	火焰炉（油、煤气）电阻炉（大气、还原气氛）	火焰炉（油、煤气）电阻炉（大气、还原气氛）	火焰炉（油、煤气）电阻炉（大气、还原气氛）
热膨胀率/%	<4 1150℃，6h	2.7 1260℃，6h	<4 1400℃，6h	<2.5 1250℃，6h <4 1400℃，6h	<1 1300℃，6h	2.6 1500℃，6h
体积密度/kg·m^{-3}	a. 120～140 b. 150～170 c. 180～200	140	120～150	a. 150～200 b. 200～250	～150	—
纤维直径/μm	3～5	—	2～6	—	2～7	2～7
热导率/W·(m·K)$^{-1}$	0.151 热面900℃，冷面185℃	0.096 热面900℃，冷面300℃	0.123 热面1000℃，冷面560℃	0.091 热面990℃，冷面289℃	0.185 热面1000℃，冷面273℃	0.288 热面1200℃
残余水分/%	<1	<1	<1	<1	<1	<1

4.6.3.3 耐火纤维制品

近些年来，国内外生产的耐火纤维制品在市场上出售的有散状纤维、纤维毯、纤维毡、湿纤维毡、纤维纸、纤维绳、布等。

A 散状纤维

散状纤维有两种，一种是未加工的原棉，另一种是经处理的加工棉，其长度一般在25mm以下。主要用做工业炉窑膨胀缝的填充材料、背衬材料、耐火纤维制品的原料。

B 纤维毯

它是用纤维原棉叠成层状的制品。它重量轻、柔软、施工方便。纤维毯完全不含有机黏结剂或其他有机成分，在高温下使用时，不污染炉内气氛，不产生难闻的气味，可直接用做工业炉窑的内衬，也可作为高温密封材料、过滤材料、隔热材料、衬垫材料等。

C　纤维毡

它是将纤维原棉加入少量的有机结合剂或耐火热性无机黏结剂成型为板状的制品。毡比毯稍硬，并具有适宜的柔软性、自立性，搬运施工性能好，添加有机黏结剂的毡，当高温加热时，有机黏结剂被烧掉以后，由于纤维本身交织在一起而保持了原来的形状，但强度较差。添加无机黏结剂的毡，高温加热时，由于黏结剂仍具有结合能力，所以这种毡仍具有较高强度和抗风速性能。

此外，还有湿纤维毡、纤维纸、纤维异型制品、编织制品。

国内生产的耐火纤维毡性能列表4-10；国外贴面用耐火纤维毯的种类列于表4-11。

表4-10　国产耐火纤维毡性能

品　种	普通硅酸铝纤维毡	高纯硅酸铝纤维毡	高铝纤维毡	含铬纤维毡
体积密度 /kg·m^{-3}	164	144	<200	130
渣球含量（>0.212mm）/%	1.8	2.1	<5	1.3
加热收缩率/%	1150℃，6h 3.1	1250℃，6h 3.0	1350℃，6h 2.7	1400℃，6h 2.8~3.3
热导率 /W·(m·K)$^{-1}$	900℃ 0.095	900~300℃ 0.097	900~290℃ 0.2281	1200~507℃ 0.161
连续使用温度/℃	<1000	1100	1200	1300
规格/mm	600×400×20			

表4-11　国外贴面用耐火纤维毯种类

级　别	材　　质	热面连续使用最高温度/℃
1260	1260级标准纤维毯	1100
1400	1400高级耐火纤维毯	1250
1500	氧化铝和硅酸铝混合毯	1400
1600	氧化铝和硅酸铝混合毯	1500
1600	氧化铝纤维毯	1600

4.6.3.4　耐火纤维的使用

从20世纪60年代特别是70年代起世界各国广泛采用耐火纤维作为各种工业炉窑内衬。我国改造各种箱式电炉、井式炉、煤气或油火焰炉几千台，采用耐火纤维做炉衬，收到明显节能效果，一般节电40%左右，节约煤气20%左右，节约油30%左右。

A　材质的选择

根据各种工业炉窑的工作温度及气氛等不同条件，选择适宜的耐火纤维材料，这是用户极为关心的。国内外各种纤维在工业炉上长期使用的情况，参看表4-9~表4-11。

B　纤维炉衬厚度的选择

纤维内衬厚度的选择要根据炉内工作温度、冷端外墙温度的要求、纤维毯体积密度以及纤维炉衬施工安装方法来确定。一般认为采用叠堆贴面法需用50~60mm厚，平铺法需用80mm厚。

思考题与习题

4-1　按化学-矿物组成耐火材料可分为哪几种，其主要化学成分是什么?

4-2　耐火材料矿物组成中的主晶和基质在耐火材料中各有何作用?

4-3　何谓耐火度、荷重软化温度、耐急冷急热性，它们各自是如何检测的?

4-4　何谓耐火材料的抗渣性，影响抗渣性的主要因素是什么?

4-5　SiO_2有哪些晶型，何谓迟钝转变与快速转变?

4-6　与普通镁砖相比，镁铝砖的性能有什么特点，为什么?

4-7　炭砖的主要性能是什么，它主要用于什么场合?

4-8　绝热材料的主要性能是什么?

4-9　中低温绝热材料包括哪些，高温绝热材料包括哪些?

4-10　试选择砌筑铜熔炼反射炉的耐火材料。已知：原材料为硫化铜精矿、炉温为1500~1550℃，渣成分为$w(SiO_2)32\%\sim38.5\%$，$w(FeO)38\%\sim39\%$，$w(CaO)2\%\sim10\%$。

4-11　试选择砌筑锌密闭鼓风炉（炉身、炉腹）的耐火材料。已知：炉温为1300℃，高钙渣（$w(CaO)/w(SiO_2)>1$）。

5 常用冶金炉

5.1 竖 炉

5.1.1 概述

竖炉的全部热工过程及工艺过程都是在气流通过被处理物料的层料时实现的。炉料和燃料从炉子上部加入，空气从炉壁下部的风口鼓入。它具有热效率高，单位生产率（床能力）高，占地面积小等特点。因此，目前广泛地应用于矿物原料的焙烧、煅烧及熔炼等方面：如炼铁高炉、化铁炉；炼铜、炼铅、炼锡、炼镍和炼锑的鼓风炉；锑、汞焙烧炉；炼镁工业的竖式氯化炉以及煤气发生炉等。

一般而言，单位时间内竖炉内燃烧的燃料越多，则被加热或熔化的炉料量越多，也就是从炉内排出的产品量越多，同时料层下降越快，炉子的生产率就越高。而燃料燃烧量是单位时间内鼓入炉内空气量的直线函数，因此炉子的生产率首先取决于鼓风量，并与其成直线关系增长。所以，在增大鼓风量的同时如何才能使料层均匀下降而不发生悬料（停滞）和崩料（剧落）；如何才能使鼓入的气流沿炉子断面均匀上升，而没有局部跑风和死角；如何使炉内温度沿横断面均匀分布而沿纵断面又适当的高温集中等问题都直接关系到竖炉生产的强化。

竖炉内的物料运动、气体运动和料层内的热交换简述如下。

5.1.2 炉内物料运动和气体运动

5.1.2.1 竖炉内物料下降运动

在炉内物料依靠自身的重力向下运动。由于炉料块径仅相当于炉子直径的几十分之一甚至更小，故可将这些料块组成的料柱视为散料层。

散料层内物料颗粒受到两种摩擦阻力，一是物料颗粒之间的摩擦阻力；二是料块与侧墙之间的摩擦阻力。由于两种摩擦阻力的反作用，使料块自身的重力作用在炉底上的垂直压力减少。实际作用于炉底的重量（即垂直压力）称为料柱的有效重量，其值为：

$$G_j = K_j G_{ch} \tag{5-1}$$

式中 G_j ——料柱的有效重量；

G_{ch}——料柱实际重量；

K_j ——料柱下降的有效重量系数。

上式 K_j 值取决于炉子形状，向上扩张的炉子 K_j 值最小，而且随炉墙扩张角增大而变小，向上收缩的炉型 K_j 值最大。

当料柱超过一定高度后有效重量停止增加，其原因是料层内形成自然“架顶”，即发生悬料现象。料层越高，炉料与侧墙之间的摩擦力越大，形成自然“架顶”的可能性越大，而且架顶越稳定。故料层高度不能过分增加或采用下扩炉型。

5.1.2.2 上升气流对物料的影响

上升气流与下降物料相遇时，气流受到物料的阻碍而产生压力损失。这种压力损失对物料即构成曳力（或称气流对表面的动压力），它取决于气流动量，并等于

$$\Delta P = \xi \frac{v_g^2}{2}\rho_g A_{ch} \tag{5-2}$$

式中 v_g——料块间气流速度，m/s；

ξ——料层对气流的阻力系数；

A_{ch}——料层在垂直于流向线平面上的投影面积，m^2；

ρ_g——气体密度，kg/m^3。

使物料下降的力 F 取决于物料的有效重量 G_j 和上升气流对物料的曳力，其关系为：

$$F = G_j - \Delta P \tag{5-3}$$

若 $F>0$，则物料能顺利自由降落；

若 $F=0$，则物料处于平衡状态，将停止自由下降；

若 $F<0$，则物料将被气流抛出层外，即物料由稳定状态变为不稳定状态。

为了保证物料顺利下降，就必须在炉内保持 $G_j > \Delta P$，为此应增大物料的有效重量 G_j，相对地减少气流对料层的动压力 ΔP。

5.1.3 料层内热交换

与火焰炉相比，竖炉内热交换更为复杂。但研究表明，竖炉热交换过程不是限制炉子生产率提高的决定性因素，研究竖炉热交换的目的，在于弄清气流与料块间换热的一般规律，以便采取措施提高炉子的热效率。气固两相在逆向流动过程的热交换有如下特点：

（1）引起炉料或炉气水当量（物体温度变化1℃所需的热量 $W_{ch} = C_{ch}G_{ch}$ 或 $W_g = C_gG_g$）变化的因素，才能改变炉内的温度分布；

（2）增大燃料消耗量，W_g 变大，出炉气体温度将提高；

（3）预热鼓风时，提高了风口区温度，降低了炉内的直接燃料消耗而使 W_g 变小，炉顶温度反而有所降低；

（4）富氧鼓风提高了燃烧温度，减少了炉气数量，W_g 变小，离炉废气温度降低，从而大大提高了炉内热量的利用率。

5.1.4 炉例——鼓风炉

5.1.4.1 鼓风炉结构

在有色冶金中，用来熔炼物料的竖炉通常称为鼓风炉。按熔炼过程性质可以分为氧化熔炼（如铜矿或铜精矿熔炼冰铜）与还原熔炼（如铅烧结矿熔炼成粗铅）；按结构特点可分为敞开式炉和密闭式炉、全水套炉和半水套炉；按风口截面形状分为圆形、椭圆形、长方形三种；按纵截面形状分，有上扩形、直筒形、椅形（双排风口）和向下扩张的倒炉腹形。

铜密闭鼓风炉结构见图5-1。鼓风炉由炉基、炉底、炉缸（有的没有）、炉身、炉顶（包括加料装置）、支架、鼓风系统、水冷或汽化冷却系统、放出熔体装置和前床等部分组成。

炉基用混凝土或钢筋混凝土筑成，其上树立钢支座或千斤顶，用于支撑炉底。炼铅的炉子则直接放在炉基上。

炉底结构最下面是铸钢或铸铁板，板上依次为石棉板、黏土砖、镁砖。水套壁（或砌镁砖）组成炉缸（或称本床）。炉身用若干块水套并成，每块水套宽0.8～1.2m，高1.6～5m，

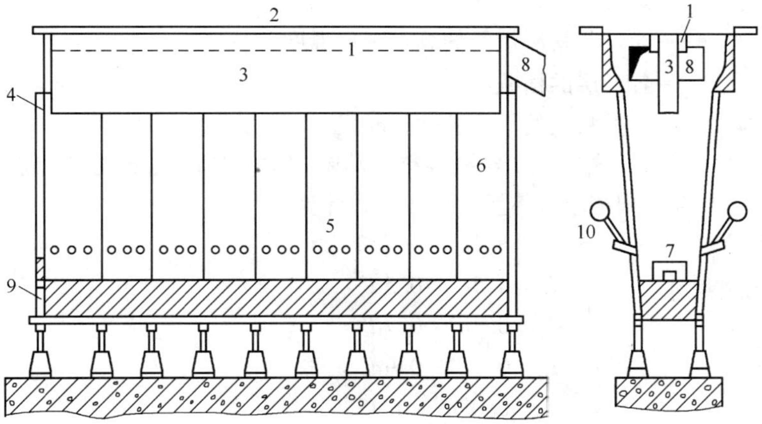

图 5-1 密闭鼓风炉结构示意图

1—水套梁；2—顶水套；3—加料斗；4—端水套；5—风口；
6—侧水套；7—山形；8—烟道；9—咽喉；10—风管

用锅炉钢板焊接而成，固定在专门的支架上。风管与水管也布置在支架上。

炉子加料装置一般设在炉顶。铜密闭鼓风炉通过加料斗加入并起密闭作用，而铅锌密闭鼓风炉则用料钟从上方加入。

放出熔体装置。熔炼冰铜矿只有一个熔体放出孔（称为咽喉口），而炼铅有两个放出孔，一个稍上用于连续放渣，一个位于炉缸底部与虹吸道相连用于放铅。

为了加强熔融产物的澄清分离，多数鼓风炉都附设保温前床或电热前床。

近年来，国内在鼓风炉结构设计及操作技术等方面都有不少革新。如铜密闭鼓风炉炉顶结构及排烟方式的改造；铅鼓风炉采用水套炉顶及密闭加料；汽化冷却帽檐式风口及汽化冷却料斗的应用；炉身水套的汽化冷却以及加料系统的自动控制等。为进一步降低焦耗及提高生产率，国内外已推广采用热风或富氧鼓风并向风口喷吹燃料。

5.1.4.2 鼓风炉操作参数与单位生产率

A 极限鼓风强度

鼓风炉的单位生产率是随着单位时间内鼓入炉内风量的增加而提高的。当鼓入炉内的风量使料柱稳定性开始破坏，此时每平方米风口区横截面积上每分钟的鼓风量称为极限鼓风强度，其估算公式如下：

$$K = \frac{265\omega_1 a_w}{\varphi} \times \sqrt{\frac{h_1\rho_1 + h_2\rho_2 + \cdots}{\rho_0\left[\frac{h_1}{d_1}(1+\beta t'_m)\left(\frac{2A_1\omega_1}{A_1\omega_1 + A_2\omega_2}\right)^2 + \frac{h_2}{d_2}(1+\beta t''_m)\left(\frac{2A_2\omega_2}{A_2\omega_2 + A_3\omega_3}\right)^2 + \cdots\right]}} \quad m^3/(m^2 \cdot min) \tag{5-4}$$

式中 ω_1，ω_2，ω_3——按加料顺序的各料层横截面自由通道的比率，对焦炭、球团等为 0.215；对硫化矿石、石灰石、石英、烧结块、返渣等为 0.15；

a_w——考虑到确定各料层横截面自由通道比率 ω 时的误差，以及料块间的摩擦力对极限鼓风量影响的修正系数，根据实验，可取 $a_w = 0.6 \sim 0.7$；

φ——单位体积的鼓风量在炉内生成的炉气量（以标态计），m^3/m^3；

ρ_1，ρ_2——各层料块的假密度，kg/m^3；

h_1，h_2——单位体积炉料中各料层的厚度，m；

ρ_0 ——炉气密度，kg/m^3；

t'_m，t''_m ——通过各料层炉气的算术平均温度，℃；

A_1，A_2 ——各料层的横截面积，m^2；

d_1，d_2 ——各类料块的平均粒度，m。

料块平均粒度按经验公式确定，对混合料，其中 $d' \leqslant 0.415d''$（d'与 d''分别为小块粒度与大块粒度）时，平均粒度根据小块体积含量按下式计算

小块体积含量	混合料块平均粒度
10% ~20%	$d_m = 0.5d'' + 0.5d'$
20% ~30%	$d_m = 0.3d'' + 0.7d'$
30% ~50%	$d_m = 0.1d'' + 0.9d'$
50% ~70%	$d_m = 0.05d'' + 0.95d'$

当混合料中 $d' > 0.415d''$时，平均粒度按下式计算

小块体积含量 10% ~90% 时，$d_m = 0.9[bd' + (1-b)d'']$，其中 b 为混合料块中小块体积含量与总体积的比值。

在炉子横截面沿高度方向变化不大，且料柱高度不超过 5m 时，极限鼓风强度计算式为：

$$K = \frac{265\omega_1 a_w}{\varphi} \times \sqrt{\frac{h_1\rho_1 + h_2\rho_2 + \cdots}{\rho_0(1+\beta t_m)\left[\frac{h_1}{d_1}\left(\frac{2\omega_1}{\omega_1+\omega_2}\right)^2 + \frac{h_2}{d_2}\left(\frac{2\omega_2}{\omega_2+\omega_3}\right)^2 + \cdots\right]}} \tag{5-5}$$

式中　t_m——风口区和炉顶料面炉气温度的算术平均值，℃。

风口区和炉顶料面炉气温度的实践数据见表 5-1。

表 5-1　风口区和炉顶料面炉气温度（常温鼓风）

熔炼方式	风口区温度/℃	炉顶料面温度/℃
铅鼓风炉还原熔炼	1200 ~1400	400 ~500（料柱高 2.4 ~2.7m） 100 ~120（料柱高 4 ~5m）
氧化镍矿造锍熔炼	1450 ~1550	400 ~600
硫化镍铜矿造锍熔炼	1300 ~1400	300 ~700（随料柱高低而不同）
铜精矿密闭鼓风炉熔炼	1250 ~1350	400 ~500
铅锌密闭鼓风炉熔炼		850 ~1050

B　最佳鼓风强度 K_0

最佳鼓风强度是在不破坏料柱稳定性，保证炉子正常工作时的最大工作鼓风强度，它与极限鼓风强度的关系为：

$$K_0 = (0.5 \sim 0.8)K \tag{5-6}$$

对光滑球粒 $K_0 = (0.7 \sim 0.8)K$，对粗糙不规则料块 $K_0 = (0.5 \sim 0.6)K$。对实际生产中的鼓风炉料，一般都属于粗糙不规则料块。

对于熔炼铜精矿的密闭鼓风炉，由于在炉子中心存在着生精矿料柱，减少了风口区有效的横截面积，所以最佳鼓风强度也减小，其计算公式如下：

$$K_0 = (0.5 \sim 0.8)K\eta_f \tag{5-7}$$

式中　η_f——精矿料柱对床面积的影响系数，它受料斗面积与风口区面积比值、料粒度及精矿混捏质量等因素的影响，据经验 $\eta_f = 0.8 \sim 0.9$。

上述 K_0 未包括清理风口及风口不严密而造成的漏风，通常这部分的漏风量占总风量的15% ~25%，当风口严密性较差时可达30%。

C 单位生产率的计算

鼓风炉单位生产率按下式计算

$$a = \frac{1440K_0\eta}{V} \tag{5-8}$$

式中 a——鼓风炉单位生产率（单位风口截面积每昼夜熔炼的物料量），$t/(m^2 \cdot d)$；

η——鼓风时率，$\eta = 0.9 \sim 0.95$；

V——熔炼每吨炉料（不包括焦炭）所需的空气量，m^3/t，按冶金计算或相近成分物料的经验数据确定，见表5-2。

表5-2 鼓风炉熔炼空气消耗量一般指标

熔炼特点	空气消耗量		
	每千克焦炭消耗空气量/m^3	每吨炉料消耗空气量/m^3	$m^3/(m^2 \cdot min)$
铅烧结块的还原熔炼	4~6	500~800	20~40
铜烧结块造锍熔炼	10~40	1000~2000	60~100
铜精矿密闭鼓风炉熔炼	9~10	1000~1400	25~40
镍烧结块的还原熔炼	6~8	1800~2200	30~50
镍氧化矿还原造锍熔炼	13~14	2100~2500	45~70
铅锌密闭鼓风炉熔炼	5~6	约2100	40~60

铅锌密闭鼓风炉的生产率以炉子的燃炭量 G_C 表示，按下列经验公式计算

$$G_C = k(0.936G_{Zn} + 0.2173G_s) \tag{5-9}$$

式中 k——与地区气压条件、鼓风温度、炉料、炉子大小等有关的修正系数，0.7~0.85；

G_{Zn}——鼓风炉蒸发的锌量，t/d；

G_s——鼓风炉产渣量，t/d。

据国内外生产实践，铅锌密闭鼓风炉单位炉床面积的燃炭量，一般为9.5~12.7$t/(m^2 \cdot d)$。

铅锌密闭鼓风炉的床能力可按下述换算公式计算：

$$a = \frac{G_C \times 10^4}{A_b[C]j} \tag{5-10}$$

式中 A_b——风口区炉子的横截面积，m^2；

j——焦率，%；

[C]——焦炭中固定碳的含量，%。

鼓风炉单位生产率视熔炼性质、炉料成分、熔炼前炉料制备特点及鼓风条件（温度及含氧量高低）的不同，可在较大范围内波动，见表5-3。

表5-3 鼓风炉单位生产率波动范围

熔炼性质	单位生产率/$t \cdot (m^2 \cdot d)^{-1}$
铅烧结块还原熔炼	50~60（最高可达90）
铅团矿还原熔炼	25~40（最高可达50）

续表 5-3

熔炼性质	单位生产率/t·(m^2·d)$^{-1}$
铜生精矿密闭鼓风炉熔炼	45~55（最高达 60）
铜烧结块造锍熔炼	100~120
铜镍硫化矿石及烧结块	45~100
氧化镍矿石及团矿	20~25
氧化镍烧结块	30~35（最高可达 50）

5.1.4.3　鼓风炉主要尺寸计算

A　风口区截面积

风口区截面积 A_b 按下式计算

$$A_b = \frac{G}{a} \tag{5-11}$$

式中　G——鼓风炉日处理炉料量（不包括焦炭），t/d。

B　炉子宽度

按下列方法确定：

（1）风口区宽度 B_3。风口区宽度即两个对吹风口间的距离。由于受风口气流向中心穿透能力的限制，故鼓风炉风口区的宽度多在 2m 之内。其波动范围列于表 5-4。

表 5-4　风口宽度大致范围

炉子名称	风口区宽度 B_3/m
铅烧结块还原熔炼炉	1.0~1.8
硫化镍矿熔炼炉	1.0~1.5
铜精矿密闭鼓风炉	1.0~1.4
铅锌密闭鼓风炉	1.0~1.8
铜烧结块造锍熔炼炉	1.0~1.5
氧化镍矿还原熔炼炉	1.4~1.6

炉料透气性好，料柱较高时，可取偏高值，否则宜取低值。

（2）炉腹角 α。较大的炉腹角有利于减小边缘气流，改善炉内气体分布，且高温区还原气氛较强；炉腹角较小时，炉结生长速度较慢并便于清理。当炉料块度较大时可选择较大的炉腹角；当粉料较多时则应选择较小的炉腹角。一般鼓风炉炉腹角在 4°~10°之间，铅锌密闭鼓风炉则为 20°~28°。

（3）炉顶宽度 B_1 见图 5-2，炉顶宽度按下式确定：

$$B_1 = B_3 + 2H_\alpha \tan\alpha + \Delta B_1 \tag{5-12}$$

式中　B_3——风口区宽度，m；

H_α——风口水平面以上炉壁倾斜部分的垂直高度，m；

α——炉腹角；

ΔB_1——采用扩大炉顶时，突然扩大部分，上下宽度差，m，经验值取 0.5~0.8m。

B_1 通常为 B_3 的 1.5~2.5 倍，铅鼓风炉为 1.5~1.8 倍，铜鼓风炉为 1.8~2.5 倍。

C　炉子长度 L_3

炉子长度即风口区长度，见图 5-2。按风口区横截面积计算，对矩形炉：

$$L_3=\frac{A_b}{B_3} \tag{5-13}$$

对长圆形炉

$$L_3=\frac{A_b}{B_3}+0.215B_3 \tag{5-14}$$

国内铅鼓风炉长度一般为3～6m，铜鼓风炉长度为2～8m，国外炉长最长达26.5m。

D 炉子总高度H_Σ

炉子总高度是从炉底基础面到加料台平面的高度，见图5-2。

图5-2a：
$$H_\Sigma=H_1+H_2+H_3+H_4+H_5 \tag{5-15}$$

图5-2b：
$$H_\Sigma=H_1+H_2+H_3+H_5+H_6 \tag{5-16}$$

式中 H_1——加料口水平面至料面的高度，m；

H_2——料柱高度（从风口中心至料面），m；

H_3——本床高度，即风口中心至咽喉口下沿的高度，m；

H_4——炉缸深度，即咽喉口下沿至炉底内表面的高度，m；

H_5——炉缸或本床底砌砖的厚度，m；

H_6——架空炉底支座高度，m。

H_1 这部分空间的作用是保证炉顶压力，气流分布均匀和使元素硫充分燃烧。但不宜过高，以尽量减少炉料偏析，避免加料时炉料的过粉碎。敞口式炉的 H_1 一般为0.5～1m，铜精矿密闭鼓风炉的 H_1 取决于料斗高度。

H_2 料柱高度可根据炉料在炉内完成各种反应所需的全部时间来确定，其计算公式如下：

$$H_2=\frac{a\tau}{24\rho'_{ch}}\times10^3 \tag{5-17}$$

式中 a——炉子单位生产率，t/（m^2·d）；

ρ'_{ch}——每立方米炉料（包括焦炭）的质量，kg/m^3；

τ——完成熔炼过程各种反应所需时间（一般系指炉料在炉内必须停留的时间），h。τ 根据原料种类及特性由实验或炉子生产实践确定。各种炉料在不同的熔炼特性中 τ 值大致范围为：铅烧结块还原熔炼1.5～4h；铜生精矿密闭鼓风炉熔炼1.3～2.0h；镍烧结块还原熔炼4～6h；铜烧结块造锍熔炼2～3h。

H_3 是本床深度，表示从风口中心线至咽喉口下沿的高度。本床深度应大于两侧风口中心线交汇点至风口中心的高度与必要的液面高度之和。前者取决于风口倾角及炉宽，后者取决于风口风压及熔渣与冰铜混合熔体的比重。实践中一般为0.5～0.7m，对于大炉子，日处理量大，风口风压较高或风口角大时，取偏高值，反之宜取偏低值。

H_4 铅鼓风炉的炉缸深度一般为0.5～0.75m，国外也有0.9m的。当炉料含铅较高，炉子生产能力较大时，炉缸应深一些；如果含铅量较低，熔炼量较小或炉料含铜较高时，炉缸宜浅。

H_5 一般为0.5～1m，按炉子大小而定。一般讲，铅锌、铅、镍鼓风炉厚些；铜鼓风炉或小型鼓风炉薄些。

H_6 设有炉缸的鼓风炉通常直接坐落在基础表面上，不设另外的支座。只有铜鼓风炉本床底设有炉底支座，用铸铁墩、千斤顶或黏土砖砌筑皆可，其高度视车间配置要求而定，并应便于炉底底板进行观察或调整，一般为0.8～1.1m。

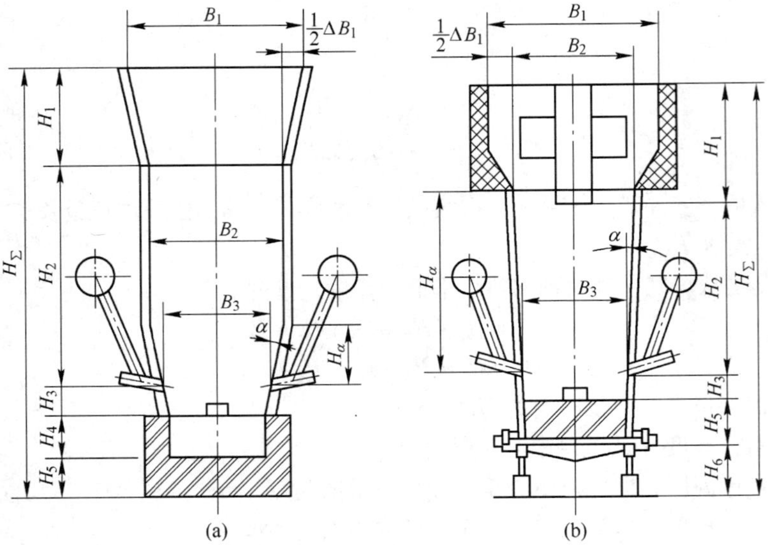

图 5-2 鼓风炉各部主要尺寸示意图

（a）铅鼓风炉；（b）铜密闭鼓风炉

5.2 火 焰 炉

火焰炉是利用高温火焰水平流过炉膛并直接对炉料传热的一种高温加热式熔炼炉。广泛用于有色冶金。它所用的燃料有：煤、粉煤、重油、柴油、煤气等。燃料燃烧后产生的热量可使炉温达 1500℃甚至更高，使炉内物料完成加热、焙烧、熔化、熔炼、精炼等工艺过程。

火焰炉炉型很多，用途各异，下面仅介绍常用的回转窑和反射炉。

5.2.1 回转窑

5.2.1.1 概述

回转窑的结构一般由下列几部分组成（图 5-3）：

（1）筒体与窑衬。筒体由钢板卷成，内砌筑耐火材料，称为窑衬，用以保护筒体和减少热损失。

（2）滚圈。筒体、衬砖和物料等所有回转部分的重量通过滚圈传到支承装置上，滚圈达几十吨，是回转窑最重的部件。

（3）支承装置。由一对托轮轴承组和一个大底座组成。一对托轮支承着滚圈，容许筒体自由滚动。支承装置的套数称为窑的档数，一般有 2 ~ 7 档；其中一档或几档支承装置上带有档轮，称为带档轮的支承装置。档轮的作用是限制或控制窑的回转部分的轴向位置。

（4）传动装置。筒体的回转是通过传动装置实现的。传动末级齿圈用弹簧板安装在筒体上。为了安全和检修的需要，较大型的回转窑还设有使窑以极低转速转动的辅助传动装置。

（5）窑头罩与窑尾罩。窑头罩是连接窑热端与流程中下道工序（如冷却机）的中间体。燃烧器及燃烧所需空气经过窑头罩入窑。窑头罩内砌有耐火材料，在固定的窑头罩与回转的筒体之间有密封装置，称为窑头密封。

窑尾罩是连接窑冷端与物料预处理设备以及烟气处理设备的中间体，其内砌有耐火材料。在固定的窑尾罩与回转的筒体间有窑尾密封装置。

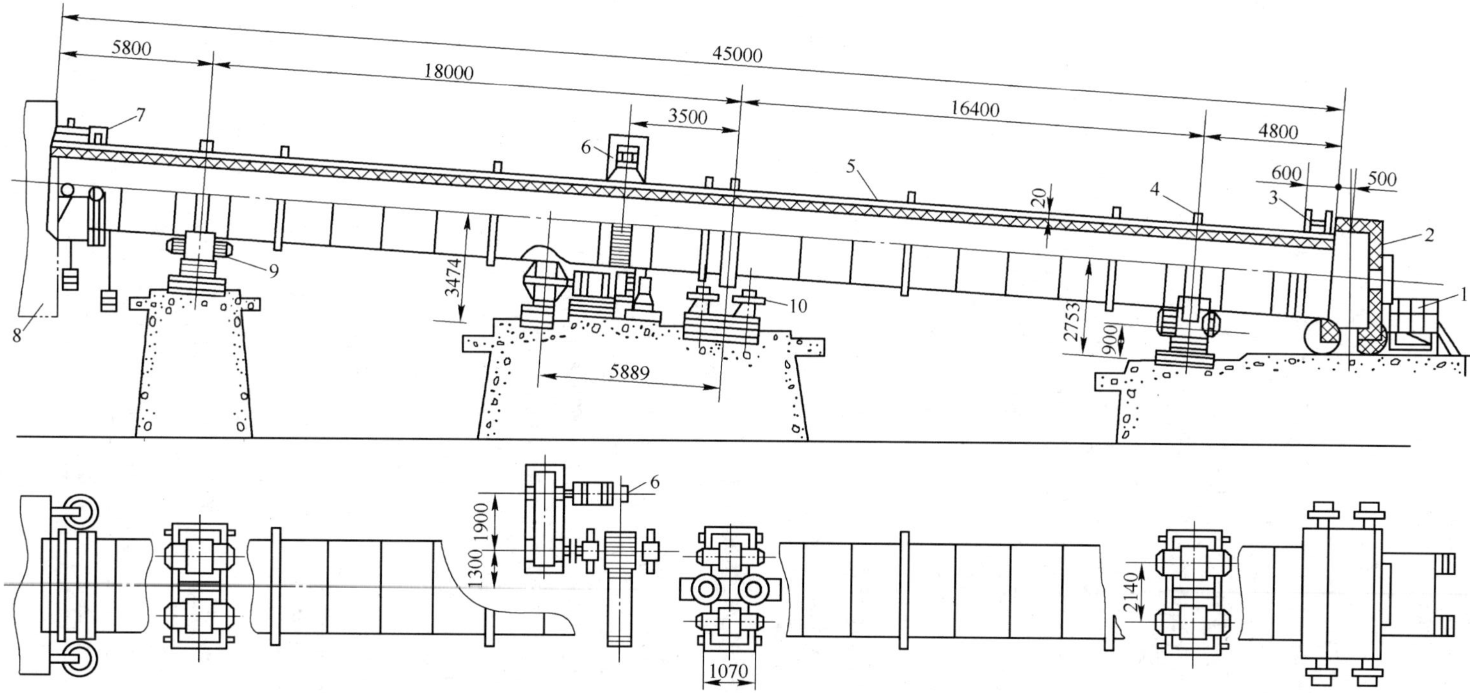

图 5-3　回转窑简图

1—操作台；2—窑头及燃烧装置；3—窑头密封；4—滚圈；5—筒体；6—传动装置；7—窑尾密封；8—窑尾沉降室；9—托轮；10—档轮

(6) 燃烧器。回转窑的燃烧器多数从筒体热端插入，通过火焰辐射与对流传热将物料加热到足够高的温度，使其完成物理和化学变化，燃烧器有喷煤管、油喷嘴、煤气喷嘴等，因燃料种类而异。外加热窑是在筒体外砌燃烧室，通过筒体对物料间接加热。

(7) 热交换器。为增强对物料的传热效果，筒体内设有各种换热器，如链条、格板式热交换器等。

(8) 喂料设备。根据物料入窑形态的不同选用喂料设备。干的粉料或块料，由螺旋给料器喂入或经溜管流入窑内。含水分40%左右的生料浆用喂料机臼入溜槽流入窑内或用喷枪喷入窑内。呈滤饼形态的含水稠密料浆（如 $Al(OH)_3$），可用板式饲料机喂入窑内。

回转窑可以从不同角度分为如下几种类型：

(1) 按入炉物料的含水量以及喂料方法。根据入窑物料是否带附着水，分为干法窑、湿窑和半干法窑。

(2) 按长径比（$L/\overline{D}$）。根据长径比分为长窑和短窑。一般说来，干法窑内工作带 $L/\overline{D} \leq 16$，为短窑；湿法窑 $L/\overline{D}=30\sim40$，为长窑。$\overline{D}$为窑衬里后的有效直径，m。

(3) 按筒体几何形状。分为直筒窑、热端扩大窑、冷端扩大窑、两端扩大窑。

(4) 按加热方式。分为内热式窑与外热式窑，多数窑是内热式窑。有色冶金和化工厂中，当处理物料为剧毒物或要求烟气浓度高时，使用外加热式回转窑，用电热丝或重油在筒体外对物料进行间接加热。

回转窑是对散状物料或浆状物料进行干燥，焙烧和煅烧的热工设备。它广泛用于有色冶金、钢铁冶金、化工、水泥和耐火材料等工业部门，尤其在有色重金属和轻金属冶金中占有重要地位。

5.2.1.2 回转窑的结构参数和运转参数

A 长径比

窑的长度与直径的比值称为长径比，表示方法有：一为筒体的有效长度 L（一般即为全窑长，带多筒冷却机的窑则在窑长中扣除窑体上出料口至窑口的长度）与筒体内径 D（对变径窑为筒体平均内径）之比 $L/\overline{D}$；另一为 L 与窑体砌砖后的平均有效直径$\overline{D}$（也称衬里内径）之比，$L/\overline{D}$称为有效长径比，它更能确切地反映出窑的热工特点。回转窑的长径比应根据物料要求的煅烧（或焙烧、干燥）温度、加热制度、窑尾是否设置预热装置等因素来选取。长径比太大，窑尾温度低，干燥效果不高；长径比太小，窑尾温度高，窑的热效率低。各类窑的有效长径比列于表5-5。

表5-5 各类窑的有效长径比 $L/\overline{D}$

名 称	$L/\overline{D}$	名 称	$L/\overline{D}$	名 称	$L/\overline{D}$
铅锌挥发窑	15～20	脱砷窑	约24	炭素煅烧窑	17～24
氯化焙烧窑	12～16	粗锡挥发窑	约14	干法、半干法水泥窑	11～15
氧化焙烧窑	约22	单筒冷却机	8～12	湿法水泥窑	30～42
氧化铜离析窑	15～22	氧化铝熟料窑（喷法）	21～27	黏土、高铝土煅烧窑	19～27
二氧化钛煅烧窑	约28	氧化铝焙烧窑	21～24	镁石、白云石煅烧窑	33～42

B 窑型

现有回转窑按其筒体形状可分为四种：

(1) 直筒型。整个窑体直径相同，结构简单，制造、安装方便，操作控制易于掌握，且内衬砖型简单，砌筑方便，但窑的单位生产能力较低。

（2）热端扩大型。热端扩大可增加火焰对窑内物料的辐射传热能力，有利于提高窑的产能；对于直径较小且煅烧物料易结圈的窑，扩大燃烧带有利于减少结圈对窑操作的影响，从而延长窑的运行周期。

（3）冷端扩大型。湿法窑中，蒸发水分的热量占35%～45%，扩大蒸发带的传热面积，增加窑内冷端换热装置，能提高预热能力，降低热耗；扩大冷端可适当降低废气速度，减少废气内粉尘的夹带量。

（4）两端扩大型。兼有上述两种窑型的优点，且中间的填充系数提高，有利于防止料层滑动，但中间气流速度加快，增大了烟尘率。

可见，上述四种窑型各有优缺点。究竟哪种窑型好，要根据具体情况进行分析。一般说来，中型窑（直径3～4m）做成直筒型较多；小型窑宜扩大热端；大型窑或带预热器的窑宜扩大冷端，对特大型窑宜采用两端扩大。但国内仍以直筒型为多。

C 斜度

斜度一般系指窑轴线的升高与窑长的比值，习惯上取窑轴线倾斜角β的正弦$\sin\beta$，用符号i表示。对于回转窑的合理斜度，目前尚没有普遍适用的准则。有色冶金工业回转窑的斜度一般多采用2%～5%，水泥工业回转窑为3.5%～4%，耐火材料工业回转窑为3%～5.2%。斜度过大会影响窑体在托轮上的稳定性。

D 窑内物料的填充系数

填充系数又称填充率，是窑内物料层截面与整个截面面积之比，或窑内装填物料占有体积与整个容积之比，用符号φ表示为

$$\varphi = \frac{A_M}{\frac{\pi}{4}\overline{D}^2} \tag{5-18}$$

或

$$\varphi = \frac{4G_M}{60\pi \overline{D}^2 v_M \rho_M} \tag{5-19}$$

式中 A_M——窑内物料层所占弓形面积，m^2；

G_M——单位时间内窑内物料流通量，t/h；

v_M——窑内物料轴向移动速度，m/min；

ρ_M——窑内物料体积密度，t/m^3。

填充系数过高会削弱热传递。各类窑填充系数及其与斜度的对应关系见表5-6和表5-7。

表5-6 各类窑的平均填充系数φ

窑名称	φ	窑名称	φ
氧化铜离析窑	0.06～0.08	氧化铝熟料窑	0.06～0.08
铅锌挥发窑	0.04～0.08	氧化铝焙烧窑	0.06～0.08
氧化焙烧窑	0.04～0.07	水泥窑	0.05～0.17
氯化焙烧窑	0.04～0.07		

表5-7 斜度与填充系数的关系

斜度/%	填充系数/%
5.0	8.0
4.5	9.0
4.0	10.0
3.5	11.0
3.0	12.0
2.5	13.0

E　转速

窑体转动起到翻动和输送物料的作用，提高转速有助于强化窑内气流对物料的传热。回转窑的转速（窑体每分钟转动的周数）与窑内物料活性表面、物料停留时间、物料轴向移动速度、物料混合程度、窑内换热器结构以及窑内的填充系数等都有密切的关系

$$n = \frac{G\sin\alpha}{1.48\,\overline{D}^3\varphi i\rho_M} \tag{5-20}$$

式中　G——窑的生产能力，t/h；

α——窑内物料自然堆角度。

各类窑的常用转速列于表5-8。

表5-8　回转窑常用转速

窑名称	转速/r·min⁻¹	窑名称	转速/r·min⁻¹
铅锌挥发窑	0.60～0.92	氧化铝焙烧窑	1.71～2.74
氧化铜离析窑	0.80～1.20	炭素窑	1.10～2.10
氧化焙烧窑	约1.00	黄铁矿渣球团焙烧窑	0.50～1.30
镍锍焙烧窑	0.50～1.30	水泥窑	0.50～1.84
氧化铝熟料窑	1.83～3.00	耐火材料煅烧窑	0.30～1.70

F　窑内物料轴向移动速度和停留时间

物料在窑内移动的基本规律是：随窑的回转物料被带起到一定高度，随后滑落下来。由于窑是倾斜的，滑落的物料同时就沿轴向前移动，形成沿轴线移动速度。窑内物料的轴向移动速度与很多因素，特别是与物料的状态有关。虽然做过各种研究，得出了不少的经验公式，但各个公式，有其局限性，不是普遍适用的。下面推荐几个常用公式：

（1）Д. А. 季奥米多斯基公式为

$$v_M = 0.096\,\overline{D}\beta n \tag{5-21}$$

（2）苏利文（J. D. Sullivan）公式为

$$v_M = \frac{\beta\overline{D}n}{1.77\sqrt{\alpha}} \tag{5-22}$$

若窑内有扬料板或其他扬料装置时，速度减慢一半。

（3）贝阿德（R. A. Bayard）公式为

$$v_M = \frac{3.24\,\overline{D}n\sin\beta}{24 + \alpha} \tag{5-23}$$

当窑长和物料轴向移动速度已知时，物料在窑内平均停留时间 τ 计算式为

$$\tau = \frac{L}{v_M} \tag{5-24}$$

物料在窑内各带的物理化学变化不同，导致物料在窑内各带运动速度和停留时间不同。因此，物料在窑内各带以及全窑内平均轴向移动速度主要依靠实际测定。

5.2.1.3　回转窑内的热交换

在窑内，窑气、窑壁及物料之间彼此进行热交换。高温窑气以辐射和对流的方式将热量传给窑壁和裸露表面的物料（弦上的物料）；窑壁获得的热量以辐射方式传给裸露表面的物料，又以辐射和传导的方式传给与窑衬接触表面的物料（窑壁弧上的物料），同时还由窑的外表面损失于外界，如图5-4所示。

物料获得的热量：

$$Q_M = Q_{g-M}^{r+c} + Q_{W-M}^{r} + Q_{W-M}^{cd}$$

在焙烧温度为1300～1350℃的条件下，窑内传热以辐射为主，对流传热比重较小（15%以下），窑壁对被接触的物料表面虽有传导作用，但由于物料粒度较大（特别是烧结成块后），传导作用很小，加之此种情况下传导传热计算很复杂，故为了简化计算，把窑内物料得热主要分为两部分：一是窑气及窑壁以辐射和对流方式传给物料敞开表面的热量 Q_{g-M}^{r+c}；一是被遮表面以辐射方式传给物料的热量 Q_{W-M}^{r}。即物料得热量为

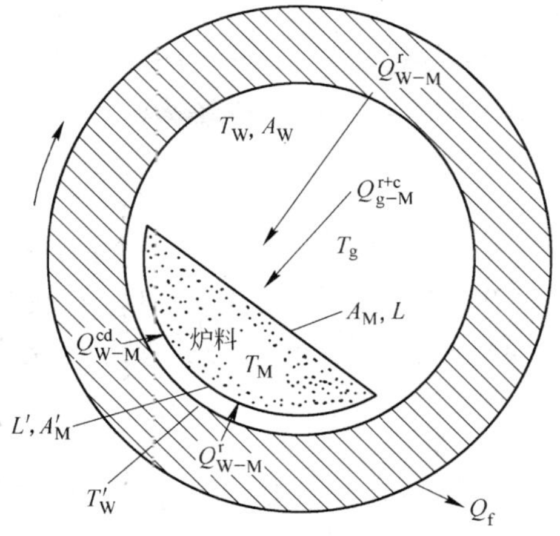

图5-4 回转窑内传热过程示意图

$$\begin{aligned}Q_M &= Q_{g-M}^{r+c} + Q_{W-M}^{r} \\ &= \alpha_\Sigma \Delta T A_M + C_{WM}\left[\left(\frac{T'_W}{100}\right)^4 - \left(\frac{T_M}{100}\right)^4\right]A'_M \\ &= (\alpha_c + \alpha_r)\Delta T A_M + C_{WM}\left[\left(\frac{T'_W}{100}\right)^4 - \left(\frac{T_M}{100}\right)^4\right]A'_M \end{aligned} \tag{5-25}$$

式中 α_c——窑气对物料的表面传热系数，W/（m^2·℃），可用下列简化公式计算：

$$\alpha_c = 10.7 v_0 \tag{5-26}$$

v_0——窑气流速，m/s；

α_r——窑气及窑壁对物料的辐射换热系数，W/（m^2·℃），按下式计算：

$$\alpha_r = \frac{C_D\left[\left(\frac{T_g}{100}\right)^4 - \left(\frac{T_M}{100}\right)^4\right]}{T_g - T_M} \tag{5-27}$$

C_D——导来辐射系数，按式（2-120）及图2-49确定；

ΔT——窑气与物料的温度差，K；$\Delta T = T_g - T_M$；

T_g，T_M——窑气和物料的平均温度，K，分别按式（2-121）及式（2-122）确定；

T'_W——窑壁遮盖表面的平均温度，K，考虑到与物料接触过程中的温度降低，其值近似为

$$T'_W = \frac{1}{2}(T_M + T_W) \tag{5-28}$$

T_W——未遮盖窑壁表面温度，K，按式（2-117）确定；

C_{WM}——窑衬被遮盖表面与物料弧形表面间的辐射系数，W/（m^2·K^4），当视其为两平行表面组成的封闭体系时

$$C_{WM} = \frac{5.67}{\frac{1}{\varepsilon_W} + \frac{1}{\varepsilon_M} - 1} \tag{5-29}$$

ε_W——窑壁黑度。

5.2.1.4 回转窑的生产能力

回转窑的生产力受很多因素的影响，很难找出一个通用公式，现仅介绍几个主要的计算公式。

（1）按窑内物料流通能力

$$G = 47.12\,\overline{D}^2 \varphi v_M \rho_M \tag{5-30}$$

式中 G——窑的生产能力，t/h。

对于异径窑，窑的平均有效直径

$$\overline{D} = \frac{D_1L_1 + D_2L_2 + D_3L_3 + \cdots}{L}$$

式中 L_1，L_2，L_3——异径窑各带段的长度，m；

D_1，D_2，D_3——对应 L_1、L_2、L_3 的窑体内径，m。

（2）马丁（Martin）公式。马丁研究了回转窑内热力条件，推导出的公式为

$$G = 2.826\,\frac{\overline{D}^2 v_g (1-\varphi)}{V_g} \tag{5-31}$$

式中 V_g——每千克产品所产生的窑尾工作温度下的烟气量，m^3/kg；

v_g——窑尾烟气的实际速度，m/s。按经验取 3～8m/s，对于细粒多者可取 2.5～5m/s。

（3）统计公式。计算如下：

1）回转窑生产能力与筒体尺寸之间的关系式为

$$G = K\,\overline{D}^{1.5} L \tag{5-32}$$

式中 K——经验系数，随窑而异，取工厂实践数据。

2）按窑的单位面积产能计算为

$$G = \frac{G_A A}{1000} \tag{5-33}$$

式中 A——窑砌砖后有效内表面积，m^2；

G_A——窑单位面积产能，kg/（$m^2 \cdot h$），取工厂实践数据。

3）按窑的单位容积产能计算为

$$G = \frac{G_V V}{1000} \tag{5-34}$$

式中 V——窑砌砖后的有效容积，m^3；

G_V——窑单位容积产能，kg/（$m^3 \cdot h$），取工厂实践数据。

5.2.1.5 筒体主要尺寸与传动功率计算

A 筒体直径的计算

（1）按窑尾排烟速度确定。从控制窑灰循环量的观点，选定窑尾排烟速度 v_g，从式 5-31 可得

$$\overline{D} = 0.59\sqrt{\frac{GV_g}{v_g(1-\varphi)}} \tag{5-35}$$

（2）按窑内物料流通能力验算。即由式 5-20 可得

$$\overline{D} = 0.88\sqrt[3]{\frac{G\sin\alpha}{ni\varphi\rho_M}} \tag{5-36}$$

一般直筒型窑，取两式结果中的大值。

（3）筒体内径

$$D = \overline{D} + 2\delta \tag{5-37}$$

式中 δ——窑衬厚度，取 0.15～0.25m。

B 筒体长度的计算

（1）按窑有效容积或工作面积计算：

$$L = \frac{1.27V}{\overline{D}^2} \tag{5-38}$$

$$L = \frac{0.318A}{\overline{D}} \tag{5-39}$$

式中 V——窑的有效容积，m^3，可按式 5-34 计算；

A——窑的工作面积，m^2，可按式 5-33 计算。

（2）按物料在窑内反应时间验算。由式 5-24 及式 5-30 可得

$$L = \frac{G\tau}{47.12\overline{D}^2\varphi\rho_M} \tag{5-40}$$

C 传动功率的计算

（1）主传动功率。回转窑传动功率计算公式分为理论公式和经验公式，前者适用性较为广泛。

传动总功率的理论公式

$$N = N_1 + N_2 = (\sum D_i^3 L_i) n K_2 \sin^3\theta_1 + \frac{6 \times 10^{-5} P D_1 d n f'}{D_2} \tag{5-41}$$

式中 N——传动总功率，kW；

N_1——有效功率，kW；

N_2——摩擦功率，kW；

L_i——与筒体内径 D_i 相对应的段带长度，m；

K_2——系数，与物料安息角 α 和体积密度 ρ_M 有关，$K_2 = 0.086\rho_M\sin\alpha$；

θ_1——对应于窑内物料层圆心角的一半，°；

$\sin\theta_1$——与负荷率有关的系数。计算出负荷率 φ 后，可从图 5-5 中求出；

P——托轮轴承上的总反力（回转体的重量与物料重量之和），N；

D_1——滚圈外径，m；

D_2——托轮外径，m；

d——托轮轴颈直径，m；

n——窑的转速，r/min；

f'——托轮轴与轴承摩擦系数；稀油润滑滑动轴承：$f' = 0.018$；油脂润滑滑动轴承：$f' = 0.06$；滚动轴承：$f' = 0.001$。

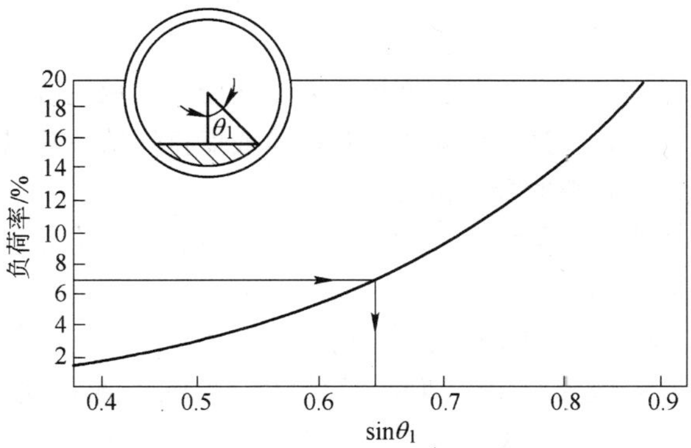

图 5-5 负荷率与 $\sin\theta_1$ 系数的关系

传动总功率的经验公式

$$N = K_3 \overline{D}^{2.5} nL \tag{5-42}$$

式中　K_3——系数，干法或湿法长窑；$K_3 = 0.044 \sim 0.056$。其他符号意义同前。

选用电动机的功率

$$N_M = K_4 N \tag{5-43}$$

式中　N_M——选用电动机功率，kW；

K_4——储备系数，一般 $K_4 = 1.15 \sim 1.35$。

（2）辅助传动功率

$$N' = \frac{2n'}{n} N \tag{5-44}$$

式中　N'——辅助传动所需功率，kW；

n'——用辅助传动时的窑转速，r/min，$n' = (0.025 \sim 0.05)\ n$。

辅助传动仅作为安全设施和检修临时驱动之用。

5.2.2　反射炉

反射炉是传统的火法冶炼设备之一。按作业性质可分为周期作业和连续作业反射炉；按冶炼工艺过程可分为熔炼和精炼反射炉。

反射炉具有结构简单、操作方便、容易控制、对原料及燃料的适应性强等优点。因此，反射炉在熔炼、熔化、精炼等方面得到了广泛应用，特别是在铜、锡等金属的冶炼中具有重要地位。不过，铜精矿熔炼反射炉目前逐渐被其他生产率更高的冶炼设备如闪速炉或熔池式熔炼炉所取代。

反射炉的主要缺点是燃料消耗量大，热效率低（只有 15% ~30%），耐火材料消耗量大等。

5.2.2.1　反射炉的结构

反射炉由炉基、炉底、炉墙、炉顶、加料口、产品放出口、烟道等部分所构成。其附属设备有加料装置、鼓风装置、排烟装置及余热利用装置等。

A　炉基

炉基是整个炉子的基础，承受炉子巨大的负荷。因此，要求基础坚实。炉基可做成混凝土的、炉渣的或石块的，其外围为混凝土或钢筋混凝土侧墙。炉基的底层留有孔道，以便安放加固炉子用的底部拉杆。

B　炉底

炉底是反射炉重要组成部分。炉底长期处于高温作用下，承受熔体的巨大压力，不断受到熔体冲刷和化学侵蚀，必须选择适当的耐火材料砌筑或捣打烧结炉底以延长炉子寿命。对炉底的要求是坚实、耐腐蚀并在加热时能自由膨胀。

按照炉底与炉基的关系分为架空炉底和实炉底；按照炉底结构分为砖砌反拱炉底和烧结整体炉底。

大多数精炼反射炉和少数周期作业熔炼反射炉采用架空炉底，以防止金属向炉底及炉基渗漏。炉底铺垫 30mm 厚的铸铁板或 10 ~20mm 的钢板，用砖墩或型钢支撑。架空高度通常在 0.35m 以下。

连续作业铜熔炼反射炉炉底为实炉底，即直接砌筑在耐热混凝土的基础上。

a　砖砌反拱炉底

砖砌反拱炉底结构见图5-6。

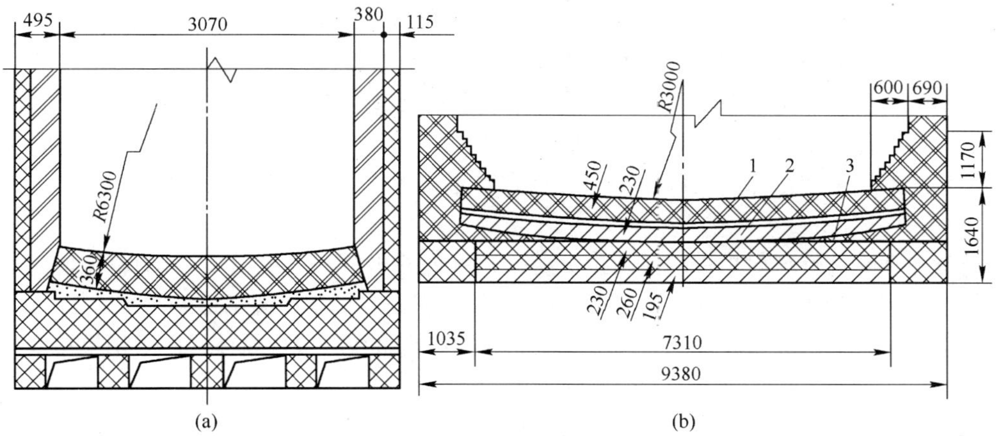

图5-6 砖砌反拱炉底结构示意图

(a) 单层反拱；(b) 双层反拱

1—上层反拱；2—下层反拱；3—填料（毛底炉）

周期作业的精炼反射炉与熔炼反射炉多采用砖砌反拱炉底，其厚度一般为700～900mm。由下而上依次为：炉底铸铁板或钢板、石棉板、黏土砖、捣打料层以及最上层砌筑的镁砖或镁铝砖反拱。炉底反拱中心角视熔体比重和熔池深度而定。比重和深度大时，反拱中心角宜较大，其他情况下多用20°～60°。

b 整体烧结炉底

一般由下列各层组成（自下而上）：石棉板、石英砂、保温砖层、黏土砖层、镁铝砖层、烧结层。

根据烧结层材质不同，烧结炉底可分为石英烧结炉底和镁铁烧结炉底。实践证明，石英烧结炉底损坏较快。目前，在我国已不采用。镁铁烧结炉底的特点是结构致密不易渗漏、耐腐蚀，使用寿命长。国内连续作业铜熔炼反射炉均采用镁铁烧结炉底。该炉底由 $w(MgO)>85\%$ 的镁砂和 $w(FeO+Fe_3O_4)>95\%$ 的氧化铁粉砸制后，经1600℃高温烧结而成。但炉底在生产中易产生炉结，使炉底上涨，需定期加铁块洗炉。国内使用的镁铁烧结炉底结构见图5-7。

c 炉墙

炉墙直接砌在炉基上。炉墙经受高温熔体及高温炉气的物理化学作用，因此，熔炼反射炉炉墙的内层多用镁砖、镁铝砖砌筑，外层用黏土砖砌筑。在有些重要部位，如铜熔炼反射炉的转炉渣注入口采用铬镁砖砌筑。熔点较低的金属熔化反射炉内外墙均可用黏土砖砌筑，如熔铝反射炉。

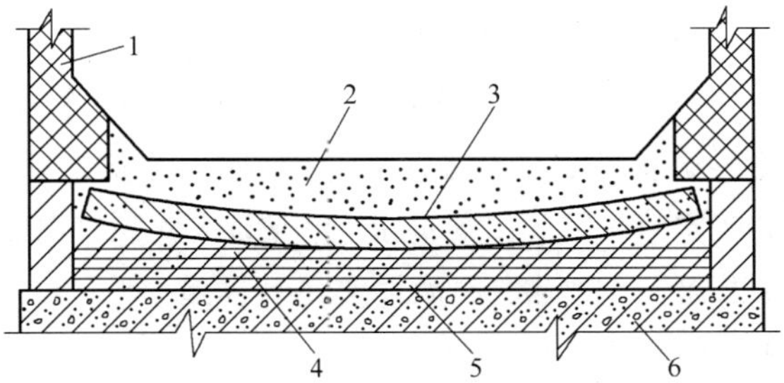

图5-7 镁铁烧结炉底结构示意图

1—炉墙；2—镁铁烧结层；3—反拱；4—黏土砖；5—轻质黏土砖；6—耐热钢筋混凝土基础

d 炉顶

反射炉炉顶从结构形式上分为砌筑拱顶和吊挂拱顶。

国内周期作业的反射炉及炉子宽度较小的反射炉，通常采用砖砌拱顶。大型铜熔炼反射炉多采用吊挂拱顶。

e 产品放出口

反射炉产品放出口有洞眼式、扒口式和虹吸式三种形式。

铜精炼反射炉，采用普通洞眼式放铜口。洞眼的尺寸一般为 ϕ（15 ~ 30）mm，其位置可设在后端墙、侧墙中部或尾部炉底的最低处。

炼锡反射炉采用水冷的洞眼放锡口，即在普通砖砌洞眼放出口处的砖墙外嵌砌一冷却水套。

连续作业铜熔炼反射炉采用活动护板洞眼式冰铜放出口。一般设 2 ~ 3 个轮流使用，相邻两冰铜口的间距为 2 ~ 3m，其高差为 65mm。冰铜口多设在炉子侧墙尾部。

周期作业反射炉，若炉内同时存在熔渣、冰铜和粗金属等多层熔体，多采用扒口式产品放出口。

虹吸式产品放出口与前两种产品放出口相比，具有操作方便、安全、改善劳动条件、提高产品质量等优点。并且在铅浮渣反射炉及铜熔炼反射炉上获得了成功的使用。

此外，在反射炉炉墙（或炉顶）上设有加料口、工作门和放渣口，在炉尾设有竖式烟道或斜烟道。

大型精炼反射炉结构如图 5-8 所示。

5.2.2.2 反射炉内的热传递

在反射炉内燃料燃烧产生的炽热气体温度高达 1500℃ 以上。这种炽热炉气以辐射和对流的方式将所含的热量传递给被加热或熔化的物料、炉顶和炉墙。炉顶和炉墙所取得的部分热量又以辐射方式传递给被加热或熔化的物料，使物料熔化。物料加热和熔化所需要的热量，90% 以上是靠辐射传热获得的，即依靠高温的炉气、炉墙和炉顶的辐射作用传递的。

炉料依靠辐射和对流所获得的热量按下式计算

$$Q_M = 1.05C_D\left[\left(\frac{T_g}{100}\right)^4 - \left(\frac{T_M}{100}\right)^4\right]A_M \qquad (5\text{-}45)$$

式中 C_D ——导来辐射系数，W/（$m^2 \cdot K^4$），按式（2-120）及图 2-49 确定。

T_g ——炉气绝对温度，K；

T_M ——物料表面绝对温度，K；

A_M ——物料受热面积，m^2；

1.05 ——系数，考虑炉内对流传热占辐射传热的 5%。

物料温度 T_M，随被处理的物料而异。当被处理的物料一定时，物料或熔池表面温度 T_M 基本上趋于定值。因此，在实际生产条件下，炉气温度 T_g 是决定炉子生产率的主要因素。

5.2.2.3 反射炉炉体主要尺寸计算

A 周期作业反射炉

（1）炉床面积

$$A = \frac{G}{a} \qquad (5\text{-}46)$$

式中 G ——炉子生产能力（按物料），t/d；

a ——炉子单位生产率，t/($m^2 \cdot$ d)，按工厂实践数据选取。

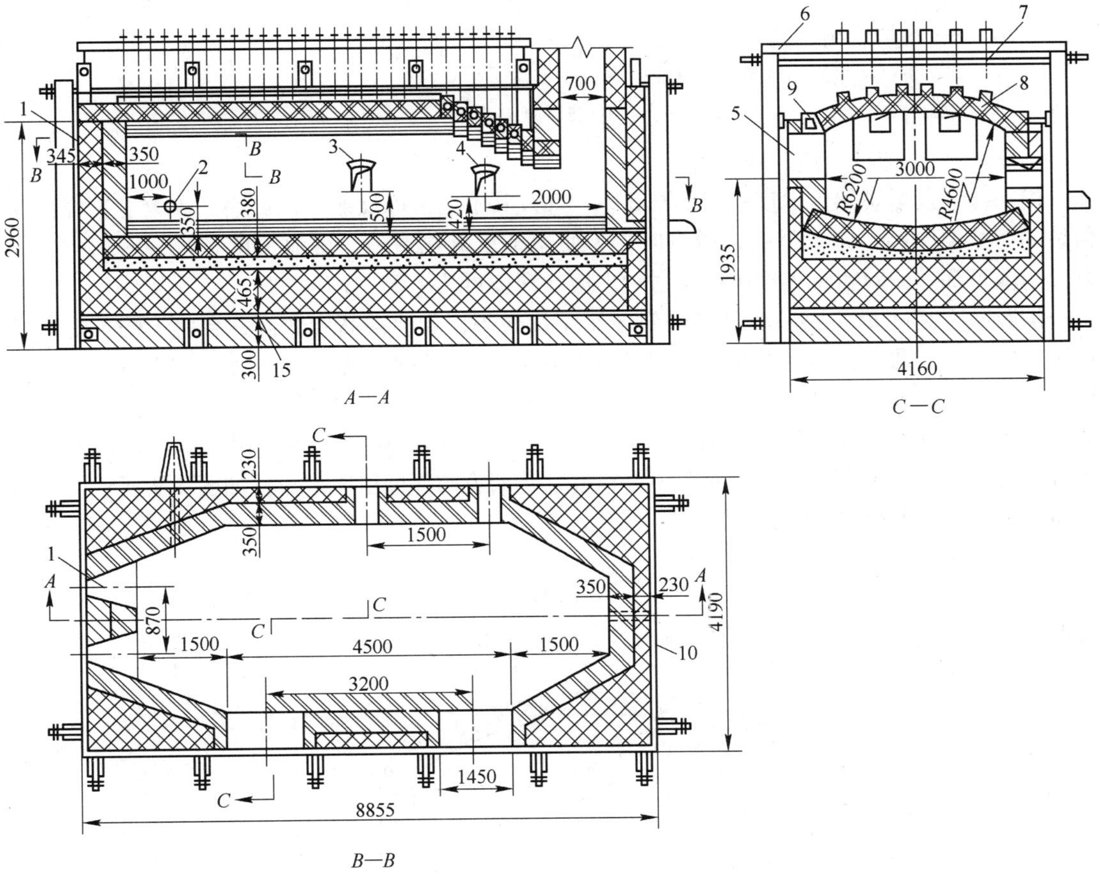

图 5-8 100t/炉铜精炼反射炉总图

1—燃烧器前室；2—浇模口；3—吹风口；4—扒渣口；5—加料口；
6—吊顶梁；7—吊链；8—筋砖；9—水冷梁；10—放铜口

（2）炉子长度与宽度。确定炉床面积 A 之后，按炉子长宽比首先确定炉膛长度

$$L = \sqrt{\frac{A^n}{\phi}} \tag{5-47}$$

式中 n——炉膛长宽比，$n = L/B$，一般为 1.7～3.5，根据燃料和燃烧方式确定。火炬式燃烧可取较高值，层式燃烧取较低值。

ϕ——形状系数，实际面积与矩形面积的比值，一般为 0.8～0.9。

为了保证熔炼炉内温度均匀，对层式燃烧火室供热的炉子，长度一般不超过 7～8m。

长度 L 确定后，炉宽按下式计算

$$B = \frac{A}{\phi \cdot L} \tag{5-48}$$

（3）炉膛高度。炉膛高度 h 包括熔池深度 h_1 和炉膛净空高度 h_2，即

$$h = h_1 + h_2 \tag{5-49}$$

$$h_1 = \left(\frac{G_M}{\rho_M} + \frac{G_s}{\rho_s} \right) \frac{1}{A} \tag{5-50}$$

式中　G_M——每炉产出金属量，kg；

ρ_M——液体金属的密度，kg/m^3；

G_s——每炉产出渣量，kg；

ρ_s——炉渣的密度，kg/m^3。

周期作业反射炉熔池深度一般为0.5～0.9m，其中铜精炼反射炉比炼锡、炼铋、铅浮渣反射炉的熔池要深些。但铜料中杂质多时，为便于杂质氧化造渣，熔池深度宜浅一些；杂质少时，熔池可深些。对粗铅连续脱铜反射炉，熔池深度可达1.5～1.7m。

炉膛净空高度 h_2 要适宜，特别是对于小型反射炉，若净空高度太高，会使火焰不能充满炉膛造成火焰分层，使物料熔化速度减慢甚至不熔化。各种反射炉炉膛高度的实践数据列于表5-9。

（4）烟气出口及烟道断面。为加强对炉尾熔池表面的传热并减少炉尾操作门的吸风，一般熔炼反射炉和精炼反射炉的炉顶在炉尾靠近直升烟道的部分压向熔池，如图5-9所示。下压炉顶处烟气出口断面可按下式计算

$$f = \frac{V_0 + (1 + \beta \cdot t_g)}{3600 v_g} \tag{5-51}$$

式中　v_g——烟气在下压炉顶处的实际流速，m/s，取8～15m/s。

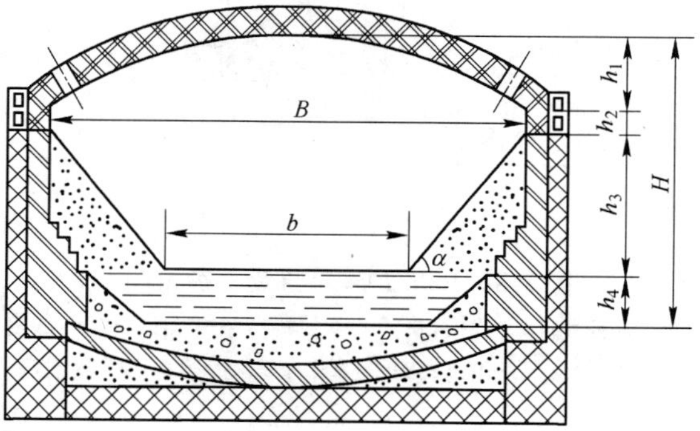

图5-9　熔炼反射炉横截面计算示意图

下压炉顶距炉底的高度取1.1～1.25m，个别的小到1.05m，大到1.4m。下压炉顶距操作熔池面的合理高度 h_0 取0.35～0.60m，工厂实践数据见表5-9。

烟道断面也可用式5-51计算。式中 t_g 及 v_g 分别以烟道中的烟气温度及烟气流速代入即可。烟道中烟气流速一般为5～9m/s，有排烟机时为8～15m/s。

B　连续作业熔炼反射炉炉体主要尺寸计算

计算方法分经验计算法与理论计算法。

经验计算法：

（1）炉床面积

$$A = \frac{G}{a} \tag{5-52}$$

式中　G——每日处理物料量，t/d；

a ——床能力，t/(m^2·d)，其值按工厂实践数据选取。

（2）炉子长度和宽度。国内外大型熔炼反射炉的长度多数为 30～36m，设计时先确定长度 L，宽度 B 按下式计算

$$B=\frac{A}{L} \tag{5-53}$$

一般熔炼反射炉的宽度为 7～11.5m。

（3）熔池深度 h_4。铜熔炼反射炉熔池深度多为 0.8～1.2m。熔炼氧化矿离析精矿产粗铜的炉子熔池深度一般为 0.55～0.75m。确定熔池深度应考虑冰铜品位、产量、熔炼物料性质及炉底结构特点等。当熔炼高硫物料，冰铜产出率大或炼得的冰铜品位高而含锌又低时，宜采用较深的熔池。当采用镁铁烧结炉底时，因炉底易结瘤上涨，即使冰铜品位较低，也宜采用较深的熔池。当冰铜品位低和含锌较高时，均应采用较浅的熔池。生产实践中，冰铜层厚度一般为 600～800mm，渣层厚度一般为 300～500mm。

（4）料坡高度 h_3。按下式确定（见图 5-9）

$$h_3=\frac{1}{2}(B-b)\tan\alpha \tag{5-54}$$

式中 α ——料坡角，对生精矿为 40°～50°；

b ——熔池裸露部分宽度，可取炉宽的 40%～45%。

料坡不宜太高，否则会造成塌料事故。料坡高度一般为 1.3～1.9m，炉子较宽时可取较高值。

（5）料坡顶至炉顶拱脚底的距离 h_2。采用较大的 h_2，有助于降低炉膛内气流速度以减少被炉气带走的料尘，从而减缓炉顶的侵蚀。对处理生精矿的炉子取 0.2～0.4m，对处理焙烧矿的炉子取 0.3～0.5m。

（6）炉顶拱高 h_1。对采用拱顶的炉子，一般拱顶中心角为 50°～60°，相应的 h_1 约为 (1/7～1/10)B，对于梯形吊顶，h_1 可取为 0.1B。

整个炉膛总高度 $H=h_1+h_2+h_3+h_4$。工厂实践数据见表 5-9。

理论计算法根据炉内热工过程和工艺过程之间的联系确定炉子尺寸。具体方法如下：

（1）炉膛长度

$$L=5400\frac{Q_L v_g}{q_V V_n(1+\beta t_g)} \tag{5-55}$$

式中 v_g ——炉气在炉内的实际流速，m/s，一般为 6～9m/s，生精矿取较高值，焙烧矿取较低值；

q_V ——炉膛熔炼区空间容积热强度，kJ/(m^3·h)，一般为 (4.2～6.3)×10^{5}kJ/(m^3·h)，采取强化熔炼时可达 8.4×10^{5}kJ/(m^3·h) 以上；

Q_L ——燃料的低发热量，kJ/kg 或 kJ/m^3；

V_n ——单位燃料的燃烧产物量，m^3/kg 或 m^3/m^3；

t_g ——熔炼区炉气平均温度，℃。

（2）炉膛宽度。有料坡熔炼反射炉熔池宽度计算式为

$$B=\frac{0.032q_M G\cos\alpha}{\varepsilon_{gWM}\left[\left(\frac{T_g}{100}\right)^4-\left(\frac{T_M}{100}\right)^4\right]L}+b(1-\cos\alpha) \tag{5-56}$$

式中　T_g——炉气的平均温度，K；

q_M——物料熔化热，kJ/t，按熔炼过程热平衡确定；

T_M——物料的平均温度，K；

ε_{gWM}——炉内辐射传热过程换算黑度，由下式确定：

$$\varepsilon_{gWM}=\frac{\varepsilon_M(1+\omega-\varepsilon_g)}{[\varepsilon_M+\varepsilon_g(1-\varepsilon_M)]\dfrac{1-\varepsilon_g}{\varepsilon_g}+\omega} \tag{5-57}$$

式中　ε_M——料坡表面及熔池表面的平均黑度，对铜熔炼反射炉取 0.65 ~ 0.80；

ε_g——熔炼区炉气平均黑度；

ω——炉围开展度，对中心角为 θ 的拱顶，ω 由下式计算：

$$\omega=\frac{2h_2'+\dfrac{\pi B'\theta}{360\sin(\theta/2)}}{B'} \tag{5-58}$$

式中　h_2'，B'——分别为初设的料坡至拱脚高与炉宽，可取经验值。

（3）炉膛高度

$$H=h_1+h_2+h_3+h_4$$

式中　h_1，h_2，h_3，h_4——分别为炉顶拱高、料坡顶至拱脚底高、料坡高度及熔池深度，m。

炉顶拱高 h_1：根据炉膛宽及选定的炉顶中心角按下式计算

$$h_1=\frac{B}{2\sin(\theta/2)}\left(1-\cos\frac{\theta}{2}\right) \tag{5-59}$$

料坡顶至拱脚底的高度 h_2：根据选定的炉气流速按下式计算

$$h_2=\frac{1}{\beta}\left[\frac{GV_0(1+\beta\cdot t_g)}{86.4v_g}-\frac{B^2-b^2}{4}\cdot\tan\alpha-\frac{1}{2}\left(\frac{B}{2\sin\dfrac{\theta}{2}}\right)^2\left(\frac{\pi\theta}{180}-\sin\theta\right)\right] \tag{5-60}$$

式中　V_0——熔炼单位物料产出的炉气量（包括燃烧产物和反应产物），m^3/kg；由燃烧计算和物料平衡计算确定。

料坡高度 h_3：按式 5-54 确定。

熔池深度 h_4：除考虑经验中所述的原料及产品条件之外，为了保证产品在炉内有充分的沉淀分离时间，熔池深度应按下式验算

$$h_4>\frac{G\tau}{8\rho L(B+2b)} \tag{5-61}$$

式中　ρ——熔融产物平均密度，t/m^3；

τ——熔融产物必须在炉内停留的时间，一般为 15 ~ 25h；

炉膛高度的工厂实践数据见表 5-9。

（4）炉气出口断面

$$f=\frac{GV_0(1+\beta\cdot t_g)}{86.4v_g} \tag{5-62}$$

式中　v_g——炉气出口速度，m/s，取 8 ~ 12m/s；

t_g——炉气出炉温度，℃，取 1150 ~ 1200℃。

V_0——含义同式 5-60。

国内部分反射炉结构参数及技术数据见表 5-9。

表 5-9 国内部分反射炉结构参数与技术指标

			熔炼反射炉				铜精炼反射炉					
厂家			大冶	云锡一冶	株洲冶炼厂	株洲冶炼厂	沈阳冶炼厂	云南冶炼厂	上海冶炼厂	株洲冶炼厂	武汉冶炼厂	富春江冶炼厂
序号	项目	单位	造锍熔炼	炼锡	处理铅浮渣	炼铋	粗铜（含杂铜）精炼					
1	炉膛面积	m^2	217	35	10.6	10	20	25	20	13	7.5	7.8
2	炉膛尺寸	mm	29935 × 8100 × 4100	12720 × 3470 × 1496	4265 × 2413 × 1697	4890 × 2370 × 1250	7900 × 2700	8778 × 3300 × 2040	7700 × 3000	5660 × 2500	4600 × 1900	4250 × 2000
3	熔池深度	mm	1200	400	827	410	630	750	680	600	650	500
4	工作净空高度	mm	2902	1096	870	841	1020	1290	1120	1015	990	850
5	下压炉顶距炉顶高度	mm					1100	1400	1250	1050	1100	1030
6	下压炉顶处烟气出口断面	mm					1600 × 650	1600 × 650	1200 × 550	1000 × 600	700 × 600	850 × 600
7	炉膛总高度	mm	4100	1496	1697	1250	1650	2040	1800	1615	1640	1350
8	炉气出口温度	℃	1150 ~ 1200	950 ~ 1100	900 ~ 1100	950 ~ 1050	1200 ~ 1300	1100 ~ 1200	1250 ~ 1300	1150 ~ 1200	1050 ~ 1100	1200 ~ 1250
9	炉膛最高温度（炉头）	℃	1450 ~ 1500	1350	1250 ~ 1400	1250 ~ 1300	1300 ~ 1400	1300 ~ 1350	1500 ~ 1550	1300 ~ 1400	1250 ~ 1300	1300 ~ 1400
10	炉顶中心角	°	62°30′	52	56	60	60	60	38	51	50	48
11	床能力	$t/(m^2 \cdot d)$	3 ~ 3.3	1.1 ~ 1.4	4 ~ 6	1 ~ 1.5	10	3 ~ 4	7 ~ 8	5 ~ 7	5 ~ 6	6 ~ 7.4

5.3 沸 腾 炉

5.3.1 概述

沸腾焙烧炉是利用流态化技术的热工设备。它具有气－固之间热质交换速度快、层内温度均匀、产品质量好、沸腾层与冷却（或加热）器壁间的传热系数大、生产率高、操作简单、便于实现生产连续化和自动化等一系列优点，因此沸腾炉广泛应用于锌精矿、铜精矿的氧化焙烧和硫酸化焙烧，含钴硫铁精矿的硫酸化焙烧，锡精矿、辉钼矿、富镍冰铜的氧化焙烧，高钛渣的氯化焙烧，汞矿石焙烧。

沸腾炉的缺点是烟尘率高，热利用率低。

目前，沸腾炉正向大型化、富氧鼓风、扩大炉膛空间、制粒焙烧、余热利用和自动控制等方面发展。

沸腾床的床型有柱形床和锥形床。对于浮选精矿宜采用柱形床；对于宽筛分物料和在反应过程中气体体积增大很多或颗粒逐渐变细的物料，宜用上大下小的锥形床。

沸腾床断面形状可为圆形或矩形或椭圆形。圆形断面的炉子，炉体结构强度较大，散热较小，空气分布均匀，因此，得到广泛采用。当炉床面积较小而又要求物料进口间有较大距离的时候，可采用矩形或椭圆形断面。

沸腾炉的炉膛形状有扩大形和直筒形两种。为提高操作气流速度，减少烟尘率和延长烟尘在炉膛内停留时间，以保证烟尘质量，目前沸腾炉多采用扩大形炉膛。

另外，沸腾炉还有单层床与多层床之分。对吸热过程或需要较长时间的反应过程，为提高热量和流化介质中有用成分的利用率，宜采用多层沸腾炉。

5.3.2 沸腾床

5.3.2.1 沸腾床的形成

沸腾床形成的过程是空气自下而上穿过散料层，若流速不大，气体对物料的曳力比物料本身重量小时，整个料层处于静止状态，当流速增加到某一值，即曳力与物料重量达到平衡时，整个料层处于“失重”状态。其中的颗粒将随着气体上升至料层表面，表面以上气流实际截面突然扩大，实际流速则相应降低，气体对颗粒的曳力也随之而急剧减少，颗粒即在重力作用下又回落到床层内部。当与不断鼓入床层的上升气流相遇时又被抬升，继而又升至表面或被气体抛至表面上空，然后又落回床层。这样循环往复，形成颗粒强烈翻滚，大小气泡频繁上升，形同液体的沸腾，故称为沸腾床。

与流态化状态开始条件相对应的空截面（直线）流速称为临界沸腾速度（v_c）。

图 5-10 表示床层压降与空截面流速（直线流速）的关系，称为流态化曲线。图 5-11 表示床层高度 H、空隙率 ε 及实际流速 u 与直线流速的关系，从两图中可知，在固定床范围内，层内实际流速与压降都随直线流速增大而增加，超过 u_c 后，床层开始膨胀，空隙率与床层高度随直线流速相应地增大，实际流速与压降保持不变，这是均匀颗粒沸腾床的典型特征。

5.3.2.2 临界沸腾速度

计算临界沸腾速度 v_c 的实验公式很多，形式和数据各有不同，应用较广泛的公式是

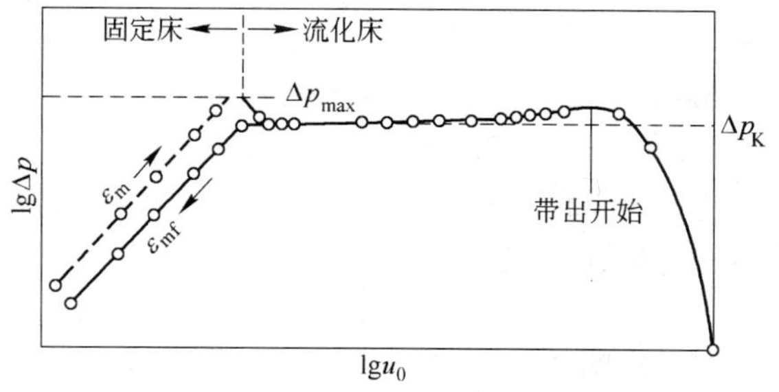

图 5-10 流态化曲线—床层压降与流速的关系

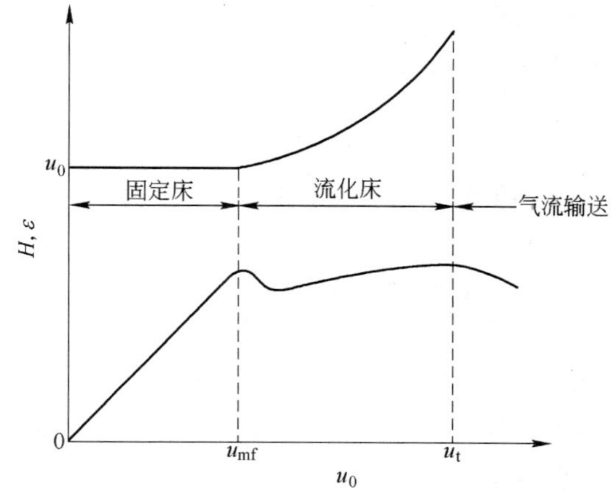

图 5-11 床层高度、空隙率及层内实际流速随直线流速变化的关系

$$Re_C = [(33.673)^2 + 0.0408Ar]^{0.5} - 33.673 \tag{5-63}$$

式中 Re_C ——临界雷诺数，$Re_C = v_c d_p / \nu$；

v_c ——物料临界沸腾速度，m/s；

ν ——气体实际温度下的运动黏度，m^2/s；

d_p ——物料颗粒平均粒径，m；

Ar ——阿基米德准数，其计算式为

$$Ar = \frac{g d_p^3}{\nu^2} \frac{\rho_p - \rho_g}{\rho_g}$$

g ——重力加速度，m/s^2；

ρ_p ——物料的颗粒体积密度，kg/m^3；

ρ_g ——气体在实际温度下的密度，kg/m^3。

5.3.2.3 带出速度

从图 5-10 及图 5-11 可以看出，当沸腾床内直线速度进一步增大时，床内空隙率及床层高度将不断增大，而压降保持不变。当空隙率接近于 1 时，意味着全部颗粒已在气体中悬浮或被带走，此时气体对颗粒的曳力与单个颗粒的有效重量平衡，对应于此点的直线速度称为颗粒带出速度，计算式为

（1）$Ar<7.2$：　　$Re_{out}=\frac{1}{18}Ar$　　（5-64）

（2）$Ar=7.0\sim84000$：　　$Re_{out}=0.26Ar^{0.667}$　　（5-65）

（3）$Ar=84000\sim1.3\times10^{10}$：　　$Re_{out}=1.74Ar^{0.5}$　　（5-66）

使用这套公式时，可先求出给定条件下的 Ar，再根据各段公式的 Ar 值范围直接选取。

5.3.2.4 沸腾范围与操作速度

从临界速度开始沸腾，到带出速度下沸腾床开始破坏这一速度范围称为沸腾范围。它是选择操作沸腾速度的上下极限。沸腾范围越宽，沸腾床的操作越稳定。这一范围大小可以用带出速度 v_{out} 与临界沸腾速度 v_c 的比（v_{out}/v_c）来表征。理论和实践证明，颗粒越细则沸腾范围越小，并且对不规则的宽筛分物料，沸腾范围比球形粒子的要小。

实际上多数工业沸腾床内粒级分布较宽，所以合理的操作速度应是绝大部分颗粒正常沸腾而又不大于某一指定粒级的带出速度。一般根据临界沸腾速度并利用流化指数的经验数据来确定操作气流速度。流化指数 $K=v/v_c$ 代表流化强度。例如锌精矿酸化焙烧 $K=12\sim24$，锌精矿氧化焙烧 $K=15\sim41$。

5.3.2.5 沸腾层压力降

空气通过沸腾层后压力降的数值称为沸腾层压力降，记作 Δp_b。

沸腾层压力降可用下式计算

$$\Delta p_b=H_b g(\rho_p-\rho_g)(1-\varepsilon) \tag{5-67}$$

式中　H_b——沸腾层高度，m；

ε——沸腾层平均孔隙度，一般为 0.6～0.7。

实际测得的沸腾层压力降往往大于计算值，这是因为存在固体颗粒之间的碰撞、摩擦以及固体颗粒与炉壁摩擦引起的各种阻力。

5.3.3 沸腾床内热交换

由于沸腾的散料受到流化介质的强烈搅拌，因而整个床层的温度都是比较均匀的，工程上一般不考虑层内各部位之间的热阻。研究沸腾床内热交换主要是针对以下两类传热问题，即流化介质（气体或液体）与颗粒表面的传热及床层与周围壁或浸入表面间的传热。

5.3.3.1 气体与颗粒表面间的传热

研究者提出了很多实验公式，下面介绍两个应用较为广泛的准则数方程。

以裸露热电偶在沸腾床气体进口处测定气温（称表观显示温度）得出如下综合关系

$$Nu=0.016Re^{1.3}Pr^{0.67} \tag{5-68}$$

以抽气式热电偶测定气体温度（称真实显示温度）时，其关系为

$$Nu=0.015Re^{1.6}Pr^{0.67} \tag{5-69}$$

由以上两式所得到的传热系数分别称为“表现或显示传热系数”和“真实传热系数”。

两式中以颗粒的平均直径为定型尺寸，适用于 $Re=5\sim100$ 的范围内。其中 $Nu=ad_p/\lambda$，λ 为沸腾介质在平均温度下的热导率，且只适用不含水分的物料及不存在物理-化学反应的场合。

对于湿物料在沸腾床中受热干燥过程的传热，采用实验公式（用于恒速干燥段）。

当 $Fe=30\sim100$ 时：

$$Nu=0.015Fe^{0.74}Re^{0.65}\left(\frac{H_0}{d_e}\right)^{-0.34} \tag{5-70}$$

当 $Fe=100\sim200$ 时：

$$Nu = 0.0283 Fe^{0.604} Re^{0.65} \left(\frac{H_0}{d_e}\right)^{-0.34} \tag{5-71}$$

式中 Fe——费道洛夫准则数，$Fe = \sqrt[3]{\frac{4}{3}Ar} = \sqrt[3]{\frac{4}{3}\frac{gd_e^3}{v^2}\frac{\rho_p - \rho_g}{\rho_g}}$；

H_0——固定床高度，m；

d_e——颗粒平均当量直径，m，$d_e = \sqrt[3]{\frac{6G}{\pi n \rho_p}}$；

n——Gkg 物料的颗粒数。

5.3.3.2 沸腾床与周边表面间的传热

沸腾床与周边表面传热可用实验综合公式

$$\Psi = f(Re) \tag{5-72}$$

$$\Psi = \frac{Nu}{\left\{1 + 7.5\exp\left[-0.44\left(\frac{H}{D_b}\right)\left(\frac{c_g}{c_p}\right)\right]\right\}\left[(1-\varepsilon)\frac{c_p\rho_p}{c_g\rho_g}\right]} \tag{5-73}$$

式中 $Nu = \frac{ad_p}{\lambda_g}$；

λ_g——气体热导率，W/(m·℃)；

c_p，c_g——颗粒与气体的比定压热容，kJ/(kg·℃)；

H——换热面高度，m；

D_b——沸腾床直径，m。

Ψ 与 Re 的关系由图 5-12 确定。查出 Ψ 后由式 5-73 可计算出 Nu。上式适用于 $Re = 0.01 \sim 100$ 的范围。由于实际沸腾床内物料粒级范围较宽、气流分布远不如实验条件均匀；另外，由于设备结构上的原因，实际沸腾炉内周边料层搅拌情况较差，故实际换热系数比计算值小很多。

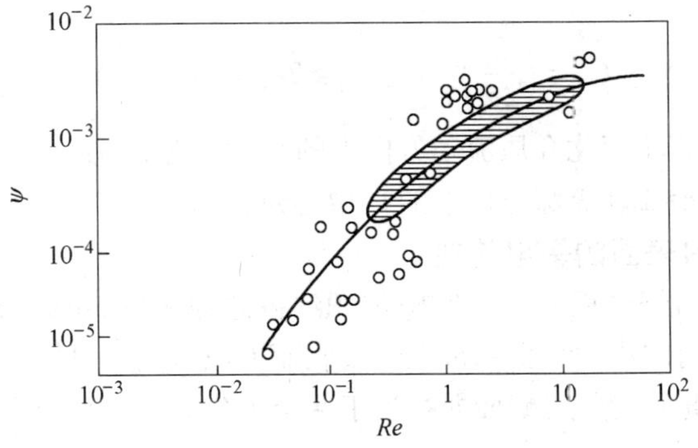

图 5-12 ψ 与 Re 的关系（$\psi = f(Re)$）

用于工程设计的估算，可参考下列近似式

$$a = 0.078 c_g G^{1.15} \tag{5-74}$$

式中 c_g——气体比定压热容，kJ/(kg·℃)；

G——气体质量流量，kg/(m^2·h)。

5.3.3.3　沸腾床对浸没管的对流换热

沸腾床对浸没于层内的管式换热器的传热与对周边表面传热的机理大体相同，只是由于管的位置与布置方式不同有所差异。

A　竖管

当 $Re=10^{-2}\sim10^{2}$ 时，

$$\frac{ad_{\mathrm{p}}}{\lambda_{\mathrm{g}}}=0.019C_R(1-\varepsilon)\left(\frac{vd_{\mathrm{p}}}{\nu}\right)^{0.23}\left(\frac{c_p}{c_{\mathrm{g}}}\right)^{0.8}\left(\frac{\rho_{\mathrm{p}}}{\rho_{\mathrm{g}}}\right)^{0.66}a^{-0.43} \tag{5-75}$$

式中　v——气体空床流速，m/s；

a——气体热扩散率，cm^2/s；

C_R——考虑竖管在沸腾床中所在位置的影响系数。床中心为1，位于1/3～1/4半径处 $C_R\approx1.7$，离中心0.8R处，$C_R\approx1.52$；

ε——沸腾层平均孔隙率。

B　横管

当 $Re>2500$ 时，

$$\frac{ad_{\mathrm{p}}}{\lambda_{\mathrm{g}}}=420Re_{\mathrm{t}}^{0.3}Pr^{0.3}Ar^{-0.3}\left(\frac{\rho_{\mathrm{p}}}{\rho_{\mathrm{g}}}\right)^{0.3} \tag{5-76}$$

当 $Re<2000$ 时，

$$\frac{ad_{\mathrm{t}}}{\lambda_{\mathrm{g}}}=0.66Pr^{0.3}\left[Re_{\mathrm{t}}\cdot\frac{\rho_{\mathrm{p}}}{\rho_{\mathrm{g}}}\left(\frac{1-\varepsilon}{\varepsilon}\right)\right]^{0.44} \tag{5-77}$$

式中　d_{t}——水平管外径，m；

$Re_{\mathrm{t}}=\frac{vd_{\mathrm{t}}}{\nu}$。

C　横置管束

横置管束的平均表面传热系数，可在式5-77的基础上加乘管距系数 $C_L=C_{L_1}C_{L_2}$

$$C_{L_1}=\left(\frac{L_1}{6d_{\mathrm{t}}}\right)^{0.3}\ (\text{当}\ L_1\geqslant6d_{\mathrm{t}}\ \text{时},C_{L_1}=1) \tag{5-78}$$

$$C_{L_2}=\left(\frac{L_2}{2d_{\mathrm{t}}}\right)^{0.2}\ (\text{当}\ L_2\geqslant2d_{\mathrm{t}}\ \text{时},C_{L_2}=1) \tag{5-79}$$

式中　L_1——管列（垂直于流化介质流动方向上的）中心距，m；

L_2——管排（即沿流动纵深方向上的）中心距，m。

5.3.3.4　沸腾床对表面的辐射传热

在高温沸腾床（如焙烧过程）内，空隙体积约占总体积的50%～80%，且层内温度分布均匀，可以认为沸腾层内的辐射线全部被颗粒吸收而近似地视为黑体。器壁或浸没表面被沸腾层包围并紧密接触，因此沸腾层与壁面即相当于两个十分靠近的平行表面构成的封闭体系，其间的辐射换热量为

$$Q=5.67\varepsilon_{\mathrm{W}}\left[\left(\frac{T_{\mathrm{b}}}{100}\right)^4-\left(\frac{T_{\mathrm{W}}}{100}\right)^4\right]A \tag{5-80}$$

5.3.4　沸腾炉单位生产率计算

沸腾炉单位生产率是炉子生产中各方面矛盾在特定条件下暂时得到统一的综合指标。

根据处理量与气体对物料的流化能力，从保证稳定沸腾出发，单位生产率为

$$a=\frac{86400v}{V_0(1+\beta t_b)} \tag{5-81}$$

式中 v——操作气流速度，m/s；

V_0——由物料平衡决定的焙烧每吨料所需实际空气量，m^2/t；

t_b——沸腾层内平均温度,℃。

从上式可见，一定的操作速度就决定了炉子的生产率；要强化生产，须取较大的操作速度 v，但不能大于物料带出速度。

5.3.5 沸腾炉主要尺寸的确定

沸腾炉的简要结构见图5-13。

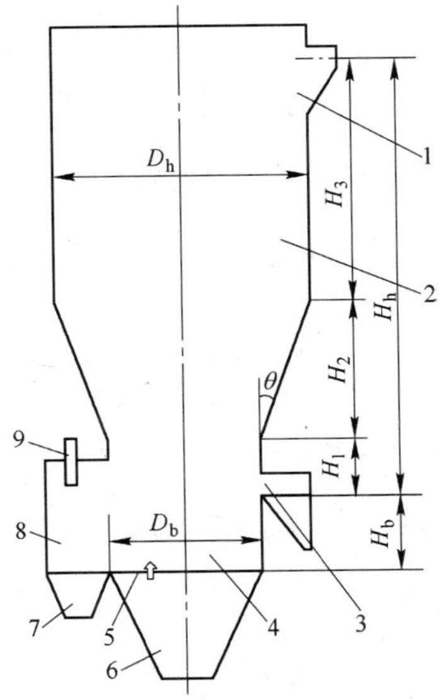

图5-13 沸腾炉结构示意图

1—排烟口；2—炉膛；3—溢流口；4—本体；5—气体分布板；6—风箱（大斗）；7—前室风箱（小斗）；8—前室；9—加料箱

5.3.5.1 床面积

$$A_b=\frac{G}{a} \tag{5-82}$$

式中 G——炉子日处理量，t/d；

a——炉子单位生产率，$t/(m^2 \cdot d)$。

对于圆形炉子，本体直径 D_b：

$$D_b=1.13\sqrt{A_b-A''_b}=1.13\sqrt{A'_b} \tag{5-83}$$

式中 A'_b、A''_b——分别为本体与前室面积，m^2。

5.3.5.2 炉膛空间横截面积

由式（5-84）并考虑到 $G=aA_b$ 得到炉膛空间截面积

$$A_h=\frac{aV_0(1+\beta t_{gh})A_h}{86400v_{gh}} \tag{5-84}$$

式中 t_{gh}——炉膛温度,℃;

v_{gh}——炉膛空间烟气流速，m/s。根据飞尘允许带走的最大颗粒的带出速度 v_{out} 确定。即 $v_{gh} = (0.3 \sim 0.55) v_{out}$。

目前国内外扩大炉膛的沸腾炉，炉膛面积与床面积之比多在1.7~1.9之间，也有高达2.2~4.6。

5.3.5.3 炉子高度

炉子高度由沸腾层高度，炉膛空间高度及拱顶高组成。

A 沸腾层高度

对于溢流排料的炉子，沸腾层高度近似地等于气体分布板至溢流口下沿的高度。通常在确定沸腾层高度时，应考虑下列因素，并取下列公式计算结果中的大值。

（1）放热反应的沸腾炉。主要考虑炉子床层应具有一定的热稳定性与流化的均匀性，对大直径圆形炉还要有足够的床层周边表面，使沸腾层周围的炉墙能够布置足够的排热装置。

沿沸腾层周边布置箱式水套时（设水套面积为 A_{Wj}，单位为 m^2），沸腾层高度为

$$H_b = (1.2 \sim 1.5)\frac{A_{Wj}}{\pi D_b} \tag{5-85}$$

（2）吸热反应的沸腾炉。主要考虑应有足够的沸腾层容料量，以保证颗粒受热的总表面积。沸腾层高度为

$$H_b = \frac{1.929 \times 10^{-3} aqd_p}{\alpha \Delta t (1-\varepsilon)} \tag{5-86}$$

式中 α——气流对物料的表面传热系数，W/(m²·℃)，

$$\alpha = \frac{Nu\lambda_g}{d_p}, Nu = 0.016Re^{1.3}Ar^{0.67}$$

Δt——气体与物料间平均温差,℃,

$$\Delta t = \frac{t_g' - t_g''}{\ln \dfrac{t_g' - t_b}{t_g'' - t_b}}$$

t_g'，t_g''——气体进入和离开沸腾层时的温度,℃;

t_b——沸腾层内物料平均温度,℃;

q——每吨物料完成反应所需吸收的热量，kJ/t。

（3）反应速度较慢的过程。主要考虑物料应在沸腾层停留必需的时间，以完成预定的物理-化学变化，保证产品的质量。沸腾层高度按下式计算

$$H_b = \frac{10^3 a\varphi\tau}{24(1-\varepsilon)\rho_p} \tag{5-87}$$

式中 τ——物料在沸腾层内必须的平均停留时间，h，与焙烧物料及焙烧性质有关，可按实践数据选定；

φ——从溢流口排出的产品（如焙砂）产出率，其计算式为

$$\varphi = \frac{\text{溢流排料量}}{\text{加料量(干)}}$$

B 炉膛高度

炉膛高度是指沸腾层浓相界面（对溢流排料的炉子即指溢流口下沿平面）以上的空间高度。对于侧面排烟的炉子指溢流口下沿至排烟口中心线的高度，炉膛高度必须同时满足下面两

点要求：

（1）烟尘在炉膛空间停留的时间内，应完成预定的物理－化学变化，以保证烟尘的质量。按照这个要求，炉膛空间高度为

$$H_h = \frac{aV_0(1+\beta t_{gh})A_b\tau}{86400A_h} \tag{5-88}$$

式中 τ——烟尘在炉膛内必须停留的时间，s。

沸腾焙烧烟气在炉膛内的停留时间随焙烧精矿种类及焙烧性质而异。锌精矿酸化焙烧 τ 为 15～20s，氧化焙烧 τ 为 20～25s，硫铁矿氧化焙烧为 7～8s。

采用扩大形炉膛时，炉膛的高度应根据炉膛面积的变化情况分段计算。图 5-13 中 H_1 按结构决定，主要应考虑溢流口及前室便于砌筑。$H_2 = 0.5\cot\theta(D_h - D_b)$，与炉腹角 θ 有关。

（2）以气体为流化介质时，流化床内两相混合不均匀，由于气泡破裂等原因造成固体颗粒被抛入炉膛空间中并为气流所夹带。为了使被夹带的粒子在到达一定的高度后能够大部分降落重返床层，必须使炉膛高度大于分离高度，即 $H_h > H_{di}$。分离高度 H_{di} 由下式求得

$$H_{di} = kD_b$$

式中 k——分离系数，与床层直径 D_b 及炉膛空间气流速度 v_{gh} 有关，可按工厂实践数据选取。

此外，还可以按以下经验公式估算炉膛空间容积

$$V_h = (10 \sim 18)A_b$$

式中 V_h——炉膛空间容积，m^3。

采用经验公式时，取较大的系数有利于提高烟尘的质量；若烟尘量少（制粒焙烧及浆式加料）或对烟尘质量要求不高时，可取偏低值。

为了提高烟尘质量，目前国内外新建的沸腾炉多数是向上扩大炉膛，并采用较大的高度，使炉膛容积（包括沸腾层）与床面积之比由过去的 7.5～11 增大到 10～20，个别达到 25。

5.3.5.4 炉腹角

沸腾炉炉膛扩大部分炉腹角 θ 一般为 15°～20°。当灰尘有黏结性时，θ 应小于 15°。炉腹角不能太大，否则在炉壁折角处积灰，积灰结成块，达到一定厚度时下塌，造成分布板堵塞，严重时即造成死炉。

5.3.6 炉体及主要部件

5.3.6.1 砖砌体

沸腾焙烧炉一般采用耐火黏土砖砌筑。炉体的耐火砖厚 230mm，保温砖厚 113mm，在保温砖与炉壳钢板之间填充 20～50mm 厚的绝热材料。拱顶有球形拱顶和锥形拱顶两种。分别如图 5-14 和图 5-15 所示。拱顶砖厚常采用 230mm、250mm 或 300mm，视炉膛直径而定。耐火砖拱顶外敷设绝热材料。绝热材料选用矿渣棉、硅藻土、蛭石膨胀珍珠岩以及纤维毡（或毯）等均可。炉顶也可采用耐火混凝土捣制。

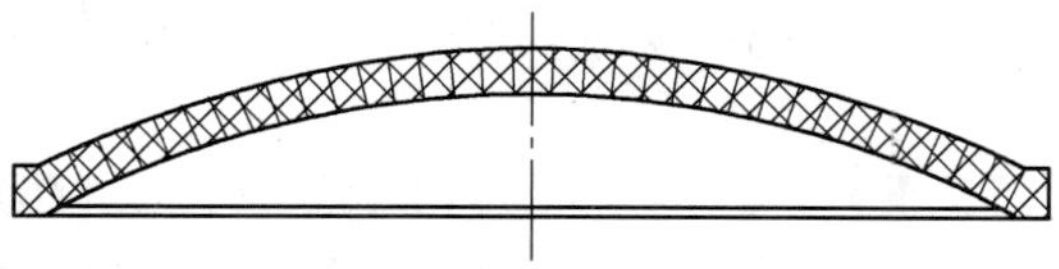

图 5-14 球形拱顶

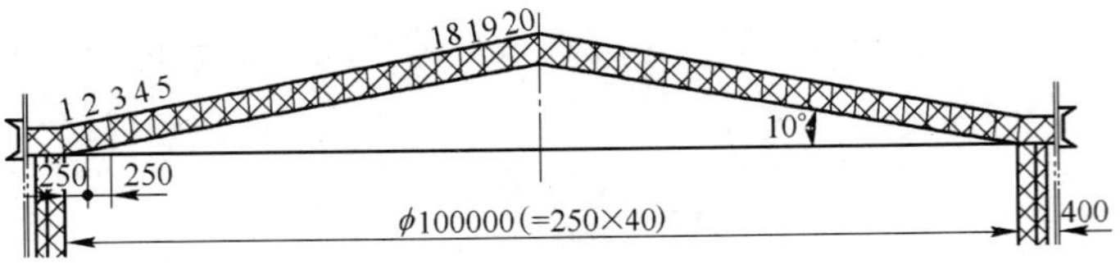

图 5-15　锥形拱顶

5.3.6.2　气体分布板

气体分布板一般由风帽、花板和耐火衬垫构成。为了保护沸腾过程的均匀、稳定，气体分布板应满足下列条件：使进入床层的气体分布均匀，制造良好的沸腾初始条件；有一定的孔眼喷出速度，避免物料颗粒在孔眼周围堆积停滞；具有一定阻力，以平衡或减小沸腾层各处料层阻力的波动。此外，还应不漏料、不堵塞、耐摩擦、耐腐蚀、耐高温、不变形；结构简单、便于制造、安装和拆修。

A　气体分布板孔眼率

气体分布板孔眼率（风帽孔眼总面积与炉床面积之比）决定气流进入料层的初始速度和决定分布板的阻力。因此，必须从上述两个方面考虑。

为保证一定的速度，即要求喷出气流速度应等于或大于粗颗粒的带出速度。这时，最大孔眼率为

$$b_{ey}=\frac{v(1+\beta t_g)}{v_{ey}(1+\beta t_b)} \tag{5-89}$$

式中　v_{ey}——孔眼中气流速度，m/s，$v_{ey}\geqslant v_{out}$。

为保证一定的分布板阻力，最大孔眼率为

$$b_{ey}=v\frac{(1+\beta t_g)}{(1+\beta t_b)}\sqrt{\frac{k\rho_g}{2\Delta p}} \tag{5-90}$$

式中　t_g——进气温度，一般为60℃；

k——分布板阻力系数，取决于风帽及分布板结构形式，对侧流风帽一般为1.5～3.0。若风帽内安装有不同规格的阻力板时，k为10～15。

根据实验和生产实践，从阻尼作用的要求出发，对于侧流风帽，其经验值可取

$$\Delta p=0.1\Delta p_b \tag{5-91}$$

床层阻力Δp_b按式（5-67）计算。

B　风帽

风帽的形式大致可分为直流型、侧流型、密孔型和填充型四种。侧流型广泛用于有色冶炼厂沸腾炉。从风帽的侧孔喷出的气体紧贴分布板面进入床层，对床层搅动作用较好，孔眼不易被堵塞，不易漏料，其结构如图5-16所示。

风帽的材质多为普通铸铁。在高温鼓风或高温焙烧时应采用耐热铸铁。

C　风帽的排列

风帽常采用同心圆排列（图5-17a）、等边三角形排列（图5-17b）、正方形排列（图5-17c）。这三种排列方式分别适用于圆形炉、圆形炉和矩形炉、矩形炉。

D　花板及耐火衬垫

分布板用于固定风帽及支承耐火衬垫和炉料。分布板的衬垫，一般采用耐火混凝土捣制，

耐火砂浆抹面。衬垫厚度为250～300mm。

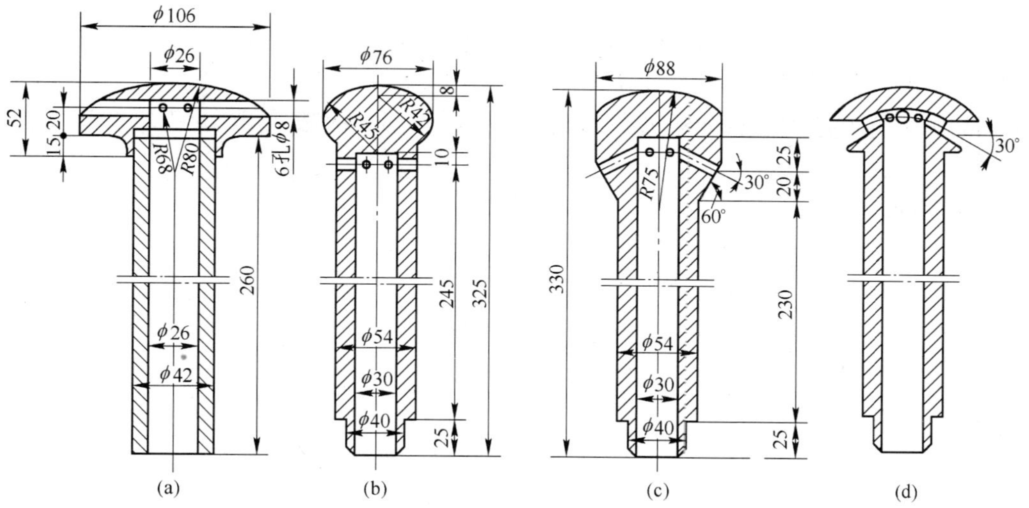

图5-16 侧流型风帽结构图

(a)内设阻力板风帽；(b)平孔风帽；(c)，(d)斜孔风帽

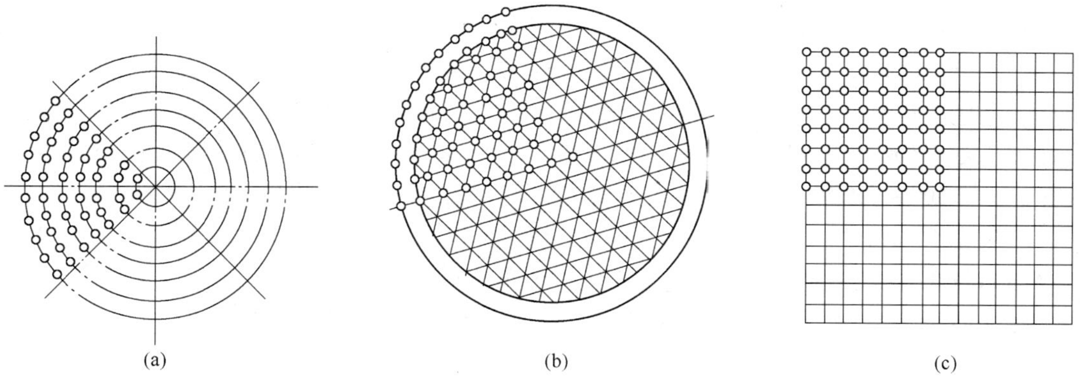

图5-17 风帽排列形式

(a)同心圆排列；(b)等边三角形排列；(c)正方形排列

5.3.6.3 进风箱

进风箱的作用在于尽量使分布板底下气流的动压转变为静压，使压力分布均匀，避免气流直冲分布板，因此，进风箱应有足够的容量，其容积按下式估算

$$V_{ab}=\left(\frac{V_a}{800}\right)^{1.34}\quad m^3 \tag{5-92}$$

式中 V_{ab}——进风箱容积，m^3；

V_a——鼓风量，m^3/h。

进风箱的结构形式有圆锥式、圆柱式、锥台式及柱锥式。

5.3.6.4 排热装置

A 排热方式

排热方式有直接排热和间接排热两种。

直接排热是向炉内直接喷水。虽有炉温调节灵敏，操作方便的优点，但存在较多的缺点，目前很少使用，或只作为特殊情况下降温的临时措施。

间接排热是使沸腾层内余热通过冷却元件传给冷却介质，一般采用汽化冷却水套，这种冷却方式应用较为普遍。

B 冷却元件

常用的冷却元件有箱式水套和管式水套。

水套面积可按热平衡确定

$$A_{\mathrm{Wj}} = \frac{0.0116 aqA_{\mathrm{b}}}{K_{\mathrm{Wj}}\Delta t_{\mathrm{m}}} \quad \mathrm{m}^2 \tag{5-93}$$

式中 Δt_{m} ——沸腾层与冷却介质的平均温差,℃

$$\Delta t_{\mathrm{m}} = \frac{t'' - t'}{\ln \dfrac{t_{\mathrm{b}} - t'}{t_{\mathrm{b}} - t''}} \tag{5-94}$$

t'——水进口温度,℃；

t''——水（或汽水混合物）出口温度,℃；

q——每吨物料完成反应所需排除的余热，kJ/t；

K_{Wj}——沸腾层对冷却介质的传热系数，W/(m^2·℃)；

0.0116——单位换算系数。

水套传热系数 K_{Wj} 可按传热学计算或从工厂实践数据选取。当用水冷却时，对于箱式水套，$K_{\mathrm{Wj}}=116\sim209$W/(m^2·℃)；对于管式水套，$K_{\mathrm{Wj}}=174\sim267$W/(m^2·℃)。冷却水出口温度视水的硬度而定，一般在60℃以下。当水套内壁有水垢或水套外壁有粘结时，K_{Wj} 值将显著下降。当采用软水汽化冷却时且水套外壁无粘结时（水套内壁有一定厚度的水垢），对于箱式水套，$K_{\mathrm{Wj}}=209\sim265$W/(m^2·℃)；对于管式水套，$K_{\mathrm{Wj}}=267\sim314$W/(m^2·℃)。

在高温焙烧时，物料常粘结于水套壁上，使 K_{Wj} 下降。此时，对于箱式水套，$K_{\mathrm{Wj}}=128\sim174$W/(m^2·℃)；对于管式水套，$K_{\mathrm{Wj}}=174\sim209$W/(m^2·℃)。

此外，沸腾炉还有加料、排料、排烟等装置，限于篇幅此处不作介绍。

5.4 电 炉

5.4.1 概述

电炉是利用电能转变为热能的一种热工设备。由于电炉较易满足某些较严格和较特殊的工艺要求，因此被广泛应用于有色金属或合金的冶炼、加热和热处理上，尤其是被广泛地应用于稀有金属的冶炼和加热上，并广泛应用于各类实验室中。

按电能转变为热能的方式的不同，电炉可分为：电阻炉、电弧炉、感应炉、电子束炉、等离子炉等五大类。在每大类中又按其结构、用途、气氛及温度等分成许多小类。

电弧炉的热源产生于电极间（或电极与物料间）所形成的电弧。电弧炉可分为直接作用电弧炉、间接作用电弧炉及电弧电阻炉（也叫做矿热电炉）。

感应电炉的加热原理是导体处在交变磁场中时，因感应而产生电流，结果将其自身加热。感应电炉分工频铁芯感应电炉、中频感应电炉和高频感应电炉。

电炉具有温度较高、气氛易于控制及炉子本身的热效率高等优点。但是，电能是一种较贵的能源，故选用时应综合考虑技术与经济上的合理性。

电炉种类很多，下面仅介绍电阻炉与矿热电炉。

5.4.2 电阻炉

5.4.2.1 电阻炉的基本类型与热工特点

电阻炉是广泛应用于各工业部门的一种热工设备。在有色冶金工厂中，常用电阻炉进行高熔点金属氧化物的还原、某些合金粉末的烧结、低熔点金属或合金的熔化及保温、物料的干燥及蒸馏。

电阻炉按热量产生方法的不同可分为两大类，即直接加热式电阻炉和间接加热式电阻炉。其特点为炉子热量来源是电流通过导体时所放出的热量，其大小由焦耳定律决定。

直接加热式电阻炉，其电流直接通过被处理的材料使之加热。由于被加热物体本身就是发热体，根据焦耳定律，电流通过被加热物体时所放出的热量为：

$$Q = 3600V \cdot I \times 10^{-3} = 3600I^2R_t \times 10^{-3} \quad \text{kJ/h} \tag{5-95}$$

式中 I——通过电流，A；

V——工作电压，V；

R_t——被加热物在工作温度下的电阻，Ω；

3600——电的热功当量，kJ/(kW·h)。

直接加热的优点是：可达相当高的温度（例如炭极石墨化时，可达3000℃）；加热速度快，又易于绝热，所以热效率高；炉子结构较简单。

直接加热式电阻炉在实际应用的典型例子是碳质电极的石墨化及碳化硅制造等。炉子简图如图5-18所示。

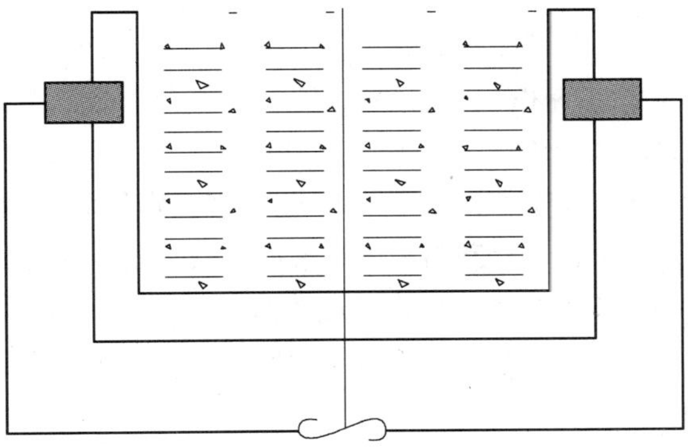

图5-18　碳质电极石墨化直接作用于电阻炉简图

间接加热式电阻炉，是将电源接在加热元件上，加热元件产生的热再传递给放在炉内的物料。

应用不同的电热体，可在炉内得到不同的最高温度，改变电热体的安装方式和布置可得到各种需要的温度分布和热量分布，以及做成各种大小和形式的炉子。

间接加热式电阻炉具有对炉子热工能较精确地控制，可以做成真空或任何气氛等，因此，能满足某些特殊的工艺要求，以及热效率较高等优点。但其加热温度受限制于所选定电热体的性质。

5.4.2.2　电热元件

用作电热元件的材料，必须具有较高的电阻系数和电阻温度系数，以及具有较好的耐热性、抗腐蚀性和机械加工性能。通常有金属和非金属两大类。常用的金属电热材料有铁铬铝合金、镍铬合金、钨、钼等；非金属电热材料有碳化硅、二硅化钼、石墨等。近年来，根据我国资源特点生产出一种稀土铁铬铝合金的电热材料，它比通用的镍铬合金更耐高温、电阻率更高、价格更低，现已推广使用。常用的电热材料的化学成分、主要性能和适用条件以及主要尺寸的计算与安装见参考文献［27］。

5.4.3　矿热电炉

5.4.3.1　概述

矿热电炉是一种将电极插入炉料（精矿或矿石）或液态熔融体（如熔渣）中，依靠电极与熔渣交界面上形成的微电弧与熔体电阻的双重作用，使电能转化为热能的电热设备。

矿热电炉总的发展趋势是日益向大容量、高效率、自动化、密闭式发展。

矿热电炉的优点是：

（1）熔池温度高，不配或少配熔剂就可处理难熔物料，因而渣量较少，使金属回收率得以提高；

（2）烟气量低；

（3）炉膛空间温度较低，渣线以上炉衬可用普通黏土砖砌筑，节省筑炉材料费用，烟气温度低（一般600～800℃），因而烟气带走的热损失大大减少；

（4）热效率高，可达60%～80%。

但矿热电炉的电气设备基建投资昂贵，因耗电量大，故生产成本较高。此外，要求炉料的水分含量一般不超过3%（防止倒料坡时因水分多而引起爆炸），并且最好预先制粒或成块。

在有色金属提取冶金中，矿热电炉主要用于：

（1）熔炼。硫化铜、硫化镍精矿的熔炼，产出冰镍；铅、锌、锡矿的还原熔炼，分别获得粗铅、粗锌与粗锡；熔炼钛锆矿产出含 TiO_2 的钛渣。

（2）炉渣贫化。如闪速炉渣以及转炉渣的贫化处理，降低渣中的有价金属，使炉渣达到可废弃的程度。此外，还用于铅、锌和锡烟尘的熔炼，以回收有价金属。

（3）熔炼产物的过热与保温。如鼓风炉的电热前床等。

矿热电炉还被广泛应用于各种铁合金的冶炼和作电石、黄磷及电熔刚玉的生产设备。

5.4.3.2　基本原理

矿热电炉的电能以下列两种方式转换成热能：一种是由电极和熔渣交接面上形成微电弧放电而转换成热能；另一种是电流通过熔渣时，因熔渣本身电阻的作用而产生的热能。

电能在电弧部分和渣层电阻部分的分配，通常通过改变电极插入熔池的深度来调节。在其他条件相同时，电能分配到电弧部分的比例，随着电极插入深度的增加而降低，而分配到渣层电阻部分的比例则随电极插入深度的增大而加大。这是因为矿热电炉的工作电阻（指相电阻，包括埋弧电阻和熔池电阻）与电极埋入深度等因素存在着下列关系：

$$R = \frac{1}{\pi} \frac{\rho_1 \rho_2}{\dfrac{3h\rho_1}{\ln \dfrac{l}{d}} + d\rho_2} \quad \Omega \tag{5-96}$$

式中　ρ_1 ——电弧电阻率，Ω · cm；

ρ_2 ——熔池（主要指熔融炉渣）电阻率，Ω · cm；

h ——电极埋入熔池的深度，cm；

l ——电极中心之间的距离，cm；

d ——电极直径，cm。

当电极浅埋时，$h \approx 0$，则式（5-96）$R \approx \rho_1/(\pi d)$，即工作电阻近似等于埋弧电阻。随着电极埋入深度的增加，埋弧电阻所占比例逐渐减小，而熔池电阻所占比例增大。

电流在熔池的流动有两种途径（图 5-19）。第一种途径：电极 A→炉渣→电极 B（又称三角形负载）；第二种途径：电极 A→炉渣→铜镍冰洞→炉渣→电极 B（又称星形负载）。当其他条件不变时，电流在熔池中沿第一种途径和第二种途径的分配比例也完全取决于电极插入深度。通常随电极插入深度的增大，第二途径的电流显著提高，而第一途径的电流则必然减少。

当变压器功率一定时，可借助于增大电极的插入深度，提高炉内电流负荷 I。因电能的转换热与 I^2 成正比，故有利于提高炉子的生产率。

电极插入深度应该适当，如果电极插的过深会引起炉渣和冰铜的澄清分离状况变坏，甚至可能发生冰铜过热的现象。反之，若电极插的过浅会使电弧拉长，造成渣面温度和烟气温度升高，而冰铜层温度降低，对操作不利，热效率降低。

在变压器功率一定时，电极的插入深度还与工作电压或称二次电压有关。电极插得过深时，二次电压势必相应降低，反之相应提高。在生产上二次电压应结合炉料组成、电流负荷、经济和安全因素加以选取。当前国外有提高工作电压操作来增大熔化速度的趋势。

研究结果表明，大部分电流集中在距电极中心线两倍直径的熔池内（如图 5-20 所示）。由于电场的不均匀性而带来熔池内温度分布的不均匀性（如图 5-21 所示）。从图可知，熔池内电极附近的炉温最高（约 1500℃），熔池中间层温度为 1300℃左右，电极下部区域和炉墙附近为 1200℃左右。

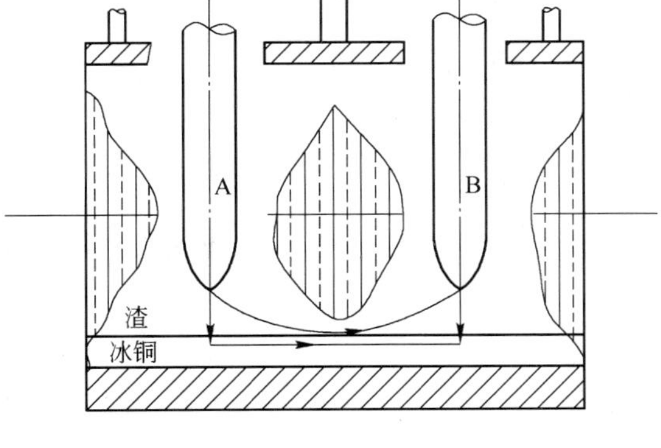

图 5-19　熔池中电流流动示意图

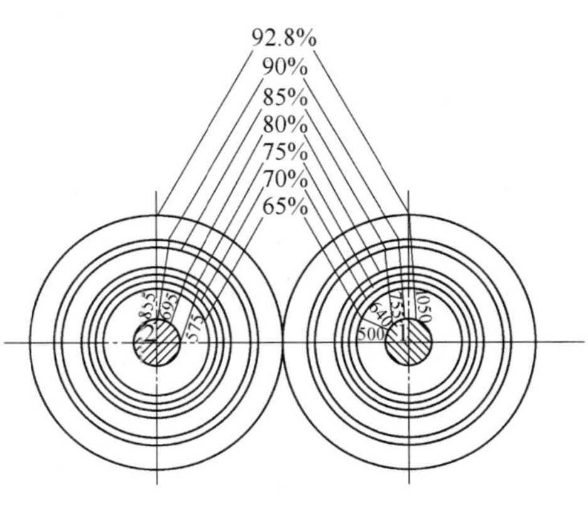

图 5-20　工业电炉的电场

由于熔池温度分布不均匀，使接近电极表面的炉渣强烈过热，炉渣密度降低，从而上浮至熔池表面，并沿熔池表面的上层向四周流动。在流动过程中，当炉渣与料堆下部相遇时，便将部分热量传递给炉料，使之熔化，此时形成的熔体温度较低，密度较大，于是下沉，并在炉渣下层向电极方向移动，回流到电极周围，又重新被过热而上浮，如此不断地循环，加速了熔池内的热交换。

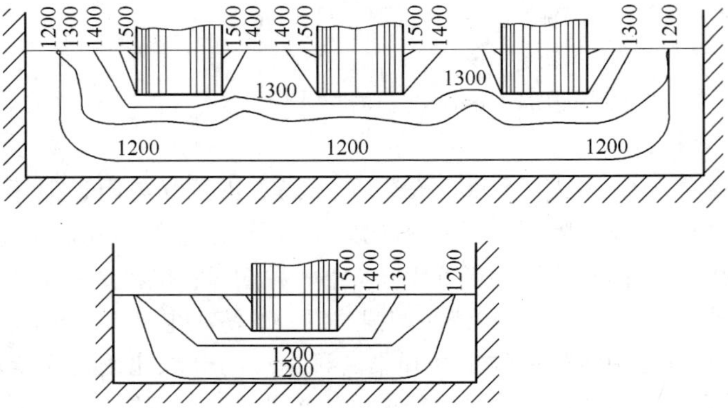

图 5-21 冰铜熔池的温度场（带数字曲线是炉渣层内的等温线）

高温熔融炉渣在流动过程中与沉于渣层的固体料坡相遇时，熔融炉渣以对流换热方式将热能传给料坡表面的固体炉料，使之熔化并过热，形成冶炼产物冰铜和新炉渣。炉渣对料坡的对流换热量 Q 采用牛顿冷却公式计算

$$Q=\alpha(t_s-t_{Ch})A_{Ch} \quad \mathrm{W} \tag{5-97}$$

式中 α——对流换热系数，W/（$m^2\cdot$℃）；

t_s，t_{Ch}——分别为炉渣、料坡表面温度，℃；

A_{Ch}——与流动炉渣接触的料坡面积，m^2。

对流换热系数 α 主要取决于炉渣流动速度，流动速度越快，α 越大。如加快炉渣流动速度，提高 t_s 以及增大料坡沉入渣中表面积 A_{Ch}，则对流换热量越大，料坡的熔化速度就越快。

电极附近的高温炉渣与熔池内低温炉渣之间的热交换，也主要靠对流方式。因炉渣热导率较小，传导的热量很小。

在熔池垂直方向上，炉渣对冰铜层的传热方式主要是传导。冰铜层上部到底部的传热，由于冰铜处于相当平静的状态，因此，几乎是单一的传导方式。

为保证炉底表面上的冰铜过热温度 t_M，防止结瘤的发生，必须采用提高炉渣温度 t_s，减小其厚度 δ_s（加大电极插入深度），控制冰铜层厚度 δ_M 不要过厚等技术措施。

5.4.3.3 炉体结构

矿热电炉的炉体由炉基、炉底、炉墙、炉顶、加固金属构架等部分组成。熔炼冰铜的矿热电炉炉体结构组成见图 5-22。

5.4.3.4 电极

电极必须具有较高的导电系数和机械强度，在高温下应具有一定的抗氧化能力。在电炉冶炼中广泛使用石墨电极和自焙炭素电极。

石墨电极使用方便，电极事故少，电阻比自焙电极小 2/3 ~ 3/4，故电流密度可增加一倍（11 ~ 28A/cm^2），炉体不被铁污染。但接长电极时要停电，价格较贵（比自焙电极贵约 6 ~ 10 倍），且目前生产的石墨电极最大直径为 500mm，因而石墨电极只适用于中小型电炉。

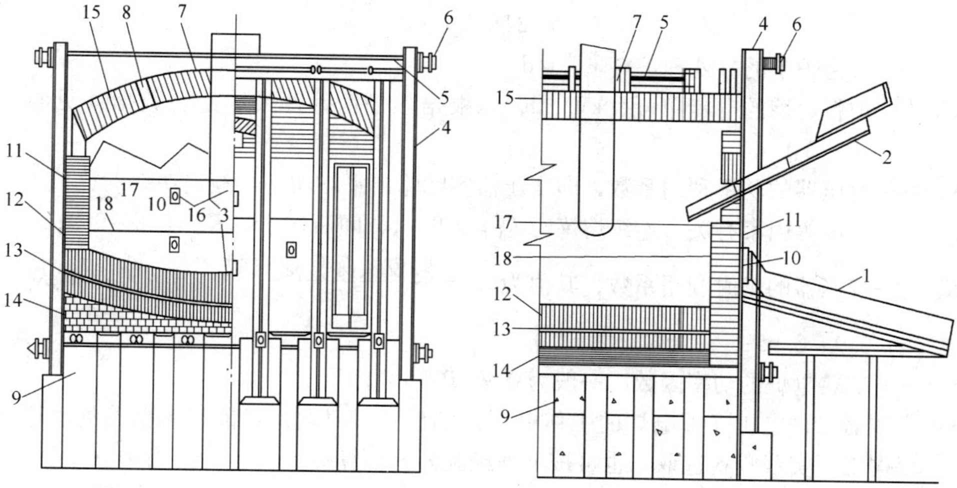

图 5-22　熔炼冰铜的矿热电炉炉体结构

1—冰铜溜槽；2—返回转炉渣的溜槽；3—熔体排净放出孔；4—支柱；5—拉杆；6—拉杆弹簧；7—电极孔；8—测试孔；9—支撑炉底的基础墩；10—冰铜放出口；11—镁砖炉衬；12—镁砖炉底；13—镁砂填料；14—炉底耐火黏土砖；15—耐火黏土砖拱顶；16—炉渣放出孔；17—平均渣线；18—平均冰铜线

自焙电极是将炭素电极糊加入特制的电极壳内，在生产过程中自动软化、烧结、硬化而成。根据电极的软化点不同而分标准糊（软化点 60 ~ 80℃）和密闭糊（软化点约为 50℃）。密闭糊的特点在于配料中加入了适量的石墨化碳，与标准糊相比具有较强的导电性和导热性，因而烧结速度较快，适用炉顶密闭的矿热电炉。虽价格高于标准糊，然而在有色熔炼矿热电炉中仍得到广泛应用。电极糊由炭素厂专门生产，其配方和成分见参考文献［27］。

自焙电极壳一般用 1.25 ~ 2mm 的薄钢板焊接而成，每节长 1 ~ 1.5m，在圆筒内焊有 6 ~ 8 个筋片，其高度为电极直径的 0.2 ~ 0.25 倍，在筋片上并开有三角榫。筋片可增加与电极糊的接触面积以提高电极的机械强度。其形式如图 5-23 所示。

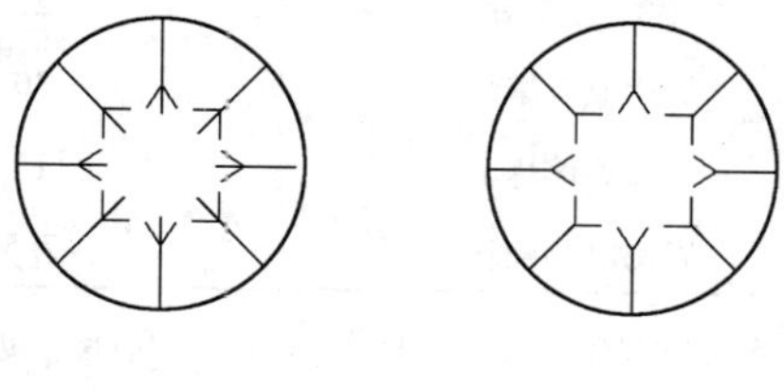

图 5-23　电极的筋片形式

从糊面至炉顶密封圈之间，焙烧电极的热量主要靠通过电流的焦耳热；从炉顶密封上平面起至入炉 700mm 止，是电极糊的主要烧结阶段，热源主要靠熔池表面的辐射与炉气的给热，其次是焦耳热；从入炉 700mm 至电极末端，这段是烧成电极工作端，具有良好的导热性和导电性，热源主要来自电极下部的热传导。

石墨电极的操作是通过电极把持器及升降机构来进行的。把持器一般做成两半，用螺栓夹紧。升降机构一般有钢丝绳卷扬和链轮丝杆传动两种。

自焙电极的升降装置由把持器、集电环、电极升降机构和电极压放机构组成。上述装置详见参考文献［27］。

5.4.3.5　主要计算

矿热电炉的主要计算包括电气参数计算和炉子主要尺寸的确定。

电气参数主要有：

炉用变压器额定功率的确定，按下式计算

$$P=\frac{GW}{24K_1K_2\cos\varphi}\quad \mathrm{kV\cdot A} \tag{5-98}$$

式中 G——每台炉子的日处理炉料量，t/d；

W——炉料熔炼的电能单耗，kW · h/t，根据热平衡计算或取经验数据（见参考文献[27]）。

K_1——变压器的功率利用系数，即变压器实际输出平均功率与额定功率的比值，与熔炼制度等因素有关，连续熔炼时 $K_1=0.9\sim1$，间断作业时 $K_1=0.8\sim0.9$；

K_2——变压器的工时利用系数，其值为 $K_2=\frac{\text{昼夜实际作业时数}}{24}$，连续生产时 K_2 一般为 0.9 ~ 0.95；

$\cos\varphi$——矿热电炉的功率因数，一般为 0.9 ~ 0.98。

炉用变压器二次电压（即电炉的工作电压）的确定。对此，目前尚无精确的理论计算方法，一般根据工厂实践资料选取。也可按下列经验公式估算：

矿热电炉炉用变压器二次侧线电压 V_L

$$V_L=KP_e^n\quad \mathrm{V} \tag{5-99}$$

式中 P_e——分配到每根电极的额定功率，kV · A，对三极电炉 $P_e=P/3$，对六极电炉 $P_e=P/6$；

K，n——经验系数，见表 5-10。

表 5-10 K、n 值

熔炼性质	K		n
	三 极	六 极	
熔炼成镍冰铜	35	40	0.272
熔炼成铜冰铜	14	19	0.35
由氧化镍矿石炼镍铁合金	13.5	15.5	0.33
锡精矿熔炼	21		0.325
氧化亚镍熔炼	30		0.216
钛渣熔炼	17	19	0.256
渣用电热前床	7.5	8.4	0.41

表中数值主要适用于低工作电压。近年来有些国家和工厂趋向于用高电压操作，获得了较好的技术经济指标，此表中经验数据也应相应提高。对铜镍精矿或矿石熔炼，n 值可达 0.29 ~ 0.32；对铜精矿熔炼，n 值可达 0.392。

此外，V_L 还可按电极圆周电阻系数或每根电极的熔池电阻计算。但选取的二次电压须与冶炼的渣型相适应。

炉子主要尺寸的确定其内容有：

电极直径按下列通用公式计算

$$d_e=\sqrt{\frac{4I_{max}}{\pi j}}\quad \mathrm{cm} \tag{5-100}$$

式中 j——电极横断面容许的电流密度，A/cm²，按经验数据选取，参阅表 5-11，大功率取较小值；

I_{max}——通过电极的最大电流，A。

对于三相的三极炉或六极炉按 Y 形连接

$$I_{max}=\frac{P\times10^3}{\sqrt{3}V_2}\quad A \tag{5-101}$$

对于单相的六极炉(由三台单相变压器供电):

$$I_{max}=\frac{P\times10^3}{3V_2}\quad A \tag{5-102}$$

式中,P、V_2 意义同前。

表 5-11　电极电流密度

名称	电极类别	电流密度/$A\cdot m^{-2}$		
		$<\phi600$	$\phi600\sim900$	$\phi900\sim1200$
铜镍熔炼电炉	自　焙	4～5	3～4	2～3.5
电热前床	石　墨	5～8		
渣贫化电炉	自　焙		4～5	3.5～4
锡熔炼电炉	石　墨	4～5		

因上式未考虑自焙电极的烧结速度,因而确定自焙电极的直径时,还应按下式进行核对

$$d_e=\sqrt{\frac{305.4P\cos\varphi K_2q}{ln\rho}}\quad cm \tag{5-103}$$

式中　l——电极烧结线速度,m/d,对熔炼铜镍或冰铜时,l 取 0.35～0.45;

n——电极根数;

ρ——电极糊烧结后的体积密度,t/m^3

q——每耗千度电所需的电极糊量,t/1000kW · h,其经验值列于表 5-12;

P、K_2 意义同前。

表 5-12　自焙电极电极糊单耗经验数据

熔炼性质	$q\times10^3$ (t/1000kW · h)
铜镍硫化矿熔炼	4.1～6.2
铅精矿还原熔炼	15～17
氧化镍矿石熔炼	9～11
转炉渣贫化	5～8kg/t
铜硫化物精矿熔炼	4～4.6

矩形炉电极直线排列的中心距 L_e 以及圆形炉的电极分布圆直径皆按下式计算

$$L_e=K_ed_e\quad cm \tag{5-104}$$

式中　K_e——极距系数,见表 5-13。

表 5-13　极距系数 K_e

名　称	K_e
长方形冰铜电炉	2.6～3
长方形电热前床	3～4
长方形贫化电炉	2.5～3
圆形锡精矿电炉	3～3.1
圆形氧化亚镍熔炼电炉	2.8～3.5
圆形电热前床	3～3.5

炉膛直径和宽度按下列经验式计算：

圆形炉内径：

$$D = L_e + (4.4 \sim 5) d_e \quad \text{cm} \tag{5-105}$$

矩形炉宽度：

$$B = K_e d_e \quad \text{cm} \tag{5-106}$$

式中　K_e——炉宽系数，对矩形熔炼炉为 5 ~ 6，矩形贫化炉或电热前床有水冷炉壁时为 4.8 ~ 5.5，没有时为 6 ~ 7。

炉膛长度由下列经验式确定：

对三极炉

$$L = (12 \sim 13) d_e \quad \text{m} \tag{5-107}$$

对六极炉

$$L = (19 \sim 21) d_e \quad \text{m} \tag{5-108}$$

电热前床或渣贫化炉

$$L = (n-1) L_e + (3.5 \sim 3.8) d_e + (4 \sim 4.5) d_e \quad \text{m} \tag{5-109}$$

当贫化电炉渣线以下炉墙装有水套时，第二、三项的系数可以取较小值。

炉膛总高度 H 等于各部分高度之和，见图 5-24。

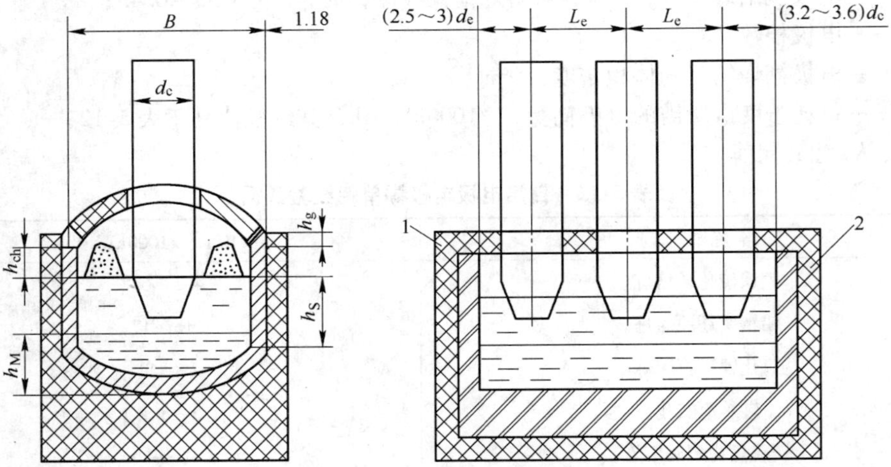

图 5-24　三极电炉简图

1—放冰铜端；2—放渣端

$$H = h_M + h_S + h_{ch} + h_g \quad \text{m} \tag{5-110}$$

式中　h_M——冰铜或金属层厚，m，一般为 0.55 ~ 0.9m；

h_S——渣层深度，熔炼电炉一般为 1.2 ~ 1.8m，熔池总深一般为 1.7 ~ 2.6m；

h_{ch}——熔池表面以上料坡高度，一般为 0.3 ~ 0.6m；

h_g——料坡顶至拱顶中心的气体空间高度，一般为 0.5 ~ 0.7m。

对于铜、铜镍、铅、锌、锡精矿熔炼的矿热电炉的主要参数及技术性能详见参考文献[27]。

5.5 铝电解槽

5.5.1 铝电解槽的构造

铝电解槽是炼铝的主体设备。电解铝是把氧化铝中的铝转变为金属铝的过程，其转变的主要原理是以冰晶石和氧化铝熔体作为电解质，以炭素材料作为两极，直流电经阳极导入电解液与铝液层，而后从阴极导出。直流电在电极间产生热能并保持正常的电解温度（920～950℃），使冰晶石和氧化铝熔融体变成离子状态，同时实现电化学反应，电解的产物在阳极上为 CO_2 和 CO 的混合气体，在阴极上析出液态金属铝。

按照电解槽的炭素阳极分为预焙阳极和连续自焙阳极，而连续自焙阳极又按导电的方式有侧部导电和上部导电两种形式。

近年来，有底式上部导电连续自焙阳极和预焙阳极的电解槽，得到了广泛应用。

炭块具有良好的导电性，对熔融盐和金属铝侵蚀具有良好的抵抗性，以及具有较小的气孔率、抗压强度高和低灰分等。粗缝糊和阳极糊分别用来填充炭块组间以及炭块组四周的间隙和较高的机械强度，同时，粗缝糊和炭块应有较好的黏结性能。黏土砖应具有高的耐火度和机械强度，对电解质有良好的抵抗性和抗渗透性。

图 5-25 为 160kA 的预焙阳极铝电解槽示意图。

铝电解槽的基本尺寸见表 5-14，各部分砌体体积见表 5-15，主要砌筑材料和辅助材料需要量见表 5-16。

表 5-14　铝电解槽基本尺寸

各部位尺寸	单位	铝电解槽的结构形式及规格				
		侧部导电		上部导电	预焙阳极	
		60kA	73～80kA	80kA	135kA	160kA
槽壳尺寸（长×宽）	mm	6300×3650	5080×4100	6920×3760	9510×4080	9800×4350
炉膛尺寸（长×宽）	mm	5340×2740×500	4620×3640×530	6360×3200×435	9040×3660×570	9550×4100×525
底糊垫层厚度	mm		35	35	40	
侧部黏土砖内衬（厚×高）	mm		375×258	375×258	65×250	
侧部耐火浇注料（厚×高）	mm			375×258	300×250	
侧部炭块内衬（厚×高）	mm	115×525	230×580	230×250	250×520	123×520
基础标高	mm		-1250	-1250		
炉膛地面标高	mm		-225	-225		-50
阳极尺寸	mm	4400×1650×600	3600×2500×120	5400×2000×140	1150×560×450	1400×660×540
阴极棒数量	个	88	112	42	20	24
炭块燕尾槽尺寸（上口/下口×深度）	mm	150/160×140	255/270×145	150/160×160	180/160×165	90×200（双槽）

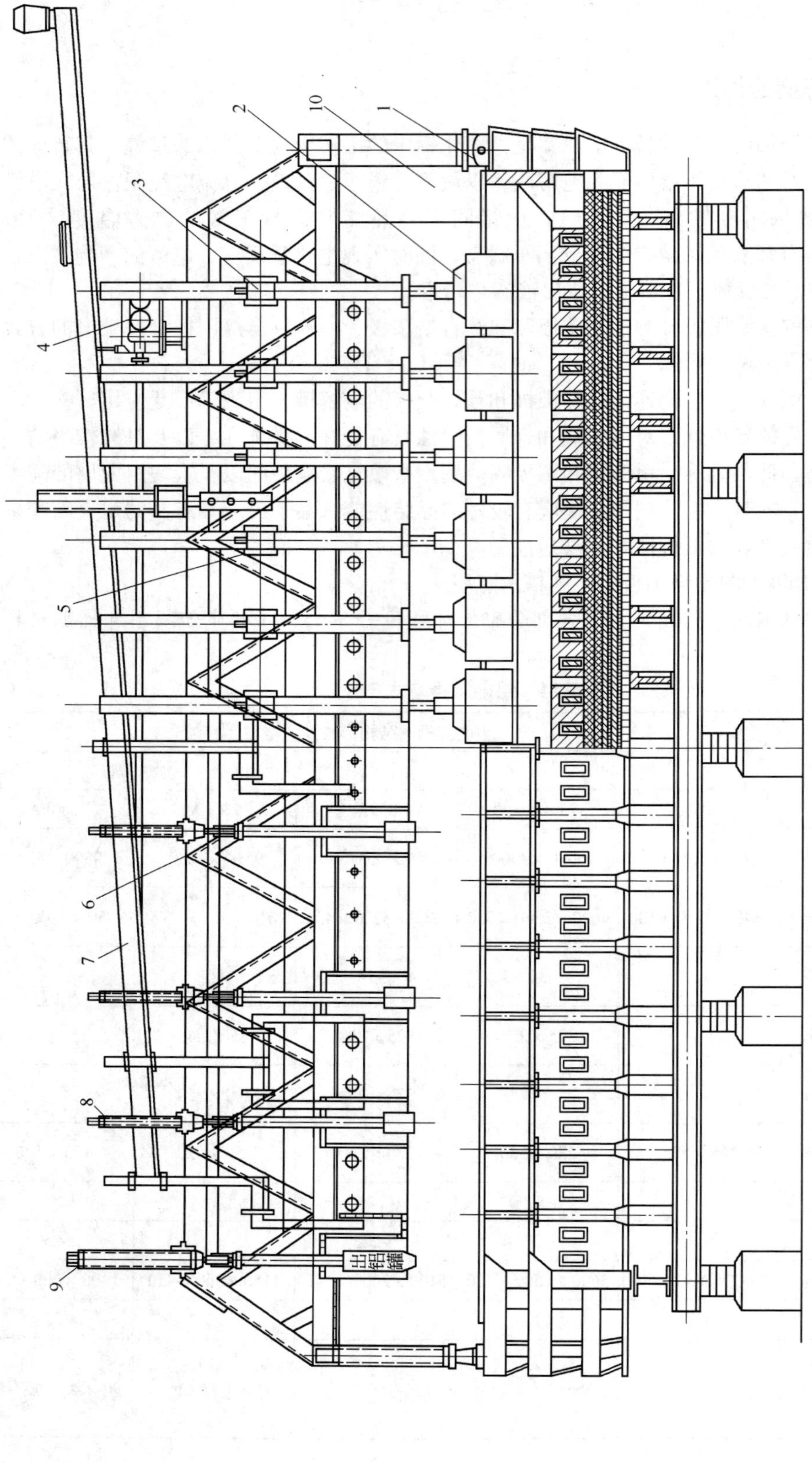

图 5-25　160kA 预焙阳极铝电解槽示意图

1—阴极装置；2—阳极装置；3—螺旋夹具；4—阳极升降机；5—阳极母线；6—立柱及大梁；7—风动流槽；8—打壳汽缸；9—出铝汽缸；10—密封罩

表 5-15 铝电解槽各部分砌体体积 （m^3）

部位名称	电解槽的结构形式及规格				
	侧部导电		上部导电	预焙阳极	
	60kA	73～80kA	80kA	135kA	160kA
内　衬：					
硅藻土砖	5.27		4.2	6.0	7.0
黏土砖底	1.62	2.4	2.9	4.0	7.9
黏土砖墙	0.69	1.9	1.2	6.0	
耐火浇注料			1.0	2.0	1.0
侧部炭块	0.81	2.3	2.3	2.4	2.5
阴　极：					
底糊垫层		0.6	0.6	0.8	
炭块组	3.66	4.3	5.8	10.1	12.5
粗缝糊	2.06	3.0	2.5	4.2	4.5
阳　极：					
阳极糊	1.91	2.3	2.7		
阳极细糊	9.7	8.6	10.3		
炭块组				7	12

表 5-16 铝电解槽的主要砌筑材料和辅助材料需要量 （m^3）

材料名称	电解槽的结构形式及规格				
	侧部导电		上部导电	预焙阳极	
	60kA	73～80kA	80kA	135kA	160kA
黏土砖	4.85	10.7	8.7	20.0	14.9
粗缝糊	3.46	6.0	6.0	5.7	6.7
阴极炭块	5.86	7.0	9.2		18.2
侧部炭块	1.28	3.7	3.7	4.6	2.8
阳极炭块			8.5	12	18
阳极糊	18.58	14.01	20.1		
硅藻土砖	3.67		2.6	4.1	4.2
阴极棒	4.68	6.3	6.3		13.3
阳极棒	1.95	3.9	6.2	20（根）	24（根）
高磷铸造生铁		2.4	2.6	3	0.4
黏土质耐火泥	2.72	1.2	1.8	3.8	4.2
黏土熟料粉		0.7	1.5	3.6	3.7
结合黏土		1.0	1.3	1.5	1.8
石　膏		0.25	0.25	0.3	
沥　青		0.1	0.10		

续表 5-16

材料名称	电解槽的结构形式及规格				
	侧部导电		上部导电	预焙阳极	
	60kA	73 ~ 80kA	80kA	135kA	160kA
水玻璃	0.03	0.05		0.04	0.106
石棉粉	0.08	0.102	0.06	0.11	0.135
石棉板			0.58	0.6	0.36
耐火颗粒			0.13		

5.5.2 铝电解槽的施工

5.5.2.1 施工平面布置

铝电解车间一般由两个并列的厂房组成一个系列，每个系列通常设置 100 ~ 160 台相同结构的电解槽。在厂房内，电解槽的排列方式主要两种：大型槽多在厂房一侧呈单排横向排列，另一侧为操作平台和运输通道；中小型槽则为双排对称纵向排列在厂房的两侧、中间为操作平台和运输通道。厂房的两端留有空地。槽大修车间一般与电解厂房平行，并由道路连通。施工中可利用厂房的空地、操作平台及地下部分临时储存黏土质耐火砖和隔热制品，空地设置搅拌站和砖加工场，而槽大修车间则作为阴极炭块组制作、储存及粗缝糊的加工场地，利用永久性仓库或其他永久性建筑堆放大宗耐火材料。

5.5.2.2 施工方法

在铝电解车间内电解槽的数量较多，筑炉工程施工常与其他专业工程施工平行或交叉进行。为了争取时间加快工程进度及能够集中地及时供应各种材料和能源，一般采用若干台电解槽在同一时间内施工。每台电解槽的施工工序较多，各工序之间的衔接紧密。施工和制备炭素材料时既需确保一定的温度，又要消耗大量的压缩空气和电能。因此，在施工前应做好材料运输、压缩空气和电的供应等准备工作。电解槽的施工宜从厂房的一端开始进行，并根据每台电解槽的施工工序组织流水作业。

5.5.3 铝电解槽的演变

5.5.3.1 铝电解槽的发展

自从 1886 年发明冰晶石 - 氧化铝熔盐电解法以来，已经有 100 多年了。在这一百多年里，铝电解的生产技术有了重大的进展，这主要表现在持续的增加电解槽的生产能力方面。

在铝工业初期，曾采用 4 ~ 8kA 小型预焙阳极电解槽，其每昼夜的铝产量约为 20 ~ 40kg。而目前大型电解槽的电流达到 300 ~ 500kA（成系列生产），每昼夜的铝产量增加到 2270 ~ 3780kg，提高电流是增产的主要因素。每千克铝的电能消耗量也明显减少，在铝工业初期为 70% 左右，现在已经提高到 90% ~95%。

电解槽电流的日益加大以及电能消耗率的不断降低，还与电解质组成的改进，整流设备的更新，电极生产的改进，电解生产操作的完善，特别是自动化程度的提高有着密切的关系。

在铝工业初期，曾采用小型直流发电机组，电流只有数千安，后来改用了水银整流器，现在则用大功率、高效率的硅整流器，整流效率达到98%。炭素电极生产技术的发展促进了电解槽阳极形式的演变。从而大力推进了铝电解工业的发展。在铝电解初期采用小型预焙阳极，这跟炭素工业的生产水平相适应。后来为了扩大阳极尺寸以提高电流，在20世纪20年代，按照当时铁合金电路上的连续自焙电极形式，采取了侧插棒式。这种形式很快便在世界范围内推广采用。在20世纪40年代里，为了简化阳极操作提高机械化程度，又发展了上插棒式自焙阳极电解槽。自焙阳极的采用，标志着铝电解槽结构形式发展进入第二个阶段。但是自焙阳极有缺点，首先是它本身所带的黏结剂沥青在槽上焙烧时进行分解，散发出有害的烟气，使劳动条件恶化，另外它本身的电压降大。这些缺点因后来炭素工业能够制造出高质量的大型预焙炭块，才得到弥补。于是在50年代中期，改造了原来的小型预焙阳极槽，使它大型化和现代化，成为新式预焙槽。最近二十多年来创建了连续预焙阳极电解槽，因此预焙阳极的现代化是铝电解槽发展的第三个阶段。

铝电解槽的现代化与电解槽烟气的净化密切相关。历来的环境污染问题，现在已经基本上解决。

铝电解槽的现代化还与生产操作的机械化和自动化紧紧地连接在一起。现在各项生产操作已经能够按照既定的程度自动进行，并且能够对于生产过程加以自动控制，因此劳动生产率显著提高。

现代铝工业主要有以下两种形式的电解槽：

（1）非连续式预焙阳极电解槽；

（2）连续式预焙阳极电解槽。

自焙阳极电解槽因烟害不易解决，现在渐渐衰落，尽管它的连续性正好适应铝电解的需要，而且生产费用较低，有若干优点。至于三氯化铝电解法，因原料费用高，已经停止。多室槽因电流效率低，尚无发展。20世纪80年代，美国试验2.5kA惰性阳极电解槽未成功，现在各国正在继续研究，它是一种有希望的新槽型。

自焙电极在电解槽上焙烧时，会散发出有害的沥青烟气。污染厂房内外的空气，这是一个很大的缺点，所以自焙阳极槽在逐渐被预焙槽取代。反之，预焙阳极已经在专用的焙烧炉内焙烧过，它的沥青烟气刚好作为燃料使用，不再在铝电解槽上散发出来。因此，采用预焙槽的电解厂房，烟害小些，当然预焙槽也需要密闭和采用气体净化设备，以排除HF和SO_2气体。

5.5.3.2 预焙阳极铝电解槽结构

各类预焙阳极电解槽由于电流强度和工艺制度的不同，各部分结构也有较大差异，但基本结构形式大体相同。通常分为上部结构、阴极结构、槽周母线和绝缘四大部分。

预焙阳极电解槽的构造分以下3部分；

（1）炭阳极；

（2）炭阴极（包括阴极炭块、阴极棒、保温层和防渗层等）；

（3）侧壁、槽罩、导电母线等。

5.5.4 大型铝电解槽的优点

在国外，美国铝业公司（Alcoa）和法国彼施涅公司（Pechiney）、巴林铝公司（Barin Al）等于数年前开始用300kA预焙阳极电解槽。法国彼施涅公司于2001年公布了新研制的500kA特大型电解预焙槽。特大型预焙槽的出现，标志着世界铝工业进入一个新的发展时期。平果铝厂报道了年产20万t的铝厂用不同电流时的若干技术经济指标作比较，这对于评价大型槽的优点具有很大的说服力（见表5-17）。

表5-17 年产20万t铝厂应用不同电流电解槽时的比较

槽容量/kA	160	180	280	320
槽数/台	460	390	268	230
每吨铝所需的铝母线量/t	23.5	20.1	18.0	16.3
每吨铝所需钢量/t	19.9	17.6	14.7	13.3
每吨铝所需的占地面积/m^2	115.1	102.6	74.5	66.1

法国彼施涅公司的500kA槽的生产技术参数如下：电流效率93%，每槽日产铝3825kg，阳极效应系数0.04~0.05次/（槽·d）。每一个电解槽系列有336台槽，铝的年产量达到46万t。如以180kA系列和300kA系列与500kA系列相比，则有明显差异（见表5-18）。

表5-18 180kA系列、300kA系列与500kA系列的比较

性　能	180kA系列	300kA系列	500kA系列
系列数/槽数	3/720台	2/756台	1/336台
电流/kA	190	320	460
生产能力/$kt \cdot s^{-1}$	380	500	460
人均产铝量/$t \cdot (a \cdot 人)^{-1}$	350	550	750
投资费/$\$ \cdot t^{-1}$（Al）	4500	4000	3400
建设时间/月	30	30	24
生产投入时间/月	18	12	8

从经济上看，特大型槽比一般大型槽的投资费可节省15%，而铝的生产费可降低10%。特大型槽明显的特点是阳极在槽膛内有很大的填充率，阴极表面产铝的面积明显减少，因此电流效率随槽电流增大而提高。这是一个重要的优点。

大型槽的建立，是有科学根据的。首先是要有电磁场的基础研究；其次要有坚实的槽壳，可靠的阴极炭块和绝缘的侧壁材料，优良的施工技术等，能够确保其达到优良的生产指标。

值得重视的，德国易北铝厂（Elbewerk）研究的连续预焙阳极，电流达到129kA，年产铝量7万t。此槽建立于1972年，由联邦德国联合铝公司首创。

这种槽的特点是：每隔60天加接一次阳极，阳极的总高度为900mm，上下两块阳极之间有一层黏结糊。在生产中不必取出阳极的残极，阳极的净耗量只有415kg/t。因此它兼有预焙阳极和自焙阳极的特点。

预焙阳极电解槽的另一个特点是：同样大小的槽壳可以增加铝产量30%~40%。这一方面是由于提高了电流效率，另一方面是由于提高了槽膛内阳极填充率。

5.6 炉子热平衡计算

炉子热平衡是评价炉子好坏的重要指标，它是设计炉子不可缺少的依据，也是炉子操作中的重要技术经济指标之一。通过热平衡的计算和编制，可比较精确地计算出炉子的燃料或电能的消耗量，了解热支出的分配情况，以便采取措施减少燃料或电能的消耗。

对连续作业炉，一般按单位时间计算，对周期作业炉则按一个操作周期计算，也可以单位质量物料为基础来计算，只是单位不同，计算方法则完全一样。在进行热平衡数据的整理过程中，首先要确定计算基准，主要是基准温度和燃料发热量的取值问题。基准温度通常采用环境温度，但也允许采用其他温度，如0℃；燃料的发热量取低位发热量。

5.6.1　热收入计算

（1）燃料燃烧供热或电能转变的热。对于燃料炉，由燃料燃烧供入的热为

$$Q_1' = BQ_1 \quad \text{kJ/h} \tag{5-111}$$

式中　B——单位时间燃料消耗量，kg/h 或 m^3/h；

Q_1——燃料的低位发热量，kJ/kg 或 kJ/m^3；

对于电炉，由电能转变的热能为

$$Q_2' = 3600P \quad \text{kJ/h} \tag{5-112}$$

式中　P——炉子电功率，kW。

（2）物料放热反应放出的热。例如，硫化物氧化、金属氧化及造渣等反应放出的热量

$$Q_3' = G_M q_M \quad \text{kJ/h} \tag{5-113}$$

式中　G_M——每小时处理的物料量，kg/h；

q_M——单位物料反应放出热，kJ/kg。

（3）物料带入的物理热为

$$Q_4' = G_M c_M t_M \quad \text{kJ/h} \tag{5-114}$$

式中　c_M——物料的平均比热容，kJ/（kg·℃）；

t_M——物料入炉温度，℃。

（4）预热燃料带入的热为

$$Q_5' = c_f t_f B \quad \text{kJ/h} \tag{5-115}$$

式中　c_f——燃料的平均比热容，kJ/（kg·℃）或 kJ/（m^3·℃）；

t_f——燃料入炉温度，℃。

（5）预热空气带入的热为

$$Q_6' = l_n c_a t_a B \quad \text{kJ/h} \tag{5-116}$$

式中　l_n——燃料燃烧的实际空气消耗量，m^3/m^3 或 m^3/kg；

c_a——空气的平均比定压热容，kJ/（m^3·℃）；

t_a——预热空气的入炉温度，℃。

（6）燃油雾化剂带入的热为

$$Q_7' = miB \quad \text{kJ/h} \tag{5-117}$$

式中　m——单位燃料的雾化剂耗量，kg/kg 或 m^3/kg；

i——雾化剂的焓，kJ/kg 或 kJ/m^3。

5.6.2　热支出计算

（1）出炉物料带走的热为

$$Q_1'' = \sum G_M i_M \quad \text{kJ/h} \tag{5-118}$$

对熔化炉　$$Q_1'' = G_M[(t_2 - t_1)c_1 + q_r + (t_3 - t_2)c_2] \quad \text{kJ/h}$$

式中　G_M——每小时出炉或处理的物料量，kg/h；

i_M——出炉物的焓，kJ/kg；

t_1，t_2，t_3——物料的入炉、熔化及过热温度，℃；

c_1，c_2——物料在 t_1 至 t_2 及 t_2 至 t_3 的平均比热容，kJ/（kg·℃）；

q_r——物料的熔化潜热，kJ/kg。

若在计算热收入时已经考虑了预热物料带入的物理热，则应用上式时取 $t_1=0$℃。

（2）物料吸热反应及脱水所需的热。例如，碳酸盐分解，氧化物还原等反应吸收的热，物料干燥脱水吸热。吸热量

$$Q_2''=G_M q \quad \text{kJ/h} \tag{5-119}$$

式中 q——单位物料完成吸热反应及脱水所需的热，kJ/kg。

（3）出炉烟气带走的热为

$$Q_3''=V_g c_g t_g \quad \text{kJ/h} \tag{5-120}$$

式中 V_g——出炉烟气量，m^3/h；

c_g——烟气比热容，kJ/(m^3·℃)；

t_g——出炉烟气温度，℃。

（4）烟尘带走的热为

$$Q_4''=Gct \quad \text{kJ/h} \tag{5-121}$$

式中 G——每小时产生的烟尘量，kg/h；

c——烟尘的平均比热容，kJ/(kg·℃)；

t——烟尘出炉时的温度，℃。

（5）燃料不完全燃烧的热损失。计算如下：

1）机械性不完全燃烧损失为

$$Q_5''=kBQ_1 \quad \text{kJ/h} \tag{5-122}$$

式中 k——机械性不完全燃烧系数。对于固体燃料，$k=0.03\sim0.05$；对于气体燃料，$k=0.02\sim0.03$；对于液体燃料，$k=0.01\sim0.02$。

2）化学性不完全燃烧损失为

$$Q_6''=120.5PV_nB \quad \text{kJ/h} \tag{5-123}$$

式中 P——每 $100m^3$ 出炉废气中 CO 的体积含量，一般煤气无焰燃烧时忽略不计，其他燃料有焰燃烧时 $P=0.5\sim3$；

V_n——单位燃料燃烧的实际烟气量（以标准态计），m^3/kg 或 m^3/m^3。

（6）通过炉壁的散热损失。根据炉壁外表面温度确定散热损失为

$$Q_7''=3.6\alpha_\Sigma(t_W-t_a)A \quad \text{kJ/h} \tag{5-124}$$

式中 α_Σ——外表面对空气的总换热系数，W/(m^2·℃)；

t_W——炉壁外表面温度，℃；t_W 实际测定或按 GB/T 3486—1993 标准规定选取，对于高温炉，炉墙 $t_W=120$℃，炉顶 $t_W=140$℃；对于中低温炉 $t_W=50\sim60$℃。

t_a——炉壁周围空气的温度，℃；

A——散热面积，m^2。

炉壁对空气的散热损失及总传热系数与炉壁外表面温度的关系见表 5-19。

利用该表，还可以近似计算黑度为 0.8 的水平炉壁的散热，以及黑度为 0.4（相当于炉壳钢板涂铝漆的炉壁）的炉壁散热，换算关系是

$$\frac{\alpha_\Sigma'}{\alpha_\Sigma}=\frac{q'_W}{q_W}=K$$

K 称为换算系数，其值见表 5-20。

表 5-19 炉壁对空气的总传热系数和散热损失（炉壁黑度 $\varepsilon=0.8$）

炉壁外表面温度/℃	在静止空气中的垂直炉壁				在流速 2m/s 流动空气中的垂直炉壁和水平炉壁	
	空气温度（0℃）		空气温度（20℃）		空气温度（20℃）	
	α_Σ/W·m^{-2}·℃$^{-1}$	q_W/W·m^{-2}	α_Σ/W·m^{-2}·℃$^{-1}$	q_W/W·m^{-2}	α_Σ/W·m^{-2}·℃$^{-1}$	q_W/W·m^{-2}
50	11.75	587.32	11.40	341.92	19.89	596.62
60	12.21	732.69	20.10	483.81	20.24	809.45
70	12.68	887.37	12.68	633.84	20.47	1023.44
80	13.26	1060.66	13.37	802.47	20.70	1244.41
90	13.45	1244.41	13.96	976.92	21.05	1477.01
100	14.42	1442.12	14.54	1163.00	21.40	1721.24
120	15.35	1837.54	15.58	1558.42	22.10	2209.70
140	16.40	2291.11	16.75	2000.36	22.79	2733.05

表 5-20 炉壁散热换算系数 *K*

<table>
<tr><td colspan="2">空气流速/m·s^{-1}</td><td colspan="9">静　止</td><td>2</td></tr>
<tr><td colspan="2">空气温度/℃</td><td colspan="4">0</td><td colspan="6">20</td></tr>
<tr><td colspan="2">炉壁黑度</td><td colspan="2">0.8</td><td colspan="2">0.4</td><td colspan="2">0.8</td><td colspan="4">0.4</td></tr>
<tr><td>炉壁散热面的方向</td><td>水平炉壁向下</td><td>水平炉壁向上</td><td>水平炉壁向下</td><td>水平炉壁向上</td><td>垂直炉壁</td><td>水平炉壁向下</td><td>水平炉壁向上</td><td>水平炉壁向下</td><td>水平炉壁向上</td><td>垂直炉壁</td><td>垂直和水平炉壁</td></tr>
<tr><td>换算系数 K</td><td>0.80</td><td>1.16</td><td>0.58</td><td>0.93</td><td>0.78</td><td>0.81</td><td>1.14</td><td>0.57</td><td>0.90</td><td>0.76</td><td>0.82</td></tr>
</table>

（7）通过炉底的散热损失。炉底分架空炉底和实炉底两种基本形式，架空炉底相当于传热面向下的水平炉底，计算方法如同上述。这里介绍计算通过实炉底散热损失的方法。

所谓实炉底，是指耐火材料层直接砌筑在地基上并且没有通风孔道的炉底。

对于炉底内表面高于地面的实炉底，稳定后通过炉底的散热损失近似为

$$Q_8''=3.6K\varphi\frac{\lambda}{D}(t_b-t_a)A \quad \text{kJ/h} \tag{5-125}$$

式中 t_b——炉底内表面温度，℃；

t_a——周围大气温度，℃；

λ——炉底材料的热导率，W/（m·℃）；

D——炉底直径或矩形炉底短边的长度，m；

φ——炉底形状系数，对于圆形炉底其值为4.0，方形炉底为4.4，长条形炉底为3.73；

K——考虑到侧炉墙厚度影响的系数，黏土砖砌的墙厚 B 为 $D/4$ 时，$K=0.96$；$D/6$ 时，$K=1$；$D/8$ 时，$K=1.08\sim1.10$。其他材料的炉墙厚度 B 取当量值 B_e，即 B_e 照下式计算

$$B_e=1.3\left(\frac{\delta_1}{\lambda_1}+\frac{\delta_2}{\lambda_2}+\cdots\right)=1.3\sum_{i=1}^{n}\frac{\delta_i}{\lambda_i} \quad \text{m} \tag{5-126}$$

式中 δ_i——第 i 层的厚度，m；

λ_i——第 i 层的热导率，W/（m·℃）。

B_e 算出后再按 B_e/D 的比值求 K。

对于用黏土砖砌的炉底，其热导率近似计算时可取 1.163W/（m·℃）。对于用几种材料分层砌筑的实炉底，计算时取热导率的当量值，即：

$$\lambda = \frac{\delta}{\sum_{i=1}^{n} \frac{\delta_i}{\lambda_i}} \quad \text{kJ/h} \tag{5-127}$$

式中 δ——炉底厚度，m；

δ_i——炉底第 i 层厚度，m；

λ_i——炉底第 i 层的热导率，W/（m·℃）。

以上关系式适用于炉底上表面与地平面距离为 $D/6$。距离在 $D/6 \sim D/2$ 范围内，炉底散热损失变化不大。但距离小于 $D/6$ 时，热损失显著减小。

（8）通过炉门炉孔的热损失。计算如下：

1）辐射热损失为

$$Q''_9 = 20.41\left(\frac{T}{100}\right)^4 A\phi K \quad \text{kJ/h} \tag{5-128}$$

式中 T——炉内温度，K；

A——炉墙上门孔或缝隙面积，m^2；

ϕ——遮蔽系数，取决于炉内孔的形状和尺寸，粗略估算时，对大的炉门取 0.7～0.8，小的孔缝取 0.2～0.5；若孔缝不是敞开而是用金属隔板遮盖时，则式中用 $\phi/(1+\phi)$ 代替；

K——每小时内孔口敞开时间，h/h。

2）漏气热损失为

$$Q''_{10} = V_0 c_g t_g K \quad \text{kJ/h} \tag{5-129}$$

式中 c_g——漏气的平均比热容，kJ/（m^3·℃）；

t_g——漏气的温度，℃；

V_0——炉门或炉孔的漏气量（以标准态计），m^3/h，按本书流体力学基础中所介绍的方法确定。

K 的意义同上。

（9）炉子砌体的蓄热损失。对于连续工作的炉子，不考虑这项损失。对于周期性操作的炉子，每个周期炉子砌体的蓄热损失近似为

$$Q''_{11} = V\rho(c_1 t_1 - c_2 t_2)/N \quad \text{kJ/h} \tag{5-130}$$

式中 V——砌体的体积，m^3；

ρ——砌体的密度，kg/m^3；

t_1——砌体加热终了时内外两表面的平均温度，℃；

t_2——砌体加热开时的平均温度，℃；

N——每个周期的作业时间，h；

c_1，c_2——砌体在 t_1 和 t_2 时的比热容，kJ/（kg·℃）。

（10）水冷部件的热损失为

$$Q''_{12} = G(c_2 t_2 - c_1 t_1) \quad \text{kJ/h} \tag{5-131}$$

式中 G——流过水冷部件的水量，kg/h；

t_1，t_2——冷却水流入和流出的温度，℃；

c_1，c_2——冷却水在 t_1 和 t_2 的比热容，kJ/（kg·℃）。

（11）伸出炉外的导体散热。计算如下：

1）电热体引出端或电极的散热。空气冷却时的热损失为

$$Q''_{13}=3.6n\lambda\frac{A}{L}(t_1-t_a)\frac{L\sqrt{\frac{4\alpha_\Sigma}{\lambda d}}}{1+L\sqrt{\frac{4\alpha_\Sigma}{\lambda d}}}\quad \text{kJ/h} \tag{5-132}$$

式中　n——引出端或电极的个数；

λ——引线或电极的热导率，W/（m·℃）；

A——引线或电极的截面积，m^2；

L——引线或电极的炉墙中长度，m；

t_1——电热体或电极的炉内端温度，℃；

t_a——炉外空气温度，℃；

d——引线或电极的直径，m；

α_Σ——引线外端对空气的总的换热系数，W/（m^2·℃）。

$$\alpha_\Sigma=\frac{5.67\varepsilon(\frac{T}{100})^4+0.173(t_1-t_a)^{1.25}}{t_1-t_a}\quad \text{W/(m}^2\cdot℃) \tag{5-133}$$

t_1，T——引线外端的温度，℃及 K。

2）伸出炉外的工件或炉管的散热为

$$Q_{14}''=3.6(t_1-t_a)\sqrt{\lambda\alpha_\Sigma SA}\quad \text{kJ/h} \tag{5-134}$$

式中　t_1，t_a——工件、周围空气温度，℃；

λ——工件或炉管的热导率，W/（m·℃）；

α_Σ——工件或炉管对空气的总换热系数，W/（m^2·℃）；

S——工件或炉管的横断面周长，m；

A——工件或炉管的横断面积，m^2。

5.6.3　热平衡方程与热平衡表

按能量守恒原则，可列出热平衡方程

$$\sum_{i=1}^{7}Q_i'=\sum_{i=1}^{14}Q_i'' \tag{5-135}$$

解这个方程，就可求出单位时间燃料消耗量 B（kg/h 或 m^3/h），这正是编制热平衡表的目的之一。热平衡表格式见表 5-21。

表 5-21　炉窑热平衡表①

热收入	kJ/h	%	热支出	kJ/h	%
燃料燃烧供热	Q_1'		出炉物料带走的热	Q_1''	
电能转变的热	Q_2'		物料吸热反应和脱水需热	Q_2''	
物料放热反应放出的热	Q_3'		出炉烟气带走的热	Q_3''	
物料带入的物理热	Q_4'		烟尘带走的热	Q_4''	

续表 5-21

热收入	kJ/h	%	热支出	kJ/h	%
预热物料带入的物理热	Q_5'		燃料机械不完全燃烧的热损失	Q_5''	
预热空气带入的热	Q_6'		燃料化学不完全燃烧的热损失	Q_6''	
燃油雾化剂带入的热	Q_7'		通过炉壁的散热损失	Q_7''	
			通过炉底的散热损失	Q_8''	
			通过炉门、炉孔的辐射热损失	Q_9''	
			通过炉门炉孔的漏气热损失	Q_{10}''	
			炉子砌体的蓄热损失	Q_{11}''	
			水冷部件的热损失	Q_{12}''	
			伸出炉外导体散热	Q_{13}''	
			伸出炉外工件或炉管的散热	Q_{14}''	
热收入总和	$\sum_{i=1}^{7} Q'_i$	100	热支出总和	$\sum_{i=1}^{14} Q_i''$	100

① 对于某台具体炉窑的热平衡表，不一定都包括表 5-16 中热收入与热支出所含的各项内容。

5.7 冶金炉（窑）节能

冶金炉（窑）是工业耗能大户，其热效率较低，节能潜力很大。冶金炉（窑）作为一种冶金热工设备，主要任务是提供一定炉温，以保证工艺条件实现。从理论燃烧温度表达式(3-25)可知，当燃料一定时，欲达到一定炉温，主要办法是提高助燃空气带入的热量 Q_a，减少燃烧产物传给周围物体的热量 $Q_{t,c}$及减少燃烧产物量 V_n。

5.7.1 冶金炉（窑）节能途径

冶金炉（窑）节能途径可分为技术节能与管理节能两个方面。其中技术节能又可以从炉窑的结构参数优化与操作参数优化两个层面来考虑。

5.7.1.1 结构参数的优化

结构参数优化节能的内容主要涉及炉型、结构、筑炉材料以及燃烧装置等。

(1) 炉型的选择。在满足工艺过程等要求的前提下，尽可能选用节能炉型。如熔铜的熔沟式与坩埚式感应炉，前者比后者节省电能可达 40% ~ 50%。

(2) 结构尺寸的合理设计。允许条件下设计大容量炉，可提高热效率，降低单位产品能耗；合理设计料面以上炉膛空间高度，以强化对炉料传热，提高热效率；可能情况下增加炉膛长度，降低烟气离炉温度；合理设置检测孔、观察孔以及炉门尺寸与数量，炉体孔洞因辐射和漏气造成的热损失，约为同面积炉壳表面散热的 50 ~ 100 倍。

(3) 新型炉用材料的选用。炉衬在保证炉子结构强度和耐热度的前提下，应可能选用新型的热导率小的轻质耐火材料，以提高保温能力和减少蓄热损失。

(4) 采用合理先进的燃烧装置。燃烧装置是炉子的心脏部分，它工作的好坏直接影响到能源消耗量的多少。正确使用高效先进燃烧器一般可以节能5%以上。

5.7.1.2 操作参数的优化

对于某个具体的冶金炉（窑），通过各种技术措施保证操作参数运行在最佳状态，主要内容包括：

（1）技术参数的合理设置：

1）炉温。炉温过低，不能满足工艺要求，炉温过高，增加热损失，同时对于加热炉或热处理炉，容易造成产品的报废。

2）空气过剩系数 α。α 过小，引起燃烧不完全热损失；α 过大，不但降低燃烧温度，而且由于炉气量增大，使烟气带走热损失上升。

3）炉内压力。正压过大，炉内气体溢出严重，热损失增大；负压过大，外界空气吸入炉内，吸收大量热，而后随着炉气排出，能耗上升，同时将加剧金属料的氧化损失。

（2）先进的自动控制技术。

冶金炉（窑）内的生产过程具有非平衡、非均一、非稳定以及非线性特点，必须依靠先进的自动控制技术确保炉内技术参数处于最佳状态，从而达到节能降耗的目的。

（3）余热的合理利用：

1）预热助燃空气。对于燃料炉，利用离炉烟气预热助燃空气是行之有效的节能措施，如高风温燃烧技术。

2）预热炉料。利用烟气预热炉料，使余热直接返回于炉料，节能效果明显。

3）回收余热。安装余热锅炉，产生蒸汽；或利用各种高效换热器（如热管、片状换热器、喷流换热器、旋流式换热器以及蓄热式换热器等）回收烟气的余热，加热低温介质，降低烟气排烟温度。

（4）热能的梯级利用。热能有品位高低之分，用能设备对热能品位的要求存在较大差别。因此，在热能的利用过程中尽可能做到能级匹配，并最大限度地利用低品位热能，可提高系统热效率，从而达到节能的目的。

能源的利用通常是一个系统工程，一项节能技术措施的实现将影响整个工艺过程或前后工序。倘若考虑欠周，常常会事半功倍，有时从局部看虽然有节能效益，但综观全局却增加了系统能源消耗。因此在研究节能方案的过程中，一定要进行综合考虑。

5.7.2 冶金炉窑节能实例——高温烟气余热的合理利用

有色冶金工业中高温烟气余热约占总余热量的40%～50%。冶金炉（窑）高温烟气带走的热量视其温度不同，一般可达总供热量的20%～60%左右。

5.7.2.1 烟气余热回收方法

A 热能利用

即把烟气余热作为热源来利用，分为直接利用与间接利用两种。直接利用是利用烟气热量来直接加热低温物体。例如预热燃料、预热助燃空气、预热物料、干燥；间接利用是用高温烟气余热先去加热其他介质（如水、空气等），然后将已加热介质用于各种用途，如产生热水、产生蒸汽、产生热空气等。

采用的设备有各种类型的换热器、余热锅炉、汽化冷却器等。

B 动力利用

利用回收余热产生的高压蒸汽，或直接用高压燃气作为动力源，带动发电机转换为电能或驱动工业汽轮机、鼓风机、空气压缩机、制氧机、水泵等直接对外作功。

由于动力利用可获得机械能和电能等高品位能量，所以受到越来越多的注意。现在对于230～350℃的低温烟气的余热，也可用来产生电能。

C 综合利用

把热能利用与动力利用结合起来。例如，既利用烟气热能预热空气和燃料，又产生蒸汽作为动力或发电，既用其功，又用其热。这是高温烟气余热利用最好的一种形式，其效果一般比单一利用要好。

5.7.2.2 烟气余热资源合理应用评价标准

A 高温烟气的能级

热能不仅有数量的差别，而且还有品位（品质）高低之分。用焓表征热量的多少，而用㶲（即可用能）表征热质的高低。高温烟气含能的品位用能级（能质）来表示，它是单位体积（或质量）烟气中的㶲值与焓值之比，即

$$烟气能级 = 㶲/焓 \quad 或\ \Omega = \frac{E_t}{Q} \tag{5-136}$$

式（5-136）中㶲的定义是：含能体系或工质与环境达到平衡时所具有的最大作功能力，也可理解为能量中可以转化为功的能量份额。对于烟气的㶲实际上包含温度㶲与压力㶲两部分。由于一般冶金炉（窑）烟气的压力不大，可作为与大气压力相同，而忽略其压力㶲（当然，对于高压烟气则不应忽略），式（5-136）中 E_t 表示烟气的温度㶲。此时，烟气能级 Ω 可用下式计算

$$\Omega = \frac{T - T_0}{T - 273.15}\left(1 - \frac{T_0}{T - T_0}\ln\frac{T}{T_0}\right) \tag{5-137}$$

式中 T，T_0——烟气温度与环境温度，K。

根据式（5-137），当 $T_0 = 298.15\text{K}$ 时，不同温度烟气的能级 Ω 如表5-22所示。

表5-22 不同温度下烟气能级（$T_0 = 298.15\text{K}$）

温度/℃	300	400	500	600	700	800	900	1000	1100	1200	1300	1400
Ω	0.2671	0.3305	0.3818	0.4244	0.4604	0.4914	0.5184	0.5244	0.5033	0.5822	0.5993	0.6148

由表5-22可见，烟气余热属于中等品位的二次能源，其利用价值较高。

B 合理利用的评价标准

烟气温度越高，则能级越高，利用潜力也越大。可是，只根据能级大小还不能评断其合理程度，还应根据各种余热利用方案中供入设备能量的能级与用户需要的能级之差来判断。如能级差大，反映供、需能级不匹配，大材小用，用能不合理；反之，能级差小，表示供、需能级比较匹配，用能也比较合理。因此，根据供、需能级差的大小，即可分析余热利用方案的优劣和评断其合理程度。

能级差用下式表示

$$|\Delta\Omega| = |\Omega_1 - \Omega_2|$$

式中 $|\Delta\Omega|$——能级差（绝对值）；

Ω_1——供入设备的能级；

Ω_2——用户或需方使用能量的能级。

现以两个实例来分析对比热能利用与动力利用两个方案的合理性。

［**例 5-1**］ 某厂采用环缝式辐射换热器回收某炉烟气余热来预热助燃空气，试计算其能级差。辐射换热器的技术参数为：烟气流量 V_g 为 $7000m^3/h$（标态），进入换热器的烟温 t_g' 为 1100℃，烟气平均比定压热容 $\overline{c_g}$ 为 1.42kJ/（$m^3 \cdot K$），被加热空气量为 $6300m^3/h$，空气进换热器温度 t_g' 为 40℃，空气离开换热器的温度 t''_a 为 350℃，空气平均比定压热容 $\overline{c_a}$ 为 1.34 kJ/（$m^3 \cdot K$），环境温度 T_0 为 298.15K。

［**解**］ 利用烟气、空气焓、㶲的计算式：

$$Q = V\bar{c}t \text{ 及 } E_t = V\bar{c}(T - T_0)\left(1 - \frac{T_0}{T - T_0}\ln\frac{T}{T_0}\right)$$

经计算得烟气带入换热器的焓量为：

$$Q_g' = 10.934\text{GJ/h}(1\text{GJ} = 10^9\text{J, GJ 是 SI 单位制中的量级符号})$$

烟气带入换热器的㶲量为：$E_g' = 6.1593\text{GJ/h}$

空气带入换热器的焓量为：$Q_a' = 0.338\text{GJ/h}$

空气带入换热器的㶲量为：$E_a' = 0.127\text{GJ/h}$

进入换热器能量的能级为：$\Omega_1 = \dfrac{E_g' + E_a'}{Q_g' + Q_a'} = 0.5577$

空气离开换热器带的焓量为：$Q_a'' = 2.955\text{GJ/h}$

空气离开换热器带走㶲量为：$E_a'' = 0.8882\text{GJ/h}$

被加热空气的能级：$\Omega_2 = 0.3006$

能级差为：$\Delta\Omega = |0.5577 - 0.3006| = 0.2567$

［**例 5-2**］ 按照例 5-1 所给条件，拟安装余热锅炉利用烟气余热产汽发电。锅炉给水量为 20t/h，给水温度为 80℃，环境温度为 25℃，试计算余热发电方案的能级差，并与［例 5-1］比较哪种方案较为合理。设水的比热容为 4.182kJ/（kg·℃）。

［**解**］ 经计算，得

$$Q_g' = 10.934\text{GJ/h},\ E_g' = 6.1593\text{GJ/h}$$

锅炉给水带入焓量：$Q_w' = G_w c_w t_w = 6.6912\text{GJ/h}$

给水的㶲量：$E_w' = G_w[(h_t - h_0) - T_0(s_t - s_0)]$

式中 h_t，h_0 ——水在 80℃与 25℃时的焓，kJ/kg；

S_t，S_0 ——水在 80℃与 25℃时的熵，kJ/（kg·℃）。

根据热工学查得水在 80℃与 25℃的上述参数如下：

$$h_{313.15} = 334.52\text{kJ/kg},\ S_{313.15} = 1.074\text{kJ/(kg} \cdot \text{K)}$$

$$h_{298.15} = 104.63\text{kJ/kg},\ S_{298.15} = 0.367\text{kJ/(kg} \cdot \text{K)}$$

代入上式得水的㶲量为：$E'_w = 0.382\text{GJ/h}$，

进入锅炉能量的能级：$\Omega_1 = \dfrac{E'_g + E'_w}{Q'_g + Q'_w} = \dfrac{6.1593 + 0.382}{10.934 + 6.6912} = 0.3711$

由于利用余热发电作动力用，可用机械功，故 $\Omega_2=1$。

能级差为 $|\Delta\Omega|=|\Omega_1-\Omega_2|=|0.3711-1|=0.6289$

由以上二例对比可知，热能利用能级差为 0.2576，而动力利用能级差为 0.6289，说明利用烟气余热预热入炉的利用方案较动力利用方案合理。当然，如果在可能情况下，采用将二者结合的综合利用方案，即既用其功，也用其热，则能级差将更小，比单一利用方案更为合理。

C　空气最佳预热温度

按能级差最小原则确定烟气余热利用方案，并进行余热利用设备选型或设计。若烟气余热按能级差最小原则确定为热能利用方案，而助燃空气预热温度水平受很多条件制约，从经济效益出发，最佳预热温度，对于逆流换热器可用式（5-138）计算

$$t''_2=\frac{W_2}{2W_1}\left\{\left[\left(\frac{W_2}{W_1}+1\right)t'_1+\left(\frac{W_2}{W_1}-1\right)t'_2\right]\right.$$
$$\left.+\sqrt{\left[\left(\frac{W_2}{W_1}+1\right)t'_1+\left(\frac{W_2}{W_1}-1\right)t'_2\right]^2-4\frac{W_2}{W_1}\left[t'^2_1+\left(\frac{W_2}{W_1}-1\right)t'_1t'_2-\frac{b(t'_1-t'_2)}{aK}\right]}\right\} \tag{5-138}$$

式中　t''_2——空气最佳预热温度,℃；

t'_2——入换热器前空气温度,℃；

t'_1——烟气入换热器的温度,℃；

W_2——烟气水当量，W/℃；

W_1——空气水当量，W/℃；

b——换热器单位面积、单位时间内的投资费用，元/（$m^2\cdot s$）；

a——单位热量价格，元/J；

K——换热器传热系数，W/（$m^2\cdot$℃）。

根据计算出的空气最佳预热温度 t''_2，并考虑选的燃烧器特性最终确定空气预热温度作为换热器设计的指标之一。

5.8　工业炉窑设计基本知识

5.8.1　炉窑设计基本要求

炉窑设计应该具有先进性，整体性与可靠性，并尽量使设计过程智能化。

5.8.1.1　先进性

所有现在使用的炉窑总是存在可以改进的地方，所以设计时不宜照搬照套，应该根据具体的用户特点、原材料条件及建设地点的不同，尽量采用更新的技术、更新的工艺或更好的筑炉材料，使新建炉窑创造出比现用炉窑更好的社会效益（环境污染更少，劳动条件更优）和经济效益（更节能、更节耗、产品质量更好、生产率更高）。

5.8.1.2　整体性

炉窑设计不能理解为仅仅是炉窑本体的设计，应该设计好所有的辅助热工系统，使其与窑炉本体合理匹配，才能发挥出综合的整体效果。这些辅助系统包括燃烧供热（或电热）系统、供风系统、排烟装置、加排料装置、检测与自控系统，余热利用系统及水冷却系统等。只要某一环节出故障或设计不当，整个炉窑热工系统的生产能力将相应地降低，甚至完全被破坏。可见现代炉窑设计应理解为炉窑热工系统的整体设计。

5.8.1.3 可靠性

炉窑热工系统的实际生产能力建立在整个系统中全部装置稳定可靠运行的基础上。稳定性与可靠性表现在如下几方面：

（1）在计划检修周期内所有设备连续运转，不发生或尽量少发生故障；

（2）即使系统内个别装置出故障，也不能影响整个系统的连续生产；

（3）每一环节的设备或装置都要保证达到各自的设计定额指标。

为保证以上要求，设计时一般应注意：

（1）设计中选用的设备、材料等要有商品信誉；

（2）使用的设计方法与原始数据要可靠；

（3）考虑到运行条件的波动，设计确定生产能力时，通常要根据具体条件留有适当的裕度（或安全系数）；

（4）对易出故障的装置与部件应设计配备适当的备品备件，以便出故障时及时更换，而不破坏系统的连续运转。

5.8.1.4 设计过程智能化

为提高设计质量、加快设计速度，现代设计正向智能化方向发展。包括如下几方面数据：

（1）尽量建立与使用有关工艺和设备的技术经济指标数据库，为设计者提供全面系统的理论与实践数据；

（2）尽量建立并使用炉窑数学模型与仿真软件❶。一般炉窑仿真软件包括：燃烧装置与燃烧技术仿真软件、炉窑热场计算与仿真软件（计算温度场、热流场、热平衡、单位产品热耗等）、炉窑内工艺过程的数模与仿真（如炉料运动与加热过程仿真、炉料焙烧与熔炼过程仿真等）、炉窑钢结构的应力与变形数学模型与仿真软件等。利用这些软件不仅可对设计对象多方面性能与计算结果提供详尽的数据与信息，而且可以利用系列变化的原始条件，很快获得炉窑工作的技术经济效果随原始条件而变化的动态预报，即实现对设计对象的动态分析，也称之为“仿真试验”；

（3）尽量建立和利用优化设计软件包❷。以某种技术经济指标的期望为目标，利用优化设计软件包自动寻找出最佳的结构参数、操作条件与原材料参数的适当组合方案，这样可大大提高设计的技术水平与准确性。

建立某一种炉窑装置的优化设计软件，需要集中反映有关领域的全部最先进的研究成果，是设计工作现代化的主要发展方向，其主要内容框架结构与建立过程见5.7.4节。

5.8.2 炉窑设计内容与一般步骤

从一般炉窑设计的阶段上看，大体上都分为方案设计、技术设计与施工图设计三个大的阶段。方案设计包括炉窑选型、能源类型选择、热工系统的组成方案论证等。技术设计包括炉窑工艺计算、热工计算、结构计算及经济评价、绘制炉体总图等。施工图设计阶段包括绘制炉体砖砌体总图，非标准设备与零部件制造图等。

---

❶ 随着数值计算技术的不断发展，涌现出了很多成熟的商业软件，应用较为广泛的有：用于流体计算与分析的PHOENICS，FLUENT，CFX，STAR－CD，用于结构应力分析的ANSYS（2006年前后，ANSYS先后收购了CFX与FLUENT），用于模拟叶轮机械旋转流动CFX－TASCflow与NUMECA。

❷ 目前商业软件提出了多目标稳健性设计的理念，通过参数的试验设计、响应面近似、单目标与多目标优化以及优化设计等环节，集场参数的分析与优化设计于一体。

炉窑设计计算主要内容见图5-26。

炉窑设计计算通常按以下步骤进行：

(1) 资料收集和信息分析。在开展设计前，应广泛查阅和收集有关技术与经济方面的资料，并进行系统地分析，这是做好设计工作的基础。通常需要分析如下几个方面资料：

1) 有关本炉窑技术最新发展与研究成果、数据库、仿真软件以及优化设计程序等；

2) 建设地区的地形、地质、环境与气象资料，炉窑产生的废气、废渣和噪声的数据和防治办法；

3) 筑炉材料、能源及辅助原材料的质量检验数据、可能的渠道及价格等。

(2) 炉型选择及系统方案设计。炉型选择与热工系统组合方案的确定应以获得整个系统的最佳技术经济效益为目标，即要求实现炉窑"高产、优质、低耗、长寿、少污染"。

(3) 炉窑主要尺寸计算。根据年生产能力 K (t/year) 及炉窑年工作日 B，可得每天生产量 A (t/d) 为

$$A = K/B$$

式中，B 一般为300～330d/year，其余为检修时间。根据 A 与炉窑的单位生产力 (a)，即可得到炉窑工作面积或工作容积的值。单位生产率由经验数据库或专门收集的资料中选用合理先进指标。炉窑具体尺寸的确定可参见参考文献［25］。

(4) 筑炉材料选择。"耐火材料"一章中介绍了合理选用筑炉材料的有关技术条件与原则。在工程设计中还应认真考虑价格因素。最好建立或利用以产品成本最低为目标函数的优化设计程序。这样可以综合考虑炉衬使用寿命、一次投资费用、检修费用、产品质量等级（售价）等因素，从中得出最佳选择。

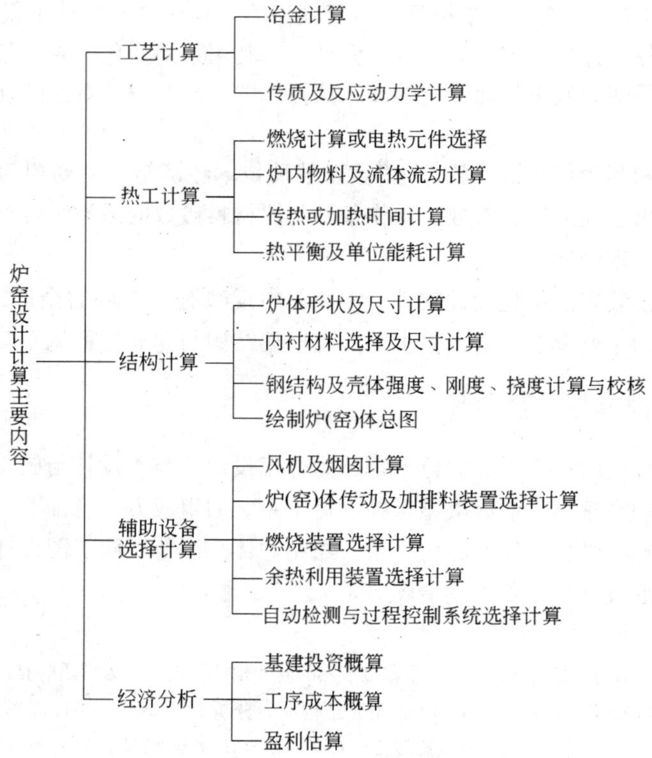

图5-26 炉窑设计计算主要内容

(5) 用于炉体加固的金属构件及钢壳体计算。最好建立和利用金属构架及钢壳体的应力－应变数学模型和仿真软件，从中获得整个构架或壳体的应力与变形信息，从而作出针对应力集中部位补强的既安全、用料又最节省的结构设计。

(6) 燃料消耗或炉子电功率计算。按炉窑不同产出量水平，利用热平衡或热电仿真程序计算出对应的燃料消耗与功率，最后按略留富余，操作可调的原则作出选择。

(7) 供热装置选择。根据选定的能源种类、炉窑内温度分布、调控精度与气氛要求等选定燃烧装置类型并计算确定其主要尺寸与技术参数（燃料流量与压力，助燃风压力、流量与温度）。若选用电供热，则须计算电热元件尺寸及其在炉内的分布，供变电设备的规格与技术性能、供电短网的技术规格等。

(8) 辅助设备包括：

1）风管、烟道的配置。计算系统的阻力，选定供风排烟设备类型及规格，炉气净化除尘、烟气排放装置的选择、烟囱排放效果验算（按国家标准 GB 16297—1996）；

2）余热利用装置的选择与计算。确定类型、计算换热面积、蓄热室体积或余热锅炉类型与规格、烟气与水的进出口温度、装置阻力等。

3）冷却保护系统。按冷却介质种类分为水冷及汽冷（即冷却水通过冷却元件时吸热生成蒸汽）；按结构分有管式、箱式、喷淋式。设计时应考虑工作安全可靠、检修维护方便及热能综合利用等。

4）检测仪表及自动控制系统❶。一般炉窑热工系统内都设置温度、流量、压力、气体成分、物料流量（或批量）等参数的检测仪表，以及对加料量、供热量、供风量、炉膛压力等的调控，对炉窑主要技术参数（如温度、产量、产品质量等）进行自动调节或“在线控制”。自动调节或在线控制系统能否实现及调控质量的高低在很大程度上取决于检测元件及传感技术的完善程度。

(9) 经济概算。包括建设投资概算、工序成本概算等（详见 5.7.3 节）。

(10) 绘制施工图。一般包括系统配置图、炉窑总体图、砌砖图、非标准设备与部件的制造图、检测仪表布点及自控系统图。为了提高绘图效率与质量，应尽量采用计算机辅助制图。

5.8.3 投资费用概算与经济评价

一项优秀设计除了要求有技术上的先进性与可行性外，还应同时讨论其经济上的合理性，而且后者往往是设计成功与否的关键性因素。一般工程人员应关心工程投资费用、本工序成本，并据此作出一些经济评价。

5.8.3.1 工程投资本息（概算）

通常包括以下主要费用：

筑炉材料费用；

金属构架或壳体及各种管道费用；

外购设备与零部件费用；

土地使用费用、施工及安装费用等。

以上均按市场采购定价计算，可得出总投资费用。

5.8.3.2 产品工序成本概算

炉窑处理工作分摊在每吨产品上的消耗费用，称工序成本。这是评价综合经济效益的重要

---

❶ 为了便于对生产系统进行综合测试，在设计时，设备需预留一定的检测孔，其开孔的位置与大小需要根据设备的具体情况而定。

依据，通常包括如表5-23所示的内容。

表5-23　产品工序成本构成

产品成本	制造成本	直接生产成本	原料费； 操作人工费； 动力及燃料费（蒸气、电力、水制冷等）； 维护检修费； 操作供应品（低值易耗品）费用； 化验检测费
		固定费用	折旧（基建及设备投资按使用期分摊）； 税金（财产税）； 保险费
		工序间接成本	劳动保护及医药卫生、职工福利等； 储存设施
	一般费用	行政管理费	管理干部工资； 办公费
		运输销售费	销售营业消耗分摊； 产品运输； 技术服务
		其他	研究开发费； 所得税

5.8.3.3　经济评价指标

经济评价的目的在于评估一项炉窑设计的经济合理性。通常可从以下几项指标的综合比较中，评价设计方案的盈利能力或财务吸引力：

(1) 还本期。可理解为累计投资被净收入平衡所需的时间。当然在保证产品质量的前提下，还本期越短的项目经济效益也越好。

(2) 累积产值（现金额）。在炉窑估计寿命结束或规定的年限末尾时，累计创造的现金产值。累计产值越高的设计方案经济效益越好。

(3) 投资利润率。投资利润率按下式计算

$$投资利润率 = \frac{平均年利金额}{总累计投资金额} \times 100\%$$

投资利润最高者吸引力最大。当然这一指标忽略了现金流通模式，而且比较粗略。但在比较几个设计方案的经济合理性时，还是有参考价值的。

5.8.4　计算机辅助设计（CAD）与优化设计

5.8.4.1　计算机辅助设计（Computer Aided Design）

计算机辅助设计是指利用设计研究人员与有关专家研制出的各种计算程序及绘图程序，辅助进行一些较成熟定型的工艺计算、热工计算、结构计算及经济计算等，这样可以加快设计进度，提高设计科学性与可靠性。同时可以利用炉窑各种仿真软件进行动态仿真试验，使设计人员能得到更全面、更系统、更精确的技术经济分析数据，从而作出最合理的方案选择。

炉窑设计中通常用到如下辅助设计程序：

(1) 工艺过程的冶金计算与物料平衡计算程序；

(2) 燃烧计算程序。包括燃料成分换算、完全燃烧理论计算、完全燃烧经济计算、不完全

燃烧理论计算等若干功能模块；

（3）电热元件优化设计软件；

（4）燃烧器优化设计软件。包括火焰长度、炉膛温度分布预报模型及燃烧器结构参数（尺寸）与技术操作参数选优等功能模块；

（5）金属加热与熔化过程计算软件。可以针对连续加热炉、均热炉、大型工件锻压加热炉、退火炉等不同炉窑结构特点，分别研制工件加热的最佳热工制度或预报出相应的加热与熔化时间；

（6）炉衬计算设计软件。提供不同结构参数（材料、尺寸）下的温度场（等温线），或在指定最佳温度分布状态下的筑炉材料类型与尺寸选择。

（7）炉体加固构件或钢壳体设计软件。提供立柱、拉杆、壳体的应力应变仿真，或在允许变形范围内选择确定合理的结构与尺寸；

（8）烟道系统与烟囱设计软件。包括烟道系统中的气流阻力计算、温度变化以及保证有害物落地浓度和正常排放量的烟囱筒体高度与排放参数（烟气出口速度、温度）；

（9）数据库、文件库管理程序。包括各种原材料、筑炉材料、燃料、常用气体等的热物性参数、性能指标及其随温度而变化的关系；

（10）计算机绘图程序。

5.8.4.2 优化与优化设计软件

对炉窑的工作可以从不同角度（目标）提出优化的要求，有单参数优化，如热效率优化、钢结构应力优化和炉衬厚度优化等。也有以综合技术经济指标最优为目标（如产品成本最低、能耗最低、热效率最高等）的整体优化。不论何种优化，都是以相应的单个或一组数学模型与功能程序为基础和核心。有了经过实验或实践验证过的数学模型与计算程序（统称仿真软件）就可以进行：仿真放大设计；仿真试验－人工选优；自动优化设计。

A 仿真软件的建立过程与应用

在对炉窑工艺－热工－结构进行深入、综合分析的基础上，利用动量、能量、质量守恒原理、传递过程原理以及反应工程学的原理与方法，建立炉窑工作的数学模型：包括提出简化的物理概念模型，建立控制方程，确定边界条件，编制数值解的计算机程序。将此程序的计算结果与实验测定或现场测试结果进行反复验证后形成计算机仿真软件包。应用时输入各种设计参数、物性参数及操作条件，即可很迅速地得出炉窑工作的各类技术经济指标（见图5-27中C→B→D→E→F）。

这种经过反复验证后的仿真软件，也可以直接用于过程开发中的放大设计，而无须进行逐级的放大性试验。

B 仿真试（实）验－人工选优

将一系列可能的结构参数、物性参数与操作参数输入计算机仿真软件，随时输出相应方案的炉窑技术经济指标。设计者可对此系列计算结果进行比较分析，最后选择一种最佳指标的方案。此法称人工动态选优（即图5-27中A→B→C→D→E）。

C 优化设计程序

根据炉窑工艺－热工－结构特性，结合给定的目标函数与约束条件，利用某种寻优的数学方法制定出优化设计程序。设计者设定某种具体目标后即可自动输出最佳的设计参数。

各种具体炉窑的辅助计算程序、仿真软件与优化设计程序可参考各有关专著与专门资料。

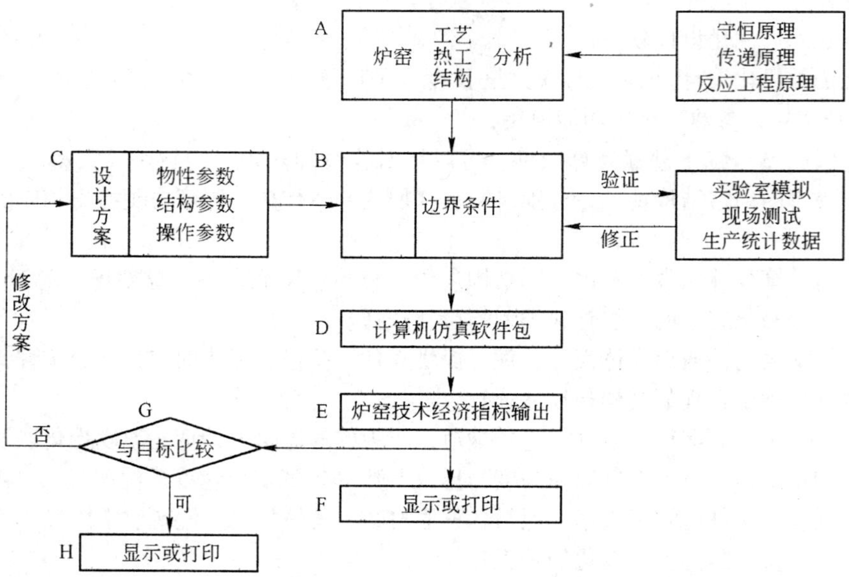

图 5-27　计算机仿真软件的建立与应用

习题参考答案

1-5　19.63kPa；166.71kPa；29.57kPa

1-6　43.02×10^{-6}Pa·s

1-7　0.233kg/m^3，0.303 kg/m^3

1-8　69.8Pa

1-9　8.33 Pa

1-10　取Ⅰ截面为基准时，$\Sigma h=0$；取Ⅱ截面为基准时，$\Sigma h=41.46$Pa；取Ⅲ截面为基准时，$\Sigma h=$ 76.01Pa

1-19　12.5m/s，7.28 m/s，0.236m

1-20　445.33Pa，248.1Pa

1-21　31.25m/s

1-22　882.6Pa，2245.72Pa，12.79m/s

1-23　18.8m/s，4.95m/s，1.02m/s

1-30　589Pa

1-31　120Pa

1-32　0.014

1-33　$q_{v,圆}=1.078q_{v,方}$

1-34　0.32

1-35　$q_{V1}=35$L/s，$q_{V2}=45$L/s，

1-39　$a_0=343$m/s，$a=323$m/s，$V=258.4$m/s，$p=321680$Pa

1-40　$V\leqslant84$m/s，3.03%

1-41　$p_C=4.224\times10^5$Pa，$T_C=769$K，$a_C=555.86$m/s，$V_2=577.19$m/s，$T_2=757.17$K，$a_2=551.57$m/s

1-42　$q_m=0.0534$kg/s

1-43　$p_2=364150$Pa，$V_2=328.34$m/s，$A_2=2.9\times10^{-4}m^2$

1-44　$q_m=5.18$kg/s

1-48　$D_x=1.3$m，$V_x=1.54m^3/s$，$u_m=5.9$m/s

1-49　$u_m=6.73$m/s

1-50　4.05m/s，2.92m

1-51　1.54m

1-55　20000m^3/h，2531Pa，35.5kW

1-56　2600m^3/h，2788.5Pa，30kW（方案之一）

1-58　3.4m，1.84m，88m（方案之一）

2-5　$q=590.3W/m^2$，$\delta=47.5$mm

2-6　$r_\lambda=0.33m^2\cdot$℃/W，$q=974$ W/m^2；$r_\lambda=4.4m^2\cdot$℃/W，$q=72765$ W/m^2

2-7　$\lambda=1.035$W/（m·℃）

2-8　$q=2785$ W/m^2，$Q=33420$W

2-9　$Q_L=51880$W/m

2-10　$Q_L=57910$W/m，$t_2=752$℃

2-11　$r_1=1.66\times10^{-4}m^2\cdot$℃/W，$r_2=0.28m^2\cdot$℃/W，$r_3=0.61m^2\cdot$℃/W；$Q_L=280$W/m，$t_2=230$℃，$t_3=220.8$℃

2-12 50mm

2-13 经 6 次迭代，$t_1=587.45$℃，$t_2=362.47$℃，$t_3=487.47$℃，$t_4=262.44$℃

2-20 $Q=569.1$W

2-21 $\alpha=13.45$W/（m^2·℃）

2-22 $\alpha=9450$W/（m^2·℃）

2-23 $\alpha=6.28$W/（m^2·℃），$Q=26\times10^4$W

2-24 $Q_L=0.19$W/m

2-25 $\alpha=36.26$W/（m^2·℃）

2-26 $L=0.93$m

2-27 $\alpha=9450$W/（m^2·℃）

2-28 （1）$\alpha=36.26$W/（m^2·℃）；（2）$\alpha=47.33$W/（m^2·℃）

2-29 叉排 $\alpha=40.53$W/（m^2·℃）；顺排 $\alpha=37.7$W/（m^2·℃）

2-30 $t''_1=42.3$℃，$t''_2=82.1$℃，$\Delta t_m=30.1$℃，热通量 Q 增加 30%

2-31 电功率 $Q=5.98\times10^4$W，耗水量 $m=95.3$kg/h，$q_{crL}=1.36\times10^6$W/m

2-32 $q_{竖}=402408$W/m^2，$q_{水}=474798$W/m^2

2-40 $E_1=16195$ W/m^2，$E_2=334$ W/m^2，$J_1=16262$ W/m^2，$J_2=353$ W/m^2，$E_{1p}=267.2$W/m^2，$E_{2p}=12956$ W/m^2，$q_{12}=13217.6$ W/m^2

2-41 $E_1=18579.5$ W/m^2，$E_2=373.3$ W/m^2，$q_{12}=15176$W/m^2

2-42 $q'_{12}=1/2q_{12}$

2-43 97.8W

2-44 6.81%

2-45 误差 22.7℃

2-46 13210W/m^2，13589W/m^2，二者相差 2.87%

2-47 27000 W/m^2

2-48 $T_f=T_1+\dfrac{\varepsilon_1}{\alpha}\sigma_b\ (T_1^4-T_W^4)$

2-50 $T_2=599$K，$Q_1=8.23\times10^3$W

2-51 692K

2-52 $q=1110$W/m^2，$t_1=1172$℃，$t_2=94$℃

2-53 $t_{W2}=999.7$℃

2-54 矿渣棉合适

2-55 $A_1=0.9$m^2 的那台合适

2-56 顺流 3.3m^2，逆流 3m^2

2-57 88.6 m^2

2-58 $t''_1=42.3$℃，$t'_2=82.1$℃，$\Delta t_m=30.1$℃，热通量 Q 增加 30%

2-59 $t_{c2}=43.5$℃，$t_{h2}=53$℃，$Q=2.69\times10^5$W

3-10 $Q_{DW}=6758$kJ/m^3，$L_0=1.41$m^3/m^3，$L_n=1.692$m^3/m^3，$V_0=2.19$m^3/m^3，$V_n=2.472$m^3/m^3，φ（CO_2'）$=16.5\%$，φ（H_2O'）$=10.1\%$，φ（N_2'）$=71.1\%$，φ（O'_2）$=2.4\%$，$\rho_0=1.328$kg/m^3，$t_{th}=1840$℃

3-11 $Q_{DW}=36311$kJ/m^3，$L_n=10.62$m^3/m^3，$V_n=11.635$m^3/m^3，$\rho_0=1.23$kg/m^3，$V_{CO_2}=1.028$m^3/m^3，$V_{H_2O}=1.028$m^3/m^3，$V_{N_2}=8.385$m^3/m^3，$V_{O_2}=0.203$m^3/m^3

3-12 $Q_{DW}=40342$kJ/m^3，$L_0=10.6$m^3/kg，$L_n=12.7$m^3/kg，$V_0=11.2$m^3/kg，$V_n=13.3$m^3/kg，

$\varphi(CO'_2)=11.9\%$，$\varphi(H_2O')=9.7\%$，$\varphi(N'_2)=75.5\%$，$\varphi(O'_2)=3.31\%$，
$\rho_0=1.30kg/m^3$，$t_{th}=2040℃$

3-13 $\varphi(CO_2^S)=10.3\%$，$\varphi(C_2H_4^S)=0.84\%$，$\varphi(O_2^S)=0.32\%$，$\varphi(H_2^S)=18.76\%$，
$\varphi(CH_4^S)=7.74\%$，$\varphi(CO^S)=20.2\%$，$\varphi(N_2^S)=38.9\%$，$\varphi(H_2O)=3.66\%$，
$Q_{DW}=7854kJ/m^3$

3-14 $B=3200m^3/h$，$L_n=1.692m^3/m^3$，$L_n=5952m^3/h$，$V=8512m^3/h$

3-15 $Q_{DW}=30028kJ/kg$，$L_0=7.88m^3/kg$，$V_{CO_2}=1.43m^3/kg$，$V_{H_2O}=0.5m^3/kg$，
$V_{SO_2}=0.03m^3/kg$，$V_{N_2}=6.25m^3/kg$，$\rho_0=1.35kg/m^3$，$t_{th}=2164℃$

3-16 $w(C^{ar})=70\%$，$w(H^{ar})=6.0\%$，$w(N^{ar})=0.9\%$，$w(S^{ar})=0.9\%$，$w(O^{ar})=7.7\%$，
$w(A^{ar})=9.5\%$，$w(W^{ar})=5\%$，$Q_{DW}=29054kJ/kg$，$\varphi(CO'_2)=13.42\%$，$\varphi(H_2O')=9.79\%$，
$\varphi(SO'_2)=0.06\%$，$\varphi(N'_2)=74.6\%$，$\varphi(O'_2)=2.84\%$，$\rho_0=1.23kg/m^3$，$t_{th}=1500℃$

附　　录

附表 1　气体的基本常数

气体名称及分子式	相对分子质量	密度 ρ_0 /kg·m^{-3}	0℃比定压热容 c_p kJ/(m^3·℃)	kJ/(m^3·℃)	0℃比定容热容 c_V kJ/(m^3·℃)	kJ/(m^3·℃)	绝热指数 $k=c_p/c_V$	临界温度 $t_{临}$ /℃	临界压力 $p_{临}$ /MPa
氮 N_2	28.016	1.2507	1.0465	1.3018	0.7451	0.9293	1.40	−147.13	3.28
氢 H_2	2.016	0.0899	14.1905	1.2767	10.1301	0.9084	1.497	−239.9	1.26
氧 O_2	32.00	1.429	0.9125	1.3060	0.6530	0.9293	1.40	−118.82	4.88
氨 NH_3	17.032	0.771	2.0721	1.5739	1.6032	1.2181	1.29	+132.4	10.93
苯 C_6H_6	78.11	—	1.2516	4.3618	1.1386	3.9683	1.10	+288.5	4.68
空气	(28.95)	1.293	1.0088	1.3018	0.7200	0.9293	1.40	−140.7	3.65
水蒸气 H_2O	18.02	0.810	1.8669	1.4986	1.3981	1.1260	1.33	+374.0	22.04
一氧化碳 CO	28.01	1.250	1.0423	1.3018	0.7535	0.9293	1.40	−140.2	3.38
二氧化碳 CO_2	44.01	1.970	0.8163	1.6074	0.6279	1.2390	1.30	+31.1	7.15
二氧化硫 SO_2	64.07	2.927	0.6321	1.7330	0.5023	1.3856	1.25	+157.2	7.63
甲烷 CH_4	16.042	0.717	2.2228	1.5488	1.6995	1.1804	1.31	−82.1	4.48
乙烷 C_2H_6	30.068	1.356	1.7288	2.3232	1.4441	1.9339	1.20	+32.1	4.79
乙烯 C_2H_4	28.052	1.261	1.5279	1.9088	1.2223	1.5279	1.25	+9.5	4.97
乙炔 C_2H_2	26.036	1.171	1.6828	1.9548	1.3521	1.5781	1.24	+35.7	6.04
丙烷 C_3H_8	44.094	2.020	1.8628	3.6627	1.6492	3.2399	1.13	+95.6	4.22
硫化氢 H_2S	34.086	1.520	0.9879	1.5069	0.7492	1.1428	1.32	—	—

附表 2　干空气的物理参数（101325Pa）

温度 t /℃	密度 ρ /kg·m^{-3}	比定压热容 c_p /kJ·(kg·K)$^{-1}$	热导率 λ /W·(m·K)$^{-1}$	热扩散率 a /m^2·s^{-1}	黏度 η /Pa·s	运动黏度 ν /m^2·s^{-1}	普朗特数 Pr
−50	1.584	1.013	2.034×10^{-2}	1.27×10^{-5}	1.46×10^{-5}	9.23×10^{-6}	0.727
−40	1.515	1.013	2.115×10^{-2}	1.38×10^{-5}	1.52×10^{-5}	10.04×10^{-6}	0.723
−30	1.453	1.013	2.196×10^{-2}	1.49×10^{-5}	1.57×10^{-5}	10.80×10^{-6}	0.724
−20	1.395	1.009	2.278×10^{-2}	1.62×10^{-5}	1.62×10^{-5}	11.60×10^{-6}	0.717
−10	1.342	1.009	2.359×10^{-2}	1.74×10^{-5}	1.67×10^{-5}	12.43×10^{-6}	0.714
0	1.293	1.005	2.440×10^{-2}	1.88×10^{-5}	1.72×10^{-5}	13.28×10^{-6}	0.708
10	1.247	1.005	2.510×10^{-2}	2.01×10^{-5}	1.77×10^{-5}	14.16×10^{-6}	0.708
20	1.205	1.005	2.591×10^{-2}	2.14×10^{-5}	1.81×10^{-5}	15.06×10^{-6}	0.686
30	1.165	1.005	2.673×10^{-2}	2.29×10^{-5}	1.86×10^{-5}	16.00×10^{-6}	0.701
40	1.128	1.005	2.754×10^{-2}	2.43×10^{-5}	1.91×10^{-5}	16.96×10^{-6}	0.696

续附表2

温度 t /℃	密度 ρ /kg·m^{-3}	比定压热容 c_p /kJ·(kg·K)$^{-1}$	热导率 λ /W·(m·K)$^{-1}$	热扩散率 a /m^2·s^{-1}	黏度 η /Pa·s	运动黏度 ν /m^2·s^{-1}	普朗特数 Pr
50	1.093	1.005	2.824×10^{-2}	2.57×10^{-5}	1.96×10^{-5}	17.85×10^{-6}	0.697
60	1.060	1.005	2.893×10^{-2}	2.72×10^{-5}	2.01×10^{-5}	18.97×10^{-6}	0.698
70	1.029	1.009	2.963×10^{-2}	3.86×10^{-5}	2.06×10^{-5}	20.02×10^{-6}	0.701
80	1.000	1.009	3.044×10^{-2}	3.02×10^{-5}	2.11×10^{-5}	21.08×10^{-6}	0.699
90	0.972	1.009	3.126×10^{-2}	3.19×10^{-5}	2.15×10^{-5}	22.10×10^{-6}	0.693
100	0.966	1.009	3.207×10^{-2}	3.36×10^{-5}	2.19×10^{-5}	23.13×10^{-6}	0.695
120	0.898	1.009	3.335×10^{-2}	3.68×10^{-5}	2.29×10^{-5}	25.45×10^{-6}	0.692
140	0.854	1.013	3.486×10^{-2}	4.03×10^{-5}	2.37×10^{-5}	27.80×10^{-6}	0.688
160	0.815	1.017	3.637×10^{-2}	4.39×10^{-5}	2.45×10^{-5}	30.09×10^{-6}	0.685
180	0.779	1.022	3.777×10^{-2}	4.75×10^{-5}	2.53×10^{-5}	32.49×10^{-6}	0.684
200	0.746	1.026	3.928×10^{-2}	5.14×10^{-5}	2.60×10^{-5}	34.85×10^{-6}	0.679
250	0.674	1.038	4.625×10^{-2}	6.10×10^{-5}	2.74×10^{-5}	40.61×10^{-6}	0.666
300	0.615	1.047	4.602×10^{-2}	7.16×10^{-5}	2.97×10^{-5}	48.33×10^{-6}	0.675
350	0.566	1.059	4.904×10^{-2}	8.19×10^{-5}	3.14×10^{-5}	55.46×10^{-6}	0.677
400	0.524	1.068	5.206×10^{-2}	9.31×10^{-5}	3.31×10^{-5}	63.09×10^{-6}	0.679
500	0.456	1.093	5.740×10^{-2}	11.53×10^{-5}	3.62×10^{-5}	79.38×10^{-6}	0.689
600	0.404	1.114	6.217×10^{-2}	13.83×10^{-5}	3.91×10^{-5}	96.89×10^{-6}	0.700
700	0.362	1.135	6.70×10^{-2}	16.34×10^{-5}	4.18×10^{-5}	115.4×10^{-6}	0.707
800	0.329	1.156	7.170×10^{-2}	18.88×10^{-5}	4.43×10^{-5}	134.8×10^{-6}	0.714
900	0.301	1.172	7.623×10^{-2}	21.62×10^{-5}	4.67×10^{-5}	155.1×10^{-6}	0.719
1000	0.277	1.185	8.064×10^{-2}	24.59×10^{-5}	4.90×10^{-5}	177.1×10^{-6}	0.719
1100	0.257	1.197	8.494×10^{-2}	27.63×10^{-5}	5.12×10^{-5}	193.3×10^{-6}	0.721
1200	0.239	1.210	9.145×10^{-2}	31.65×10^{-5}	5.35×10^{-5}	233.7×10^{-6}	0.717

附表 3　水的物性参数(饱和线的水)

温度 t /℃	压力 p /Pa	密度 ρ /kg·m^{-3}	焓 i /J·kg^{-1}	比热容 c_p /J·(kg·K)$^{-1}$	热导率 λ /W·(m·K)$^{-1}$	热扩散率 a /m^2·s^{-1}	黏度 η /Pa·s	运动黏度 ν /m^2·s^{-1}	体积膨胀系数 β /K^{-1}	表面张力 σ /N·m	普朗特数 Pr
0	1.01×10^{6}	999.9	0	4.212×10^{3}	55.08×10^{-2}	1.31×10^{-2}	178.78×10^{-5}	1.789×10^{-6}	-0.63×10^{-4}	75.61×10^{-3}	13.66
10	1.01×10^{6}	999.7	42.04	4.191×10^{3}	57.41×10^{-2}	1.37×10^{-2}	130.53×10^{-5}	1.306×10^{-6}	0.70×10^{-4}	74.14×10^{-3}	9.52
20	1.01×10^{6}	998.2	83.90	4.183×10^{3}	59.85×10^{-2}	1.43×10^{-2}	100.42×10^{-5}	1.006×10^{-6}	1.82×10^{-4}	72.67×10^{-3}	7.01
30	1.01×10^{6}	995.7	125.69	4.174×10^{3}	61.71×10^{-2}	1.49×10^{-2}	80.12×10^{-5}	0.805×10^{-6}	3.21×10^{-4}	71.20×10^{-3}	5.42
40	1.01×10^{6}	992.2	165.71	4.174×10^{3}	63.33×10^{-2}	1.53×10^{-2}	65.32×10^{-5}	0.659×10^{-6}	3.87×10^{-4}	69.63×10^{-3}	4.30
50	1.01×10^{6}	988.1	209.30	4.174×10^{3}	64.73×10^{-2}	1.57×10^{-2}	54.92×10^{-5}	0.556×10^{-6}	4.49×10^{-4}	67.67×10^{-3}	3.54
60	1.01×10^{6}	983.2	211.12	4.178×10^{3}	65.89×10^{-2}	1.61×10^{-2}	46.98×10^{-5}	0.478×10^{-6}	5.11×10^{-4}	66.20×10^{-3}	2.98
70	1.01×10^{6}	977.8	292.94	4.167×10^{3}	66.70×10^{-2}	1.63×10^{-2}	40.60×10^{-5}	0.415×10^{-6}	5.70×10^{-4}	64.33×10^{-3}	2.53
80	1.01×10^{6}	971.8	334.99	4.195×10^{3}	67.40×10^{-2}	1.66×10^{-2}	35.50×10^{-5}	0.365×10^{-6}	6.32×10^{-4}	64.57×10^{-3}	2.21
90	1.01×10^{6}	965.3	376.98	4.208×10^{3}	67.98×10^{-2}	1.66×10^{-2}	31.48×10^{-5}	0.326×10^{-6}	6.95×10^{-4}	60.71×10^{-3}	1.95
100	1.01×10^{6}	958.4	419.19	4.220×10^{3}	68.21×10^{-2}	1.69×10^{-2}	28.24×10^{-5}	0.295×10^{-6}	7.52×10^{-4}	58.84×10^{-3}	1.75
110	1.43×10^{6}	951.0	461.34	4.233×10^{3}	68.44×10^{-2}	1.70×10^{-2}	25.89×10^{-5}	0.272×10^{-6}	8.08×10^{-4}	56.88×10^{-3}	1.60
120	1.99×10^{6}	943.1	503.67	4.250×10^{3}	68.56×10^{-2}	1.71×10^{-2}	23.73×10^{-5}	0.252×10^{-6}	8.64×10^{-4}	54.82×10^{-3}	1.47
130	2.70×10^{6}	934.8	546.38	4.266×10^{3}	68.56×10^{-2}	1.72×10^{-2}	21.77×10^{-5}	0.233×10^{-6}	9.17×10^{-4}	52.86×10^{-3}	1.35
140	3.62×10^{6}	926.1	589.08	4.278×10^{3}	68.44×10^{-2}	1.73×10^{-2}	20.10×10^{-5}	0.217×10^{-6}	9.72×10^{-4}	50.70×10^{-3}	1.26
150	4.76×10^{6}	917.0	632.20	4.312×10^{3}	68.33×10^{-2}	1.73×10^{-2}	18.63×10^{-5}	0.203×10^{-6}	10.3×10^{-4}	48.64×10^{-3}	1.18
160	6.18×10^{6}	907.4	675.33	4.346×10^{3}	68.21×10^{-2}	1.73×10^{-2}	17.36×10^{-5}	0.191×10^{-6}	10.7×10^{-4}	46.58×10^{-3}	1.11
170	7.92×10^{6}	897.3	719.29	4.379×10^{3}	67.86×10^{-2}	1.73×10^{-2}	16.28×10^{-5}	0.181×10^{-6}	11.3×10^{-4}	44.33×10^{-3}	1.05
180	10.03×10^{6}	886.9	763.25	4.417×10^{3}	67.40×10^{-2}	1.72×10^{-2}	15.30×10^{-5}	0.173×10^{-6}	11.9×10^{-4}	42.27×10^{-3}	1.00
190	12.55×10^{6}	876.0	807.63	4.460×10^{3}	66.93×10^{-2}	1.71×10^{-2}	14.42×10^{-5}	0.165×10^{-6}	12.6×10^{-4}	40.01×10^{-3}	0.96

续附表3

温度 t /℃	压力 p /Pa	密度 ρ /kg·m^{-3}	焓 i /J·kg^{-1}	比热容 c_p /J·(kg·K)$^{-1}$	热导率 λ /W·(m·K)$^{-1}$	热扩散率 a /m^2·s^{-1}	黏度 η /Pa·s	运动黏度 ν /m^2·s^{-1}	体积膨胀系数 β /K^{-1}	表面张力 σ /N·m	普朗特数 Pr
200	15.55×10^6	863.0	852.43	4.505×10^3	66.24×10^{-2}	1.70×10^{-2}	13.63×10^{-5}	0.158×10^{-6}	13.3×10^{-4}	37.66×10^{-3}	0.93
210	19.08×10^6	852.8	897.65	4.555×10^3	65.48×10^{-2}	1.69×10^{-2}	13.04×10^{-5}	0.153×10^{-6}	14.1×10^{-4}	35.40×10^{-3}	0.91
220	23.20×10^6	840.3	943.71	4.614×10^3	64.49×10^{-2}	1.66×10^{-2}	12.46×10^{-5}	0.148×10^{-6}	14.8×10^{-4}	33.15×10^{-3}	0.89
230	27.98×10^6	827.3	990.18	4.681×10^3	63.68×10^{-2}	1.64×10^{-2}	11.97×10^{-5}	0.145×10^{-6}	15.9×10^{-4}	30.99×10^{-3}	0.88
240	33.48×10^6	813.6	1037.19	4.756×10^3	62.75×10^{-2}	1.62×10^{-2}	11.47×10^{-5}	0.141×10^{-6}	16.8×10^{-4}	38.54×10^{-3}	0.87
250	39.78×10^6	799.3	1085.34	4.844×10^3	62.71×10^{-2}	1.59×10^{-2}	10.98×10^{-5}	0.137×10^{-6}	18.1×10^{-4}	26.19×10^{-3}	0.86
260	46.95×10^6	784.0	1135.04	4.949×10^3	60.43×10^{-2}	1.56×10^{-2}	10.59×10^{-5}	0.135×10^{-6}	19.7×10^{-4}	23.73×10^{-3}	0.87
270	55.06×10^6	767.9	1185.28	5.070×10^3	58.92×10^{-2}	1.51×10^{-2}	10.20×10^{-5}	0.133×10^{-6}	21.6×10^{-4}	21.48×10^{-3}	0.88
280	64.20×10^6	750.7	1236.28	5.229×10^3	57.41×10^{-2}	1.46×10^{-2}	9.81×10^{-5}	0.131×10^{-6}	23.7×10^{-4}	19.12×10^{-3}	0.89
290	74.46×10^6	732.3	1289.95	5.485×10^3	55.78×10^{-2}	1.39×10^{-2}	9.42×10^{-5}	0.129×10^{-6}	26.2×10^{-4}	16.87×10^{-3}	0.93
300	85.92×10^6	712.5	1344.80	5.736×10^3	53.92×10^{-2}	1.32×10^{-2}	9.12×10^{-5}	0.128×10^{-6}	29.2×10^{-4}	14.42×10^{-3}	0.97
310	98.70×10^6	691.1	1402.16	6.071×10^3	52.29×10^{-2}	1.25×10^{-2}	8.83×10^{-5}	0.128×10^{-6}	32.9×10^{-4}	12.06×10^{-3}	1.02
320	112.90×10^6	667.1	1462.03	6.573×10^3	50.55×10^{-2}	1.15×10^{-2}	8.53×10^{-5}	0.128×10^{-6}	38.2×10^{-4}	9.81×10^{-3}	1.11
330	128.65×10^6	640.2	1526.19	7.243×10^3	48.34×10^{-2}	1.04×10^{-2}	8.14×10^{-5}	0.127×10^{-6}	43.3×10^{-4}	7.67×10^{-3}	1.22
340	146.09×10^6	610.1	1594.75	8.164×10^3	45.67×10^{-2}	0.92×10^{-2}	7.75×10^{-5}	0.127×10^{-6}	53.4×10^{-4}	5.67×10^{-3}	1.38
350	165.38×10^6	574.4	1671.37	9.504×10^3	43.00×10^{-2}	0.79×10^{-2}	7.26×10^{-5}	0.126×10^{-6}	66.8×10^{-4}	3.82×10^{-3}	1.60
360	186.75×10^6	528.0	1761.39	13.984×10^3	39.51×10^{-2}	0.54×10^{-2}	6.67×10^{-5}	0.126×10^{-6}	109×10^{-4}	2.22×10^{-3}	2.36
370	210.54×10^6	450.5	1892.43	40.319×10^3	33.70×10^{-2}	0.19×10^{-2}	5.69×10^{-5}	0.126×10^{-6}	264×10^{-4}	0.47×10^{-3}	6.80

附表 4 烟气（$\varphi(CO_2)=13\%$，$\varphi(H_2O)=11\%$，$\varphi(N_2)=76\%$）的物理参数（101325Pa）

温度 /℃	ρ /kg·m^{-3}	c_p /kcal·(kg·℃)$^{-1}$	c_p /kJ·(kg·K)$^{-1}$	λ /kcal·(m·h·℃)$^{-1}$	λ /W·(m·K)$^{-1}$	a /m^2·h^{-1}	η /Pa·s	ν /m^2·s^{-1}	Pr
0	1.295	0.249	1.043	1.96	2.28	6.08×10^{-2}	1.609×10^{-5}	12.20×10^{-6}	0.72
100	0.950	0.255	1.068	2.69	3.13	11.10×10^{-2}	2.079×10^{-5}	21.54×10^{-6}	0.69
200	0.748	0.262	1.097	3.45	4.01	17.60×10^{-2}	2.497×10^{-5}	32.80×10^{-6}	0.67
300	0.617	0.268	1.122	4.16	4.84	25.16×10^{-2}	2.878×10^{-5}	45.81×10^{-6}	0.65
400	0.525	0.275	1.151	4.90	5.70	33.94×10^{-2}	3.230×10^{-5}	65.38×10^{-6}	0.64
500	0.457	0.283	1.185	5.64	6.56	43.61×10^{-2}	3.553×10^{-5}	76.30×10^{-6}	0.63
600	0.405	0.290	1.214	6.38	7.42	54.32×10^{-2}	3.860×10^{-5}	93.61×10^{-6}	0.62
700	0.363	0.296	1.239	7.11	8.27	66.17×10^{-2}	4.148×10^{-5}	112.1×10^{-6}	0.61
800	0.330	0.302	1.264	7.87	9.15	79.09×10^{-2}	4.422×10^{-5}	131.8×10^{-6}	0.61
900	0.301	0.303	1.289	8.61	10.01	92.87×10^{-2}	4.680×10^{-5}	152.5×10^{-6}	0.59
1000	0.275	0.312	1.306	9.37	10.90	109.21×10^{-2}	4.930×10^{-5}	174.3×10^{-6}	0.58
1100	0.257	0.316	1.323	10.10	11.75	124.37×10^{-2}	5.169×10^{-5}	197.1×10^{-6}	0.57
1200	0.240	0.320	1.340	10.85	12.62	141.27×10^{-2}	5.402×10^{-5}	221.0×10^{-6}	0.56

附表 5 空气及煤气的饱和水蒸气含量（101325Pa）

温度 /℃	蒸汽压力 /kPa	含水汽量 质量浓度/g·m^{-3} 干气体	质量浓度/g·m^{-3} 湿气体	体积分数/% 干气体	体积分数/% 湿气体	温度 /℃	蒸汽压力 /kPa	含水汽量 质量浓度/g·m^{-3} 干气体	质量浓度/g·m^{-3} 湿气体	体积分数/% 干气体	体积分数/% 湿气体
-20	0.103	0.82	0.81	0.102	0.101	7	1.001	8.02	7.94	0.998	0.988
-15	0.165	1.32	2.31	0.164	0.163	8	1.072	8.59	8.52	1.070	1.060
-10	0.262	2.07	2.05	0.257	0.256	9	1.147	9.17	9.10	1.140	1.130
-8	0.309	2.46	2.45	0.306	0.305	10	1.227	9.81	9.73	1.220	1.210
-6	0.368	2.85	2.84	0.364	0.353	11	1.312	10.50	10.40	1.310	1.290
-5	0.401	3.19	3.18	0.397	0.395	12	1.402	11.2	11.10	1.400	1.380
-4	0.346	3.48	3.46	0.432	0.430	13	1.479	12.1	11.9	1.50	1.48
-3	0.475	3.79	3.77	0.471	0.459	14	1.599	12.9	12.7	1.60	1.58
-2	0.517	4.12	4.10	0.512	0.510	15	1.705	13.7	13.5	1.71	1.68
-1	0.562	4.49	4.46	0.558	0.555	16	1.817	14.6	14.4	1.82	1.79
0	0.610	4.87	4.84	0.605	0.602	17	2.071	15.7	15.5	1.95	1.93
1	0.657	5.24	5.21	0.652	0.648	18	2.063	16.7	16.4	2.08	2.04
2	0.700	5.64	5.60	0.701	0.697	19	2.197	17.8	17.4	2.22	2.17
3	0.756	6.05	6.01	0.753	0.748	20	2.338	19.0	18.5	2.36	2.30
4	0.813	6.51	6.46	0.810	0.804	21	2.486	20.2	19.7	2.52	2.40
5	0.872	6.97	6.91	0.808	0.860	22	2.643	21.5	21.0	2.68	2.61
6	0.935	7.48	7.42	0.930	0.922	23	2.809	22.9	22.3	2.86	2.78

续附表5

温度/℃	蒸汽压力/kPa	含水汽量				温度/℃	蒸汽压力/kPa	含水汽量			
		质量浓度/$g\cdot m^{-3}$		体积分数/%				质量浓度/$g\cdot m^{-3}$		体积分数/%	
		干气体	湿气体	干气体	湿气体			干气体	湿气体	干气体	湿气体
24	2.983	24.4	23.6	3.04	2.94	42	8.199	70.8	65.0	8.80	8.1
25	3.167	26.0	25.1	3.24	3.16	44	9.100	79.3	72.2	9.90	9.0
26	3.360	27.6	26.7	3.43	3.32	46	10.085	88.8	80.0	11.0	9.9
27	3.564	29.3	28.3	3.65	3.52	48	11.164	99.5	88.5	12.40	11.0
28	3.779	31.2	30.0	3.88	3.73	50	12.330	111.4	97.9	13.85	12.18
29	3.999	33.1	31.8	4.12	3.95	52	13.610	125.0	108.0	15.60	13.5
30	4.242	35.1	33.7	4.37	4.19	54	15.004	140.0	119.0	17.40	14.80
31	4.493	37.1	35.6	4.65	4.44	56	16.501	156.0	131.0	19.60	16.40
32	4.754	39.6	37.7	4.93	4.69	60	19.920	196.0	158.0	24.50	19.70
33	5.035	42.0	39.9	5.21	4.96	65	24.500	265.0	199.0	32.80	24.70
34	5.319	44.5	42.2	5.54	5.25	70	31.160	361.0	249.0	44.90	31.60
35	5.623	47.3	44.6	5.89	5.56	75	38.542	499.0	308.0	62.90	39.90
36	5.940	50.1	47.1	6.23	5.86	80	47.342	715.0	379.0	89.10	47.10
37	6.275	53.1	49.8	6.60	6.20	85	57.810	1061.0	463.0	135.80	57.00
38	6.624	55.3	52.7	7.00	6.55	90	70.100	1870.0	563.0	233.00	70.00
39	6.991	59.6	55.4	7.40	6.90	95	83.431	2402.0	679.0	545.00	84.50
40	7.375	63.1	58.5	7.85	7.27	100	101.323	无穷大	816.0	无穷大	100.0

附表6　局部阻力系数

<table>
<tr><th>序号</th><th>阻力名称</th><th>简　图</th><th>计算速度</th><th>阻力系数 ξ</th></tr>
<tr><td>1</td><td>流入尖锐边缘孔洞</td><td>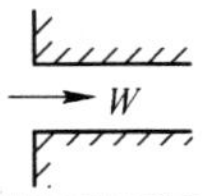</td><td>W</td><td>$\xi=0.5$</td></tr>
<tr><td>2</td><td>流入圆滑边缘孔洞</td><td>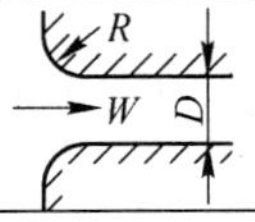</td><td>W</td><td><table><tr><td>R/D</td><td>0.10</td><td>0.03</td><td>0.05</td><td>0.03</td><td>0.12</td><td>0.16</td><td>>0.2</td></tr><tr><td>ξ</td><td>0.44</td><td>0.31</td><td>0.22</td><td>0.15</td><td>0.09</td><td>0.06</td><td>0.03</td></tr></table></td></tr>
<tr><td>3</td><td>流入伸出的管道</td><td>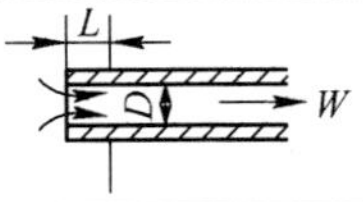</td><td>W</td><td>$L/D\leqslant4$ 时，$\xi=0.2\sim0.56$；
$L/D\geqslant4$ 时，$\xi=0.56$</td></tr>
<tr><td>4</td><td>流入斜管</td><td>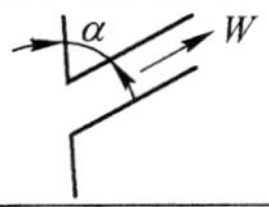</td><td>W</td><td><table><tr><td>$\alpha/(°)$</td><td>10</td><td>20</td><td>30</td><td>40</td><td>50</td><td>60</td><td>70</td><td>80</td><td>90</td></tr><tr><td>ξ</td><td>1.00</td><td>0.96</td><td>0.91</td><td>0.85</td><td>0.78</td><td>0.70</td><td>0.63</td><td>0.56</td><td>0.50</td></tr></table></td></tr>
<tr><td>5</td><td>突然扩张</td><td>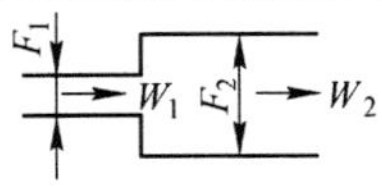</td><td>W_1</td><td>$\xi_1=(1-\frac{F_1}{F_2})^2$</td></tr>
<tr><td>6</td><td>突然收缩</td><td>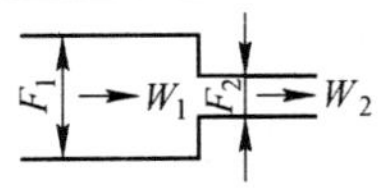</td><td>W_2</td><td>$\xi_2=0.5(1-\frac{F_2}{F_1})$</td></tr>
</table>

续附表 6

<table>
<tr><th>序号</th><th>阻力名称</th><th>简　图</th><th>计算速度</th><th>阻力系数 ξ</th></tr>
<tr><td>7</td><td>逐渐扩张</td><td>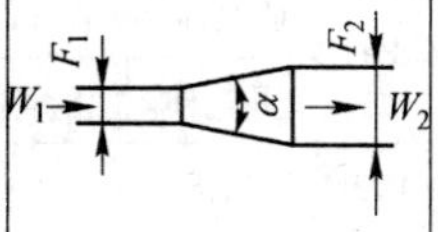</td><td>W_1</td><td>$\xi_1=(1-\frac{F_1}{F_2})^2(1-\cos\frac{\alpha}{2})$</td></tr>
<tr><td>8</td><td>逐渐收缩</td><td>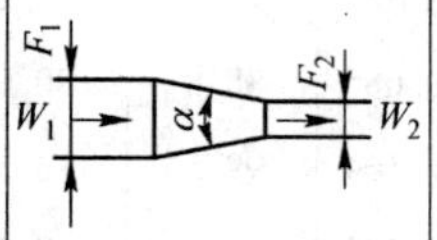</td><td>W_2</td><td>$\xi_2=0.5(1-\frac{F_2}{F_1})(1-\cos\frac{\alpha}{2})$</td></tr>
<tr><td>9</td><td>90°硬转弯</td><td>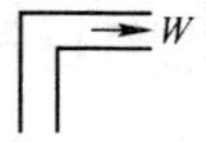</td><td>W</td><td>$\xi=1.1\sim1.5$</td></tr>
<tr><td>10</td><td>90°圆转弯</td><td>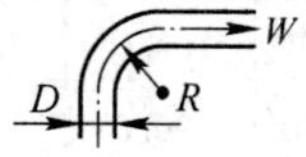</td><td>W</td><td><table><tr><td>R/D</td><td>0</td><td>0.1</td><td>1</td><td>2</td><td>4</td><td>>4</td></tr><tr><td>ξ</td><td>1.5</td><td>1.0</td><td>0.3</td><td>0.15</td><td>0.12</td><td>0.1</td></tr></table></td></tr>
<tr><td>11</td><td>任意角度硬转弯</td><td>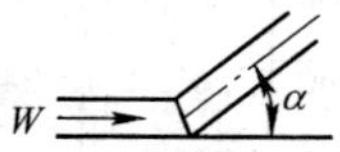</td><td>W</td><td><table><tr><td>α/(°)</td><td>20</td><td>30</td><td>45</td><td>60</td><td>80</td><td>100</td></tr><tr><td>圆管 ξ</td><td>0.05</td><td>0.11</td><td>0.3</td><td>0.5</td><td>0.9</td><td>1.2</td></tr><tr><td>方管 ξ</td><td>0.11</td><td>0.2</td><td>0.38</td><td>0.53</td><td>0.93</td><td>1.3</td></tr></table></td></tr>
<tr><td>12</td><td>任意角度圆滑转弯</td><td></td><td>W</td><td>$\xi=a\xi_{90}$，ξ_{90}按第 10 项计算<table><tr><td>α/(°)</td><td>20</td><td>40</td><td>80</td><td>120</td><td>160</td><td>180</td></tr><tr><td>a</td><td>0.4</td><td>0.65</td><td>0.95</td><td>1.13</td><td>1.27</td><td>1.33</td></tr></table></td></tr>
<tr><td>13</td><td>180°硬转弯</td><td>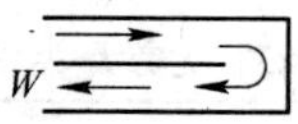</td><td>W</td><td>$\xi=2.0$</td></tr>
<tr><td>14</td><td>两次直角硬转弯（U 形）</td><td>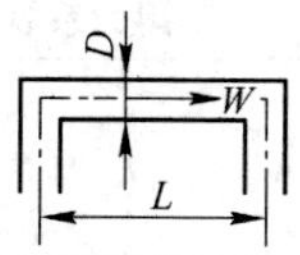</td><td>W</td><td><table><tr><td>L/D</td><td>1.0</td><td>2</td><td>3</td><td>6</td><td>8 以上</td></tr><tr><td>ξ</td><td>1.2</td><td>1.3</td><td>1.6</td><td>1.9</td><td>2.2</td></tr></table></td></tr>
<tr><td>15</td><td>两次直角硬转弯（Z 形）</td><td>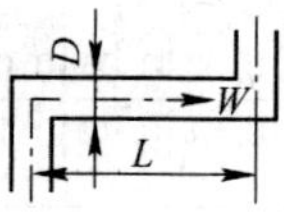</td><td>W</td><td><table><tr><td>L/D</td><td>1.0</td><td>1.5</td><td>2.0</td><td>5 以上</td></tr><tr><td>ξ</td><td>1.9</td><td>2.0</td><td>2.1</td><td>2.2</td></tr></table></td></tr>
<tr><td>16</td><td>两次 45°硬转弯</td><td>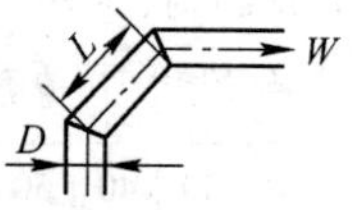</td><td>W</td><td><table><tr><td>L/D</td><td>1</td><td>2</td><td>3</td><td>4</td><td>5</td><td>6</td></tr><tr><td>ξ</td><td>0.37</td><td>0.28</td><td>0.35</td><td>0.38</td><td>0.40</td><td>0.42</td></tr></table></td></tr>
<tr><td>17</td><td>组合圆转弯的弯头</td><td>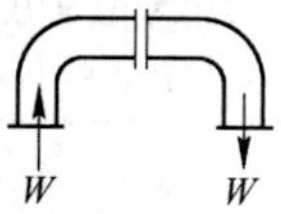</td><td>W</td><td>ξ 值为每个弯头的 2 倍（粗略值）</td></tr>
<tr><td>18</td><td>组合圆转弯的弯头</td><td>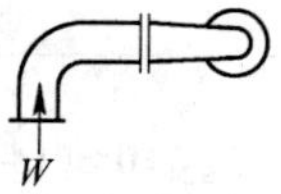</td><td>W</td><td>ξ 值为每个弯头的 3 倍（粗略值）</td></tr>
</table>

续附表6

<table>
<tr><th>序号</th><th>阻力名称</th><th>简　图</th><th>计算速度</th><th>阻力系数 ξ</th></tr>
<tr><td>19</td><td>组合圆转弯的弯头</td><td>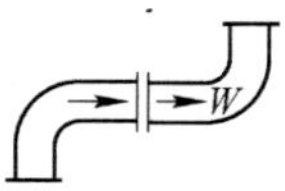
</td><td>W</td><td>ξ 值为每个弯头的4倍（粗略值）</td></tr>
<tr><td>20</td><td>矩形断面通道90°硬转弯</td><td>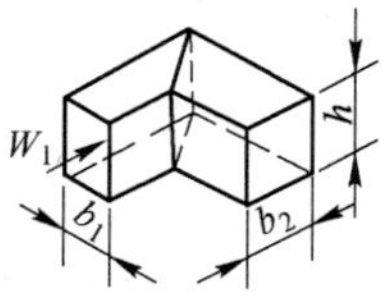
</td><td>W_1</td><td>
<table>
<tr><td>ξ_1</td><td></td><td colspan="7">b_2/b_1</td></tr>
<tr><td></td><td></td><td>0.6</td><td>0.8</td><td>1.0</td><td>1.2</td><td>1.4</td><td>1.6</td><td>2.0</td></tr>
<tr><td rowspan="3">$\frac{h}{b_1}$</td><td>0.25</td><td>1.76</td><td>1.43</td><td>1.24</td><td>1.14</td><td>1.09</td><td>1.06</td><td>1.06</td></tr>
<tr><td>1.0</td><td>1.70</td><td>1.36</td><td>1.15</td><td>1.02</td><td>0.95</td><td>0.90</td><td>0.84</td></tr>
<tr><td>4.06</td><td>1.46</td><td>1.10</td><td>0.9</td><td>0.81</td><td>0.76</td><td>0.72</td><td>0.66</td></tr>
</table></td></tr>
<tr><td>21</td><td>等径三通分流</td><td>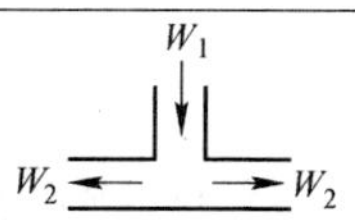
</td><td>W_1</td><td>$\xi_{1-2}=1.5$（粗略值）</td></tr>
<tr><td>22</td><td>等径三通汇流</td><td>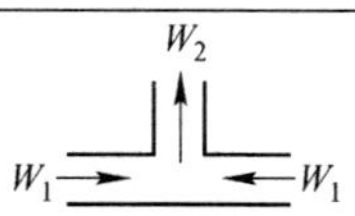
</td><td>W_2</td><td>$\xi_{1-2}=3.0$（粗略值）</td></tr>
<tr><td>23</td><td>异径三通</td><td></td><td>—</td><td>ξ = 等径三通 ξ + 突扩（或突缩）ξ</td></tr>
<tr><td>24</td><td>等径三通直流汇流 K_{1-3}</td><td>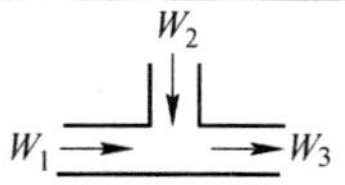
</td><td>W_3</td><td>当 $W_2=0$ 时，$\xi_{1-3}=0$；
当 $W_2=W_3$ 时，$\xi_{1-3}=0.55$；
其余情况介于二者之间</td></tr>
<tr><td>25</td><td>等径三通直流汇流 ξ_{2-3}</td><td>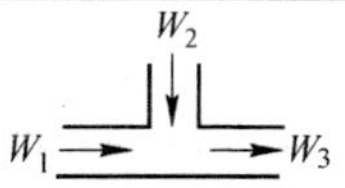
</td><td>W_3</td><td>当 $W_2=0$ 时，$\xi_{2-3}=-1.0$；
当 $W_2=W_3$ 时，$K_{2-3}=1.0$；
其余情况介于二者之间</td></tr>
<tr><td>26</td><td>叉管分流</td><td>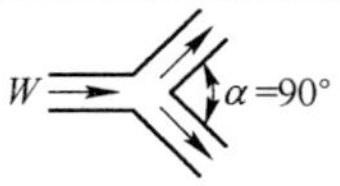
</td><td>W</td><td>$\xi=1.0$（粗略值）</td></tr>
<tr><td>27</td><td>叉管汇流</td><td>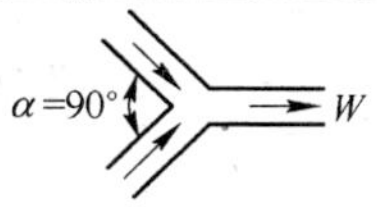
</td><td>W</td><td>$\xi=1.5$（粗略值）</td></tr>
<tr><td>28</td><td>孔板</td><td>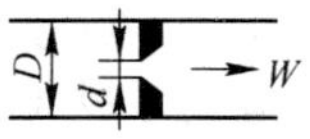
</td><td>W</td><td>
<table>
<tr><td>D/d</td><td>1.25</td><td>1.5</td><td>1.75</td><td>2</td><td>2.5</td><td>3</td><td>4</td><td>5</td></tr>
<tr><td>ξ</td><td>2.5</td><td>7.0</td><td>15</td><td>30</td><td>90</td><td>195</td><td>225</td><td>560</td></tr>
</table></td></tr>
<tr><td>29</td><td>矩形闸板</td><td>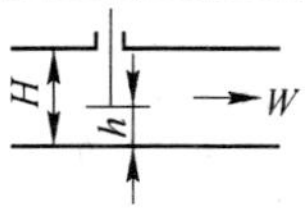
</td><td>W</td><td>
<table>
<tr><td>h/H</td><td>1.0</td><td>0.9</td><td>0.8</td><td>0.7</td><td>0.6</td><td>0.5</td><td>0.4</td><td>0.3</td><td>0.2</td><td>0.1</td></tr>
<tr><td>ξ</td><td>0</td><td>0.09</td><td>0.39</td><td>0.95</td><td>2.08</td><td>4.02</td><td>8.12</td><td>17.8</td><td>44.5</td><td>193</td></tr>
</table></td></tr>
<tr><td>30</td><td>圆形插板阀</td><td>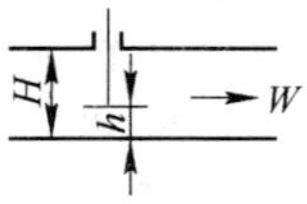
</td><td>W</td><td>
<table>
<tr><td>h/H</td><td>1.0</td><td>0.9</td><td>0.8</td><td>0.7</td><td>0.6</td><td>0.5</td><td>0.4</td><td>0.3</td><td>0.25</td></tr>
<tr><td>ξ</td><td>0.15</td><td>0.3</td><td>0.8</td><td>1.5</td><td>2.8</td><td>5.3</td><td>12</td><td>22</td><td>30</td></tr>
</table></td></tr>
<tr><td>31</td><td>蝶阀</td><td>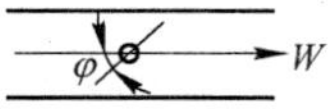
</td><td>W</td><td>
<table>
<tr><td>$\varphi/(°)$</td><td>0</td><td>5</td><td>10</td><td>15</td><td>20</td><td>30</td><td>40</td><td>50</td><td>60</td><td>70</td><td>90</td></tr>
<tr><td>ξ</td><td>0.1</td><td>0.24</td><td>0.52</td><td>0.9</td><td>1.54</td><td>3.91</td><td>10.8</td><td>32.6</td><td>118</td><td>751</td><td>∞</td></tr>
</table></td></tr>
</table>

续附表 6

<table>
<tr><th>序号</th><th>阻力名称</th><th>简　图</th><th>计算速度</th><th>阻力系数 ξ</th></tr>
<tr><td>32</td><td>截止阀</td><td>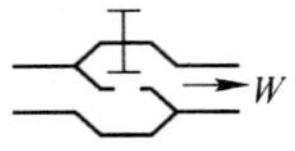</td><td>W</td><td>全开时，$\xi=4.3\sim6.1$</td></tr>
<tr><td>33</td><td>旋塞</td><td>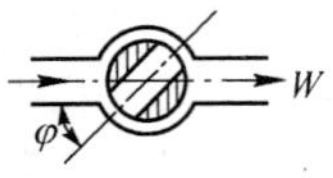</td><td>W</td><td><table><tr><td>$\varphi/(^\circ)$</td><td>10</td><td>20</td><td>30</td><td>40</td><td>50</td><td>60</td><td>65</td><td>82</td></tr><tr><td>ξ</td><td>0.29</td><td>1.56</td><td>5.47</td><td>17.3</td><td>52.6</td><td>206</td><td>486</td><td>∞</td></tr></table></td></tr>
<tr><td>34</td><td>换向阀</td><td></td><td>W</td><td>$\xi=2.5$（粗略值）</td></tr>
<tr><td>35</td><td>通过直行排列的管束</td><td>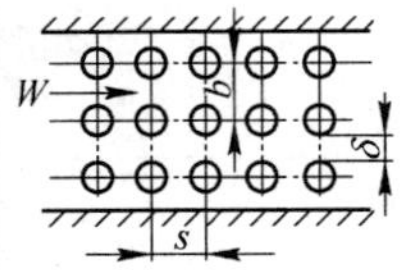</td><td>W</td><td>$\xi=n\frac{s}{b}\alpha+\beta$（适用于 $Re>10^4$）
式中，$\alpha=0.028(b/\delta)^2$；$\beta=(b/\delta-1)^2$；n 为沿流向的排数</td></tr>
<tr><td>36</td><td>通过交错排列的管束</td><td>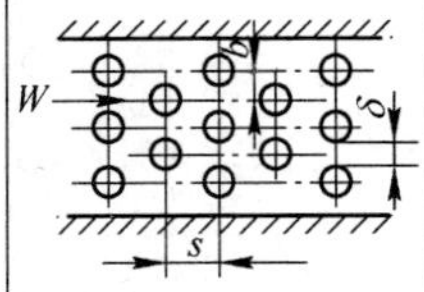</td><td>W</td><td>当 s、b、δ、n 相同时，为直行排列的 0.7～0.8 倍</td></tr>
<tr><td>37</td><td>通过直行架空排列的格子砖</td><td>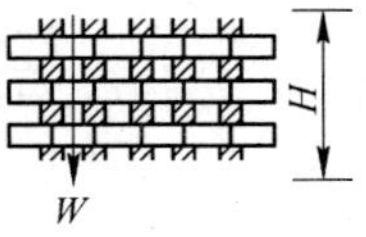</td><td>W</td><td>$\xi=\frac{1.14}{d^{0.25}}H$
式中　d——气流通过的格子孔当量直径，m；
H——格子砖堆砌高度，m</td></tr>
<tr><td>38</td><td>通过交错架空排列的格子砖</td><td>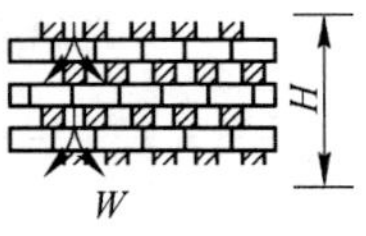</td><td>W</td><td>$\xi=\frac{1.57}{d^{0.25}}H$
式中　d——格子孔当量直径，m；
H——格子砖堆砌高度，m</td></tr>
<tr><td>39</td><td>沉渣室</td><td>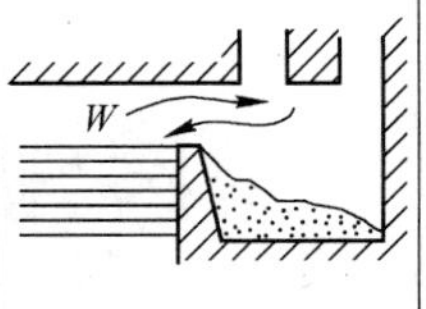</td><td>W</td><td>通气时，$\xi=1.0$（粗略值）
排烟时，$\xi=2.0$（粗略值）</td></tr>
<tr><td>40</td><td>散料层</td><td>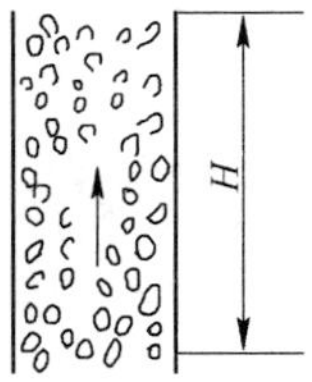</td><td>空腔流速 W</td><td>$\xi=1.1\lambda\frac{H}{d}\frac{(1-\varepsilon)^2}{\varepsilon^3}\frac{1}{\phi^2}$
式中　d——料块粒度，m；
H——料层高度，m；
ε——堆料孔隙度，球块散料 $\varepsilon=0.263$；
ϕ——形状系数，球块 $\phi=1$，其他 $\phi<1$
<table><tr><td>$Re_{块}$</td><td><30</td><td>30～700</td><td>700～7000</td><td>>7000</td></tr><tr><td>λ</td><td>$220Re^{-1}$</td><td>$28Re^{-0.4}$</td><td>$7Re^{-0.2}$</td><td>1.26</td></tr></table></td></tr>
</table>

附表7　4－72型高效率中低压离心通风机性能规格（4－72－11－No. 8C）

转数 /r·min^{-1}	序号	全压 /Pa	流量 /m^3·h^{-1}	电动机		转数 /r·min^{-1}	序号	全压 /Pa	流量 /m^3·h^{-1}	电动机	
				型号	功率 /kW					型号	功率 /kW
	1	3120	20100	JO_2－72－2	30		1	1510	14000	JO_2－52－4	10
	2	3070	22600	JO_2－72－2	30		2	1480	15700	JO_2－52－4	10
	3	3000	25000	JO_2－72－2	30		3	1450	17400	JO_2－52－4	10
1800	4	2940	27450	JO_2－72－2	30	1250	4	1410	19100	JO_2－52－4	10
	5	2790	29900	JO_2－81－2	40		5	1340	20800	JO_2－61－4	13
	6	2580	32400	JO_2－81－2	40		6	1243	22500	JO_2－61－4	13
	7	2360	34800	JO_2－81－2	40		7	1140	24200	JO_2－61－4	13
	1	2470	17920	JO_2－71－2	22		1	1200	12500	JO_2－51－4	7.5
	2	2430	20100	JO_2－71－2	22		2	1184	14050	JO_2－51－4	7.5
	3	2390	22280	JO_2－71－2	22		3	1164	15560	JO_2－51－4	7.5
1600	4	2310	24460	JO_2－71－2	22	1120	4	1140	17100	JO_2－51－4	7.5
	5	2200	26640	JO_2－71－2	22		5	1080	18620	JO_2－51－4	7.5
	6	2040	28820	JO_2－71－2	22		6	1000	20120	JO_2－51－4	10
	7	1840	31000	JO_2－71－2	22		7	912	21650	JO_2－51－4	10

附表8　C4－73－11型离心通风机性能规格（C4－73－11 No. 306C）

转数 /r·min^{-1}	序号	全压系数 $\overline{H}$	全压 /Pa	流量 /m^3·h^{-1}	全压效率 /%	轴功率 /kW	理论功率 /kW	附加功率 /%	所需功率 /kW	电动机	
										型 号	功率 /kW
	1	0.47	3130	4250	84	4.4	4.6		5.3		
	2	0.46	3040	4820	85	4.8	5		5.7		
	3	0.45	2900	5275	87	5	5.3		6.0		
4000	4	0.43	2840	5870	88	5.3	5.5	15	6.4	JO_2－42－4	7.5
	5	0.41	2790	6300	87	5.7	6.0		6.8		
	6	0.37	2450	6300	85	5.5	5.9		6.8		
	7	0.32	2100	7300	82	5.2	5.4		6.3		
	8	0.28	1860	7760	80	5	5.3		6.0		
	1	0.47	2450	3780	84	3.0	3.2		3.7		
	2	0.46	2400	4270	85	3.4	3.7		4.2		
	3	0.45	2350	4700	87	3.5	3.7		4.2		
3550	4	0.43	2250	5150	88	3.7	3.9	15	4.5	JO_2－41－2	5.5
	5	0.41	2160	5610	87	4	4.2		4.8		
	6	0.37	1920	6050	85	3.9	4.1		4.7		
	7	0.32	1714	6500	82	3.8	4		4.5		
	8	0.28	1470	6910	80	3.6	3.7		4.2		

续附表8

转数 /r·min^{-1}	序号	全压系数 $\bar{H}$	全压 /Pa	流量 /$m^3 \cdot h^{-1}$	全压效率 /%	轴功率 /kW	理论功率 /kW	附加功率 /%	所需功率 /kW	电动机	
										型号	功率/kW
3150	1	0.47	1860	3150	84	1.9	2	20	2.5	JO_2-32-2	4
	2	0.46	1810	3550	85	2	2.2		2.6		
	3	0.45	1765	3900	87	2	2.3		2.8		
	4	0.43	1714	4270	88	24	2.5		3.0		
	5	0.41	1615	4650	87	24	2.5		3.0		
	6	0.37	1470	5300	85	25	2.7		3.2		
	7	0.32	1272	5400	82	23	2.5		3		
	8	0.28	1125	5750	80	22	2.4		2.8		

附表9　各种不同材料在表面法线方向上的辐射黑度

材料类别和表面状况	温度/℃	黑度 ε
磨光的钢铸件	770~1035	0.52~0.56
碾压的钢板	21	0.657
具有非常粗糙的氧化层钢板	24	0.80
磨光的铬	150	0.058
粗糙的铝板	20~25	0.06~0.07
基本为铜的镀铝表面	190~600	0.18~0.19
在磨光的铁上镀一层镍，但不再磨光	38	0.11
铬镍合金	52~1034	0.64~0.76
粗糙的铅	38	0.43
灰色、氧化的铅	38	0.28
磨光的铸铁	200	0.21
生锈的铁板	20	0.682
粗糙的铁锭	926~1120	0.87~0.95
经过车床加工的铸铁	882~987	0.60~0.70
稍加磨光的黄铜	38~260	0.12
无光泽的黄铜	38	0.22
粗糙的黄铜	38	0.74
磨光的紫铜	20	0.03
氧化了的紫铜	20	0.78
镀了锡且发亮的铁片	25	0.043~0.064
镀锌的铁皮	38	0.23
镀锌的铁皮被氧化呈灰色	24	0.276
磨光的或电镀层的银	38~1090	0.01~0.03
白大理石	38~538	0.93~0.95
石灰泥	38~260	0.92

续附表9

材料类别和表面状况	温度/℃	黑度 ε
磨光的玻璃	38	0.90
平滑的玻璃	38	0.94
白　瓷	51	0.92
石棉板	38	0.96
石棉纸	38	0.93
耐火砖	500~1000	0.8~0.9
红　砖	20	0.93
油毛毡	20	0.93
抹灰的墙	20	0.94
灯　黑	20~400	0.95~0.97
平木板	20	0.78
硬橡皮	20	0.92
木　料	20	0.80~0.92
各种颜色的油漆	100	0.92~0.96
雪	0	0.8
水（厚度大于0.1mm）	0~100	0.96

参考文献

[1] 袁恩熙. 工程流体力学[M]. 北京：石油工业出版社，1989.

[2] 梅炽. 有色冶金炉[M]. 北京：冶金工业出版社，1994.

[3] 伍悦滨. 工程流体力学[M]. 北京：中国建筑工业出版社，2006.

[4] 李诗久. 工程流体力学[M]. 北京：机械工业出版社，1983.

[5] 周模仁. 工程流体力学泵与风机[M]. 北京：中国建筑工业出版社，1980.

[6] 侯文纲. 工程流体力学泵与风机[M]. 北京：水利电力出版社，1984.

[7] 王文琪. 两相流动[M]. 北京：水利电力出版社，1989.

[8] 连贵森. 多相流动基础[M]. 杭州：浙江大学出版社，1989.

[9] 郭烈锦. 两相与多相流动力学[M]. 西安：西安交通大学出版社，2002.

[10] 刘鹤年. 流体力学[M]. 2 版. 北京：中国建筑工业出版社，2004.

[11] 李玉柱，苑明顺. 流体力学[M]. 北京：高等教育出版社，1998.

[12] 闻德荪. 工程流体力学[M]. 2 版. 北京：高等教育出版社，2004.

[13] 郑洽馀，鲁钟琪. 流体力学[M]. 北京：机械工业出版社，1979.

[14] 俞佐平. 传热学[M]. 北京：高等教育出版社，1988.

[15] 刘人达. 冶金炉热工基础[M]. 北京：冶金工业出版社，1980.

[16] 杨世铭，陶文铨. 传热学[M]. 3 版，北京：高等教育出版社，1998.

[17] 张洪济. 热传导[M]. 北京：高等教育出版社，1992.

[18] 施明恒，甘永平，马重芳. 沸腾和凝结[M]. 北京：高等教育出版社，1995.

[19] 斯帕罗 E M，塞斯 R D. 辐射传热[M]. 顾传保，张学学译. 北京：高等教育出版社，1982.

[20] 赵毅，李守信. 有害气体控制工程[M]. 北京：化学工业出版社，2003.

[21] 顾恒祥. 燃料与燃烧[M]. 西安：西北工业大学出版社，1993.

[22] 唐谟堂，何静. 火法冶金设备[M]. 长沙：中南大学出版社，2003.

[23] 任鸿九等. 有色金属熔池熔炼[M]. 北京：冶金工业出版社，2001.

[24] 孙佩极. 冶金化工过程及设备[M]. 北京：冶金工业出版社，1980.

[25] 梅炽. 有色冶金炉设计手册[M]. 北京：冶金工业出版社，2000.

[26]《有色金属冶炼设备》编委会. 火法冶金设备（《有色金属冶炼设备》第一卷）[M]. 北京：冶金工业出版社，1993.

[27]《重有色冶金炉设计参考资料》编写组. 重有色冶金炉设计参考资料[M]. 北京：冶金工业出版社，1979.

冶金工业出版社部分图书推荐